Marrek

VDI BERICHTE
Herausgeber: Verein Deutscher Ingenieure

VDI BERICHTE 600.5

VEREIN DEUTSCHER INGENIEURE

VDI-GESELLSCHAFT WERKSTOFFTECHNIK

METALLISCHE UND NICHTMETALLISCHE WERKSTOFFE UND IHRE VERARBEITUNGS-VERFAHREN IM VERGLEICH

TEIL V
WERKSTOFFQUALITÄT UND -ZUVERLÄSSIGKEIT

Tagung Köln, 31. Januar und 1. Februar 1989

Verlag des Vereins Deutscher Ingenieure · Düsseldorf

CIP-Kurztitelaufnahme der Deutschen Bibliothek

Metallische und nichtmetallische Werkstoffe und ihre Verarbeitungsverfahren im Vergleich / VDI-Ges. Werkstofftechnik. – Düsseldorf: VDI-Verl.
  (VDI-Berichte; 600)

NE: Gesellschaft Werkstofftechnik; Verein Deutscher Ingenieure: VDI-Berichte

Teil 5. Werkstoffqualität und Zuverlässigkeit: Tagung Köln, 31. Jan. und 1. Febr. 1989. – 1989
  ISBN 3-18-095600-3

© VDI-Verlag GmbH · Düsseldorf 1989

Alle Rechte vorbehalten, auch das des Nachdruckes, der Wiedergabe (Photokopie, Mikrokopie), der Speicherung in Datenverarbeitungsanlagen und der Übersetzung, auszugsweise oder vollständig.

Printed in Germany
ISSN 0083-5560
ISBN 3-18-095600-3

Vorwort

In der Reihe „Werkstoffe im Vergleich" wurden bisher metallische und nichtmetallische Werkstoffe und ihre Verarbeitungsverfahren miteinander verglichen, um eine bessere anforderungsgerechtere Zuordnung anhand ihrer Eigenschaftsprofile zu ermöglichen.

Nach den Bänden „Festigkeitsverhalten", „Korrosionsverhalten", „Reibungs- und Verschleißverhalten" und „Hochtemperaturverhalten" wird nunmehr der 5. Band in der VDI-Berichtsreihe 600 vorgelegt.

Dieser Teil befaßt sich mit einem speziellen, aber ebenso wichtigen Themenkreis, der Qualitätssicherung und Zuverlässigkeit. Auch hier stehen die werkstoffspezifischen Aspekte im Vordergrund. Denn es müssen sich die Qualitätsplanungen, die Qualitätsorganisationen und auch die Methoden der Kontrolle und Überwachung dem jeweiligen Werkstoff und seinem im Bauteil vorliegenden Verarbeitungszustand anpassen. Dabei ist noch zu unterscheiden, ob Einzel- oder Serienfertigung vorliegt, wobei auch ökonomische Gesichtspunkte eine Rolle spielen.

Auch das Spannungsfeld zwischen Produzent, Weiterverarbeiter und Endverbraucher wird hiervon betroffen, da die Haftung für ein Produkt sich nicht nur an der Einhaltung technischer Regeln, sondern auch an der zuverlässigen Einstellung von Qualitätsmerkmalen und -kriterien orientiert. Die von einem Bauteil erreichte Zuverlässigkeit, mit der es die geplante Erfüllung seiner Funktion wahrnimmt und damit die vorgesehene Lebensdauer erzielt, ist letzlich das Ergebnis werkstoff- und verarbeitungsspezifischer Qualitätsmaßnahmen.

Der vorliegende VDI-Bericht greift alle diese Aspekte der Qualitätssicherung unter Beachtung der werkstoff-, herstellungs-, verarbeitungs- und bauteilspezifischen Erfordernisse auf. Anhand interessanter Beispiele werden die verschiedenen Vorgehensweisen verdeutlicht.

Der VDI-Bericht 600.5 erscheint als nichtredigierter Manuskriptdruck. Er gibt die wissenschaftlichen Erkenntnisse und praktischen Erfahrungen der Autoren wieder.

VEREIN DEUTSCHER INGENIEURE
VDI-Gesellschaft Werkstofftechnik

Inhalt

		Seite
P. Fornell	Qualitätssicherung im Wandel der Zeit	1
H. Gräfen	Qualitätssicherungskonzepte	19
L. W. Bruck	Qualitätssicherung aus juristischer Sicht	39
K.-J. Kremer	Qualitätssicherung bei der Herstellung von Stahlerzeugnissen	51
G. Fischer	Qualitätssicherung aus der Sicht eines Halbzeugwerkes für Aluminium- und Titanwerkstoffe	79
J. M. Motz und W. Schneider	Qualitätssicherung beim Schmelzen von Gußwerkstoffen	109
R. Weber	Gütesicherung von Gußstücken aus Gußeisen und Aluminium-Gußlegierungen	131
W. Löhmer	Qualitätssicherung bei der Herstellung von Sinterwerkstoffen	143
K. Oberbach	Qualitätssicherung bei Polymerwerkstoffen	159
Ch. Möck	Qualitätssicherung bei Hochleistungsverbundwerkstoffen mit Polymermatrix	177
H.-A. Crostack, W. Jahnel und H. Meyer	Qualitätssicherung bei metallischen und nichtmetallischen Beschichtungen	193
A. Jurgetz und Th. Bücherl	Prüftechnik in der modernen Qualitätssicherung eines Automobils	215
P. Fornell	Qualitätssicherung von Werkstoffen im Flugzeugbau	235
G. Nagel	Die Güte der Werkstoffeigenschaften – eine Einflußgröße auf die technische Zuverlässigkeit von Luftfahrzeugen	251
K. Boddenberg	Qualitätssicherung bei Werkstoffen im Maschinenbau	267
M. Erve, E. Tenckhoff und E. Weiß	Werkstoffkonzept – Basis für Qualität und Zuverlässigkeit von Großanlagen	283
K. Schneemann	Qualitätssicherungskonzept für den Chemieanlagenbau	301
F.-J. Adamsky, H.-R. Kaufmann und W. Rabe	Werkstoffeinsatz und Betriebserfahrungen bei Kessel- und Druckbehälteranlagen	333
H. Schaper und U. Gramberg	Schadensfälle – Kriterien für die Güte der Qualitätssicherung, Impulse für die Qualitätsverbesserung	357
	Referenten	367

Qualitätssicherung im Wandel der Zeit

P. **Fornell,** Hamburg

Zusammenfassung

Die Qualität von Produkten ist seit Urzeiten ein wesentlicher Schlüssel zum Markterfolg.
Vertrauen in die Qualitätsfähigkeit einer Leistung oder eines Erzeugnisses spielt dabei eine ebenso große Rolle wie die objektiv durchführbare Qualitätsprüfung.
Zu Zeiten des handwerklichen Gewerbes lagen die Entwicklung, Herstellung und Prüfung eines Produktes noch in einer Hand **(Universalmeister).**
Im Zuge der industriellen Massenfertigung hat die konsequente Anwendung der Arbeitsteilung die Qualitätssicherung zu einer eigenständigen, vom Herstellprozeß getrennten Funktion verändert **(Funktionmeister oder QS-Inspektor).**
Heute führt uns das stärker ganzheitlich, integrierend ausgerichtete Aufgabenfeld der Qualitätssicherung wieder ein wenig zur ursprünglichen Querschnittsfunktion des "vorindustriellen" Universalmeisters.

1. Einleitung

Der Qualitätsgedanke als Differenzierungskriterium für Güter gleicher Art trägt seinen Ursprung zweifellos in den frühen Epochen der menschlichen Kulturgeschichte.
Galt es ein Stück Tuch oder ein Faß Heringe zu erwerben und dafür ein eigenes Produkt zu tauschen, dann ergab sich die Frage, was das rechte Maß dafür sei.

Die Problematik, die vor 1000 Jahren für ein Faß Heringe oder einen Tuchballen galt, lebt noch heute in der Begriffsdefinition der Deutschen Gesellschaft für Qualität (DGQ) weiter: "Qualität ist die Gesamtheit der Eigenschaften eines Produkts oder einer Tätigkeit, die sich auf deren Eignung zur Erfüllung vorgegebener Erfordernisse beziehen".

2. Qualitätsprüfung in der vorindustriellen Zeit

Neben der Einführung des Warengeldes bildeten sich bald Handelsüblichkeiten und Maße heraus, wie Elle, Rute, Klafter, Pfund, Lot oder Quentchen.

Diese metrologischen Systeme können als die ersten meßbaren Qualitätsstandards unserer Geschichte angesehen werden.

Die wissenschaftliche Weiterentwicklung dieser Maßprinzipien (Länge, Raum, Gewicht und Zeit) hat uns zu immer exakteren Meßgrößen geführt. Bis heute sind sie ein grundlegender Bestand unserer Kulturwelt geblieben.

Doch die Einführung der Maße war oft Anlaß für heftige Meinungsverschiedenheiten, so daß schon frühzeitig die Obrigkeit einschritt. Mit Hilfe genauer, zunächst fest verkörperter Definitionen (z.B. die Elle am Rathaus, die jederman nachmessen konnte) wirkte sie streitschlichtend und stellte Mißbräuche unter scharfe Strafe.

Sichere Quantitäten waren die Grundlage für eine Qualitätsaussage gegenüber dem Kunden. Sie schufen quasi Vertrauen.

Die menschlichen Qualitätsvorstellungen haben sich jedoch seit Urzeiten nicht nur auf metrologische sondern auch auf sensorische und andere subjektive Wertmaßstäbe konzentriert.
Beispiele hierfür sind der Geschmack, die Reinheit, die Langlebigkeit und der Gebrauchsnutzen von Waren und Produkten.

Die Beschaffenheiten, die sich nicht durch Maß und Zahl beschreiben lassen, wurden im Mittelalter durch kundige Kaufleute - später durch die Obrigkeit - in Form von Herkunftszeichen wie Woll-, Leinen, Töpfer- oder Messersiegel geordnet und gesichert.

Im 13. und 14. Jahrhundert erlebte die gewerbliche Produktion in den deutschen Städten einen schnellen Aufschwung.
Die Grundlage für die Fortschritte im städtischen Gewerbe war die bereits im 12. Jahrhundert einsetzende Herausbildung und Differenzierung von Handwerken.

Die Handwerke wurden zunächst in Ämtern zusammengefaßt.
Wer ein Handwerk ausüben wollte, mußte ihnen angehören. Den Ämtern waren Güteprüfungen auferlegt, die die sogenannten "Älterleute" ausübten - "auf daß der Kaufmann nicht geschädigt noch betrogen werde".
Die "Älterleute" - spätere Zunft- oder Gildemeister - wurden von den Handwerkern gewählt und vom Rat der Stadt bestellt.
Genaue Vorschriften über die Behandlung von Frischfleisch wurden z.B. für die Knochenhauer erlassen; die Bäcker hatten Gewichts- und Gütevorschriften zu befolgen; das Holz, das die Böttcher verarbeiteten, wurde von beeideten Holzwrackern geprüft.

Die ersten Verordnungen dieser Art gehen bereits auf das frühe 12. Jahrhundert zurück (Zunftordnung der Wormser Fischer von 1106; Gildebrief der Gewandschneider zu Hamburg von 1152; wendnische Böttchereiverordnung von 1321; Zunftordnung der Nürnberger Messerschmiede von 1290).

Die Echtheit und Güte der Produkte wurde somit durch von der Obrigkeit anerkannte Zunft- oder Gildemeister überprüft und in Form leicht erkennbarer Warenzeichen (Siegel/Plomben) bestätigt. Für den Käufer bedeutete ein Siegel gleichzeitig eine Qualitätsgarantie.

Die vertrauensfördernde Wirkung dieser Maßnahmen wurde rasch erkannt und verkaufsfördernd genutzt.

Auch der Schutz vor Produktverfälschungen wurde schon frühzeitig gesetzlich geregelt. Die Regensburger Ratsverordnung gegen den Verkauf von falschem Safran aus dem Jahr 1306 führt daher die Qualitätsprüfung des Safrangewürzes - gegen unzulässige billige Produktzusätze - gesetzlich ein.

Neben den Ämtern, die nur die Zunftmeister umfaßten, standen die Bruderschaften oder Gilden der Handwerker, die auch Gesellen und Lehrlinge, Frauen und andere Familienangehörige mit einschlossen. Sie sind sozusagen die Großfamilie des einzelnen Handwerks gewesen, deren Zusammenhalt unvergleichlich enger war, als wir es uns nach heutigen Verhältnissen vorstellen können, und deren Aufsichtsrecht sich auch auf das Privatleben der Mitglieder erstreckte.

Bis 1500 hatten sich in Köln und Hamburg 58, in Lübek 51 und in Rostock und Danzig mehr als 40 Zünfte und Gilden herausgebildet.

Qualitätskontrolle war im Hoch- und Spätmittelalter zunehmend zu einer öffentlichen Aufgabe geworden. Die Märkte und Warenhallen waren ausgestattet mit amtlichen Meßtischen. Jedermann zugängliche Warenkontrollen durch sogenannte Schaumeister waren übliche Praktiken zum Schutz des Käufers.

Verstöße gegen die im Kaufmanns-, Markt- oder später im Zunftrecht festgelegten Qualitätsprinzipien wurden unbarmherzig geahndet: Lebensmittel warf man ins Wasser, Fische verbrannte man mitsamt ihrer Tonne, Zinngeschirr schmolz man ein, und Tuchwaren wurden kurzerhand zerrissen.

Die Zünfte sicherten einerseits die preiswerte und qualitätsgerechte Versorgung der Bevölkerung durch strenge Verordnungen und stadtrechtliche Kontrollen; andererseits sicherten Sie dem Handwerker den Absatz seiner Erzeugnisse und damit seine Lebensgrundlage.

Zugleich trugen die Zünfte maßgeblich dazu bei, eine geordnete Ausbildung und Qualifikation des Nachwuchses zu gewährleisten. Die zunftmäßige Organisation des Lehrlings- und Gesellenwesens sorgte für eine geregelte Weitergabe der technologischen Fähigkeiten und Erfahrungen.

Durch die Qualitätskontrolle, die alle Handwerker gleichen Bedingungen in Form von Warenschauen unterwarf, begünstigte das Zunftwesen darüberhinaus die zunehmende Qualifizierung der handwerklichen Produktion.
Die Zunftordnungen enthielten auch verbindliche Regelungen über die Werkstoffbeschaffung, -bearbeitung und die Qualität der Erzeugnisse.
Jedwede Beeinträchtigung durch zunftfremde Produzenten, die man als "Pfuscher" oder "Bönhasen" (Leute die heimlich auf dem Dachboden "bön" arbeiteten) bezeichnete, wurde strafrechtlich unterbunden.

Ein erstes Verfahren zur Materialprüfung zeigt die 1443 entstandene Ergänzung der kriegstechnischen Bilderhandschrift "Bellifortis" von Konrad Keyser, nämlich das "Ausschießen einer Steinbüchse".

Das Geschützrohr wurde dazu über eine auf einem Pfahl liegende Kugel gestülpt und die Pulverladung gezündet. Das Rohr flog in die Höhe, um danach auf den Boden zurückzustürzen und somit - wenn auch sehr grob - seine Druckfestigkeit und Kerbschlagzähigkeit zu demonstrieren.

Eine erste qualitätssichernde Maßnahme in bezug auf Korrosionsschutz war die Einführung von Zinnüberzügen für Eisenbleche (Weißblech, 1372 in Wunsiedel).

Die Warenzeichen der Zünfte - später die der Manufakturen - ersetzten das heutige Fabrik- und Qualitätszeichen.
Dies bedeutete, daß die Erzeugung und der Verkauf schlechter Qualität durch ein Zunftmitglied gleichzeitig auch eine Gefährdung des Absatzes der anderen nach sich zog; es betraf also die gesamte Zunft.

Bei aller Spezialisierung blieb das Prinzip des Handwerks im wesentlichen bis zur industriellen Revolution erhalten; d.h. es gab keine systematische Arbeitsteilung bei der Herstellung eines Werkstücks. Jeder Handwerker bearbeitete sein Produkt von Anfang bis zur Fertigstellung, und vor allem kontrollierte er sich dabei weitgehend selbst. Planung, Fertigung und Prüfung - **Kopfarbeit und Handarbeit** - waren noch **in einer Person** vereinigt.

Dieses Prinzip änderte sich mit der Herausbildung des Verlagswesens im 15. Jahrhundert und der Manufaktur, die im 18. Jahrhundert als zentrale Arbeitsstätte entstand.

3. Fließbandproduktion und Qualitätsinspektor

Ein wesentlicher Industriezweig des Mittelalters - die Tuchindustrie - lag in den Händen der reichen Tuchhändler, die über die Rohstoffe und Produktionsmittel sowie über den Absatz der Woll- und Tuchwaren verfügten.

Durch Arbeitsteilung entstanden mit Herausbildung des sogenannten Verlagswesens Weber, Walker, Färber und Scherer und damit die ersten Industriearbeiter der Geschichte. Ein Arbeiter verlor dabei zunehmend die Möglichkeit, am gesamten Arbeitsvorgang vollständig teilzunehmen.

Die Einhaltung technischer Qualitätsnormen wurde umso bedeutsamer, je mehr Arbeitsgänge und unterschiedliche Produktstätten an der Herstellung eines Erzeugnisses beteiligt waren.

Frühe Beispiele für den Einsatz der hierzu benötigten Qualitätskontrolleure - sogenannter Werkmeister - finden sich bereits in der Florentiner Wollproduktion ("Arte della lana", 15. Jhd.) und im Arsenal von Venedig (Bau der venezianischen Flotte gegen die Türken, 15. Jhd.).

Der entscheidende Anstoß, der aus dem Florentiner Wolltuchgewerbe hervorging, war die rationale Kontrolle und Organisation des Arbeitsprozesses.

Die "Arte della lana", eine Zunftrolle, unterrichtet uns genau über 26 getrennte Arbeitsgänge, vom Reinigen der Wolle, Ordnen nach Qualitäten, über das Wiegen, Waschen, Spinnen und Weben bis hin zum Glätten, Strecken, Scheren und Färben des Tuches.

Unzählige Wege mußte das Produkt zurücklegen, ehe es zum Verkauf kam - Wege, die der fortschreitenden Arbeitsteiligkeit der Gesellschaft entsprachen, die sich in der Trennung der Handwerksdisziplinen zunehmend vollzog.

In bezug auf Arbeitsorganisation und abgestimmte Arbeitstechnik bot auch das spätmittelalterliche Baugewerbe (15. und 16. Jhd.) weiterführende Ansätze mit unmittelbarer Auswirkung auf Qualitätsstandards.

In den sogenannten "Bauhütten" (in Straßburg, Mainz und Köln) vereinigten sich die unterschiedlichsten Handwerke im sogenannten "Lohnwerk" zur gemeinsamen Herstellung eines Produktes, einer Brücke, Straße oder eines Doms (im Gegensatz zu den anderen handwerklichen Arbeitsweisen des Preis- und Stückwerks).

An der Spitze jeder Bauhütte, die sich in Meister, Parlierer (Poliere) und Gesellen gliederte, stand ein Werkmeister.
Jede Bauhütte hatte ein eigenes Wappen, das der Meister im Siegel führte und das quasi eine Art Gütesiegel in Form von Steinmetzeichen darstellte.

Jedes Steinmetzeichen wurde in ein beonderes Buch eingetragen, und niemand durfte es abändern.

Die zunehmende Spezialisierung der Zünfte und die beginnende Herausbildung zentraler Manufakturen war verbunden mit der Notwendigkeit, Qualitätsstandards und Kontrollen für die gefertigten Teilprodukte festzulegen, um die zugesicherte Beschaffenheit des Gesamtproduktes gegenüber dem Auftraggeber zu gewährleisten.

Die Manufaktur bildete einen arbeitsteiligen Großbetrieb (mit meist zwischen 10 und 100 Beschäftigten), in dem zum ersten Mal die Arbeitsteilung, ferner die Trennung zwischen Unternehmern und Arbeitern, sowie zwischen Wohnen und Arbeiten verwirklicht wurde.

Im Arsenal von Venedig waren alle Voraussetzungen dafür gegeben: hohe Ausbildung der Teilarbeit, Zentralisierung und Vertikalverflechtung der Ablauforganisation.

Die Komplexität des technischen Großprodukts Schiff zwang zu vertikalen Absprachen und Kontrollen. Die Einhaltung fester technischer Qualitätsstandards wurde durch die **Kontrolleure** des Arsenals überwacht. Sie bildeten eine neue Klasse von Arbeitskräften. Ihre übergreifenden Kenntnisse der technischen Gesamtzusammenhänge erhob sie über die Handwerker und machte sie zu eigentlichen Vorboten zukünftiger **Qualitätsinspektoren**.

Dieses Prinzip ging in den folgenden Jahrhunderten wieder verloren, um erst im Zusammenhang mit der Fließbandfertigung von Henry Ford wieder aufzuleben.

In den Vereinigten Staaten stand die stetige Einsparung von Arbeitsstunden am Endprodukt um die Jahrhundertwende im Vordergrund des wirtschaftlichen Interesses.

Henry Ford begann 1908 mit der Fließbandfertigung von Automobilen. Dazu setzte er Arbeitstechniken ein, um alle Einzelteile seines Wagens so vollendet herzustellen, daß möglichst jede Nacharbeit erspart blieb.

Dieses Konzept ermöglichte es ihm, rasch und billig Fahrzeuge in Massen zu fertigen. Es galt in erster Linie quantitatives Käuferinteresse zu befriedigen. Dieser als "Fordismus" bezeichnete Weg setzte erstmalig die von F.W. Taylor in seinem Buch **"Principles of Scientific Management"** (ab 1903) beschriebenen Grundsätze zur wissenschaftlichen Betriebsführung bei der Massenfertigung ein.

Die Sinnfälligkeit der Arbeitsteilung und deren wirtschaftliche Vorteile waren schon von Adam Smith 1790 am Beispiel der englischen Stecknadelfabrikation erkannt und gewürdigt worden.

Taylor optimierte diesen Denkansatz in revolutionärer Form, indem er das innerbetriebliche Geschehen transparenter, den Produktionsprozess selbst planbarer gestaltete.
Seine Rationalisierungsideen führten zu einer präzisen und logischen Planung aller an einem Erzeugnis beteiligten Arbeitsabläufe **(Trennung von Hand- und Kopfarbeit)**.

Hierzu war es erforderlich immer qualifiziertere Fertigungsmeßtechniken zu entwickeln, um die engen Toleranzforderungen und übrigen Qualitätsstandards im Zuge des Herstellprozesses überprüfen zu können.

Die Fabrik wurde zunehmend ein Automat, in den auf der einen Seite Rohstoffe und Halbzeuge einfließen und auf der anderen Seite verpackte Erzeugnisse (Fertigprodukte) herauskommen. Das einzelne Werkstück bleibt dabei stets unter Kontrolle.

War bis dahin für die Einhaltung der Qualität der Erzeugnisse der in der Produktion noch selbst tätige Werkmeister (**Universalmeister**) verantwortlich, so ging diese Funktion nun wieder - wie bereits zu Zeiten des Schiffbaus im Arsenal von Venedig - auf eine unabhängige Institution, den Qualitätskontrolleur (**Funktionsmeister**) oder den Inspektor über.
Organisatorisch wurden diese Inspektoren einem "Chief-inspector" unterstellt. Die Institution des Qualitätswesens war "neugeboren".

4. Meßtechnik/Prüftechnik/Regeltechnik

Die Erfindung der Dampfmaschine durch James Watt im Jahre 1769 wirkte als Initialzündung für die sogenannte industrielle Revolution.

Die einsetzende Phase einer ungemein kreativen, wirtschaftlich-technologischen Aufbruchstimmung im ausgehenden 18. Jahrhundert
- gepaart mit den politisch-sozialen Impulsen der französischen Revolution - drängte die bis dahin bestehenden Zunftschranken und die Kontrollinstanzen des Gewerbes mehr und mehr in den Hintergrund.

Das Fabrikwesen trat unbarmherzig und unaufhaltsam an die Stelle von Verlagswesen, Manufaktur und Hausindustrie.

Die industrielle Revolution aber - so segensreich ihre Fernwirkungen aus heutiger Sicht sein mögen - brachte zunächst unsagbares Elend durch die Unterwerfung des menschlichen Daseins unter die Gebote der industriellen Technik. Große Massen von Menschen mußten - ihrer

einstigen landwirtschaftlichen oder handwerklichen Lebensgrundlagen durch die Maschinen beraubt - ihr Glück in den Fabriken der Stadt suchen.
Vierzehn- bis Sechzehnstundentage, Kinder- und Frauenarbeit zu Hungerlöhnen waren keine Seltenheit. Der Anteil an ungelernten oder angelernten Arbeitskräften wuchs ständig.

Die Basis blieb jedoch noch das handwerkliche Denken der Mitarbeiter, auch wenn sie nun bei Siemens eine Verseilmaschine oder bei Krupp einen Dampfhammer betätigten.

Der Meister behielt vorerst seine Prüfaufgabe wie einst in den Zünften des Mittelalters.

Trotzdem trat an die Stelle der Qualitätsprüfung durch visuelle Einzelbeschau der Produkte im Zuge der industriellen Massenproduktion nach und nach zweckmäßigerweise die Qualitätskontrolle mit Hilfe von Meßgeräten. Dies sollte einerseits die Prüfzeit verkürzen und gleichzeitig den Einfluß der Prüfperson auf das Prüfergebnis verringern.

Die Standardisierung wurde zunehmend zu einem Schwungrad für die fortan in einem ständigen Spannungsfeld der Synergieeffekte sich entwickelnden Disziplinen Fertigungstechnik, Prüftechnik und Produktentwicklung.

Die Arbeit erfolgte nun nicht mehr wie im alten Zunft- und Manufakturwesen allein nach Erfahrungsregeln, sondern zusätzlich unter weitgehender Einbeziehung wissenschaftlicher Erkenntnisse.
Hand in Hand mit dieser Entwicklung schritt die Verbesserung der Fertigungsmittel und Herstellprozesse.

Beispiele hierfür sind das verfeinerte Schleifen, das Pressen mit gigantischen Schmiedepressen wie mit kleinsten Geräten, das Schlagen maßhaltiger Teile im Gesenk, das Zerspanen mit hohen Schnittgeschwindigkeiten oder der Spritzguß für nicht weiter nachzuarbeitende Teile in Metall und Kunststoff.

Voraussetzung für die Erreichung des geforderten, teilweise hohen Qualitätsstandards bei der Anwendung dieser Verfahren war die Ausdehnung der Normung auf nationaler und internationaler Basis.

Nur sie gewährleistet die Austauschbarkeit der Teile und damit den Einbau auf dem Fließband (Nähmaschinenproduktion ab 1870).

Mangel an Genauigkeit der Teile hatte noch um 1920 nicht selten ein Versagen der Fließfertigung zur Folge gehabt.

Erst die Entwicklung einer präzisen Fertigungsmeß-, Prüf- und Regeltechnik durch das Ingenieurwesen ermöglichte brauchbare Verfahren zur Feststellung der Qualität innerhalb eines sich stetig wiederholenden mechanischen Herstellprozesses.

Die Erhöhung der Arbeitsgenauigkeit von maschinell gefertigten Produkten und deren Wiederholbarkeit führte zum Prinzip der Austauschbarkeit bei technischen Konstruktionen. Dies ist direkt verknüpft mit der systematischen Einführung der Längenmeßtechnik durch Abbe (1890) bzw. Taylor (1905).

Ein erstes Konzept zur Qualitätsprüfung im Rahmen der industriellen Fertigung war die Endkontrolle **aller** ausgestoßenen Erzeugnisse eines technischen Prozesses (Gut/Ausschuß-Prüfung).
Diese Methode erwies sich jedoch sehr bald - insbesondere bei Massengütern mit geringem Verkaufswert - als zu umständlich und zu kostspielig.

Die Gefahren, die durch die Industrialisierung auf die Menschheit in wachsendem Ausmaß zukamen, forderten den Staat bald auf - "zur Aufrechterhaltung der öffentlichen Ordnung und Sicherheit" - spezielle gesetzliche Anforderungen (Bauvorschriften) an die Qualität von Dampfkesseln, Druckrohren, Schachtaufzügen und anderen Maschinen zu stellen.

Die technischen Einrichtungen wurden durch besondere Genehmigungsverfahren zunächst von den Gewerbeaufsichtsämtern, später auch von den Technischen Überwachungsvereinen und von den Berufsgenossenschaften vor ihrer Inbetriebnahme nach bestimmten **Qualitäts- und Sicherheitsstandards** geprüft.

Hierzu war die Erarbeitung leistungsfähiger Prüfmethoden für Werkstoffe und Bauteile erforderlich.

Die ersten Verfahren zur **systematischen Qualitätskontrolle** von Verarbeitungs-, Gebrauchs- und Betriebseigenschaften der Werkstoffe konzentrierten sich zunächst überwiegend auf **mechanische** Prüfmethoden.

Ziel war die Ermittlung von Werkstoffkenndaten als Basis zur Dimensionierung von Bauteilen und die Absicherung spödbruchgefährdeter Konstruktionen (z.B. die Ermittlung der Kerbschlagzähigkeit an eisernen T-Trägern durch Tetmajer 1884).

Derartige bruchmechanische Prüfungen dienten in erster Linie zur Homogenitätsprüfung metallischer Werkstoffe unter Verwendung bauteilähnlicher Proben.

Systematische Gefügeuntersuchungen durch mikroskopische Betrachtung geätzter Metallschliffe wurden durch Sorby in England (1861) und Martens in Deutschland (1875) eingeführt.

Die späteren Entwicklungen der Licht- und Rasterelektronenmikroskopie (Ardenne 1937) stellen konsequente Optimierungsschritte derartiger **Qualitäts-** und **Schadensanalysemethoden** dar.
Nicht vergessen werden dürfen in diesem Zusammenhang die spektroskopischen Verfahren, angefangen von der Spektralanalyse (Kirchhoff 1859) bis hin zu den modernen Methoden der Röntgenfluoreszenz, Atomabsorptions- und Augere-Elektronenspektroskopie.

Die von Solokov 1929 beobachtete Möglichkeit, Werkstoffehler zerstörungsfrei mit Hilfe von Ultraschallwellen aufzuspüren, stellt den

Beginn des sich mittlerweile rasant weiterentwickelnden Arbeitsgebietes der **zerstörungsfreien Werkstoffprüfung** dar.

Etwa zum gleichen Zeitpunkt gelang Förster die erste praktikable Wirbelstromprüfung zum Nachweis von Oberflächenfehlern in metallischen Bauteilen (z.B. Rißprüfung an genieteten Strukturen).

Auch komplexe Werkstoffprüfverfahren - wie Zugversuche an innendruckbeaufschlagten Rohren oder Betriebsfestigkeits- und Ermüdungsversuche unter dem Einfluß von Medien, Strahlung und Temperatur - wurden nach und nach eingeführt. Sie dienen heute zur Qualitätsüberprüfung von Werkstoffen und ihren abgeleiteten Konstruktionen.

Die Erarbeitung neuer Prüfverfahren auf Basis prinzipiellbekannter physikalischer Erscheinungen oder chemischer Werkstoffeingeschaften sind keineswegs erschöpft. Speziell die Entwicklungen im Bereich der Kunststoffe, Verbundwerkstoffe, Keramiken und Pulvermetalle bieten noch ein breites Nutzungsfeld für neuartige Konzepte zur zerstörenden und zerstörungsfreien Werkstoffprüfung.
Holografie, Schallemissionsanalyse, Bildanalyse, Computertomografie oder dynamisch-mechanische Analyse (DMA), Differentialthermoanalyse und Thermofraktografie mit gekoppelter Gaschromatografie sind nur einige Beispiele hierzu.

Ziel bleibt es, eine möglichst in den Herstellungs- und Verarbeitungsprozeß **integrierte Prüfung** der **kritischen** Werkstoff/Bauteil-**Qualitätsmerkmale** bei guter Reproduzierbarkeit und vertretbarem Aufwand (Kosten/Nutzen) zu entwickeln.

Darüberhinaus muß verstärkt angestrebt werden, die in der Vergangenheit dominierenden, kostenintensiven Qualitätsprüfungen am Endprodukt zu reduzieren. Auf Basis nachgewiesener Struktur-Eigenschaftsbeziehungen der Werkstoffe sollten - soweit wie möglich - zuverlässige Aussagen über die Qualitätseigenschaften der gefertigten Produkte auch unter Betriebsbedingungen gefunden werden können.

Der technologisch-wirtschaftliche Drang zum Einsatz der Massenfertigung gibt jedoch auch zu kritischen Überlegungen Anlaß.

Die Unterscheidung zwischen Gebrauchs- und Verbrauchsgütern, die einst auf Preis, Güte und Fertigung sehr bestimmend einwirkte, ist heute sehr unsicher geworden.

Im Zuge der Produktionssteigerungen sind viele Objekte wie Dosen, Flaschen, Schuhe und Kleidungsstücke zur Verbrauchsware geworden.

Manchmal ist auch heute noch handwerksmäßige Herstellung nicht zu umgehen.

Man kann Autos, Elektrogeräte, Photoapparate, Computer ebenso Zigaretten in Massenfertigung herstellen, nicht aber Großmaschinen, Sateliten, astronomische Fernrohre, nicht einmal Qualitätszigarren.

5. Statistische Qualitätssicherungsmethoden im 20. Jahrhundert

Qualitätssicherung benötigt neben der Meß- und Prüfdatenerfassung auch deren Verarbeitung zur Qualitätssteuerung. Mit Hilfe der Qualitätssteuerung wird gezielt darauf geachtet, daß fehlerhafte Produkte möglichst gar nicht erst entstehen oder aber nicht weiterverarbeitet werden.

Die zeitlich problemlose Erfassung und Bewertung stetig wiederkehrender Beurteilungskriterien bei technischen Erzeugnissen ist erst durch die praktische Anwendung der statistischen Qualitätskontrolle möglich geworden.

Erst 1931 wurden die großartigen Möglichkeiten dieser Technik von W.A. Shewart - Mitarbeiter der Bell Telephone Company - erkannt und in seinem Buch **"Economic Control of Quality of Manufactured Products"** beschrieben.

Seitdem gehören im Rahmen der Fertigungsüberwachung die Begriffe wie Stichprobenplan, obere und untere Prozeßeingriffsgrenze oder **Qualitätsregelkarte** zum gängigen Handwerkszeug des Qualitätssicherers.

Durch diese Gedanken Shewarts - die im wesentlichen auf den mathematischen und statistischen Denkansätzen von Poisson, Gauß und Quetelet basieren - ist es möglich geworden, die zufälligen und systematischen Störgrößen auf den Fertigungsprozeß zu unterscheiden und den Zeitpunkt der Toleranzüberschreitung vorauszusagen. Dadurch ist die Qualitätsregelung von Prozessen in der Tat möglich geworden.

Ebenso bedeutsam für die Entwicklung der industriellen Qualitätssicherung war die Einführung von Stichprobensystemen zur Abnahme von Massengütern nach attributiven oder variablen Qualitätsmerkmalen.

Das Kriterium **"Acceptable Quality Level" (AQL)** wurde durch amerikanische Beschaffungsstellen - maßgeblich wirkten hier wiederum Mitarbeiter der Bell Laboratories mit - während des 2. Weltkrieges erarbeitet und über den Military Standard 105 verbindlich eingeführt. In 10-tägigen staatlichen Schulungskursen wurden ab 1942 die Grundprinzipien der statistischen Qualitätskontrolle an Mitarbeiter der Industrie für kriegstechnisches Gerät und Versorgungsmaterial in den Vereinigten Staaten vermittelt.

Ohne Messen und Prüfen ist industrielle Qualitätssicherung schlechthin undenkbar. Die richtige und zeitgerecht Feststellung der Ist-Werte vorgegebener Qualitätsmerkmale und ihr Vergleich mit den Anforderungen ist eine notwendige, wenn auch leider keine hinreichende Voraussetzung für einwandfreie Produkte.

Da Qualität nach dem Grad der Übereinstimmung von Produkteigenschaften mit den Anforderungen des Auftraggebers beurteilt wird, beginnt die Einbeziehung von Qualitätssicherungsfunktionen notwendigerweise in den frühesten Phasen der Produktentwicklung.

Hierbei gilt es durch fortlaufende objektive Überprüfung an Entscheidungsknoten - in Form von periodischen Design-Reviews und Audits - festzustellen, ob und wie die festgelegten Entwicklungsziele erfüllt werden.

Bedenkt man, daß etwa 75% der Fehler im Produktentstehungsgang bereits innerhalb der Entwicklungsphase auftreten, dann sieht man leicht ein, welcher hohe Stellenwert der Qualitätssicherung in Form von **FMEA-Betrachtungen, Prozeßfähigkeitsanalysen** vor Serienanlauf und **systematischer Lieferantenbewertung** zukommt.

Generelle Kriterien, die bereits im Entwurfsstadium eines Produktes sorgfältig bearbeitet werden müssen, sind die Werkstoff-, Verfahrens- und Bauteilqualifikation, Sicherheit und Zuverlässigkeit, Prüfbarkeit, Wartbarkeit und Reparatur (bzw. Austauschbarkeit) in bezug auf einen möglichst hohen Gebrauchsnutzen für den Anwender.

Die rückblickende Betrachtung der letztgenannten Denkansätze führt uns zwangsläufig dazu Qualitätssicherung wieder auf das Gesamtsystem der Produktentwicklung und -herstellung und auf die Produktbeobachtung auszurichten. Die Wege führen scheinbar wieder zurück zu den Aufgaben des mittelalterlichen "Universalmeisters".

Das Systemdenken - d.h. die Querschnittsfunktion - sollte Vorrang haben vor dem bloßen "Inseldenken". Gerade im Zusammenhang mit den z.Zt. aufblühenden **Computer Aided Quality Assurance** Konzeptionen (CAQ) ist die richtige Gesamtschau vor der Einrichtung von rechnergestützten Abläufen besonders wichtig geworden.

6. Made in Germany - ein ungewolltes Qualitätssymbol der Gründerzeit

Das eigentlich diskriminierend gemeinte englische Gesetz (Merchandise Marks Act, 1887) zur Dämpfung der Exporterfolge deutscher Industriegüter, das dazu zwang, deutsche Waren weltweit mit der Bezeichnung "Made in Germany" zu kennzeichnen, wurde ohne jede Public-Relations-Aktion zum Inbegriff deutscher Qualitätsarbeit.

Mit Beginn der Gründerzeit nach 1871 hatte in Deutschland eine technische Entwicklungsphase eingesetzt, die sich gut mit der Entwicklung der japanischen Industrie nach dem 2. Weltkrieg vergleichen läßt.

Über die Phase der industriellen Nachahmung ausländischer (speziell englischer) Produkte und damit verbundener Herstellverfahren (ab 1840), deren Optimierung bis hin zur qualitätsmäßigen Ebenbürtigkeit, gelangte man schließlich zu eigenständigen Entwicklungen.

Dieser Prozeß ist eng mit Namen wie Borsig, Krupp, Thyssen, Bosch, Siemens, Harkort, MAN, Krauss-Maffei und AEG verbunden, deren Pioniertätigkeit Deutschland den technisch-wirtschaftlichen Anschluß an die anderen Industrie-Staaten der damaligen Welt brachte.
"Made in Germany", als Stempel für minderwertige Qualität deutscher Produkte gemeint, ist seither ein Gütesiegel geblieben - von niemandem verliehen, aber weltweit anerkannt.

"Made in Germany" gründet noch heute besonders auf der vergleichsweise hohen Qualitätsfähigkeit der deutschen Industrie bei der Produktplanung, -entwicklung und -herstellung, d.h. auf der Fähigkeit, Qualitätsforderungen des Kunden wirksam und termingerecht zu erfüllen.

Die den Unternehmen im freien Wettbewerb auferlegte Sorgfaltspflicht erhöht die Eigeninitiative bei der Suche nach qualitativ besseren Lösungen.
Unter diesem Aspekt spielt auch der hohe Stand der Normung bei uns eine wesentliche Rolle.

7. Resümee:

Die Qualitätsfähigkeit von Produkten war zu allen Zeiten ein wesentlicher Schlüssel zum Markterfolgt.
Dabei steht die Qualitätssicherung als Schlüsselfunktion stets im Spannungsfeld von Produktentwicklungskreisläufen.

Während die Qualitätssicherung sich lange Zeit auf die **Produktendprüfung** konzentriert hat, vollzieht sich heute mehr und mehr ein Wandel hin zu den frühen Produktentwicklungsphasen unter Einbeziehung aller beteiligten Fachdisziplinen - hin zur **Philosophie präventiver Qualitätssicherung: "Qualität erzeugen, nicht erprüfen"**.

Aus diesen Erkenntnissen ergibt sich für die Zukunft die Forderung nach qualifizierten Ausbildungs- und Studiengängen, die der **ganzheitlichen** und **integrierenden** Aufgabe der Qualitätssicherung mehr denn je Rechnung tragen.

Hier besteht ein aktiver Handlungsbedarf, um den bisher gehaltenen ausgezeichneten Qualitätsstandard deutscher Produkte und Dienstleistungen auch in Zukunft zu erhalten.

Ausgewählte Literatur:

G. Spur:	Produktionstechnik im Wandel C. Hanser Verlag 1979
A.J. Duncan:	Quality Control, 5th Edition E. Irvin Inc. 1986
W. Masing:	Handbuch der Qualitätssicherung C. Hanser Verlag 1980
A. Lisson:	Qualität die Herausforderung Springer Verlag / Verlag TÜV Rheinland 1987
U. Troitzsch W. Weber:	Die Technik Westermann Verlag 1982
K. Pagel:	Die Hanse Westermann Verlag 1983
G. Hardach J. Schilling:	Das Buch vom Markt C. J. Bucher Verlag 1980
W. Ruppert:	Die Fabrik C. H. Beck Verlag 1983
S. + W. Jacobeit:	Illustrierte Alltagsgeschichte des deutschen Volkes Pahl-Rugenstein Verlag 1987

Qualitätssicherungskonzepte

H. Gräfen VDI, Leverkusen

1. Qualität als Unternehmensziel

Etwa 75 % aller Fehler, die am fertigen Erzeugnis auftreten und Garantiekosten nach sich ziehen, werden im Stadium der Entwicklung und Konstruktion verursacht, dagegen nur etwa 25 % während der Fertigung. Daraus geht hervor, daß die Sicherung der Qualität nicht eine vorrangige Aufgabe der Prüftechnik ist, sondern aus einer Summe von Einzelmaßnahmen besteht, die alle Bereiche, nämlich Planung, Entwicklung, Konstruktion und Fertigung umfaßt. Qualität kann nur konstruiert, erzeugt und gesichert werden, wenn ein Unternehmen eine übergeordnete Qualitätsstrategie entwickelt, die das Qualitätswesen in die Lage versetzt, technisch zuverlässig und auch wirtschaftlich zu arbeiten.

Am Anfang steht also eine unternehmensindividuelle Qualitäts-Ziel-Definition, die alle Produktphasen unter Berücksichtigung der Erwartungen des Abnehmers oder Verbrauchers umfaßt, wie sie im Qualitätskreis der DIN ISO 9004 in Form der Qualitätselemente niedergelegt sind (Bild 1). Dies setzt ein Qualitätsverständnis der Unternehmensleitung voraus. Sie muß Qualität zum gleichberechtigten Ziel neben den anderen wichtigen Unternehmenszielen erklären und zu einem Anliegen aller Beschäftigten machen und nicht nur derjenigen organisatorischen Einheiten, die Qualität in ihrer Funktionsbezeichnung enthalten. Erst wenn in einem Unternehmen Qualitätssicherung als eine Führungsaufgabe

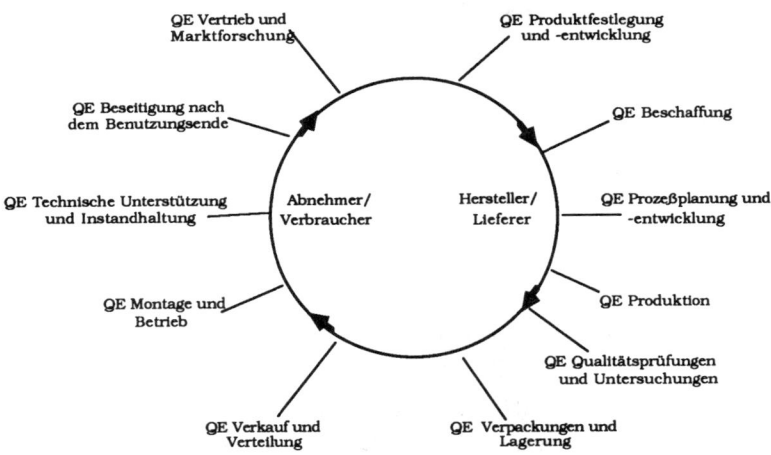

Qualitätskreis und Qualitätselemente

Bild 1

ersten Ranges aufgefaßt wird, kann ein solches Qualitätsverständnis und damit ein Qualitätsmanagement entstehen und funktionieren. Optimierung der Tätigkeitsabläufe, Reduzierung aufwendiger Prüf- und Gegenprüfvorgänge und auch die Einführung neuer Konzeptionen, wie z. B. "Just-in-Time"-Fertigung und -Zulieferung, werden durch eine Verminderung des Qualitätsrisikos ermöglicht.

Wenn Qualität als Erfüllung von Anforderungen an Produkte und Dienstleistungen verstanden wird, genügt es nicht mehr Fehler zu beseitigen, sondern deren Ursachen aufzufinden und zu eliminieren. Eine einmalige, auch aufwendige Beseitigung einer Fehlerursache ist billiger als eine immer wiederkehrende Beseitigung eines Produktfehlers, möglicherweise erst beim Kunden oder Verbraucher. Diese Überlegungen gelten auch für indirekte Tätigkeiten. Lückenhafte Angebote, fehlerhafte Rechnungen, unverständliche Verträge, unvollständige und nicht termingerechte Lieferungen, im Prinzip alles Routinevorgänge, verärgern den Kunden und sind dem Ruf eines Unternehmens sehr abträglich. Sie stellen Schwachstellen im Qualitätssicherungssystem und in der Qualitätslenkung dar, die abgestellt werden müssen.

2. Qualitätsplanung und Qualitätskonzept

Die Qualität eines Produktes ist nicht durch eine rigorose Endkontrolle bzw. Aussortierung zu erzwingen, dies würde nur das Abtrennen von Ausschuß bedeuten, sondern nur durch umfassende Planung des gesamten Lebenszyklus eines Produktes mit ständiger Überwachung und Überprüfung der Teilschritte mit Hilfe systemtechnischer Methoden, wobei offene Fragen gelöst, Probleme beseitigt und die Kosten optimiert werden müssen. Eine solche Planung eines Produktes und seiner Qualität umfaßt

- das durch den Abnehmerkreis bestimmte Niveau der Qualität eines Produktes unter Berücksichtigung von Lebensdauer und Risiken,

- die Festlegung dieser Anforderungen und Wünsche für die Entwicklungsabteilung in Form eines Pflichtenheftes, wobei Normen und technische Regeln zu berücksichtigen sind,

- die Realisierung in der Entwicklungs- und Konstruktionsphase unter Beachtung leichter Ausführbarkeit und vertretbarer Kosten,

- Festlegung der Herstellvorschriften und Kontrollen für die Erzeugungsphase unter Beachtung der Notwendigkeit und Aussagefähigkeit der qualitätssichernden Maßnahmen für Teile, Baugruppen und Endprodukt und

- die Festlegungen bezüglich Verpackung, Transport, Montage, Inbetriebnahme u.ä., je nach Branche und Produktart.

Dazu gesellen sich die

- Qualitätsnachweise, sie haben die gemäß Planung geforderten Eigenschaften des Produktes auf Erfüllung zu prüfen und die

- Qualitätslenkung, sie legt die Maßnahmen und Tätigkeiten fest, die zur Erzielung der geforderten Eigenschaften des Produktes notwendig sind.

Nehmen wir zu den Elementen

- Produktqualität und
- Qualitätssicherung als drittes Element die
- Qualitätskosten hinzu, gelangen wir entsprechend Bild 2 zum Qualitätskonzept eines Unternehmens.

Bild 2

Es stellt das Kernstück der Qualitätspolitik eines Unternehmens dar und enthält die unternehmerische Zielsetzung, zu der noch die grundlegende Geschäftspolitik hinzukommt. In vielen Fällen verlangt man von einem Unternehmen auch diesbezüglich Grundsatzerklärungen und auch Dokumentationen ihres Konzeptes, beispielsweise anhand bestehender nationaler und internationaler Normen der Qualitätssicherung. Für die Bundesrepublik von Bedeutung sind hier besonders die DIN ISO Normen 9000 bis 9004 (Ausgabe Mai 1987). Sie werden später noch kurz behandelt.

3. Qualitätssicherungssysteme

Ein Qualitätssicherungssystem umfaßt lt. DIN ISO 9000 Aufbau- und Ablauforganisation, die Zuständigkeiten, Verfahren, Prozesse und Mittel für die Ausführung des Qualitätsmanagements. Es sollte nur so umfassend wie nötig sein, um die Qualitätsziele zu erreichen. Die QS-Elemente eines Qualitätssicherungssystems entsprechen im wesentlichen denen des im Bild 1 gezeigten Qualitätskreises.

In Bild 3 sind die wichtigsten noch einmal zusammengestellt. Trotz individueller, betriebsbezogener Unterschiede sind die qualitätssichernden Maßnahmen innerhalb des Systems in erfolgreichen Betrieben einander ähnlich. Da-

Elemente eines Qualitätssicherungs-Systems

- Führungsaufgaben
- Auftragsüberprüfung
- Qualitätssicherung während der Entwicklung
- Behandlung der technischen Unterlagen
- Einkauf/Beschaffung
- Vom Auftraggeber beigestellte Produkte
- Kennzeichnung und Rückverfolgbarkeit
- Qualitätsprüfungen
- Prüf- und Meßmittel
- Prüfzustand
- Behandlung fehlerhafter Produkte
- Korrekturmaßnahmen
- Handhabung, Lagerung, Verpackung, Versand
- Qualitätsaufzeichnungen
- Interne Qualitätsaudits
- Weiterbildung
- Kundendienst
- Statistische Methoden

Bild 3

Int.	ISO 9000 bis 9004
Nato	AQAP 1, 4, 9
D	KTA 1401; DIN ISO 9000 bis 9004
CAN	CAN 3 - Z 299.0 bis 4
GB	BS 5750 Part 1-3
SA	SABS 0157 Part 1-3
F	AFNOR PrX50-110
N	NS 5801-03
USA	ASME-Code, Sections I und VIII ASME-Code, Section III; NCA 4000
CH	SN 029100
AU	ÖNORM A 6672

Normen und Regelwerke mit Anforderungen an Qualitätssicherungssysteme

Bild 4

durch konnten internationale Normen aufgestellt werden, in denen Mindestanforderungen zur Qualitätssicherung von Produkten, Arbeitsabläufen und Dienstleistungen festgelegt sind (Bild 4). Dazu gehören auch für spezielle Anwendungszwecke formulierte Regelwerke (z. B. ASME-Code, Sec. III; KTA 1401 für den kerntechnischen Bereich oder im militärischen Bereich Nato-Standard AQAP 1, 4, 9). Die Anwendungszwecke der hier betrachteten Normen und Regelwerke, die sich auf QS-Systeme beziehen, lassen sich generell wie folgt zusammenfassen:

(1) Als Forderung von Bestellern zur Nachweisführung und Vertrauensbildung hinsichtlich der Qualitätsfähigkeit ihrer Lieferer;

(2) als Anforderung aus sicherheitstechnischer Sicht auf gesetzlicher Grundlage und

(3) als Leitlinie zum Aufbau von unternehmensspezifischen QS-Systemen.

Die Erfüllung der QS-Anforderungen ist in der Regel vor der Lieferung nachzuweisen, oft im Rahmen von Qualitätsaudits, die beim Lieferer durch den Besteller oder dessen Beauftragten durchgeführt werden. Sie sollen die grundsätzliche Erfüllbarkeit der im QS-System des Lieferers enthaltenen Regelungen und Anforderungen sowie der vertraglich getroffenen Vereinbarungen und Spezifikationen prüfen. Bei höheren Qualitätsanforderungen werden in der Regel zusätzliche produktbezogene Qualitätsprüfungen, wie Fertigungskontrollen, Abnahmeprüfungen und Wareneingangskontrollen vom Besteller durchgeführt. Wenn man von den Qualitätssicherungsanforderungen, die in technischen Regeln auf gesetzlicher Basis enthalten sind, einmal absieht, kommt den bereits erwähnten Normen DIN ISO 9000 bis 9004 eine besondere Bedeutung für die allgemeine betriebliche Praxis zu (Bild 5).

Sie leiten beispielsweise zu vertrauensbildenden Maßnahmen an. So kann der Anbieter dem Besteller sozusagen eine Visitenkarte seiner Produktqualität in Form eines "Qualitätssicherungs-Handbuches" übergeben, in dem alle getroffenen Maßnahmen und organisatorischen QS-Abläufe dokumentiert sind. Da diese mit der allgemeinen Entwicklung und dem technischen Fortschritt Schritt zu halten haben, müssen sie ständig fortgeschrieben und durch interne Audits laufend angepaßt werden. Weil dies nicht immer ausreichend geschieht und ein Handbuch auch zur Routine verführt, sollte es aber nicht die direkte produktbezogene Qualitätssicherung ersetzen, insbesondere nicht bei Einzelfertigung technisch aufwendigerer Anlagen, Bauteile oder Komponenten, die in der Regel die Erfüllung spezifischer Anforderungen benötigen.

DIN ISO 9001 bis 9003 sehen 3 Nachweisstufen vor (Bild 6).

DIN ISO 9000	Leitfaden zur Auswahl und Anwendung der Normen zu Qualitätsmanagement, Elementen eines Qualitätssicherungssystems und zu Qualitätssicherungs-Nachweisstufen
DIN ISO 9001	Qualitätssicherungssysteme - Qualitätssicherungs-Nachweisstufe für Entwicklung und Konstruktion, Produktion, Montage und Kundendienst
DIN ISO 9002	Qualitätssicherungssysteme - Qualitätssicherungs-Nachweisstufe für Produktion und Montage
DIN ISO 9003	Qualitätssicherungssysteme - Qualitätssicherungs-Nachweisstufe für Endprüfungen
DIN ISO 9004	Qualitätsmanagement und Elemente eines Qualitätssicherungssystems - Leitfaden
(ISO 8402	Begriffe der Qualitätssicherung)
(DIN 55 350 Teil 11	Begriffe der Qualitätssicherung und Statistik Grundbegriffe der Qualitätssicherung)

Bild 5   DIN ISO Normen zur Qualitätssicherung

Stufe	QS-Forderungen für	Anwendbar auf	Beispiele
I	Entwicklung Konstruktion Fertigung Montage/ Inbetriebnahme Kundendienst	Produkte, bei denen der Lieferer die Erfüllung der Qualitätsforderungen für alle relevanten Phasen nachzuweisen hat.	Komplexe technische Anlagen mit Entwicklung neuer oder modifizierter Qualitätsanforderungen

Stufe	QS-Forderungen für	Anwendbar auf	Beispiele
II	Fertigung Montage/ Inbetriebnahme	Produkte, für die der Lieferer die Erfüllung der Forderungen nur für die Ausführungsqualität während der Herstellung nachzuweisen hat.	Bauteile, Komponenten mit bewährten Qualitätsvorgaben.

Stufe	QS-Forderungen für	Anwendbar auf	Beispiele
III	Endprüfung	Produkte, bei denen die Erfüllung der Qualitätsforderungen durch Prüfung im Endzustand ausreichend nachgewiesen werden kann.	Bewährte Serienprodukte

Nachweisstufen

Bild 6

Stufe 1 wird für Produkte angewendet, bei denen der Lieferer die Erfüllung der Qualitätsanforderungen für sämtliche Produktphasen, von der Entwicklung bis zur Betriebsphase und Kundendienst verantworten und nachweisen muß. Dies gilt zum Beispiel für komplexe technische Anlagen mit speziellen Anforderungen, die häufig in Einzelfertigung hergestellt werden.

Stufe 2 bezieht sich auf Produkte, für die der Lieferer nur die Qualitätsanforderungen für die Ausführung (Herstellung) nachzuweisen hat. Hierunter fallen in der Regel standardisierte Bauteile oder Komponenten mit bewährten Planungs- und Fertigungsunterlagen.

Stufe 3 findet für Produkte Anwendung, die nur durch Prüfung oder Inspektion des Endzustandes einer QS unterworfen werden. Dies gilt für bewährte Serienerzeugnisse.

Eine andere Kategorie von QS-Normen sind Regelwerke und Codes, die auf der Grundlage gesetzlicher Vorschriften die Erfüllung und den Nachweis sicherheitstechnischer Qualitätsanforderungen zum Ziel haben. Dazu gehören die technischen Regeln für die Errichtung und den Betrieb technischer Anlagen mit großer Gefährdung für Mensch und Umwelt, wie der amerikanische ASME-Code, Section I und VIII und das deutsche Regelwerk der TRB/AD-Merkblätter und TRD für Druckbehälter und Dampfkessel, wie auch der ASME-Code, Section III oder die KTA 1401 für kerntechnische Anlagen.

Die Anforderungen dieser Regelwerke sind im Lieferfall nicht frei zwischen Lieferer und Besteller zu vereinbaren, sondern zwingend anzuwenden. Im Vordergrund steht hier das Schutzbedürfnis der Öffentlichkeit vor Gefahren. All diesen Konzepten ist gemeinsam, daß die Prüfung auf Erfüllung der gestellten Anforderungen durch vom Besteller und Lieferer unabhängige behördliche bzw. behördlich autorisierte

Institutionen wahrgenommen wird. Es bestehen bezüglich der Nachweiskonzepte aber erhebliche nationale Unterschiede.

Der ASME-Code ist ein systembezogenes Konzept mit zum Teil recht restriktiven Festlegungen von Anforderungen an das in einem Handbuch dokumentierte QS-System des herstellenden Unternehmens und einer Nachweisführung im Rahmen eines umfangreichen System-Audits durch den National Board zusammen mit einer Authorized Inspection Agency sowie einer auf den Lieferfall abgestimmten produktbezogenen Überwachung durch den Authorized Inspector.

Das deutsche Regelwerk ist ein Beispiel eines produktbezogenen Konzeptes, das dem herstellenden Unternehmen keine Auflagen zur Gestaltung seines Qualitätssicherungssystems macht, sondern außer dem Nachweis der Erfüllung einiger Schwerpunktanforderungen an die Qualitätssicherung des Herstellers den Erfolg der unternehmenseigenen Qualitätssicherung im wesentlichen aufgrund produktbezogener Prüfungen durch Sachverständige feststellen läßt.

Zu beachten ist, daß keine der QS-Normen ein Kochrezept für ein unternehmenseigenes QS-System darstellt. Ein universelles, genormtes QS-System gibt es nicht. Die Normen liefern jedoch eine Basis hierfür und bieten Leitlinien an zur Gestaltung eines unternehmensspezifischen Systems unter Berücksichtigung individueller Gegebenheiten und Bedürfnisse sowie der Anpassung an Kundenanforderungen, ggf. ergänzt durch übergeordnete Gesichtspunkte wie Schulung, Produkthaftung u.ä.

4. Sicherung der Materialqualität im Rahmen von QS-Systemen

Da der Schwerpunkt der Veranstaltung der Qualitätssicherung von Werkstoffen und Bauteilen unter dem Aspekt der vergleichenden Betrachtung der verschiedenen Werkstoffgruppen gewidmet ist, soll nachfolgend auf die generellen

Unterschiede, die hier bei den qualitätssichernden Maßnahmen auftreten, eingegangen werden.

Wie schon erwähnt, enthält das Pflichtenheft, entweder vom Kunden aufgestellt oder vom Hersteller und Verbraucher gemeinsam erarbeitet, die Anforderungen an das Produkt in detaillierter Form. Die Erfüllung dieser Anforderungen geht, und das ist leicht einzusehen, in weiten Bereichen zu Lasten der Werkstoffe bzw. der aus ihnen gefertigten Bauteile.

In der Entwicklungsphase wird die Entwurfsqualität des Produktes stark von der Werkstoffauswahl beeinflußt. Sie wird abgeleitet aus den Praxisbedingungen des Einsatzes, der funktionellen Anforderung an das Produkt und von seiner Formgebung. Dabei ist zu beachten, daß Werkstoffe vielfach Eigenschaften besitzen, die unter dem Einfluß spezieller Einsatzbedingungen zeitlich nicht stabil bleiben. Besonders zu beachten ist auch die Absicherung einer guten Verarbeitbarkeit, wobei deren Koordinierung mit den Anwendungsanforderungen oftmals besondere Anstrengungen erfordert.

Während der Herstellungsphase müssen die speziellen Einflüsse der Verarbeitung auf die Materialeigenschaften beachtet werden. Die dadurch im Bauteil induzierten Eigenschaften müssen im Qualitätssicherungssystem enthalten, überwachbar und mit den Anforderungen kompatibel sein.

Wechselwirkungen der Materialien und Bauteile untereinander, sowie mit Betriebsmitteln und Umgebungsstoffen beeinträchtigen Einsatzfähigkeit und Verfügbarkeit und erfordern besondere Maßnahmen zur Sicherung der Lebensdauer.

Zur Qualitätssicherung bei Materialien gehören demnach bestimmte Voraussetzungen.

1. Ermitteln der materialtechnischen Anforderungen bei der Produktentwicklung; Auswahl geeigneter Materialien; Typenprüfung; Lebensdauerprüfung.

2. Definition der Ausgangsqualität der Materialien; Festlegung der Anforderungen an die Lieferqualität für die Bestellunterlagen.

3. Festlegung der qualitätssichernden Eingangs- und Abnahmeprüfungen.

4. Festlegung der Maßnahmen zur Qualitätssicherung während der Verarbeitung, Montage und Auslieferung.

5. Berücksichtigung des Informationsrückflusses bezüglich des Produktverhaltens.

Dieses Anforderungsprofil zeigt auf, daß die Instanzen für eine Qualitätssicherung der Werkstoffe und Bauteile keine einfachen Kontrollorgane sein können, die nach einmal festgelegten Schemata arbeiten, sondern mit Hilfe weitreichender Kenntnisse über das Materialverhalten – insbesondere ihrer möglichen Zustandsänderungen in Abhängigkeit von Beanspruchung und Zeit – diese Aufgabe wahrnehmen müssen. Das Zusammentragen und Bereithalten dieses Wissens ist eine der wichtigsten Aufgaben der zur Prüfung und Betreuung der Materialien eingesetzten Fachbereiche. Dies gelingt nicht allein durch Sammeln von Literatur, sondern oft erst durch experimentelles und praktisches Auffinden der Einflußfaktoren, die solche Änderungen auslösen. Diese lassen sich in 3 systematische Gruppen einordnen.

1. Einflüsse, die unbeabsichtigte physikalische und/oder chemische Reaktionen auslösen (z. B. Phasenumwandlung, Volumenänderung, Alterung, Korrosion),

2. Einflüsse, die physikalische oder chemische Gleichgewichte stören (z. B. Entmischung, Ausscheidung, Diffusion, Versprödung),

3. Einflüsse, die zu Wechselwirkungen von Komponenten untereinander führen, die unerwünscht sind (z. B. technologisch unverträgliche Werkstoffkombinationen, ungünstige Wärmeausdehnungskoeffizienten, Werkstoffpaarung mit Kontaktkorrosionsgefahr, ungeeignete Schmiermittel).

Daraus geht eindeutig hervor, daß die Qualität und Zuverlässigkeit eines Produktes weitgehend von der Kenntnis dieser Einflüsse und ihrer Berücksichtigung in der Entwicklungsphase bestimmt wird. Erklärt wird hierdurch auch die eingangs gemachte Feststellung, daß 75 % der Produktfehler eben infolge von Unzulänglichkeiten bei Entwicklung und Konstruktion entstehen.

Prüfen und Messen können nur, bei sorgfältiger Beachtung ihrer Aussagefähigkeit und Genauigkeit, die Einhaltung der geplanten Eigenschaften bzw. die momentane Erfüllbarkeit der Funktionen eines Produktes nachweisen. Sie sagen etwas aus über den Realisierungsgrad der in der Planung festgelegten Merkmale. Damit sind sie aber nicht in der Lage, Planungsfehler zu korrigieren. Prüfen und Messen sortiert, heilt aber nicht.

Hier wird deutlich, wie entscheidend die Planungs- und Entwicklungsphase für die Qualitätssicherung ist, wie eng Konstrukteure und Werkstoffspezialisten zusammenarbeiten müssen und warum die werkstoffbezogenen Maßnahmen innerhalb eines Qualitätssicherungssystemes einen so hohen Stellenwert besitzen.

Betrachtet man die Bereiche Entwicklung und Prüfung im Rahmen eines Regelkreises (Bild 7) erkennt man die Zusammenhänge von Werkstoffauswahl, Werkstoffprüfungen und Bauteilprüfungen mit den Bereichen Konstruktion und Fertigung sowie mit den sonstigen Prüfvorgängen.

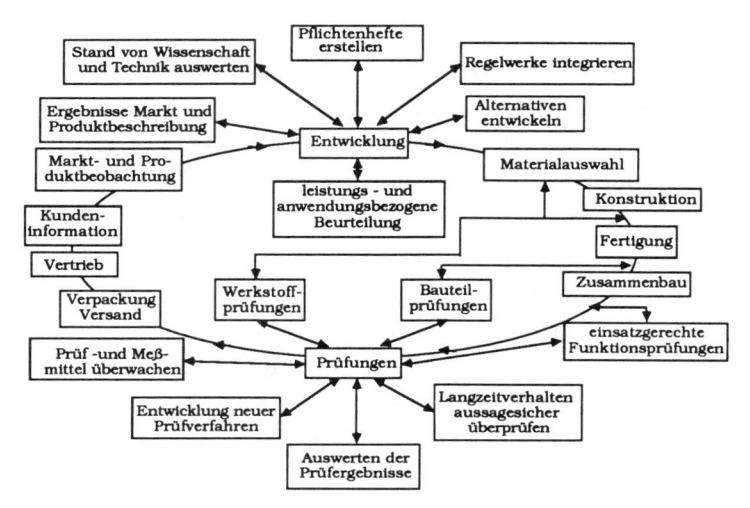

Qualitätsregelkreise der Bereiche Entwicklung und Prüfung

Bild 7

Da sowohl diese QS-Einzelelemente als auch ihre Abhängigkeiten voneinander weitgehend werkstoffspezifisch sind, ist eine vergleichende Betrachtung und auch Beurteilung der Qualitätssicherungsmaßnahmen in Abhängigkeit vom jeweiligen Werkstoff, wie es mit dieser Veranstaltung versucht wird, zweifellos äußerst nützlich. Ein bei einer Werkstoffgruppe aussagefähiger QS-Nachweis ist bei einer anderen möglicherweise wenig brauchbar, bei einer dritten vielleicht völlig abwegig. Da die Ermittlung überflüssiger oder kaum aussagefähiger Prüfmerkmale den Prüfumfang unnötig erweitern, womit erhebliche Kosten verbunden sind, muß dieser Problematik stets nachgegangen werden.

Die werkstoffbezogenen Prüfnachweise betreffen

- Werkstoffeigenschaften, die für die Funktionsfähigkeit der aus ihnen hergestellten Produkte wichtig sind,

- ihre Verarbeitbarkeit garantieren und

- die Zuverlässigkeit während des Einsatzes optimieren bzw. Schadenseintritte minimieren.

Die hierfür je nach Werkstoffart und Produkt einzusetzenden Prüfmethoden zur Ermittlung der notwendigen Qualitätsmerkmale sind außerordentlich verschieden voneinander. Auch bei gleichartigen Werkstoffen können, je nach Funktion des Produktes, völlig unterschiedliche Prüfnachweise erforderlich sein. Trotz umfangreicher Normenblätter und sonstiger technischer Regeln bleibt das Festlegen geeigneter Prüf- und Überwachungsschritte, das Bereitstellen hierfür geeigneter Prüfmittel, die Beurteilung der Aussagefähigkeit von Prüfergebnissen, die kritische Bewertung von Toleranzgrenzen und letztlich die aus der Summe der Einzeldaten festzulegende Gütestufe sachkundigen Spezialisten vorbehalten.

So wertvoll alle Leitfäden für Management, Organisation, Ablauf und Dokumentation der Qualitätssicherung auch sein mögen, die Wirksamkeit wird erst durch die Eignung der Merkmals- und Eigenschaftsprüfungen gesichert.

5. Materialbezogene QS unter den Aspekten Risiko, Kosten und Nutzen

Häufigkeit und Umfang von Materialprüfungen richten sich im Grundsatz

- nach dem Risiko des Versagens und
- nach den im Versagensfall auftretenden Konsequenzen.

Unter Risiko ist hier nicht nur die Gefährdung von Personen und Sachen zu sehen, sondern auch Prestige- und Vertrauensverluste, Verluste an Marktanteilen, Ersatzansprüche und Produkthaftungsfolgen. Prinzipiell gilt die Überlegung, daß bekannte genormte und erprobte Werkstoffe mit guter Verfügbarkeit von Haus aus ein geringeres Fehlerrisiko beinhalten als beispielsweise ein wenig gängiges, selten angewendetes und möglicherweise schwierig zu verarbeitendes Material. Es ist daher auch eine wichtige Aufgabe in der Entwicklungsphase, die Werkstoffauswahl so weit wie möglich nach folgenden Gesichtspunkten vorzunehmen:

- Genormte und möglichst unkritische Eigenschaften und Lieferqualitäten sind vorhanden.
- Es sind keine Verarbeitungsschwierigkeiten zu erwarten.
- Für automatisierte Verarbeitungsprozesse sind die Werkstoffe geeignet.
- Qualitätsnachweise sind durch einfache möglichst automatisierte Prüfvorgänge durchführbar.

Teilt man die Qualitätsphilosophie in die 3 Abschnitte Qualität planen, Qualität erzeugen und Qualität sichern ein, führen diese Überlegungen wieder zwangsläufig zur Priorität des "Quality by Design". Diese, vielfach als "off-line quality control" bezeichnete Strategie - unter "on-line quality control" versteht man die QS bei der Produktion - wird vor allem von den Japanern bevorzugt, wobei sie zentral die Idee des Parameterdesigns verfolgen. Hierunter versteht man eine originelle, von Prof. Taguchi entwickelte Vorgehensweise, durch experimentelle Studien verschiedener Parameterkonfigurationen beim Produktdesign eine Sensitivitätsanalyse zu erhalten, welche die in der Regel nicht linearen Beziehungen der verschiedenen Einflußgrößen auf die Produktqualität klarlegt, insbesondere auf das funktionelle Leistungsverhalten. Das resultierende Parameterdesign ist ein wesentlicher Aspekt des Produktdesigns, welches aus den 3 Stufen: <u>Systemdesign</u> (Grundlagenerarbeitung für den Prototyp), <u>Parameterdesign</u> (experimentelle Analyse der Parameter und Festlegung ihrer Niveaus zur Qualitätsoptimierung) und <u>Toleranzdesign</u> (Definition der Toleranzen im Bereich des Qualitätsoptimums mit Kostenüberlegungen), besteht.

Die optimale Wahl der Designparameter, auch die Eliminierung der ungünstigen Wirkung einer Einflußgröße durch geeignete Festlegung oder Änderung einer anderen, konnte schon vielfach Probleme beseitigen. Mit Hilfe dieser Vorgehensweise können funktionelle Charakteristiken von Produkten nahe an Zielwerte herangebracht und Qualitätsverluste minimiert werden. In Japan gegen Ende der 60er Jahre eingeführt – wie wir alle feststellen können durchaus mit Erfolg – beginnt diese Vorgehensweise in Europa erst jetzt Fuß zu fassen.

Ein Beispiel soll die Vorgehensweise erläutern. Ein japanischer Hersteller von Ziegeln hatte Schwierigkeiten mit der Meßgenauigkeit. Die Variabilität der Ziegelgröße war auf eine schwankende Brennofentemperatur zurückzuführen. Anstatt nun den Brennofen auf Temperaturkonstanz zu optimieren, was große Kosten verursacht hätte, wurde eine recht billige Produktdesignstudie durchgeführt. Dabei wurde entdeckt, daß eine Erhöhung von 5 % des Kalkgehaltes des Rohmaterials die Variabilität der Ziegelgröße um den Faktor 10 reduzierte. Als Gegenmaßnahme wurde also nicht die Beseitigung der Temperaturschwankungen in Angriff genommen sondern ihr Einfluß durch die Änderung eines anderen Parameters, nämlich der Materialzusammensetzung, eliminiert.

Solche Möglichkeiten sind nur in der Phase des Produktdesigns möglich, weswegen sie im Rahmen der gesamten Qualitätssicherung zu Recht eine hohe Priorität genießt.

Alle Maßnahmen, die zur Erzielung eines vom Markt geforderten Qualitätsniveaus durchgeführt werden, verursachen Kosten. Auch alle werkstoffbezogenen Aktivitäten. Grundsätzlich sind sie notwendig, vorausgesetzt, sie sind nach

Art und Umfang richtig angelegt. Sparmaßnahmen in der Entwurfs- und Erprobungsphase wirken sich meist negativ aus. Wenn hier aus Kostengründen am Optimum vorbei entwickelt wurde, können auch aufwendige und teure Qualitätskontrollen keine nennenswerte Besserung mehr erbringen. Kann in der Entwicklungsphase aber ein Produkt mit optimalen Eigenschaften hinsichtlich Material, Herstellungsprozeß, Funktion, Zuverlässigkeit und Lebensdauer erreicht werden, können die on-line und Endkontrollen in aller Regel kostengünstig gestaltet werden.

Insgesamt gesehen sind die gesamten Qualitätskosten von den Fehlern des Produktes und deren Folgen abhängig und von den Qualitätssicherungskosten, die sich wieder aus Prüfkosten und Fehlerverhütungskosten zusammensetzen.

Ziel muß es sein, durch Optimierung von Produkt und Produktion die Qualitätskosten zu minimieren. Im Einzelfall erfordert dies ein sorgfältiges Abwägen, wie weit Fehlerkosten herunterzudrücken sind und Qualitätskosten auflaufen dürfen. Wie Bild 8 zeigt, existiert ein Minimum der Qualitätskosten bei einem bestimmten Fehlerkostenanteil.

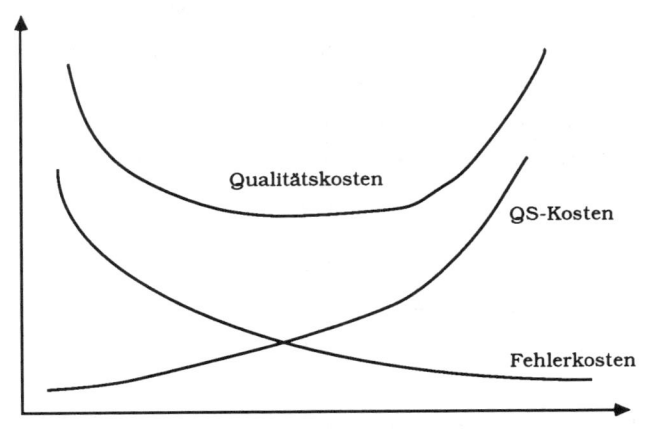

Optimierung der Qualitätskosten

Bild 8

Jede weitere Verminderung dieser Fehlerkosten führt dann zu - meist überproportional - steigenden Qualitätssicherungskosten. Ob ein Produkt dies verträgt hängt vom jeweiligen Sicherheitsbedürfnis und Zuverlässigkeitsanspruch aber auch den sonstigen Erwartungen des Verbrauchers ab.

6. Literatur

Qualitätssicherung. Kolloquium des TÜV Rheinland am 18.09.1986 in Köln-Poll. Verlag TÜV Rheinland GmbH (1981)

Klaus Malle, Hans Jahn, Carl-Otto Bauer in Brennpunkt: Qualität konstruieren, erzeugen und sichern. VDI-Z 130 (1988) Nr. 4, Seite 1, 12/14 u. 15/17

Heinrich Merz. Sicherung der Materialqualität. Blaue TR-Reihe Heft 134. Verlag Technische Rundschau im Hallwag Verlag Bonn u. Stuttgart (1980)

Dr. Ives-Laurent Grize. Die Taguchi-Methode in der Qualitätskontrolle. Swiss Chem. 10 (1988) Nr. 3, S. 16/19

Qualitätssicherung aus juristischer Sicht

L.W. Bruck, Köln

Produzentenhaftung:
Umkehr der Beweislast für Verschulden - Herstellerbegriff- und pflichten

Produkthaftungsgesetz:
Haftung ohne Verschulden - Produktbegriff - wer gilt als Hersteller - welche Produktfehler scheiden aus

Zusicherungshaftung im Kaufrecht:
Eigenschaftszusicherung - Verjährung - Anforderungen an die Wareneingangsprüfung

Qualität heißt Fehlerfreiheit und Eignung zum vorgesehenen Gebrauch. Mangelnde Qualität kann zu unterschiedlichen Rechtsfolgen führen, je nach Art des dadurch verursachten Schadens, des dem Warenverkehr zugrundeliegenden Rechtsverhältnisses und der Qualifizierung der Vertragsparteien. Die nachfolgende Darstellung der Rechtslage soll - wegen der besseren Verständlichkeit - dem interessierten Laien nur einen Überblick ohne Anspruch auf Vollständigkeit geben und ist nicht dazu gedacht, den einzelnen Rechtsfall lösen zu helfen.

Grundsätzlich haftet jeder für den einem anderen schuldhaft, d. h. vorsätzlich oder fahrlässig, zugefügten Personen oder Sachschaden. Für eine Durchsetzung seines Anspruchs hat der Geschädigte zu beweisen, daß der Schädiger den Schaden schuldhaft verursacht hat.

Produzentenhaftung

Liegt die Schadensursache in der Fehlerhaftigkeit eines gewerblichen Produkts, ist dem Geschädigten der Nachweis eines schuldhaften Verhaltens des Herstellers kaum möglich. Die Rechtsprechung hat daher vor ca. 20 Jahren die Produzentenhaftung entwickelt. Hat der Produzent ein mangelhaftes Produkt in den Verkehr gebracht und ist dadurch ein Personen- oder Sachschaden entstanden, braucht der Geschädigte nur noch die Mangelhaftigkeit der Sache und ihre Ursächlichkeit für den eingetretenen Schaden, nicht mehr das Verschulden des Produzenten zu beweisen. Vielmehr muß dieser dann, da er selbst die Organisation seines Betriebes am besten kennt, seinerseits nachweisen, daß er den von ihm zu vertretenden Gefahrenbereich so organisiert hat, daß ihn an dem konkret vorliegenden Produktmangel kein Verschulden trifft. Gelingt dem Produzenten dieser Nachweis nicht, weil entweder die Organisation oder auch nur die Dokumentation derselben unzureichend war, haftet er für den eingetretenen Schaden.

Um sich von den Anforderungen ein Bild machen zu können, wird nachfolgend dargestellt, wer als Hersteller gilt und welche Pflichten er hinsichtlich der Qualitätssicherung hat.
Kein Problem hinsichtlich des Herstellerbegriffs bietet, wer seine Ware selbst konstruiert, fabriziert und unter seinem Namen vertreibt.
Soweit er hierzu eigene Rohstoffe oder Maschinen einsetzt, muß er sich durch entsprechende Versuche zunächst über deren grundsätzliche Eignung für den vorgesehenen Verwendungszweck Gewißheit verschaffen. Verarbeitet er fremde Rohstoffe oder benutzt er für den Produktionszweck von Dritten erworbene Geräte, hat er zunächst die Mängelfreiheit der Zulieferung zu prüfen. Hinsichtlich der von ihm eingesetzten weisungsabhängigen Mitarbeiter ist er für deren ordnungsgemäße Auswahl, Anleitung und Überwachung verantwortlich. Vor Auslieferung hat in geeigneter Form

eine Warenausgangskontrolle stattzufinden. Auf evtl. gefährliche Eigenschaften der Ware ist in dauerhafter Form hinzuweisen. Der Hersteller haftet also für einwandfreie Konstruktion, Fabrikation und Instruktion. Darüber hinaus hat er das Produkt auf dem Markt zu beobachten und ggf. bei Erkennbarwerden von Mängeln eine Rückrufaktion in die Wege zu leiten.
Stellt der Unternehmer die Ware aus Kostengründen oder mangels ausreichender eigener Qualifikation nicht in dem oben erwähnten Umfang selbst her, sondern benutzt fremdproduzierte Einzelteile zur Herstellung seines Endprodukts oder beauftragt er Dritte mit der Ausführung einzelner für die Herstelung erforderlicher Leistungen (z. B. Konstruktionsarbeiten, Prüfungen), gilt er dem Geschädigten gegenüber zwar nicht als Hersteller des ggf. schadensursächlichen Zulieferteils, er bleibt aber bei Verschulden dem Geschädigten als Hersteller des Endprodukts verantwortlich. Auch in dieser Eigenschaft ist er nicht der Verantwortung für die Mangelfreiheit des Zulieferteils enthoben, unterliegt jedoch inhaltlich einem anderen Pflichtenkreis, als der Hersteller des Zulieferteils selbst.
Beauftragt ein Unternehmer in dem vorbeschriebenen Sinne einen Drittunternehmer, so hat er diesen zunächst einmal sorgfältig auszuwählen. Er hat zu prüfen, ob er objektiv zur Durchführung der konkret zu übertragenden Arbeiten in der Lage ist, ob die vorhandene maschinelle Ausstattung ausreicht, ob der Drittunternehmer ausreichend qualifiziert und zuverlässig ist, gerade dieses Zulieferteil ordnungsgemäß herzustellen.
Er hat den Drittunternehmer vertraglich auf die zu erfüllenden Qualitätssicherungsmaßnahmen und die einzuhaltenden Sorgfaltsmaßstäbe festzulegen.
Er hat schließlich sicherzustellen, daß sich der Drittunternehmer an die getroffenen Vereinbarungen hält und die Lieferungen mangelfrei sind. Art und Umfang der Überwachung haben sich jeweils nach den konkreten Anforderungen zu richten. Sie kann in einer laufenden Prüfung der

Produktion bereits im Betrieb des Drittunternehmers, in
unangemeldeten Kontrollbesuchen oder auch nur in der in
jedem Fall erforderlichen sorgfältigen Wareneingangsprüfung bestehen.

Die unten noch eingehender zu erörternde Wareneingangsprüfung hat eine Doppelfunktion. Sie soll zum einen den
Endhersteller selbst vor einer Haftung gegenüber dem geschädigten Dritten schützen, falls das Endprodukt durch
Einbau einem mangelhaften Zulieferteils unerkannt mangelhaft geworden ist und zu einem Schaden geführt hat. Sie
soll zum anderen aber auch den Unternehmer selbst vor dem
Verlust seiner durch die Weiterverarbeitung entstandenen
nutzlosen Aufwendungen gegenüber dem Drittunternehmer
schützen.

Kommt der Unternehmer als Hersteller des Endprodukts den
ihm bei der Einschaltung eines Drittunternehmers obliegenden Verpflichtungen zu einer sorgfältigen Auswahl,
vertraglichen Festlegung und ausreichenden Überwachung
des Drittunternehmers nicht in erforderlichem Umfang nach,
haftet er wegen der dadurch in seinem eigenen Verantwortungsbereich eingetretenen Versäumnisse. Neben dem Endhersteller würde allerdings auch der Drittunternehmer dem
geschädigten Dritten unmittelbar für den Mangel des von
ihm hergestellten (Teil-) Produkts haften, sofern er sich
nicht entlasten kann.

Montiert dagegen ein Unternehmer lediglich eine Sache, z.
B. eine Maschine, ein Arbeitsgerät oder eine Anlage, die
von einem anderen Unternehmer konstruiert ist, aus Teilen,
die dieser andere Unternehmer auch fabriziert hat, so gilt
der Montageunternehmer, auch wenn er seinen Firmennamen
auf dem Gerät anbringt, nur als sog. Quasi-Hersteller mit
geringerem Pflichtenumfang zur Schadensabwendung, als z.
B. ein Hersteller, der ein Produkt selbst konstruiert und
aus ihm gelieferten Teilen zusammenbaut. Der Quasi-Hersteller kann sich in der Regel auf eine Sicht- und sorgfältige Funktionsprüfung beschränken. Er muß dem Geschädigten aber den wirklichen Hersteller benennen können.

Anders als dem Hersteller einer Sache, der Teilleistungen
auf andere Unternehmen überträgt und für die durch Mängel
dieser Teilleistungen verursachten Schäden bei Verletzung
der ihm in seiner Eigenschaft als Endhersteller obliegenden Pflichten grundsätzlich einzustehen hat, obliegt dem
Vertriebshändler (Zwischen-, Groß- oder Einzelhändler)
kein vergleichbarer Pflichtenkreis. Ihm wird die Tätigkeit des Herstellers haftungsrechtlich nicht zugerechnet.
Er unterliegt jedoch einer Produkthaftung insofern, als
das an sich einwandfreie Produkt infolge eines in seinem
Herrschaftsbereich "Vertrieb" gesetzten Fehlers zum Schaden führt. Typisch hierfür wäre z. B. mangelhafte Bera-
tung über die Anwendbarkeit eines Produkts, ungeeignete
Lagerung, Weiterveräußerung eines bereits als mangelhaft
erkannten Produkts.

Ist der Vertriebshändler gleichzeitig Importeur, hat er
evtl. weitergehende Pflichten. Importiert er von außerhalb
der EG, haftet er wie ein Hersteller bezügl. Prüfpflichten.

Haftung nach dem neuen Produkthaftungsgesetz
Die Produzentenhaftung gewährt dem Geschädigten einen Anspruch auf Ersatz des Sach- und Körperschadens einschl.
Schmerzensgeld für Schäden, die innerhalb von 30 Jahren
eintreten, nachdem das Produkt in den Verkehr gelangt ist.
Sie behält daher auch für die Zukunft noch eine gewisse
Bedeutung, wenn das neue Produkthaftungsgesetz, das für
Schäden innerhalb von 10 Jahren nach dem In-den-Verkehr-
bringen gilt und keinen Schmerzensgeldanspruch gibt, na-
tionales deutsches Recht geworden ist. Im übrigen aber
verschärft das neue Produkthaftungsgesetz die Haftung:
Für einen durch ein fehlerhaftes Produkt verursachten
Körper- oder Sachschaden haftet der Endhersteller ohne
Verschulden. Er kann sich also nicht mehr durch den Nachweis ordnungsgemäßer Organisation der Produktherstellung
entlasten.

Produkt ist danach jede bewegliche Sache, auch wenn sie einen Teil einer anderen beweglichen oder einer unbeweglichen (z. B. Fenster, Türen, Rohre und Heizkessel eines Hauses) Sache bildet, und zwar auch handwerkliche und kunstgewerbliche Gegenstände, sowie Elektrizität. Ausgenommen sind landwirtschaftliche Naturprodukte und Jagderzeugnisse, solange sie nicht einer ersten Verarbeitungsstufe unterzogen worden sind.
Fehlerhaft ist danach ein Produkt, wenn es nicht die Sicherheit bietet, die unter Berücksichtigung aller Umstände, insbesondere seiner Darbietung (z. B. bei unklarer Gebrauchsanweisung oder übertriebener Werbung), des Gebrauchs, mit dem billigerweise gerechnet werden kann (auch bei naheliegendem und üblichem Fehlgebrauch) und des Zeitpunkts, in dem es in den Verkehr gebracht wurde, berechtigterweise erwartet werden kann.
Als Hersteller gelten danach der Hersteller des Endprodukts, des Teilprodukts und des Grundstoffs, der Quasi-Hersteller, der sich durch Anbringen seines Namens oder Warenzeichens als Hersteller einer Sache ausgibt, der Importeur aus einem Drittstaat in die EG und der Händler, wenn er nicht innerhalb 4 Wochen den Hersteller, Vorlieferant oder Importeur benennen kann.
Diese Gefährdungshaftung entfällt, soweit für die Praxis bedeutsam, für den Teilehersteller, wenn er nachweist, daß der Fehler ausschließlich auf Vorgaben des Endherstellers beruht oder das Zulieferteil erst durch die Weiterverarbeitung mangelhaft geworden ist, im Auslieferzeitpunkt also noch in Ordnung war, und wenn die Schadensursache aus dem Entwicklungsrisiko resultiert, der Stand von Wissenschaft und Technik aber eingehalten wurde. Diese Aufzählung zeigt, daß nach wie vor eine eingehende Qualitätssicherung durch u. a. sorgfältige Auswahl und Eignungsprüfung der verwendeten Zulieferteile und Werkstoffe, Organisation der Produktion und Kontrolle der Produkte, Schulung der Vertriebsmitarbeiter und Beobachtung des

Produkts im Markt erforderlich ist und zum Nachweis entsprechend dokumentiert werden muß.
Einen Betrag von DM 1.125,-- je Sachschaden muß der Geschädigte selbst tragen. Die Haftungshöchstgrenze für Sach- und Personenschäden beträgt nach dem Produkthaftungsgesetz DM 160 Mio. Wichtig: Geschützt sind nur privat genutzte Sachen (Konsumgüter).

Zusicherungshaftung im Kaufrecht
Die schuldhafte Lieferung einer fehlerhaften oder ungeeigneten Sache bei einem Kauf- oder Werkvertrag gibt dem Käufer bzw. Besteller einen Schadensersatzanspruch für - über die eigentliche Erfüllung hinausgehende - Folgeschäden.
Liegt kein Verschulden vor, kann - allerdings nur im Kaufrecht - eine Haftung aus Fehlen einer zugesicherten Eigenschaft bestehen. Diese Zusicherungshaftung ist für die Praxis des industriellen Warenverkehrs besonders bedeutsam, weil sie auch Vermögensschäden umfaßt. Hierunter fallen also z. B. die Weiterverarbeitungskosten einer nicht erkennbar mangelhaften Sache.
Ob eine Eigenschaftszusicherung vorliegt, ist durch Vertragsauslegung zu ermitteln. Dabei ist die Erklärung des Verkäufers so zu würdigen, wie sie von einem Käufer vernünftigerweise verstanden werden durfte. Auch stillschweigend, etwa durch schlüssiges Verhalten, ist eine Eigenschaftszusicherung möglich. Entscheidend ist, daß der Verkäufer die Gewähr für das Vorhandensein einer Eigenschaft übernimmt und damit seine Bereitschaft zu erkennen gibt, für die aus dem Fehlen der Eigenschaft resultierenden Folgen einstehen zu wollen.
In der Praxis stellt der Verkäufer dem Käufer häufig zunächst eine Probe zu Prüfzwecken zur Verfügung. Bestellt der Käufer dann aufgrund der Prüfung, gelten die Eigenschaften der Probe für die Hauptlieferung als zugesichert. Die Haftung für Folgeschäden aus Fehlen einer zugesicherten Eigenschaft kann nicht durch Geschäfts- oder Liefer-

bedingungen wieder ausgeschlossen werden, weil in der
Rechtsprechung das Wesen der Zusicherung darin gesehen
wird, daß der Verkäufer gegenüber dem Käufer mit der Zusicherung gerade zu erkennen gebe, daß er für den aus dem
Fehlen der Eigenschaft resultierenden Schaden einstehen
wolle, und diese Rechtsposition nicht durch entsprechende
Bedingungen gleichzeitig wieder entzogen werden könne.

Sachmängelansprüche verjähren bei beweglichen Sachen 6
Monate nach Übergabe. Das gilt auch für den Ersatz des
aus dem Mangel resultierenden Folgeschadens, und zwar unabhängig davon, ob der Mangel oder das Fehlen der zugesicherten Eigenschaft innerhalb der 6 Monate erkannt worden ist oder überhaupt erkennbar war, z. B. wenn erst der
Alterungsprozeß den Mangel hervortreten läßt.

Sind beide Kaufparteien Vollkaufleute, gelten für die von
ihnen abgeschlossenen Handelsgeschäfte die Bestimmungen
des Handelsgesetzbuchs. Dieses schreibt in §§ 377 ff. HGB
vor, daß der Käufer die Ware unverzüglich nach Lieferung
in zumutbarem Umfang zu untersuchen und etwaige Mängel unverzüglich zu rügen hat. Erfüllt der Käufer diese Anforderungen nicht, gilt die mangelhafte Ware als genehmigt und
der Käufer kann weder die mangelhafte Ware als solche
reklamieren, noch Ersatz des Folgeschadens beanspruchen.
Die dem Kaufabschluß bei einem Kauf nach Probe vorausgehende Prüfung dient nur der grundsätzlichen Feststellung
der Eignung der Ware. Sie kann daher die Wareneingangsprüfung, die die eigentliche Lieferung betreffen muß, nicht
ersetzen. Bei einem Sukzessiv-Liefervertrag ist nicht nur
die erste, sondern jede Folgelieferung zu untersuchen.
Die Untersuchung muß unverzüglich, also ohne schuldhaftes
Zögern, erfolgen. Hierbei ist auch auf die Art der Ware
abzustellen (Kompliziertheit, Verderblichkeit).
Die Prüfung dient dem Interesse des Verkäufers, der baldmöglichst nach Lieferung Klarheit darüber erhalten soll,
daß er Ansprüche aus der Lieferung nicht mehr zu befürch-

ten hat. Der Umfang der Prüfung bestimmt sich nach der
Zumutbarkeit. Kriterien hierfür sind die vom Käufer aufzuwendenden Kosten, der Zeitaufwand, das Erfordernis technischer Kenntnisse, technischer Vorbereitungen oder der
Zuziehung Dritter, z. B. eines Sachverständigen, aber
alles dies im Verhältnis zu dem bei Nichterkennen eines
Mangels andernfalls drohenden Schadensumfang.
Ein Handelsbrauch kann dabei allenfalls die unterste Grenze der Anforderungen darstellen, weil teilweise üblicher
(Miß-) Brauch nach der Rechtsprechung nicht akzeptiert
werden kann. Je nach Art der Ware und ihrer Weiterverwendung kann eine Sicht-, Geruchs-, Geschmacksprüfung ausreichen. Eine Sichtprüfung, z. B. bei der Prüfung von
Textilgeweben auf der Warenschaumaschine, müßte ggf. bei
optimalen Lichtverhältnissen erfolgen. Handelt es sich
um eine größere Warenmenge, sind Stichproben in einem Umfang zu nehmen, der eine zuverlässige Beurteilung der Gesamtlieferung zuläßt. Wird die Ware durch die Prüfung, z.
B. öffnen von Konservendosen, unbrauchbar, brauchen weniger
Proben genommen zu werden. In der Rechtsprechung sind beispielsweise die Prüfung von 10 aus 5000 gelieferten Dosen
Apfelmus als ausreichend, die Prüfung von 1 von 400 Kartons Nußbruch als nicht ausreichend angesehen worden.
Stammt die Ware erkennbar aus verschiedenen Produktionschargen, wird jede Partie geprüft werden müssen. Die Prüfung der Farbechtheit von Textilgewebe z. B. muß durch
Reibeversuche an jedem Stoffballen erfolgen. Erfolgt die
Anlieferung einer Ware in einem Silofahrzeug oder einem
Tankzug, müßte die Prüfung, und zwar jeder Kammer, vor
dem Endladen erfolgen, zumindest aber vor dem Vermischen
mit einwandfreier Ware, die sich evtl. noch im Vorratsbehälter befindet. Die Anforderungen sind, wie bereits
oben erörtert, um so höher, je größere Mangelfolgeschäden
im Verhältnis zum Lieferwert durch die weitere Verarbeitung drohen. Oft wird übersehen, daß die Prüfung als solche ihre Funktion, den Verkäufer vor der Gefahr unverhältnismäßig hoher Mangelfolgeschäden zu schützen und bald

Rechtsklarheit zu schaffen, nur erfüllen kann, wenn der Käufer die Ware in der für den konkreten Verarbeitungs- und Verwendungszweck geeigneten Weise prüft. Geeignet wird daher nur eine Prüfung sein können, die den bei der Verarbeitung und dem späteren Gebrauch zu erwartenden Anforderungen auch Rechnung trägt. Daher kann nicht ausreichend sein, eine Ware, hinsichtlich deren der Verkäufer bestimmte Eigenschaften zugesichert hat, nur auf das Vorhandensein dieser Eigenschaften hin zu untersuchen, wenn dabei Mängel, die sich aus den besonderen Verhältnissen des vorgesehenen Weiterverarbeitungsprozesses, z. B. Verformung oder Erhitzung, ergeben, unerkannt bleiben.

In der Rechtsprechung ist anerkannt, daß Probeverarbeitung geboten ist, wenn sich die Beschaffenheit der Ware nur durch ihre Verarbeitung erkennen läßt. Gelieferte Maschinen sind in Gang zu setzen und ggf. längere Zeit zu beobachten. Läßt sich die einwandfreie Funktion einer Maschine nur aus der Fehlerfreiheit der damit produzierten Ware beurteilen, wird die Produktion aufgenommen und das Ergebnis in der ersten Zeit besonders sorgfältig kontrolliert werden müssen. Das müßte umsomehr gelten, wenn der Hersteller der Maschinen nicht in der Lage ist, die tatsächlich zu erwartenden Produktionsbedingungen vor der Auslieferung zu simulieren. Läßt sich allerdings die einwandfreie Funktion einer Maschine (z. B. Zeittakt) nur bei der Serienproduktion erkennen, hat der Käufer aber z. Zt. für die Produkte keine Absatzmöglichkeit, entfällt die geforderte Unverzüglichkeit der Untersuchung (nach 6 Monaten würde ein evtl. Anspruch aber dann ohnehin verjähren!). Ist der Käufer nicht in der Lage, eine Probeverarbeitung unter den Anforderungen der Serienproduktion vorzunehmen, ohne gleichzeitig in die Produktion zu gehen, wird man ihm konzedieren müssen, daß eine gesonderte Prüfung vor der eigentlichen Inbetriebnahme nicht erfolgt. Er muß dann aber durch geeignete organisatorische Maßnahmen sicherstellen, daß - vor allem bei einem mehrstufigen Verarbeitunsprozeß - ein vertretbarer Teil der Ware zunächst einmal sämtliche Produktionsstufen durchläuft, damit evtl. Mängel in der gelieferten Anlage oder der gelieferten Ware möglichst frühzeitig erkannt werden können.

Mängel, d. h. Fehler oder nicht vorhandene zugesicherte Eigenschaften, die infolge unterlassener oder unzureichender Prüfung unentdeckt blieben, sind sog. offene Mängel. Hinsichtlich ihrer gilt die Ware bereits in dem Zeitpunkt als genehmigt, in dem die Prüfung ohne schuldhaftes Zögern spätestens hätte durchgeführt werden müssen. Nur Mängel, die sich bei gebotener Sorgfalt nicht feststellen lassen, sind sog. versteckte Mängel. Sie können auch später noch unverzüglich nach ihrer Entdeckung gerügt werden, es sei denn, die gesetzliche Verjährungsfrist von 6 Monaten seit Lieferung wäre inzwischen abgelaufen. Denn auch für Ansprüche aus dem Vorhandensein eines versteckten Mangels beginnt die Verjährungsfrist mit der Lieferung der Ware und nicht erst mit der Entdeckung des Mangels.
Auch hier zeigt sich wieder die Notwendigkeit der Qualitätssicherung, diesmal jedoch nicht beim Hersteller, sondern beim Empfänger der Ware.

Qualitätssicherung bei der Herstellung von Stahlerzeugnissen

K.-J. Kremer, Siegen

Stahlerzeugnisse werden üblicherweise auf der Grundlage technischer Liefervorschriften hergestellt und vertrieben, die aufgrund der Erfahrungen bei der Stahlherstellung, der Ver- und Bearbeitung sowie dem Bauteileinsatz zwischen Stahlverwender und Stahlhersteller vereinbart werden (Bild 1). Der Stahlhersteller muß diese Vorschriften in eine Festlegung der Qualitätsziele sowie in Vorgaben für die Fertigung und Qualitätssicherung umsetzen. Durch fertigungsbegleitende Qualitätssicherung über die gesamten Fertigungstiefe hinweg muß sichergestellt werden, daß bei Beachtung wirtschaftlicher Gesichtspunkte die Qualitätsziele treffsicher eingestellt werden. Vor dem Versand muß durch eine angemessene Qualitätsbeurteilung die Einhaltung der Liefervorschriften festgestellt und durch eine vereinbarte Produktbescheinigung dokumentiert werden. Mit der Qualitätsbeurteilung der zugelieferten Produkte im Qualitätssicherungssystem des Stahlanwenders schließt sich der Qualitätskreis.

Die Stahlhersteller verfügen heute über umfassende Qualitätssicherungssysteme, die sicherstellen, daß

- die vertraglichen Pflichten gegenüber den Abnehmern zuverlässig erfüllt werden,

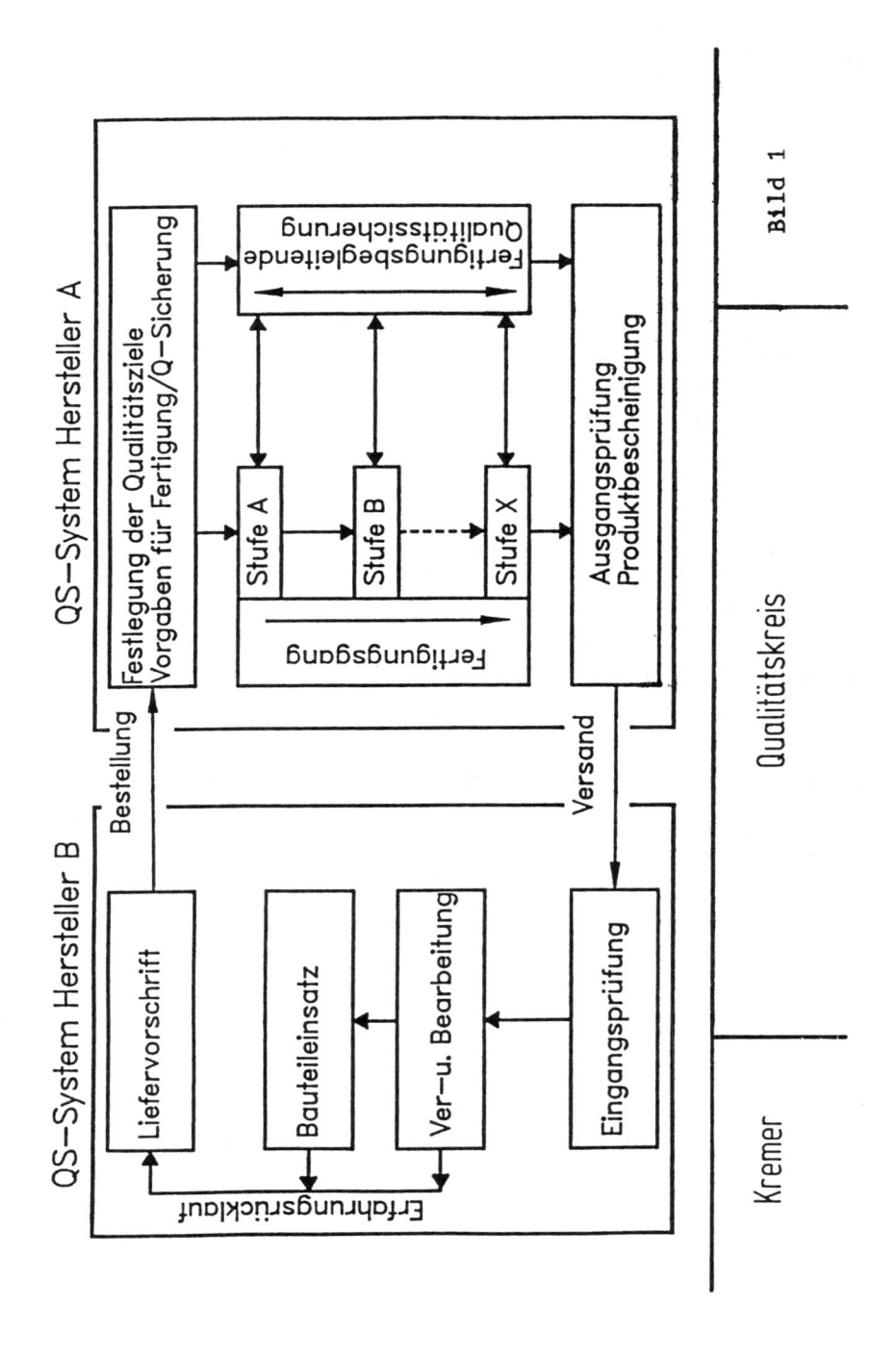

Bild 1

- der Sorgfaltspflicht aus der Produkthaftung genügt wird sowie

- die Produktqualität in wirtschaftlicher Weise gesichert und weiterentwickelt wird.

Die in den einzelnen Werken erforderlichen Maßnahmen können unterschiedlich sein. Ausgehend von den Zielsetzungen der Unternehmensleitung richten sie sich aus auf die Erfordernisse, die sich aus der Herstellung, der Weiterverarbeitung und dem Einsatz der jeweils hergestellten Produkte ableiten.

Der Begriff des Qualitätssicherungssystems, unter dem heute die Gesamtheit der qualitätssichernden Maßnahmen zusammengefaßt wird, soll zum Ausdruck bringen, daß die Qualitätssicherung mehr oder weniger alle Organisationseinheiten eines Herstellers betrifft. Eine wirksame Qualitätssicherung verlangt daher die Anwendung einfacher und für alle Beteiligten überschaubare Grundsätze und Regeln. Deshalb muß die Unternehmensleitung die Zielsetzungen festlegen und dafür Sorge tragen, daß die qualitätssichernden Aufgaben angemessen und die Aufbau- und Ablauforganisation eingebunden sind.

Die Stahlhersteller verfügen heute im allgemeinen über eine schriftliche Darstellung ihrer Qualitätssicherungssysteme in Form von Qualitätssicherungs-Handbüchern. Die behandelten Elemente entsprechen den Forderungen der DIN-ISO 9000 bis 9004 sowie sonstiger in Betracht zu ziehenden Regelwerken und Anwenderforderungen. Dies ist eine notwendige und nützliche Grundlage für die sich zunehmend einführenden System-Audits, mit denen sich wichtige Stahlverwender sowie die von ihnen eingeschalteten Überwachungsorganisationen heute von der Wirksamkeit der Qualitätssicherung überzeugen wollen. Die Einschaltung in laufende Lieferungen hängt nicht zuletzt davon ab, ob das Qualitätssicherungssystem des Herstellers den gestellten Anforderungen entsprechen.

Die deutschen Stahlhersteller betreiben umfassende Qualitätssicherung mit dem Ziel, die Produktqualität und Zuverlässigkeit zu sichern und weiter zu verbessern. Die Bemühungen sind vor allem darauf ausgerichtet,

- durch zweckmäßige Integration in die Organisationsstruktur und Nutzung moderner Datenverarbeitung die Qualitätssicherung möglichst wirksam zu gestalten,

- durch integrierte Prozeßregelung bei Beachtung wirtschaftlicher Zielsetzungen die Fertigungssicherheit zu steigern,

- durch stärkere Einbindung der Mitarbeiter in die Gestaltung ihres Arbeitsfeldes die Qualität der Arbeitsausführung zu erhöhen sowie

- im Dialog mit den Stahlverwendern und Überwachungsorganisationen angemessene Nachweise zur Qualitätssicherung zu vereinbaren.

Qualitätsverbesserung durch integrierte Prozeßregelung

Ohne Zweifel ist die ständige Verbesserung und Optimierung der Fertigungsprozesse ein entscheidender Ansatz zur Steigerung der Produktqualität bei gleichzeitiger Senkung der Herstellkosten. Das Ziel ist ein beherrschter Fertigungsprozeß, der eine treffsichere Einstellung der geplanten Produktqualität ermöglicht (Bild 2). Um dies zu erreichen,

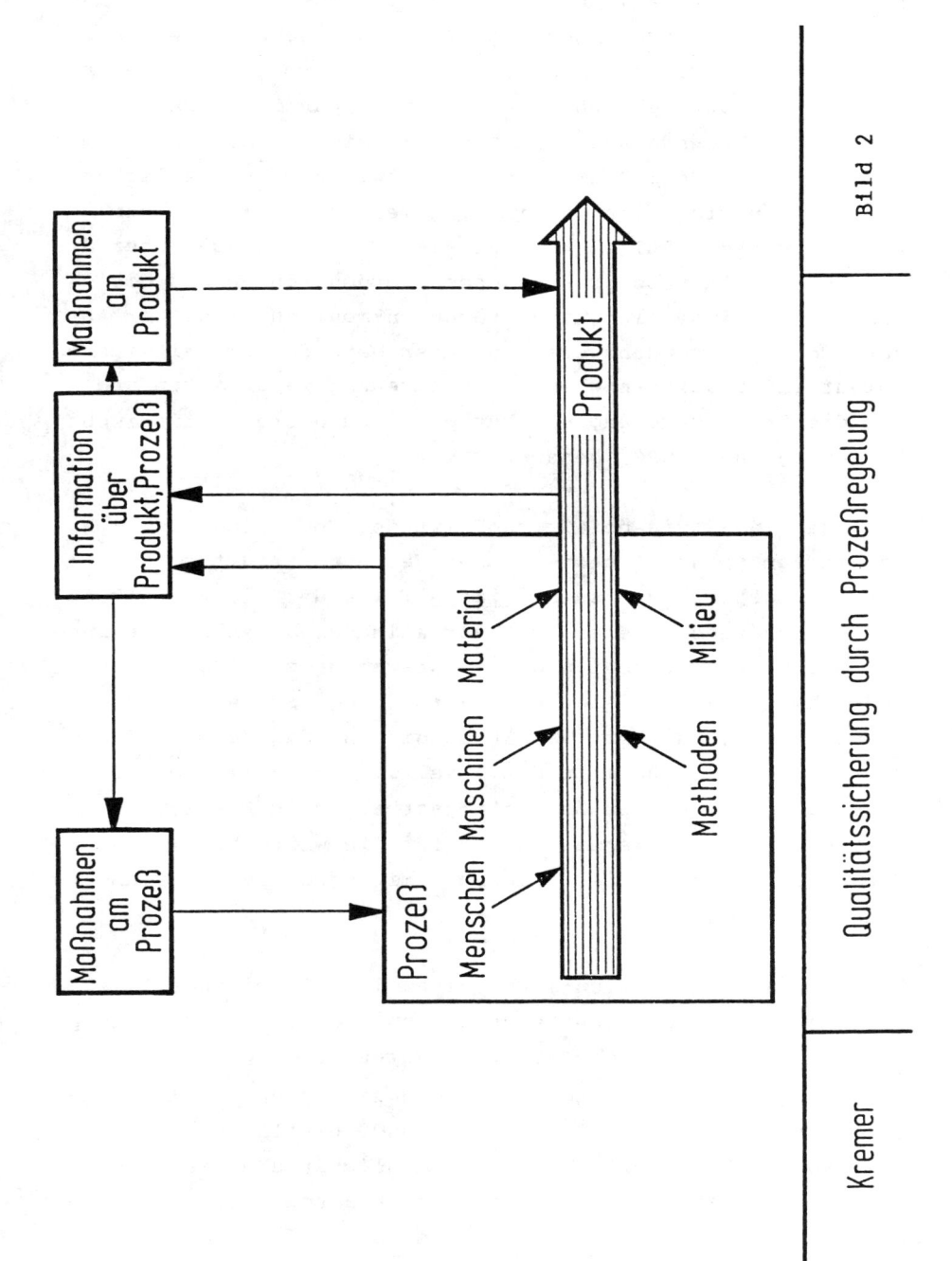

Bild 2: Qualitätssicherung durch Prozeßregelung — Kremer

müssen die systematischen Streuungsursachen beseitigt und
die zufälligen Streuungen genügend klein gehalten werden.
Zu diesem Zwecke müssen ausreichende Informationen über relevante Produkteigenschaften und Prozeßparameter in ihrer
zeitlichen Veränderung erfaßt und in die Prozeßregelung mit
einbezogen werden. Hierzu ist die Anwendung statistischer
Methoden unerlässlich, da im allgemeinen nur auf diesem
Wege in wirtschaftlich vertretbarer Weise Aussagen über die
Streuung eines Prozesses gewonnen werden können und die
Festlegung sinnvoller Einsatzgrenzen möglich sind. Der Ansatz, durch Anwendung statistischer Methoden im zeitlichen
Ablauf Informationen über Prozeßstreuung zu erhalten und
für die Prozeßregelung von Nutzen, wird heute statistische
Prozeßregelung (SPC) genannt.

Die Stahlindustrie befaßt sich mit der Umwandlung der Rohstoffe zum Rohstahl sowie dessen Weiterverarbeitung zu
vielfältigen Erzeugnissen (Bild 3). Aus der Sicht der Qualitätssicherung interessiert vor allem die Stahlherstellung
und die Weiterverarbeitung des Rohstahles zu Flach-, Langund Schmiedeerzeugnissen. Der Verbund der Schmelz- und
Pfannenmetallurgie mit dem Stranggießen, das form- und maßgenaue Walzen in Warm- und Kaltwalzlinien sowie die Durchführung von Glüh- und Zurichtungsarbeiten in Fertigungslinien sind heute kennzeichnend für die wirtschaftliche
Herstellung von Stahlerzeugnissen mit hohem Qualitätsanspruch.

Der hohe Automatisierungsgrad derartiger Fertigungslinien
erfordert und ermöglicht eine wirkungsvolle Prozeßregelung.
Zu diesem Zwecke müssen die relevanten Prozeßparameter erfaßt werden. Ferner sind Produkteigenschaften, z. B. Formund Maßhaltigkeit, Zeilen, Innen- und Oberflächenfehlern
oder andere Werkstoffeigenschaft möglichst über zerstörungsfrei arbeitende Meß- und Prüfverfahren unmittelbar im
Fertigungsverlauf zu ermitteln, um so kurzfristig wie möglich in die Prozeßführung eingreifen zu können. Soweit dies

1. Erzaufbereitung
2. Eisenherstellung
3. Stahlherstellung
4. Sekundär-Metallurgie
5. Gießen (Strang- oder Blockguß)
6. Warmumformen/Wärmebehandeln
7. Kaltumformung/Wärmebehandeln
8. Weiterverarbeitung

Erz → Eisenschwamm → Elektro-Stahl (Schrott, Legierungen)
Erz → Roheisen → Blas-Stahl
→ Flüssigstahl → Rohstahl → Vorblöcke → Knüppel → Schmiedeblöcke
Knüppel/Stabstahl/Draht
Brammen → Warmband → Kaltband

Kremer | Herstellung von Stahlerzeugnissen | Bild 3

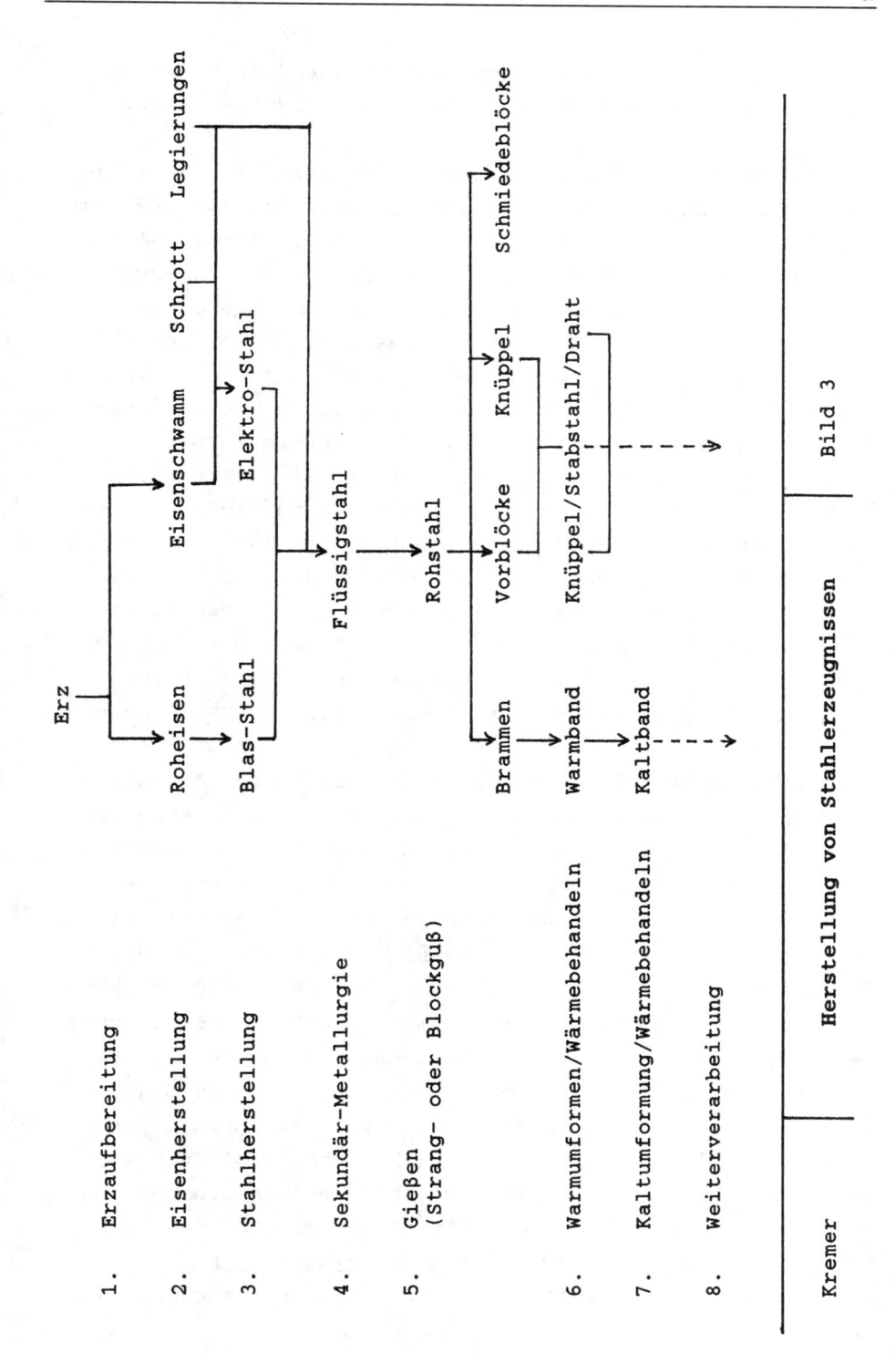

technisch möglich, wird dabei statitische Prozeßregelung
(SPC) durch automatische Prozeßregelung (APC) ersetzt.

Für die Fertigungsgegebenheiten der Stahlindustrie ist jedoch auch kennzeichnend, daß die in einer Prozeßstufe festgestellten Abweichungen in vorgegebenen Produkteigenschaften durch regelnde Eingriffe in den nachfolgenden Prozeßstufen beseitigt werden können. Andere Produkteigenschaften, wie z. B. der Reinheitsgrad oder die Oberflächengüte, lassen sich in ihrer Ausprägung erst in einer späteren Prozeßstufe oder am Endprodukt mit der erforderlichen Aussagesicherheit feststellen. Wesentliche Kenntnisse über die Produkteigenschaften sind also erst mit einem erheblichen Zeitversatz zur ursächlichen Prozeßstufe zu gewinnen, was eine entsprechende Rückkopplung erfordert. Zur Verknüpfung der Prozesse und ihrer produktbezogenen Regelung ist eine integrierende Qualitätsregelung, die den gesamten Fertigungsstrang überspannt, daher unverzichtbar. Der Verbund von integrierender Qualitätsregelung und Prozeßregelung wird zutreffender integrierte Prozeßregelung (IPC) genannt.

Der Sachverhalt soll am Beispiel der Fertigung von kaltgewalztem Feinblech veranschaulicht werden. Die Eigenschaften von kaltgewalztem Feinblech werden wesentlich von der abschließenden Wärmebehandlung geprägt (Bild 4). Diese erfolgt heute im Haubenglühverfahren oder im kontinuierlichen Durchlaufglühverfahren. Wie das Bild 5 ausweist, werden die Feinblecheigenschaften jedoch nicht nur durch die Prozeßbedingungen in den Glühlinien, sondern auch durch legierungstechnische Maßnahmen und die Fertigungsbedingungen in den Vorstufen maßgeblich bestimmt. So werden schon im Stahlwerk die Grundeigenschaften festgelegt. Durch das nachfolgende Warm- und Kaltwalzen sowie das Glühen und Nachwalzen werden in einem mehrstufigen Fertigungsgang die Endeigenschaften erreicht, wobei zwischen den einzelnen Prozeßstufen Wechselwirkungen bestehen. Die folgenden Bilder 6 und 7 verdeutlichen, daß die beiden Verfahrenswege Haubenglühen und

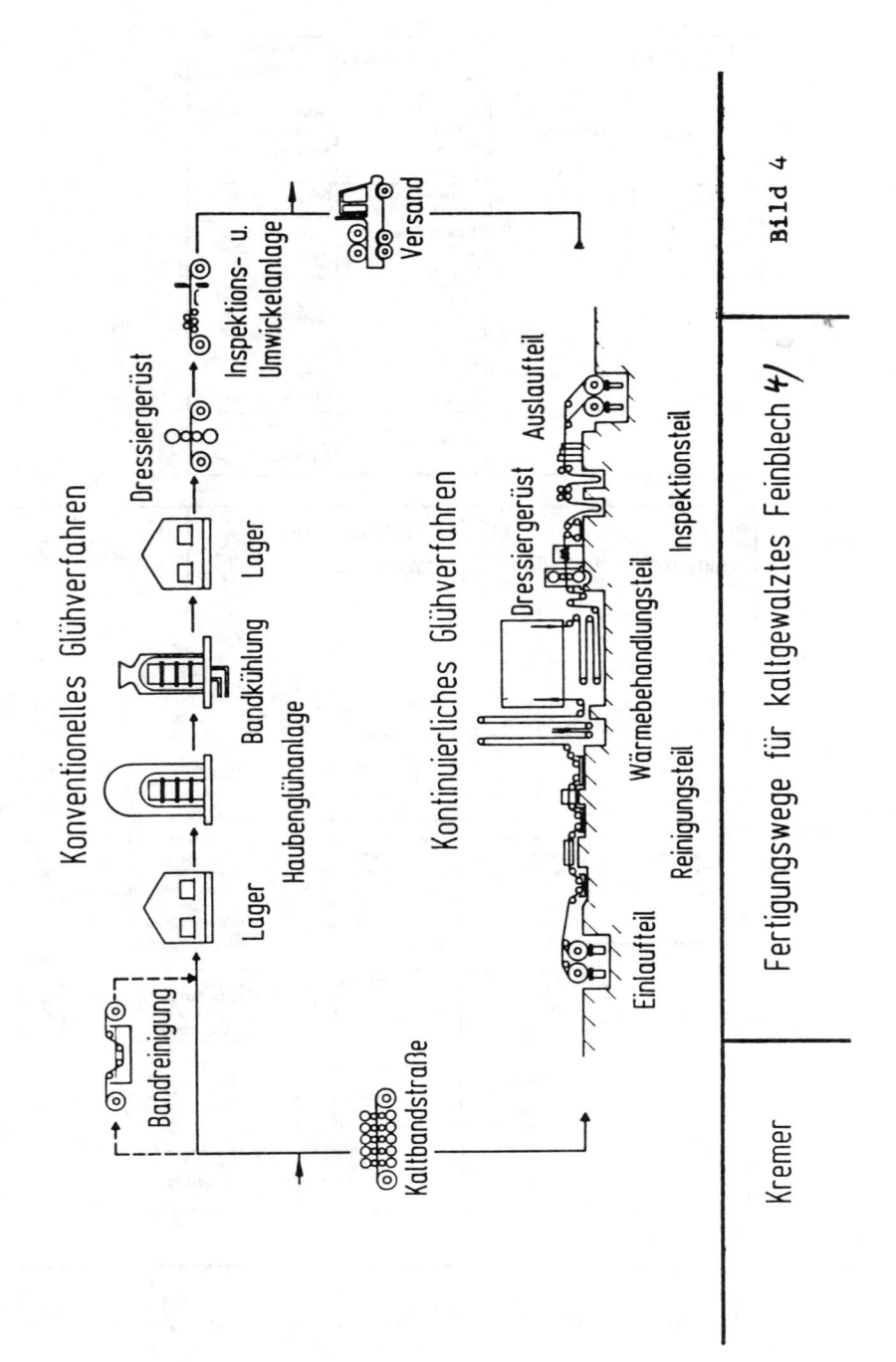

Bild 4: Fertigungswege für kaltgewalztes Feinblech

Produktions-bereich	Erzeugungsweg	Wichtige Einflußgrößen	Beeinflußte Werkstoffparameter
Stahlwerk	Erschmelzen Pfannenmetallurgie Strangguß	Chemische Zusammensetzung Desoxidation Reinheitsgrad Vergießungsart	Festigkeit Umformbarkeit Alterungsverhalten
Warmband-walzwerk	Walzen des Warmbandes	Temperatur und Verweilzeit im Warmofen Endwalztemperatur Abkühlgeschwindigkeit Haspeltemperatur	Gefügeausbildung Zweitphasen-Ausscheidung Textur Anisotropie
Kaltwalzwerk	Beizen Walzen des Kaltbandes Glühen Nachwalzen	Kaltwalzgrad Glühbedingungen (Festbund-, Offenbund-Durchlauf-Glühen) T/t-Verlauf Glühatmosphäre	Gefügeausbildung Zweitphasen-Ausscheidung Textur Anisotropie Alterungspotential
		Nachwalzgrad	Streckgrenzen-ausbildung, -höhe Oberflächen-Feingestalt

Kremer | Fertigungsweg und Beeinflussung der Eigenschaften von kaltgewalztem Feinblech 4) | Bild 5

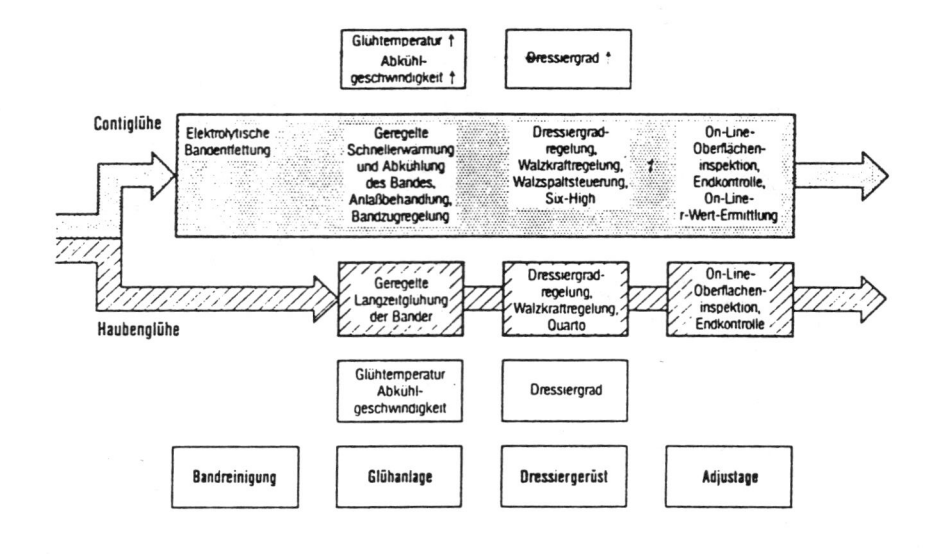

Kremer | Glühen und Adjustieren von Feinblech 5) | Bild 6

| Kremer | Herstellung von Feinblech 5) | Bild 7 |

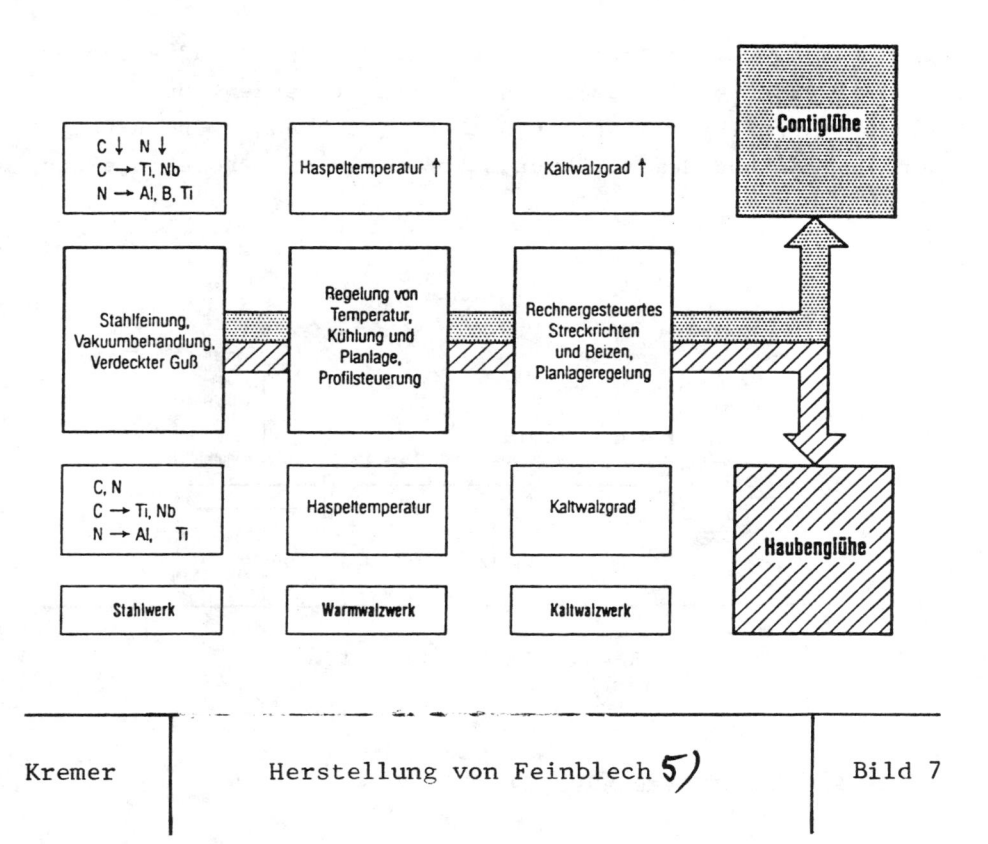

Durchlaufglühen aufgrund der jeweils möglichen Prozeßbedingungen schon in den Vorstufen unterschiedliche Maßnahmen erfordern, um die gewünschten Produkteigenschaften einstellen zu können. So müssen beispielsweise für das Durchlaufglühverfahren die Kohlenstoff- und Stickstoffgehalte abgesenkt und darüber hinaus in einigen Fällen die Möglichkeiten der Stickstoffabbindung mit Bor genutzt werden. Ferner muß in der Warmbandstraße mit erhöhten Haspeltemperaturen gearbeitet werden, was besondere Anforderungen an die Temperaturführung, die Planlage sowie das Bandprofil stellt. Schließlich muß auch die Prozeßführung im Kaltwalzwerk auf die Erfordernisse des Durchlaufglühverfahrens ausgerichtet werden.

Bild 8 soll beispielhaft zeigen, wie Meß- und Prüfverfahren in derartige Fertigungslinien integriert werden, um möglichst kurzfristig Aussagen über die relevanten Produkteigenschaften und damit Führungsgrößen für die Prozeßregelung zu erhalten.

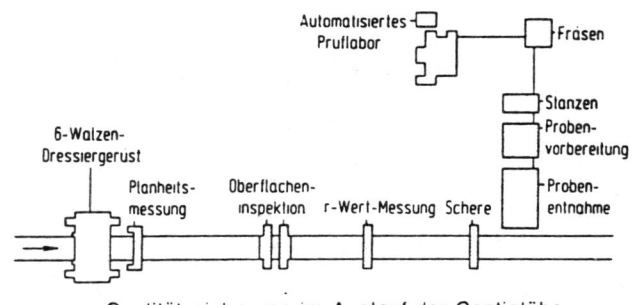

Kremer	Qualitätssicherung im Auslauf der Contiglühe 5)	Bild 8

Beispiele für Prozeßregelung

Im folgenden soll einige kennzeichnende Beispiele für Prozeßregelung bei der Stahlherstellung und der Weiterverarbeitung des Rohstahles dargestellt werden.

Prozeßregelung bei der Stahlherstellung

Das Bild 9 zeigt eine den heutigen Stand entsprechende Fertigungslinie für die Herstellung von Edelbaustählen, die für eine Verarbeitung zu Profilerzeugnissen, Knüppeln, Stabstahl und Draht bestimmt sind.

Zunächst werden Schrott und andere feste Einsatzstoffe im Elektro-Lichtbogenofen eingeschmolzen. Wenn die Schmelze eine gewünschte Temperatur und Zusammensetzung hat, wird sie unter Vermeidung des Mitlaufens von Schlacke in eine

EO: Elektrolichtbogenofen (schlackenfreier Abstich)

PO: Pfannenofen

RH: Vakuum Behandlung (RH-Verfahren)

DE: Einspulen von Draht

SG: Strangguß

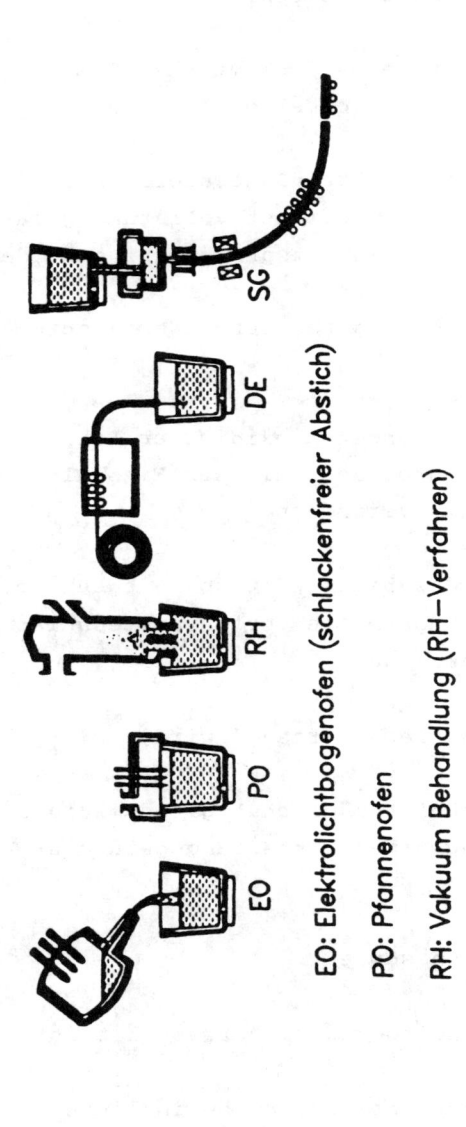

| Kremer | Stahlherstellung im Werk Siegen der Krupp Stahl AG | Bild 9 |

Pfanne abgestochen. Das nachfolgende Nachheizen, Vakuum-Behandeln und Zugeben von Zusätzen, wobei fast über die gesamte Behandlungsdauer die Schmelze durch Einleiten eines Inertgases gespült wird, dient dem Zweck,

- bei Vorgabe enger Spannen eine nach chemischer Zusammensetzung und temperaturhomogene Schmelze herzustellen,

- den beim Einschmelzen eingebrachten Sauerstoff abzubinden und die Desoxidationsprodukte möglichst vollständig zur Einstellung des geforderten Reinheitsgrades abzuscheiden,

- die Wasserstoffgehalte auf die geforderten Werte abzusenken sowie

- gegebenenfalls die noch vorhandenen oxidischen Einschlüsse sowie die gewünschten sulfidischen Einschlüsse in ihrer Zusammensetzung zu verändern.

Beim nachfolgenden Gießen, das heute weit überwiegend über Stranggießanlagen erfolgt, müssen die verfahrenstechnischen Bedingungen so gewählt werden, daß

- eine fehlerarme Strangoberfläche erzeugt wird,

- ein über den Strangquerschnitt möglichst gleichmäßiges, feinkörniges und seigerungsarmes Erstarrungsgefüge erreicht wird,

- Innenrisse vermieden werden sowie

- ein guter oxidischer Reinheitsgrad sichergestellt ist.

Sieht man von der noch in der Entwicklung befindlichen Durchlauf-Oberflächenfehlerprüfung an den heißen Strängen ab, so lassen sich die für die Prozeßregelung wichtigen Produkteigenschaften für diese mehrstufige Prozeßlinie

heute allein durch Entnahme von Proben feststellen. Da dies
nur stichprobenartig möglich und die Untersuchung der Proben mit einem mehr oder weniger großen Zeitversatz verbunden ist, ist die sorgfältige Regelung der Prozeßbedingungen
in den einzelnen Stufen von ausschlaggebender Bedeutung für
die qualitative Treffsicherheit der Stahlherstellung.

Bild 10 zeigt die Änderung der Überhitzungstemperatur, die
eine wichtige metallurgische Führungsgröße ist, vom Ofenabstich bis zum Gießen für verschiedene Verfahrensweisen. Bei
der Behandlung einer Schmelze verfährt man so, daß die Temperatur an vorgegebenen Schnittstellen gemessen und verglichen wird, ob die Meßwerte in dem für diesen Stahl vorgegebenen Streubereich liegen. Bei Abweichungen wird regelnd in
die Prozeßführung eingegriffen, um die bei Gießbeginn
geforderte Temperaturspanne treffsicher einzustellen.

Für das Erreichen der angestrebten Werkstoffeigenschaften
ist die chemische Zusammensetzung von ausschlaggebender Bedeutung. Dabei ist nicht nur die Abweichung in den einzelnen Elementen von Interesse, sondern auch das Zusammenwirken verschiedener Elemente im Hinblick auf Werkstoffeigenschaften wie beispielsweise die Wärmebehandelbarkeit. Die
Gehalte einiger Elemente, wie zum Beispiel Sauerstoff, Wasserstoff, Bor und Kalzium, bewegen sich im ppm-Bereich. Neben einer geeigneten Verfahrenstechnik und sorgfältiger
Einhaltung der Prozeßbedingungen hat die rechnergestützte
Legierungszuschlagsrechnung dazu beigetragen, die heute
verlangten engen Spannen in der chemischen Zusammensetzung
einzuhalten. Die Entwicklung in der Analysentreffsicherheit
in einem Edelstahlwerk für Profilerzeugnisse (Bild 11)
zeigt, daß erhebliche Fortschritte erzielt werden konnten.

Bild 12 zeigt in schematischer Darstellung eine Knüppelstranggießanlage für das Vergießen von Edelstählen und die
zur Einstellung der verlangten Qualitätsmerkmale erforderlichen Regelgrößen. Soweit dies technisch möglich, werden

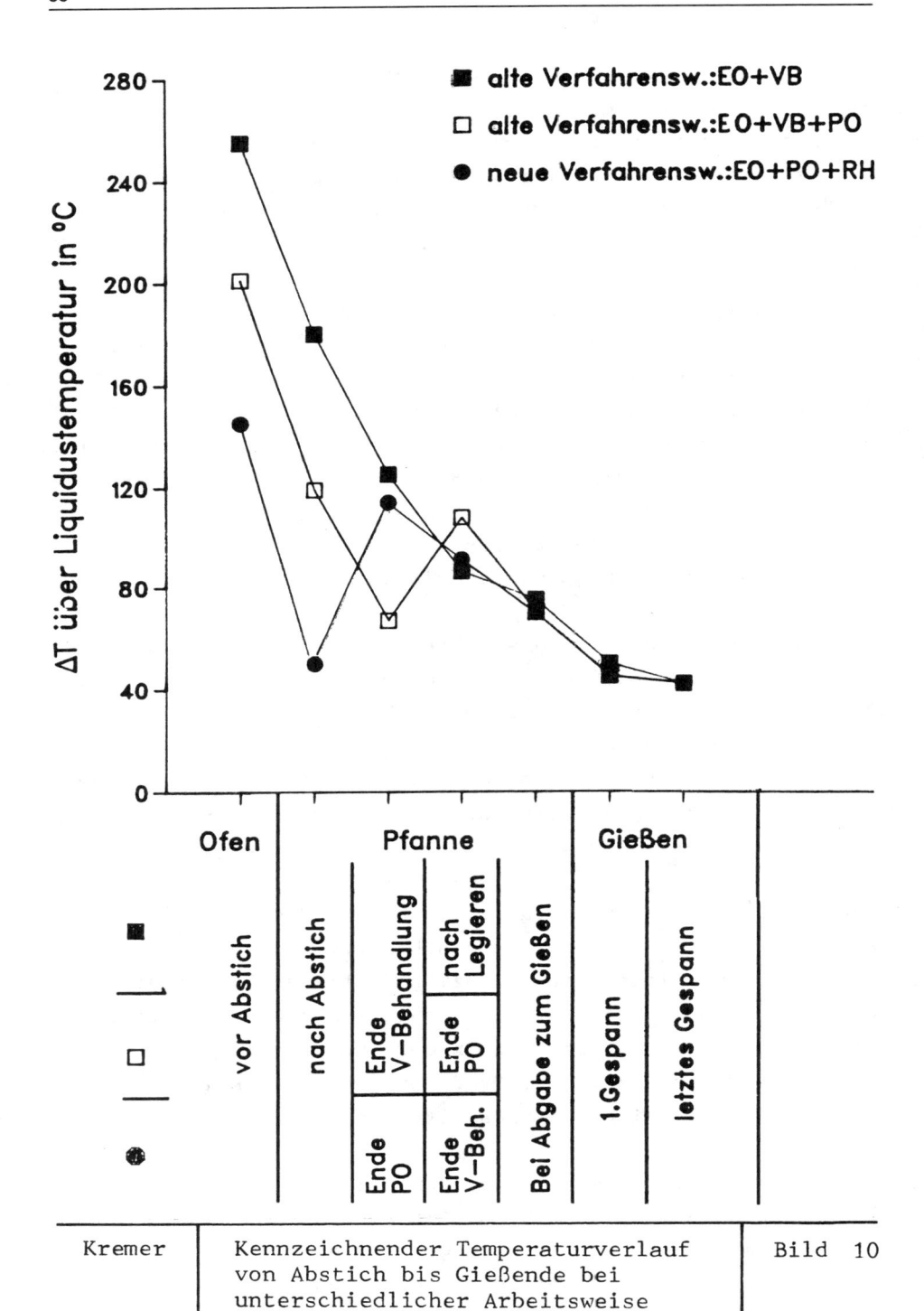

Kremer | Kennzeichnender Temperaturverlauf von Abstich bis Gießende bei unterschiedlicher Arbeitsweise | Bild 10

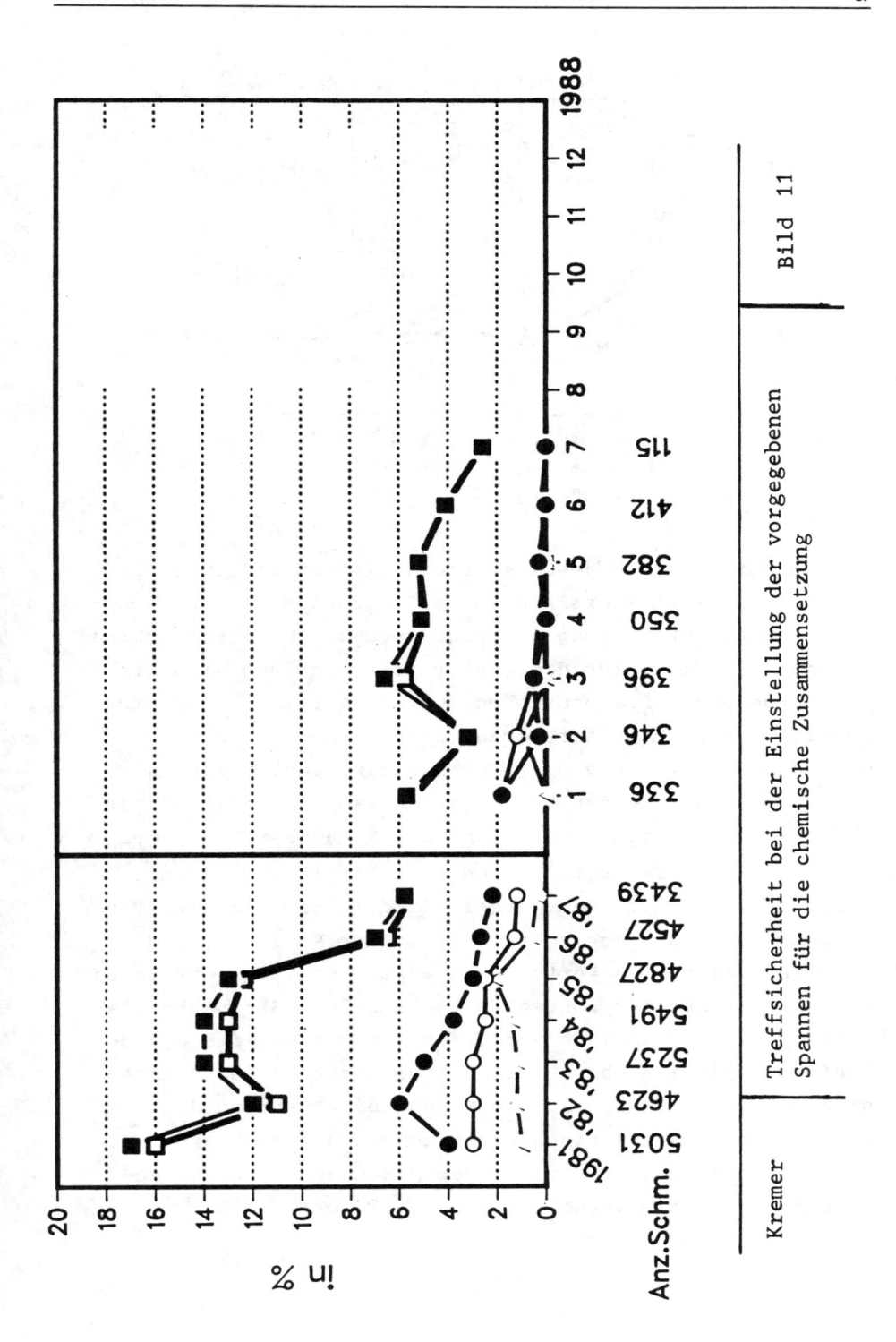

Kremer | Treffsicherheit bei der Einstellung der vorgegebenen Spannen für die chemische Zusammensetzung | Bild 11

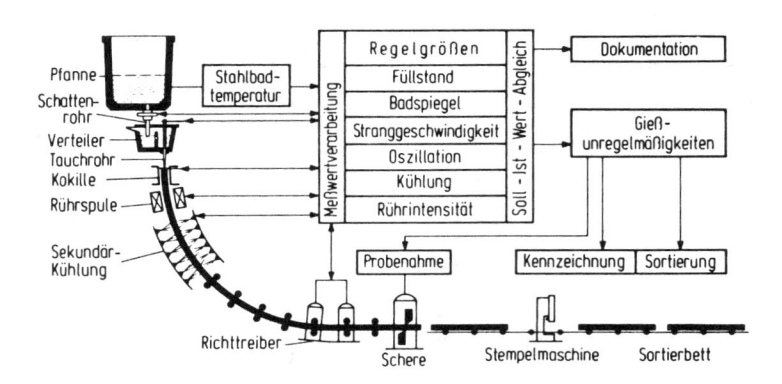

| Kremer | Regelgrößen bei einer Knüppelstrang-gießanlage zur Einstellung der Qualitätsmerkmale | Bild 12 |

die Meßwerte in der jeweils erforderlichen Informationsdichte von einem Prozeßrechner erfaßt und nach einer entsprechenden Verknüpfung in Prozeßvorgaben umgesetzt. Eine wesentliche Hilfe für die Qualitätsentwicklung sind die rechnergeführte Dokumentation des Gießvorganges und die Feststellung qualitätsrelevanter Abweichungen in den Gießbedingungen von vorgegebenen Sollwerten. Derartige Gießunregelmäßigkeiten können stranglängenbezogen erfaßt und in Vorgaben für eine automatische Kennzeichnung der entsprechenden Strangteile und ihre Sortierung umgesetzt werden. Ein Beispiel ist die in **Bild 13** dargestellte Verfolgung der Badspiegelschwankung in der Kokille und der Stopfenbewegung des Verteilergefäßes. Unzulässig große Badspiegelschwankungen führen zu fehlerhaften Strangoberflächen. Auf der Grundlage von Erfahrungswerten, die aus der laufenden Qualitätsbeurteilung abgeleitet werden, lassen sich durch den Prozeßrechner Strangteile während des Gießvorganges automatisch kennzeichnen und sortieren, die aufgrund des Gießverlaufes einer besonderen Prüfung unterzogen werden müssen.

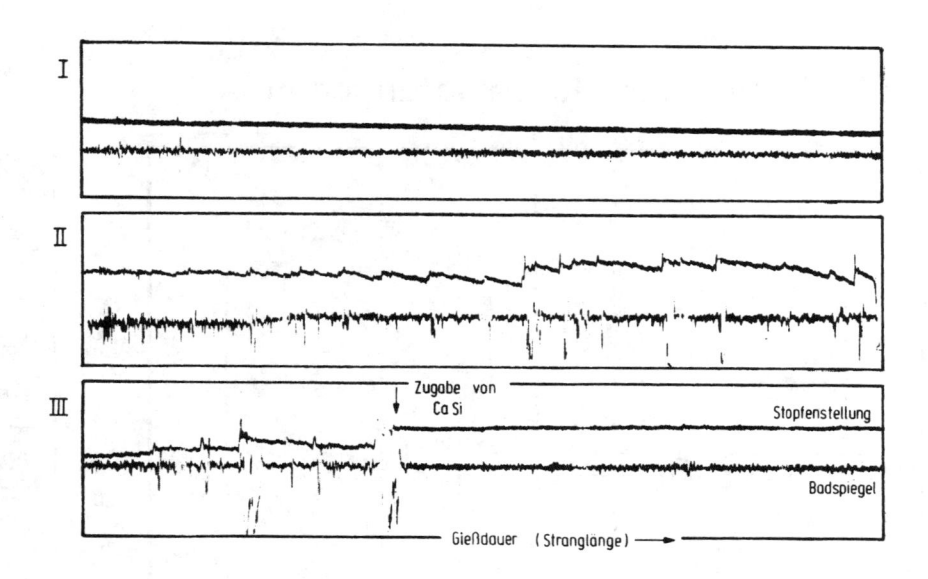

| Kremer | Regelung der Badspiegelschwankungen beim Stranggießen | Bild 13 |

Ein weiteres Beispiel für statistische Prozeßregelung bei Stranggußerzeugnissen ist die Entnahme von Proben aus dem heißen Strang. Üblicherweise werden über Probenscheiben mittels Schwefelabdruck oder Beizen das Erstarrungsgefüge sowie die innere Beschaffenheit des Stranggusses beurteilt. <u>Bild 14</u> weist die Entwicklung des Anteils an derartigen Proben ohne Rißseigerungen über einen längeren Zeitraum aus. Es wurde jeweils der Mittelwert und die Streuung der bewerteten Schwefelabdrucke für eine Gießkampagne aufgetragen. Über derartige Auswertungen lassen sich unerwünschte Veränderungen in der Stranggießanlage oder der Verfahrenspraxis kurzfristig aufspüren und damit frühzeitig zweckdienliche Maßnahmen einleiten.

Anteil Proben ohne Rißseigerungen in %

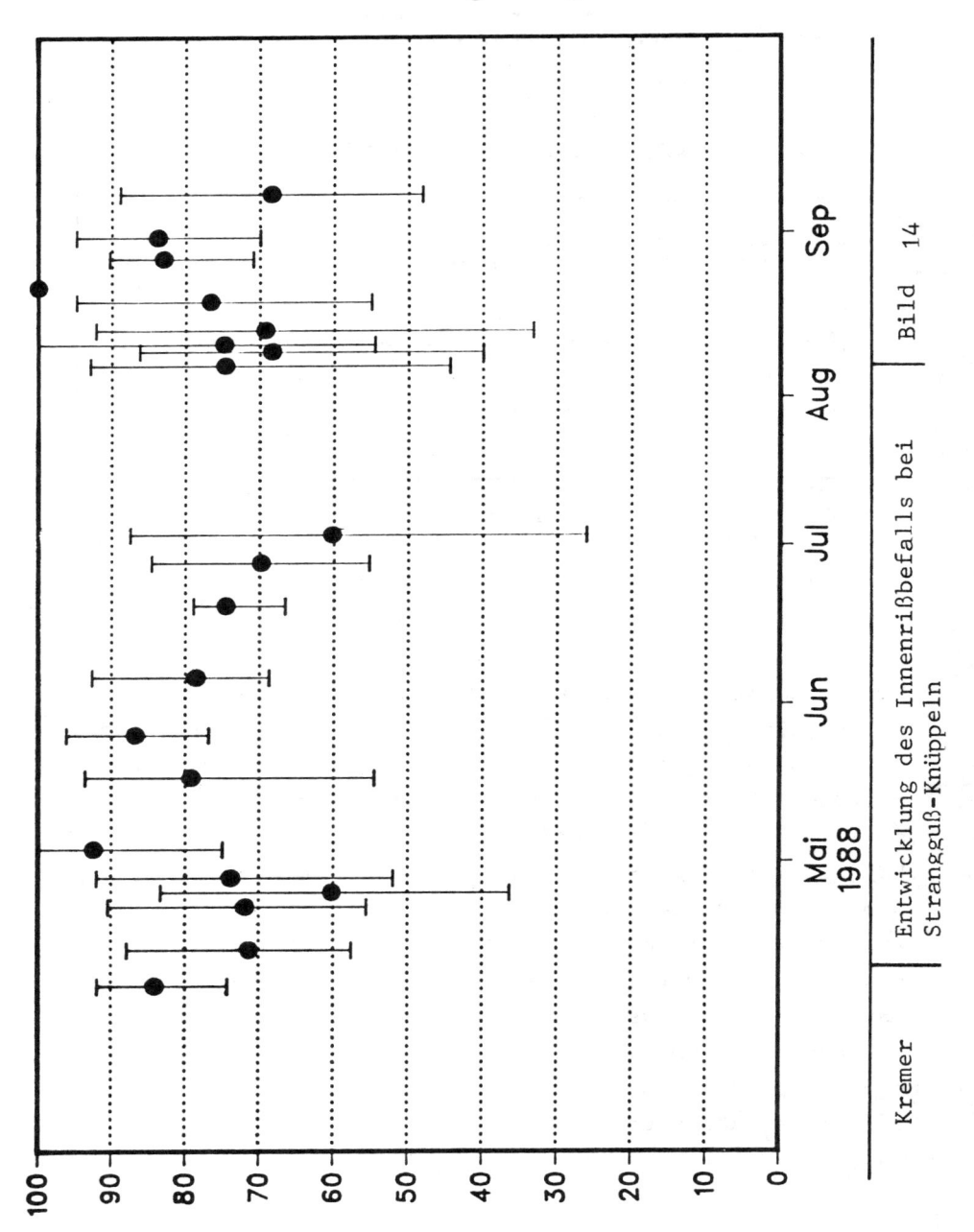

Bild 14 Entwicklung des Innenrißbefalls bei Strangguß-Knüppeln

Kremer

Prozeßregelung bei der Weiterverarbeitung des Rohstahls

Die heute überwiegend über Stranggießanlagen hergestellten
Brammen, Vorblöcke und Knüppel müssen durch Warm- und Kaltwalzen sowie nachfolgende Zuricht- und Glühbehandlungen in
die gewünschten Produkte umgewandelt werden. Dies geschieht
heute zumeist in Fertigungslinien mit hohem Automatisierungsgrad, für die die Anwendung zeitgemäßer Prozeßregelung
zur treffsicheren Einstellung der Produktivität bei niedrigen Herstellkosten zwingend ist.

Beim Warmwalzen ist durch temperaturgeregeltes Wärmen, Walzen und Abkühlen eine möglichst günstige Gefügeausbildung
unmittelbar aus der Walzhitze anzustreben. Auf diese Weise
lassen sich die gewünschten Werkstoffeigenschaften ohne
aufwendige Glühbehandlung erreichen. Beispielsweise läßt
sich durch eine unmittelbar hinter dem Walzgerüst angeordnete Intensivkühlanlage bei der Walzung von Grobblech die
Gefügeumwandlung so steuern (Bild 15), daß im Gegensatz zur
konventionellen Luftabkühlung ein feinkörniges, bainitisch-
ferritisches Gefüge entsteht, das weitgehend frei von Per-
lit ist. Die praktische Durchführung des temperaturgeregel-

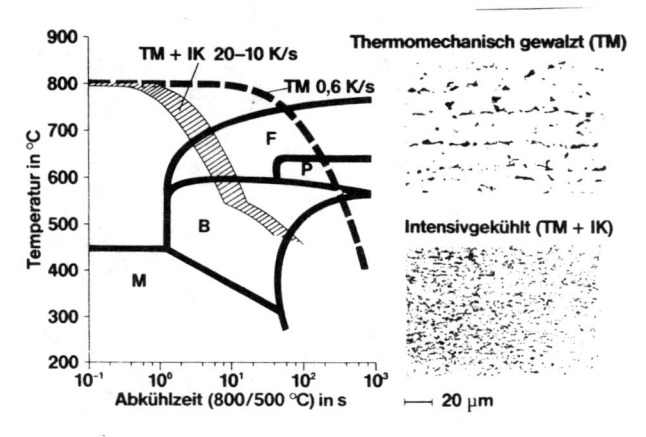

| Kremer | Einstellung der Gefügeausbildung durch temperaturgeregeltes Walzen | Bild 15 |

ten Walzens, das zunehmend Einführung in die Warmwalzwerke findet, erfordert eine sorgfältige, auf das Ausscheidungs- und Umwandlungsverhalten der einzelnen Stähle abgestimmte Regelung der Prozeßführung.

Bei der Warmbandwalzung sind neben den Werkstoffeigenschaften die Banddicke und das Bandprofil maßgebliche Zielgrößen. Mit der kontinuierlich einstellbaren Bombierung ist heute eine Verfahrenstechnik verfügbar, mit der das Bandprofil durch gegensinniges, axiales Verschieben der Arbeitswalzen kontinuierlich verändert und somit den jeweiligen Anforderungen angepaßt werden kann (Bild 16). Eine gezielte Profilbeeinflussung setzt eine rechnergesteuerte Warmbandstraße sowie eine automatische Dicken- und Profilmessung im Durchlauf voraus. Eine solche aufwendige Meß- und Verfahrenstechnik führt zu erheblichen Verbesserungen der Produktqualität, wie Bild 17 darstellt.

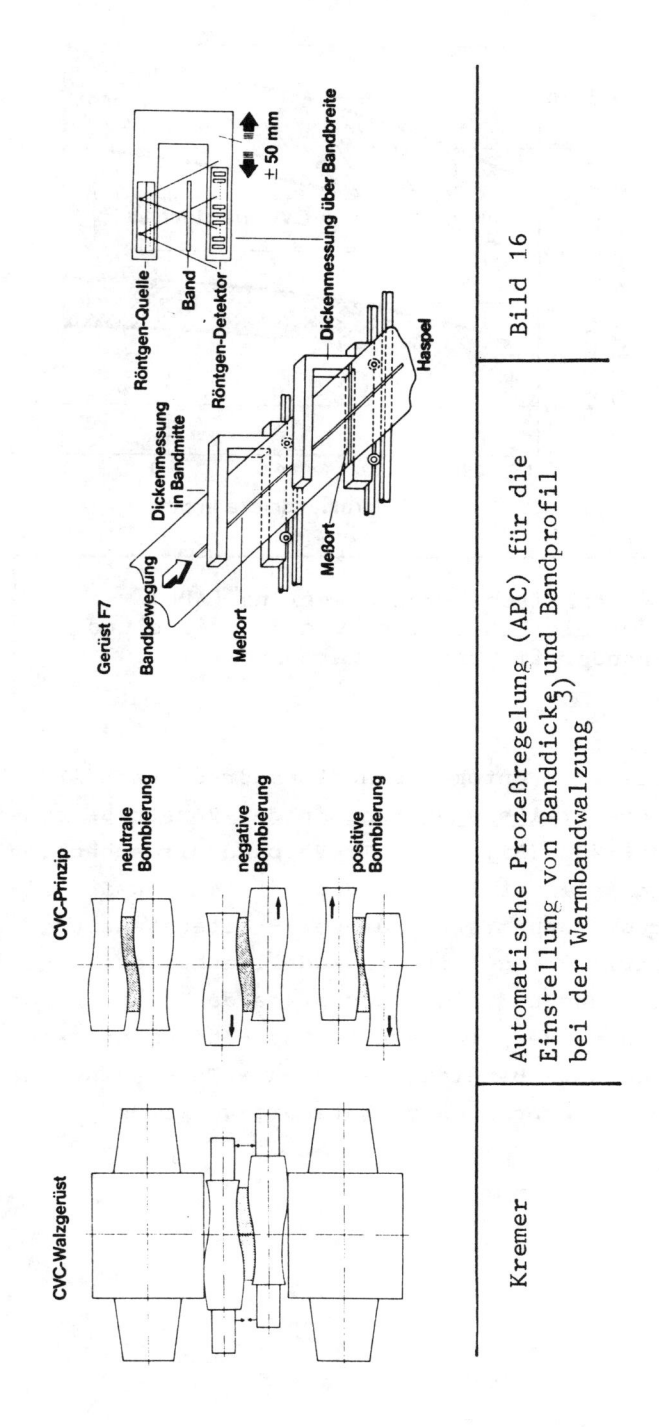

Bild 16: Automatische Prozeßregelung (APC) für die Einstellung von Banddicke und Bandprofil bei der Warmbandwalzung

Kremer

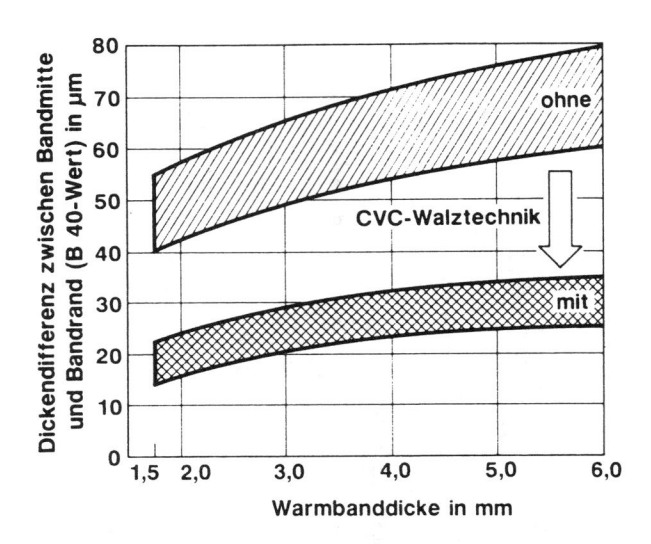

| Kremer | Automatische Prozeßregelung (APC) für die Einstellung von Banddicke und Bandprofil bei der Warmbandwalzung 3) | Bild 17 |

Ein Beispiel für automatische Prozeßregelung (APC) ist die
<u>automatische Breitensteuerung</u> in der Vorstraße einer Warm-
breitbandstraße (<u>Bild 18</u>). Im Verbund mit schnellen hydrau-
lischen Anstellsystemen für ein Vertikal- und Hori-
zontalgerüst kann mittels dieser Breitensteuerung, die nach
einem empirisch abgeleiteten Modell arbeitet, eine günstige
Endenausbildung und eine hervorragende Breitenkonstanz erreicht werden. Bei eingeschalteter Breitenkorrektur kann
über die gesamte Bandlänge eine enge Toleranzspanne eingehalten und Unterbreiten vollständig vermieden werden.

Warmband

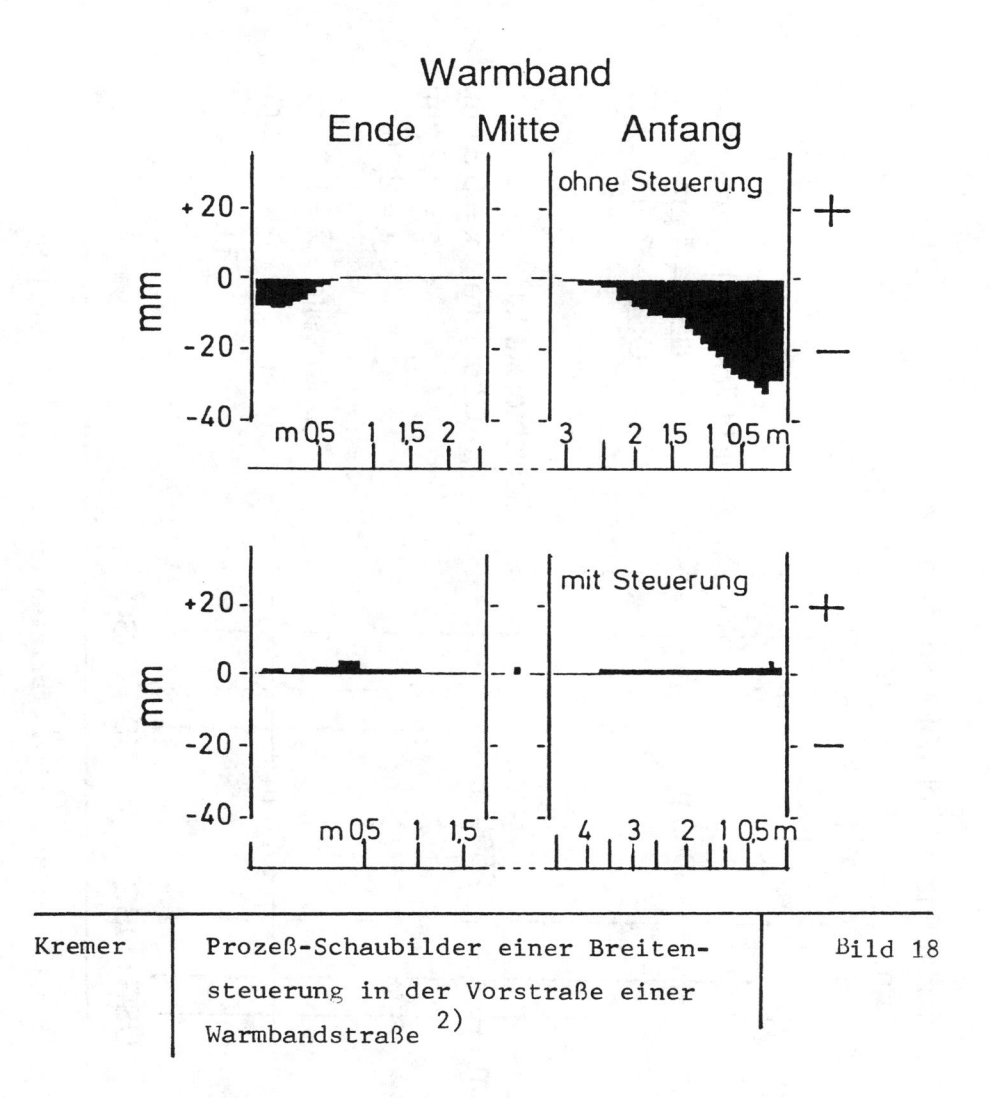

Ende Mitte Anfang

ohne Steuerung

mit Steuerung

| Kremer | Prozeß-Schaubilder einer Breiten-steuerung in der Vorstraße einer Warmbandstraße [2) | Bild 18 |

Ein Beispiel aus dem Bereich der <u>Beschichtung von Flacherzeugnissen ist</u> in <u>Bild 19</u> dargestellt. Es handelt sich um das Aufbringen einer organischen Isolierbeschichtung auf Elektroblech mit einer Soll-Schichtdicke von 5 µm, einer Toleranzspanne nach oben von 2 und nach unten von 1 µm. In diesem Fall wird neben dem Anpreßdruck der Drei-Rollen-Auftragseinrichtung das Verhältnis der Umfangsgeschwindigkeiten der einzelnen Rollen untereinander sowie die Bandgeschwindigkeit zur Einstellung der gewünschten Schichtdicke

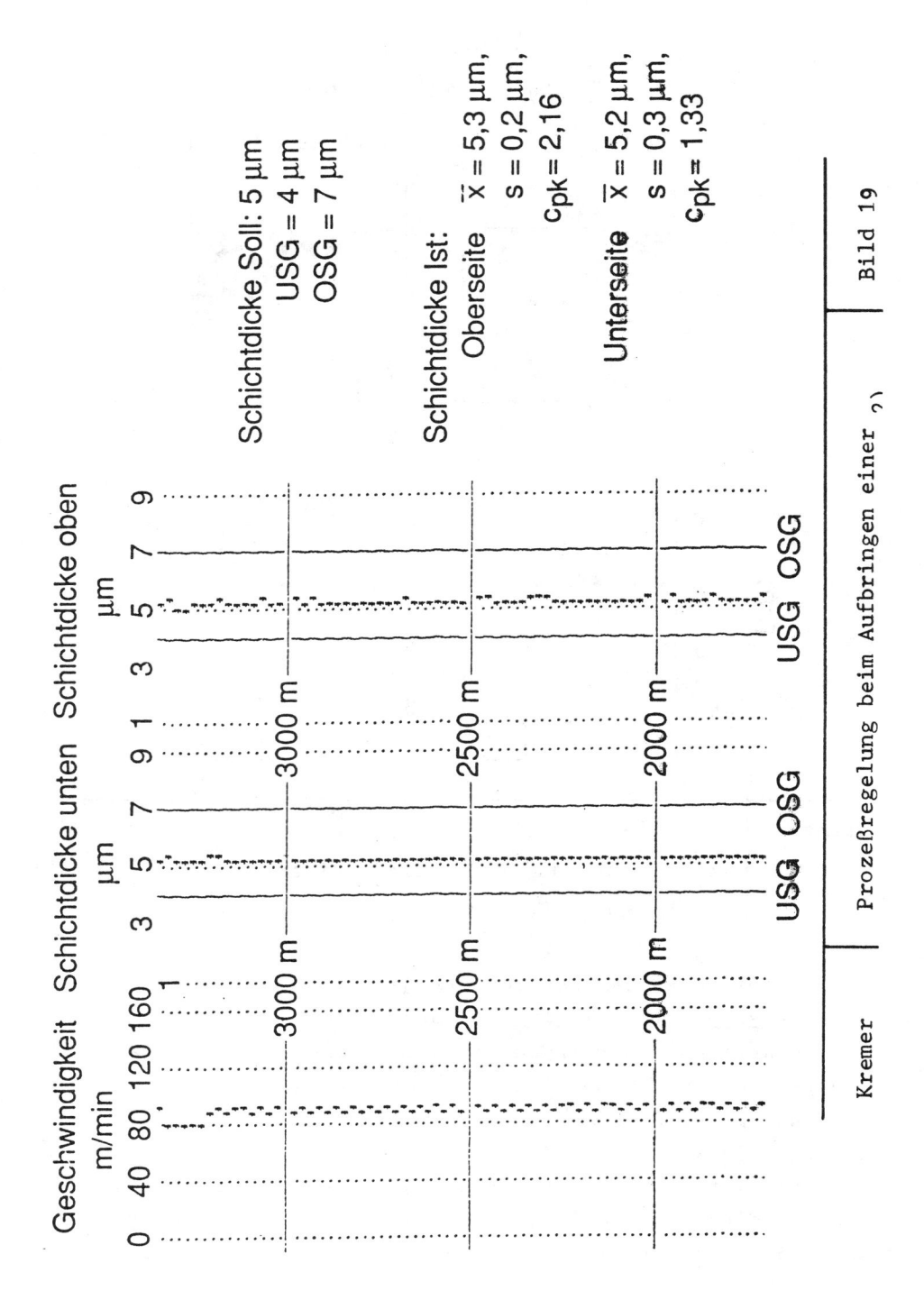

Schichtdicke Soll: 5 µm
USG = 4 µm
OSG = 7 µm

Schichtdicke Ist:
Oberseite $\bar{x} = 5{,}3$ µm, $s = 0{,}2$ µm, $c_{pk} = 2{,}16$
Unterseite $\bar{x} = 5{,}2$ µm, $s = 0{,}3$ µm, $c_{pk} = 1{,}33$

Bild 19: Prozeßregelung beim Aufbringen einer ...

durch den Prozeßführer genutzt. Im Bereich der Stahlindustrie gibt es zahlreiche vergleichbare Anwendungen für eine derartige kontinuierliche Prozeßregelung.

Schlußbemerkung

Die Qualitätssicherung bei der Herstellung von Stahlerzeugnissen entspricht in ihren Grundvorstellungen der Qualitätssicherung in anderen Bereichen industrieller Fertigung. Ihre praktische Umsetzung wird jedoch maßgebend durch branchenspezifische Gegebenheiten bestimmt. Dies gilt besonders für die statistische Prozeßregelung (SPC) in Fertigungslinien mit hohem Automatisierungsgrad, wie sie für die Stahlindustrie heute kennzeichnend sind. Einige Beispiele aus dem Bereich der Stahlherstellung sowie der Weiterverarbeitung des Rohstahls zu Flach- und Langerzeugnissen sollten dies verdeutlichen.

Die integrierte und weitgehend automatisierte Prozeßregelung in Fertigungslinien erfordert die Anwendung statistischer Methoden, die über die herkömmlichen Regelkarten hinausgehen. Dies gilt auch für die Feststellung der Prozeßfähigkeit derartiger Fertigungslinien. Im Laufe der Zeit sind in allen Werken zweckmäßige Methoden entwickelt worden, mit denen in der täglichen Qualitätsarbeit unerwünschte Abweichungen von den Qualitäts- und Kostenzielen festgestellt, deren Ursachen untersucht und Verbesserungsmaßnahmen abgeleitet werden. Die integrierte Prozeßregelung ist für die weitere Entwicklung der Prozeßfähigkeit und damit zur Sicherung der Produktqualität unverzichtbar. Sie wird auch zukünftig dazu beitragen, die vorhandenen Potentiale zur Verbesserung der Produkteigenschaften, zur Erhöhung des Ausbringens und zur Senkung der Nacharbeitsaufwendungen systematisch zu nutzen.

Letztlich wird auch in der Stahlindustrie das Bemühen um Qualitätssicherung von der Überzeugung bestimmt, daß die

Produktqualität sorgfältig geplant, beherrscht gefertigt und in ausreichendem Maße nachgewiesen werden muß.

Schrifttum

1. Kremer, K.-J.: Qualitätssicherung in der deutschen Stahlindustrie, Stahl u. Eisen 109 (1989) Nr. 3, demnächst

2. Peters, Kl.; Poech, H.: Statistische Prozeßregelung in der Stahlindustrie, Stahl u. Eisen 109 (1989) Nr. 3, demnächst

3. Schulz, E.: Verfahrensoptimierung in modernen Stahl- und werken, Stahl u. Eisen 108 (1988) Nr. 22, S. 1019/28

4. Junius, H.-T.; Bleck, W.; Müschenborn, W.; Straßburger, Ch.: Das kontinuierliche Glühen von kaltgewalztem Stahl-Feinblech unter werkstoffkundlichen und betriebswirtschaftlichen Aspekten. Stahl u. Eisen 108 (1988) Nr. 20, S. 931/38

5. Consemüller, K.; Görl, E.; Trültzsch, K.-L.: Die neue Contiglühe für Feinblech der Hoesch Stahl AG. Stahl u. Eisen 107 (1987), Nr. 10, S. 451/59

Qualitätssicherung aus der Sicht eines Halbzeugwerkes für Aluminium- und Titanwerkstoffe

G. **Fischer**, Meinerzhagen

Zusammenfassung

Zur Durchsetzung der qualitätsbestimmenden Maßnahmen muß ein Qualitätssicherungssystem entwickelt und eingeführt werden. Es ist abhängig von den Unternehmenszielen, der Art der Produkte und den vorhandenen Fertigungs-, Meß- und Prüfmitteln. Am Beispiel ausgewählter Bauteile werden die wesentlichen Parameter aufgezeigt, die die Bauteileigenschaften beeinflussen, und deren Absicherung dargestellt.

In den vergangenen Jahren sind die Anforderungen an die Qualität industriell hergestellter Produkte ständig gestiegen. Unter "Qualität" ist dabei nach einer Definition der International Organization for Standardization die "Gesamtheit von Eigenschaften und Merkmalen eines Produktes oder einer Tätigkeit, die sich auf deren Eignung zur Erfüllung gegebener Erfordernisse beziehen" zu verstehen. Qualität bezieht sich also immer auf vorgegebene Forderungen. Im allgemeinen werden diese sich widerspiegeln in den durch den Einsatzzweck vorgegebenen Anwendungsbedingungen eines Produktes und den damit verbundenen technischen, wirtschaftlichen, rechtlichen und umweltlichen Anforderungen. Diese Forderungen schreiben zwingend die Qualität der in einer logistischen Kette aus Zulieferant - Lieferant - Abnehmer[1] hergestellten Produkte vor. Die Tatsache, daß die Produkte ihren Gebrauchswert, die Erwartungen des Kunden, die vorgeschriebenen Normen und Spezifikationen sowie die gesetzlichen und andere gesellschaftliche Forderungen erfüllen müssen, läßt auch erkennen, daß der Kunde - und nicht der Hersteller - das endgültige Urteil über die Produktqualität fällt. Diese übt demnach neben dem Preis und dem Liefertermin einen entscheidenden Einfluß auf den Markterfolg eines Unternehmens aus. Der Sicherung reproduzierbarer Qualität kommt deshalb in der heutigen Zeit eine hervorragende Bedeutung zu, die noch durch die in den vergangenen Jahren strenger gewordenen Gesetze und Bestimmungen zur Produzentenhaftung unterstrichen wird.

Das Instrument zur Durchsetzung der durch die Unternehmensleitung gesetzten Qualitätsziele ist das Qualitätssicherungssystem. An dieses System ist die Forderung zu stellen, daß die Qualitätssicherung lückenlos und lückenlos nachweisbar sein muß. Es besteht aus der organisatorischen Struktur, den Zuständigkeiten, den Verfahren und Arbeitsabläufen sowie den Mitteln für die Durchführung der Qualitätssicherung[2]. Das Qualitätssicherungssystem eines Unternehmens wird im Qualitätshandbuch verbindlich beschrieben.

Grundsätzlich ist die Organisation eines Qualitätssicherungssystems nicht normbar. Es ist jeweils abhängig von den Unternehmenszielen, der Art der Produkte und den vorhandenen Fertigungs-, Meß- und Prüfmitteln. Die Organisation des Qualitätssicherungssystems kann nur das betroffene Unternehmen selbst festlegen. Die Systeme unterschiedlicher Unternehmen werden daher immer verschieden sein. Bei Beachtung der in den verschiedenen nationalen und internationalen Richtlinien enthaltenen Empfehlungen werden die Systeme jedoch auch immer Elemente enthalten, die um so ähnlicher sind, je vergleichbarer die Produkte werden.

Die Qualitätssicherung muß der inneren Logik der Entstehung des Produktes, z. B. von Titan- oder Aluminiumhalbzeug, folgen, damit sie nicht zu aufwendig wird. Das bedeutet, daß das System alle Unternehmensbereiche erfassen muß, die einen Einfluß auf die Qualität ausüben. Dies wird im folgenden Bild am Beispiel eines Halbzeugwerkes durch die Verknüpfung der Bereiche

- Vertrieb und Marketing
- Forschung und Entwicklung
- Konstruktion
- Arbeitsvorbereitung
- Fertigungsplanung
- Materialeinkauf
- Produktion
- Qualitätswesen
- Versand und
- Maschinen- und Meßtechnik

in einem Qualitätskreis[3] versinnbildlicht.

Wichtigstes Ziel aller Maßnahmen zur Qualitätssicherung muß die Fehlervermeidung[4] sein, da sich nur so die geforderte Qualität zu minimalen Kosten erreichen läßt. Naturgemäß müssen diese Maßnahmen es aber auch ermöglichen, fehlerhafte Produkte auszusondern sowie die Fehlerursache festzustellen und zu beseitigen, um zukünftig hohe Ausschuß- bzw. Nacharbeitskosten durch Wiederholungsfehler zu vermeiden oder zumindest zu reduzieren.

Zur Erreichung dieser Ziele muß sich die Qualitätsstelle selbst organisieren in die Bereiche

- Qualitätsplanung
- Qualitätsprüfung und
- Qualitätslenkung.[5]

Ausgehend von den an das Produkt gestellten qualitativen Anforderungen obliegt der Qualitätsplanung

- die Festlegung der Qualitätsmerkmale und deren Sollwerte
- die Festlegung der Verfahren und Abläufe zur Erzeugung der geforderten Qualität in Absprache mit allen daran beteiligten Unternehmensbereichen
- die Prüfplanung
- die Festlegung der notwendigen Dokumentation und
- die Ermittlung der Prüfkosten.

Ein weiteres Teilgebiet der Qualitätsplanung ist die Sorge für die Ausbildung und Weiterbildung von geeignetem Prüfpersonal.

Die Prüfplanung gehört mit zu den wichtigsten Aufgaben der Qualitätsplanung, da sie die Verfahren festlegt, mit denen überprüft wird, ob im Verlauf der Herstellung eines Produktes zu jeder Zeit Übereinstimmung zwischen den gestellten Forderungen und den Ergebnissen vorliegt.

Prüfplanung, Fertigungsplanung und Arbeitsvorbereitung müssen daher eng zusammenarbeiten[6]. Aufgabe der Prüfplanung ist es, im Prüfplan die Prüfmerkmale festzulegen und Vorschriften über

- Prüfmethoden
- Prüfmittel
- Prüfablauf

zu erstellen sowie den Prüfumfang zu bestimmen. Sie legt außerdem fest, welche Prüfungen durch Personal der Qualitätsprüfung oder durch Personal anderer Abteilungen im Auftrag der Qualitätsprüfung bzw. in Selbstverantwortung durchgeführt werden müssen und welche Prüfaufzeichnungen vorzulegen sind.

Hilfreich bei der Qualitätsplanung und insbesondere bei der Prüfplanung kann eine Analyse potentieller Fehler und deren Folgen sein, für deren Durchführung es Richtlinien gibt.

Aufgabe der Qualitätsprüfung[7] ist die Ermittlung und Erfassung der tatsächlichen Qualitätsmerkmale eines Produktes auf der Basis der von der Qualitätsplanung erstellten Prüfpläne. Sie führt

- die Wareneingangsprüfung z. B. von Vormaterial
- die fertigungsbegleitenden Prüfungen und
- die Abnahmeprüfungen

durch. Sie bedient sich dabei sowohl eigener Einrichtungen wie auch der Einrichtungen anderer Abteilungen. Ihr obliegt außerdem die Prüfmittelüberwachung. Dies geschieht in vielen Fällen in Zusammenarbeit mit der Abteilung für Meß- und Regeltechnik.

Im Rahmen der Qualitätsprüfung sind eine Vielzahl von meßbaren und attributiven Merkmalen zu erfassen. Dies geschieht durch manuelle oder automatische Merkmalsermittlung und -registrierung. Als Datenträger sollte dabei soweit wie möglich auf z. B. von der Produktion genutzte Datenträger zurückgegriffen werden, da diese meist schon alle teil- bzw. auftragsbezogenen Stammdaten enthalten. Allerdings wird die Qualitätsprüfung nicht ohne spezifische Datenträger auskommen wie z. B. Meßprotokolle, Qualitätsregelkarten, Fehlermeldungen, Fehlersammelkarten usw. Alle erfaßten Daten müssen zum Vergleich mit den Forderungen der Qualitätsplanung ausgewertet, verdichtet, analysiert und in geeigneter Form - wie z. B. Prüfberichten und statistischen Auswertungen - dargestellt werden.

Anhand der von der Qualitätsprüfung ermittelten Daten überwacht die Qualitätslenkung die Übereinstimmung von geplanter und erreichter Qualität. Sie muß die aufgetretenen Fehler analysieren, ihre Ursache ermitteln und in Zusammenarbeit mit der betroffenen Abteilung Korrekturmaßnahmen einleiten. Sie muß den Erfolg dieser Maßnahme verfolgen und sicherstellen, daß möglichst keine Wiederholungsfehler auftreten. Im Sinne der vorbeugenden Qualitätssicherung muß sie durch Analyse der von der Qualitätsprüfung vorgelegten Prüfdaten Trends zu einer Qualitätsverschlechterung erkennen und ihnen frühzeitig genug entgegentreten.

Eine weitere wesentliche Aufgabe der Qualitätslenkung ist das Qualitätsaudit, d. h. die Beurteilung der Wirksamkeit des Qualitätssicherungssystems oder seiner Elemente durch Soll-Ist-Vergleiche. Das Qualitätsaudit soll dabei Schwachstellen des Systems aufzeigen und Verbesserungsmaßnahmen in Absprache mit der verantwortlichen Abteilung ermöglichen.

Qualitätsplanung, -prüfung und -lenkung sind die Bausteine des Regelkreises "Qualitätskontrolle", der die Einhaltung der erforderlichen Qualität gewährleisten muß. Um dies schnell, effektiv und kostengünstig durchführen zu können, sollte sich die Qualitätskontrolle einer in die Datenverarbeitung des gesamten Unternehmens integrierten Rechneranlage bedienen (CAQ).

Nach dieser allgemeinen Darstellung der Prinzipien moderner Qualitätssicherung und -kontrolle in der erzeugenden und verarbeitenden Industrie soll im folgenden auf einige Besonderheiten bei der Herstellung von Leichtmetallhalbzeug am Beispiel eines Schmiedebetriebes eingegangen werden.

Ein Schmiedebetrieb ist - wie alle Halbzeugwerke - ein Auftragsunternehmen, d. h. er stellt Halbzeug für Teile her, für die sein Kunde die konstruktive Verantwortung trägt. Schmiedestücke werden im allgemeinen für hochbeanspruchte Konstruktionsteile eingesetzt wie

- dieses Ti 4 Al 4 Mo 2 Sn - Flap Track des Nahverkehrsflugzeuges BAe 146[8] oder
- dieses Ti 6 Al 4 V - Teil aus der Triebwerksaufhängung des Airbus A 320[9] oder,
- als Beispiel für Bauteile aus hochfesten Aluminium- und Magnesium-Legierungen, ein Airbus-Flugzeugrad[10] und einige Fensterrahmen für verschiedene Flugzeugtypen[11] sowie ein Getriebedeckel für Hubschrauber[12].

Die Qualitätssicherung für derartige Teile beginnt bereits im Stadium der Anfrage. Dieser müssen alle Informationen über die geforderte Qualität beigefügt sein. Enthalten sind diese in

- Zeichnungen
- Werkstoffspezifikationen

- Prüfvorschriften
- Technischen Lieferbedingungen.

Ist die geforderte Qualität darin nicht eindeutig beschrieben, sind durch den Verkauf zusätzliche Informationen einzuholen.

Bei Kunden, denen erklärtermaßen die Erfahrungen im Umgang mit den Werkstoffen Titan oder Aluminium fehlen, ist der Schmied aufgrund der Produzentenhaftungsvorschriften verpflichtet, sich so umfassend wie nötig über den geplanten Einsatzzweck zu informieren und den Kunden bezüglich der Werkstoffauswahl und -eigenschaften so eingehend wie möglich zu unterrichten.

Alle Anfragen müssen auf ihren qualitätsrelevanten Inhalt überprüft werden, um die notwendigen Qualitätssicherungsmaßnahmen beurteilen zu können und sie damit hinsichtlich ihrer Kosten kalkulierbar zu machen.

Bei Erhalt des Auftrages ist festzustellen, ob sein Inhalt mit dem der Anfrage und des Angebotes übereinstimmt. Erst dann sind alle Maßnahmen zur Herstellung der Schmiedestücke auszulösen.

Der Kunde stellt dem Schmied in den meisten Fällen eine Fertigteilzeichnung, seltener eine Schmiedestückzeichnung, in Form einer Zeichnungskopie zur Verfügung. Da heute die Konstruktion eines Teiles bereits vielfach rechnergestützt erfolgt, nehmen in letzter Zeit die Anfragen der Kunden nach den Möglichkeiten der direkten Nutzung der CAD-Zeichnungsdaten zu. Sie gehen dabei meist von einer Übermittlung mittels Datenträger aus. Voraussetzung für diese Art der Zeichnungsübermittlung ist naturgemäß, daß der Schmied ebenfalls über ein CAD-System verfügt. Da die beiden CAD-Systeme im allgemeinen verschieden sein werden, müssen die Zeichnungsdaten beim Kunden in ein neutrales Format übersetzt und im Rechner des Schmiedes in das Datenformat seines CAD-Systems zurückgeführt werden. Eine derartige Übertragung der CAD-Zeichnungsdaten vom Kunden zum Hersteller wird zweifellos weiterreichende Konsequenzen für die Qualitätssicherung in der Konstruktionsabteilung des letzteren haben müssen.

Anhand der Fertigteilzeichnung des Kunden fertigt der Lieferant eine Schmiedestückzeichnung an. Ausgehend von seiner eigenen Erfahrung legt der Konstrukteur in Zusammenarbeit mit der Fertigungsplanung, der Produktion, der Werkstoffabteilung und der Qualitätsplanung die Geometrie des Schmiedestückes fest.

Diese Zusammenarbeit aller genannten Abteilungen ist notwendig, weil z. B. Titanlegierungen zu den gefügeempfindlichen Werkstoffen gehören. Die Gefügeausbildung wird jedoch weitgehend durch den gesamten Umformprozeß bestimmt. Bei der Auslegung der Schmiedestücke müssen daher bereits klare Vorstellungen über den gesamten Herstellungsprozeß bestehen. Diese schließen die mögliche Verwendung eines Vorgesenkes zur Erzielung des geforderten Faserverlaufs ein. Sie lassen sich nur aus den Erfahrungen aller genannten Abteilungen, d. h. aus der Qualitätshistorie, ableiten.

Wegen der relativ hohen Werkstoff- und Zerspanungskosten von Halbzeugen wird der Konstrukteur unter Beachtung der vorgegebenen fertigungs- und werkstofftechnischen Belange die Schmiedestückkontur soweit wie möglich der Fertigteilkontur annähern.Dieses führt zu Genauschmiedestücken, die mittels Heißgesenk- bzw. isothermem Schmieden hergestellt werden können, sofern das wegen der hohen Werkzeugkosten wirtschaftlich ist[13]. Aus qualitativer Sicht kommt bei der Definition der Fertigteilkontur auch der Festlegung aller einzuhaltenden Maßtoleranzen besondere Bedeutung zu.

Für die Konstruktionsarbeiten und die nachfolgende Gesenkherstellung wird neben manuellen Methoden in zunehmendem Maße die CAD/CAM-Technik eingesetzt[14]. Ein derartiges CAD/CAM-System erlaubt dem Werkzeugkonstrukteur die genaue, für die Qualität des Werkzeuges und damit auch für die Qualität des Schmiedestückes wesentliche Auslegung des Werkzeuges mit Gratbahn, Gratgraben, Führungselementen usw.[15]. Er erstellt für die Werkzeugherstellung ein NC-Bearbeitungsprogramm. Dieses wird benutzt, um
- wie im vorliegenden Fall - zunächst eine Graphitelektrode herzustellen, mit deren Hilfe das Werkzeug durch Erodieren hergestellt wird, oder zum direkten Fräsen des Werkzeuges.

Die so hergestellten Gesenke weisen enge Toleranzen auf. Bei hohem Verschleiß des Werkzeuges können die gleichen Programme für dessen

Nacharbeit, bei Werkzeugbruch für dessen Neufertigung verwendet werden. Dies hat zur Folge, daß die mit Hilfe derartiger Werkzeuge gefertigten Gesenkschmiedestücke eine hohe Genauigkeit und Reproduzierbarkeit der formgebundenen Maße aufweisen.

Die Maßkontrolle kleiner und mittlerer Gesenke erfolgt auf rechnergestützen Meßsystemen, wobei die CAD/CAM-Zeichnungsdaten genutzt werden können.

Wegen der schon erwähnten Gefügeabhängigkeit werden die Eigenschaften von Halbzeugen aus Aluminium- und Titanlegierungen außer von der Legierung selbst

- von der Qualität des Vormaterials
- von den Umformparametern wie Schmiedetemperatur, Werkzeugtemperatur, Umformgrad, Umformgeschwindigkeit, Anzahl der Umformstufen und
- von den Bedingungen der Wärmebehandlung

bestimmt.

Alle diese Einflußgrößen sind bei der Fertigungs- und Qualitätsplanung zu beachten und im Laufe der Produktion zu überwachen.

Dem Schmied obliegt die Beschaffung des für die Herstellung des Schmiedestückes geeigneten Vormaterials. Sofern er nicht selbst Hersteller des Vormaterials ist, muß er sich um die Zulassung des Vormateriallieferanten bemühen. Er ist verpflichtet, sich zunächst davon zu überzeugen, daß der Vormateriallieferant über ein funktionsfähiges Qualitätssicherungssystem verfügt.

Die Anforderungen an die Vormaterialerzeugung, -eigenschaften und -prüfung müssen in Spezifikationen festgelegt werden[16]. Diese müssen, als Beispiel für Titan-Schmiedevormaterial, einerseits die Mindestanforderungen an die Qualität der eingesetzten Rohstoffe, der Elektrodenherstellung und der Blockerschmelzung und -umarbeitung bis zu den am Schmiedevormaterial durchzuführenden Prüfungen und der notwendigen Dokumentation regeln. Die

Einhaltung dieser Vorschriften ist durch Qualitätsaudits zu überprüfen. Andererseits sind die geforderten Eigenschaften wie chemische Zusammensetzung, Festigkeitseigenschaften, Gefügeausbildung, Annahmegrenzen für innere und äußere Fehler usw. in einer Materialspezifikation festzulegen. Zu dieser sollten Mikro- und Makrogefügerichtreihen gehören, mit deren Hilfe das gewünschte Gefüge in Abhängigkeit von Legierung und Vormaterialabmessungen genau definiert werden kann. Die Erfüllung dieser Materialspezifikation muß durch Wareneingangsprüfung bestätigt werden.

Sofern der Schmied im eigenen Hause das Vormaterial fertigt, ist firmenspezifisch und eventuell auch produktspezifisch festzulegen, welche der genannten Prüfungen in gleicher Weise durchzuführen sind, oder ob bedingt durch das hauseigene Qualitätssicherungssystem Teile dieser Prüfungen entfallen können. Auf Aluminium-Knetwerkstoffe bezogen werden in jedem Fall folgende Parameter zu überwachen sein:

- Gattierung, d. h. Gewicht und Zusammenstellung der Einsatzstoffe
- chemische Analyse
- Schmelztemperatur
- Gießtemperatur
- Entgasung
- Filterfunktion
- Kornfeinung
- Absenkgeschwindigkeit
- Kühlwassermenge.

Ferner, am gegossenen Bolzen, die Abdrehmaße sowie Homogenisierungstemperatur und -zeit. Zur Qualitätsprüfung sollten Ultraschallprüfungen und Kontrollen der Gußgefüge durchgeführt werden. Das Vormaterial sollte abschließend die Freigabe für die Weiterverarbeitung durch entsprechende Kennzeichnung erhalten.

Wesentliche Aufgabe der Fertigungsplanung ist es nun, gemeinsam mit der Produktion und der Qualitätsplanung die die qualitativen Merkmale des Schmiedestückes bestimmenden Umformschritte möglichst genau vorzugeben[17]. Dies geschieht heute noch fast ausschließlich auf der Basis der vorliegenden Erfahrung.

Nach vorläufiger Festlegung der Verfahrensparameter werden Muster (Tryouts) gefertigt und geprüft. Stimmen die Ergebnisse der Qualitätsprüfungen nicht mit den an das Teil gestellten Forderungen überein, muß das Verfahren durch Prozeßänderungen optimiert werden. Dies ist fortzuführen, bis die vom Kunden spezifizierten Forderungen bezüglich der mechanischen Eigenschaften, des Faserverlaufs, der Gefügeausbildung, der Maße usw. erfüllt sind. Die dafür gültigen Prozeßparameter werden in einem Fertigungsplan dokumentiert.

In den meisten Fällen erhält der Kunde Ausfallmuster, um sich von der Einhaltung seiner Qualitätsvorschriften selbst zu überzeugen. Nach Erteilung des Gutbefunds wird der Prozeß bei Schmiedestücken in der Regel eingefroren, um zu erreichen, daß die Qualität der Serienteile der der Ausfallmuster entspricht.

Wünschenswert wäre es, wenn die Prozeßplanung und -optimierung rechnergestützt erfolgen könnte. Für geometrisch einfache Schmiedestücke - wie z. B. rotationssymmetrische Teile - sind diese Verfahren bereits relativ weit fortgeschritten. Mit Hilfe der Finite-Elemente-Methode[18] können dabei z. B. die lokalen Umformparameter wie Umformgrad, Umformgeschwindigkeit, Umformtemperatur und Materialeinfluß bei Kenntnis bestimmter Randbedingungen bereits heute mit erträglichem Rechenaufwand ermittelt werden. Die Kenntnis dieser lokalen Umformparameter könnte z. B. bei Titanlegierungen zur gezielten Gefügebeeinflussung in den verschiedenen Bereichen eines Schmiedestückes angewendet werden. Erste Ansätze hierzu liegen bereits vor. Eine in das CAD/CAM-System integrierte Prozeßsimulierung würde dem Schmied die Möglichkeit bieten, die Umformstufen vom Vormaterial über Freiformschmieden, Vor- und Fertigschmieden ohne Schmiedeversuche optimieren zu können. Von diesem Idealzustand ist man jedoch noch weit entfernt, da bei realistischen dreidimensionalen Schmiedestücken die Probleme noch zu groß sind. An der Weiterentwicklung der Prozeßsimulation in der Umformtechnik wird jedoch auch unter Einbeziehung von Expertensystemen und Optimierungsmodellen ständig gearbeitet.

Bei der Fertigung der Serienteile sind die einmal ermittelten Prozeßparameter streng einzuhalten, um eine reproduzierbare Qualität zu erreichen[19].

Dies ist besonders wichtig, da die Prozeßparameter bei der Warmumformung die einzigen direkt prüfbaren Größen darstellen. Systematische Abweichungen von den vorgeschriebenen Parametern, wenn auch unbeabsichtigt, können wesentliche Änderungen der Qualität zur Folge haben, die jedoch erst bei der Endprüfung festgestellt werden können. Ein wesentliches Element der Qualitätskontrolle beim Schmieden ist daher die Prozeßkontrolle[20].

Dies bedingt das Vorhandensein umfangreicher Steuer-, Regel- und Meßeinrichtungen für alle Pressen und Öfen der Schmiede, mit denen die Prozeßparameter während der Fertigung erfaßt werden können. Besonders gut geeignet für die Überwachungsaufgaben sind neben den registrierenden und schreibenden Meßgeräten SPC-Terminals, da die damit für jedes einzelne Teil erfaßten Prozeßdaten schnell statistisch ausgewertet und analysiert werden können[21].

Zur Prozeßkontrolle gehört auch die Überwachung der Wärmebehandlung. Die Wärmebehandlungsparameter sind in der Regel in den Werkstoffspezifikationen angegeben. Sie lassen dem Schmied meist jedoch einen gewissen Spielraum. Bei der Fertigungsplanung werden die Temperaturen, Zeiten und - falls erforderlich - die Abkühl- bzw. Abschreckbedingungen durch die Qualitätsplanung vorgegeben. Dabei sollten auch Anweisungen über der Anordnung der Teile im Ofen bzw. bei der nachfolgenden Abkühlung oder Abschreckung erlassen werden, um einerseits maßliche Änderungen durch Kriechen insbesondere bei Hochtemperaturglühungen und andererseits die Ausbildung hoher, unkontrollierter Eigenspannungen zu vermeiden. Die Wärmebehandlungsdaten sind für jedes Wärmebehandlungslos lückenlos zu dokumentieren[22].

Naturgemäß sind alle Prozesse Schwankungen unterworfen. Sie gelten dann als unter Kontrolle befindlich, wenn die einzigen Ursachen für die auftretende Streuung zufallsbedingte[23] Einflüsse sind. Es wird jedoch verlangt, daß die stabilen Prozesse durch Reduzierung der Streuung ständig zu verbessern sind. In der Regel wird dabei vorausgesetzt, daß der Prozeßmittelwert konstant ist und die Streuung nur durch zufallsbedingte Schwankungen um den Mittelwert hervorgerufen wird. Das ist jedoch eine Einschränkung der Allgemeinheit, da es durchaus möglich ist, daß bei einem Prozeß die Streuung der Meßwerte einer Stichprobe klein ist im Vergleich zu den im Laufe der Zeit auftretenden Schwankungen der Prozeßmittelwerte. Dann kann sich die Gesamtstreuung des Prozesses sowohl aus der Streuung der kurzfristig hintereinander gemessenen Werte als auch aus den langfristigen Schwankungen der Prozeßmittelwerte zusammensetzen. Diese allgemeine Art von kontrolliertem Prozeß wird sicher in der Halbzeugindustrie mit ihrer losweisen Fertigung und Prüfung sowie der Verwendung von verschiedenen Vormaterialchargen in die Überlegungen zur Prozeßkontrolle einzubeziehen sein.

Auf dieser Basis sind auch die an Titanschmiedestücken ermittelten Ergebnisse statistisch auszuwerten, die hier als Beispiel für die verschiedenen Schmiedehalbzeuge stehen sollen. Dabei muß festgestellt werden, ob die geplanten und durchgeführten Kontrollmaßnahmen zur Prozeßsicherung ausreichend waren. Das nächste Bild zeigt das Ergebnis einer derartigen Auswertung anhand einer $\overline{X}$, R - Qualitätsregelkarte[24]. Sie bezieht sich auf die Warmstreckgrenze von Ti 6 Al 4 - Verdichterscheiben eines Triebwerkes. Ohne auf Einzelheiten einzugehen, sei darauf hingewiesen, daß die Auswertung 438 Teile umfaßt, von denen 400 Stück in diesem Teildiagramm enthalten sind. Jeder $\overline{X}$-Wert entspricht dem Mittelwert von fünf Einzelmessungen mit der Streuung R. Der geforderte Mindestwert der Warmstreckgrenze beträgt 520 MPa. Das Diagramm zeigt, daß $\overline{X}$- und R-Werte innerhalb Pder Eingriffsgrenzen verlaufen. Der Mittelwert beträgt 545 MPa, der errechnete ($\overline{X}$-3s)-Wert 525 MPa. Die Ermittlung der Prozeßfähigkeitsmerkmale Cp und Cpk ergab, daß der Prozeß unter Kontrolle ist.

Demgegenüber läßt dieses Summenhäufigkeitsdiagramm[25] erkennen, daß dieser Prozeß nicht nur zufallsbedingte, sondern systematische Abweichungen aufweist. Eine Analyse der Daten, deren Ergebnisse im nächsten Bild wiedergegeben sind[26], zeigt sofort, daß die große, allerdings noch innerhalb der Spezifikationsgrenzen liegende Streuung der Festigkeitswerte auf die Schwankungen der chemischen Zusammensetzung der insgesamt drei von zwei verschiedenen Herstellern gelieferten chargen zurückzuführen ist.

Prozeßfähigkeitsprüfungen haben u. a. auch den Zweck, den Prüfaufwand bei der Endprüfung von Schmiedestücken aus Kostengründen ohne Risikoerhöhung so gering wie möglich zu halten. Auf eine Endprüfung, deren Umfang vom Risiko bei Ausfall des betreffenden Teiles im Einsatz bestimmt wird, kann jedoch nicht verzichtet werden.

Die bei diesen Prüfungen eingesetzten Verfahren haben sich in den letzten Jahren prinzipiell nicht geändert. Sie wurden in Anpassung an die gestiegenen Qualitäts- und Qualitätssicherungsforderungen vielfach empfindlicher und - so weit möglich - für die automatische Meßwerterfassung eingerichtet. Dies gilt gleichermaßen für

- die chemische Analyse[27]
- die Ermittlung der Festigkeitseigenschaften[28]
- die Gefügeanalyse[29]
- die automatische oder manuelle Maßkontrolle[30/31]
- die Ultraschallprüfung[32].

Dem Menschen kommt bei aller Automatisierung von Planung, Fertigung und Prüfung wegen seiner Stärken, aber auch wegen seiner Schwächen bei allen Anstrengungen zur Erzeugung qualitativ hochwertiger Produkte eine zentrale Rolle zu, da nach einem Wort des englischen Sozialreformers John Ruskin (1819-1900) "Qualität niemals ein Zufall, sondern das Ergebnis intelligenter Anstrengungen" ist.

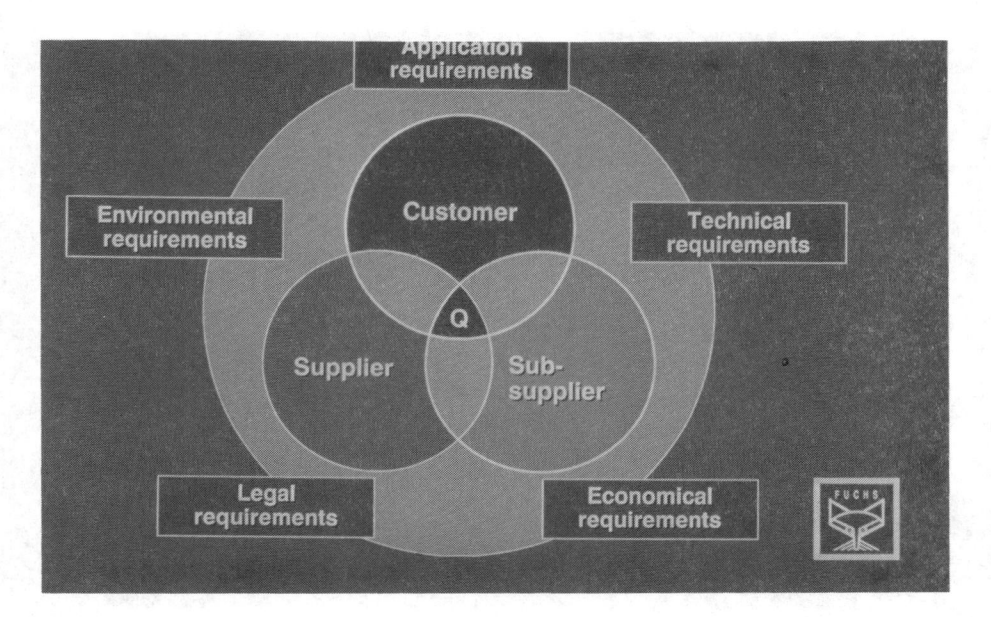

Bild 1

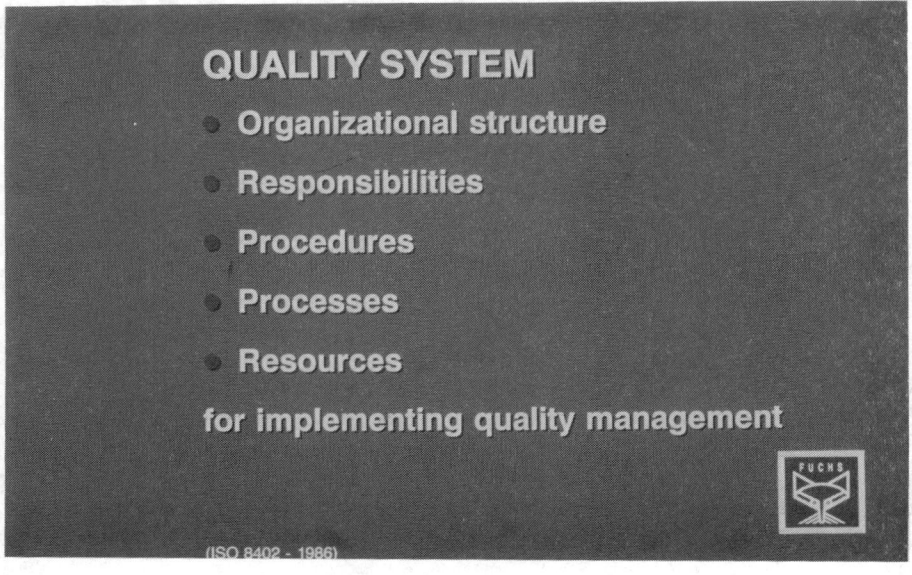

QUALITY SYSTEM

- Organizational structure
- Responsibilities
- Procedures
- Processes
- Resources

for implementing quality management

(ISO 8402 - 1986)

Bild 2

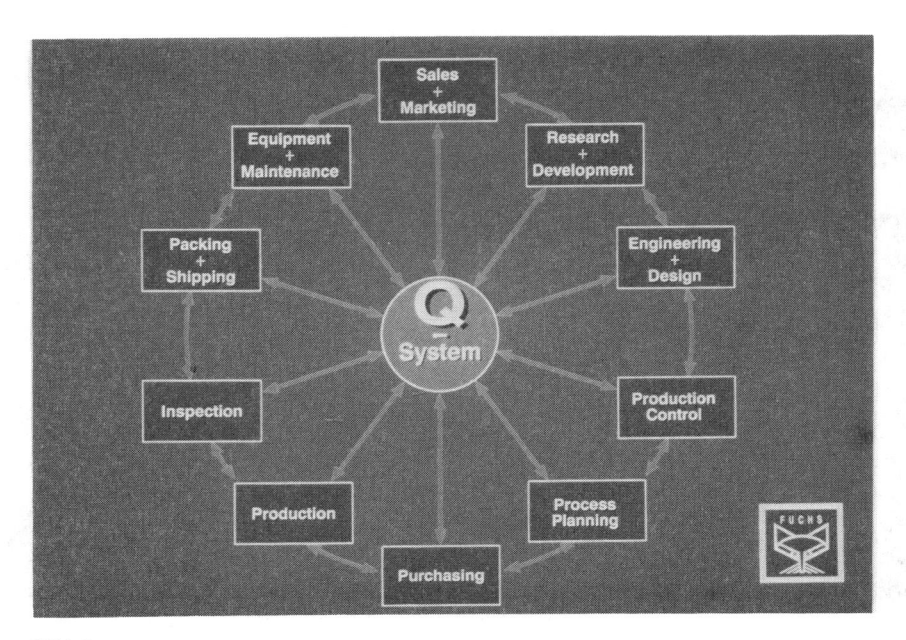

Bild 3

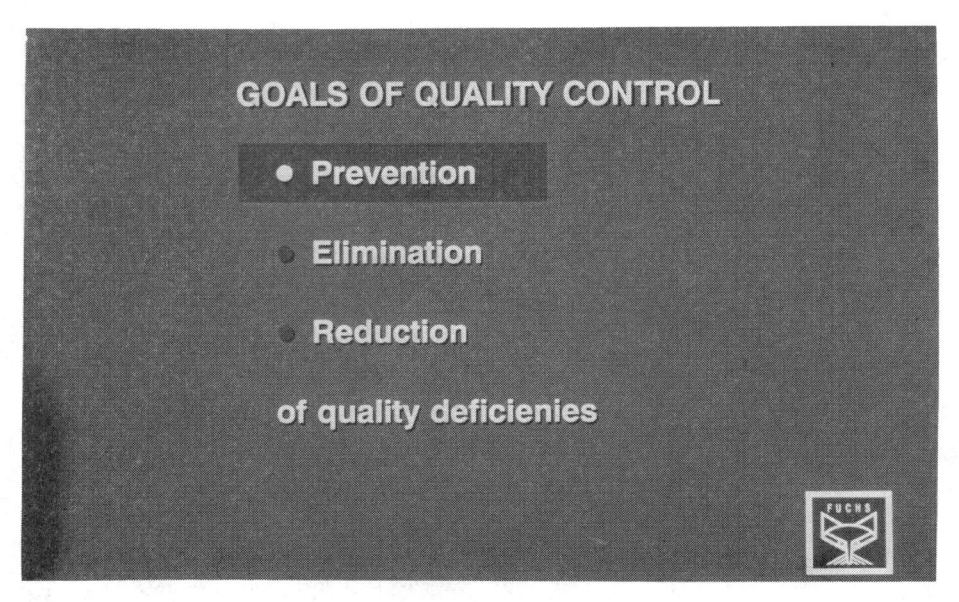

Bild 4

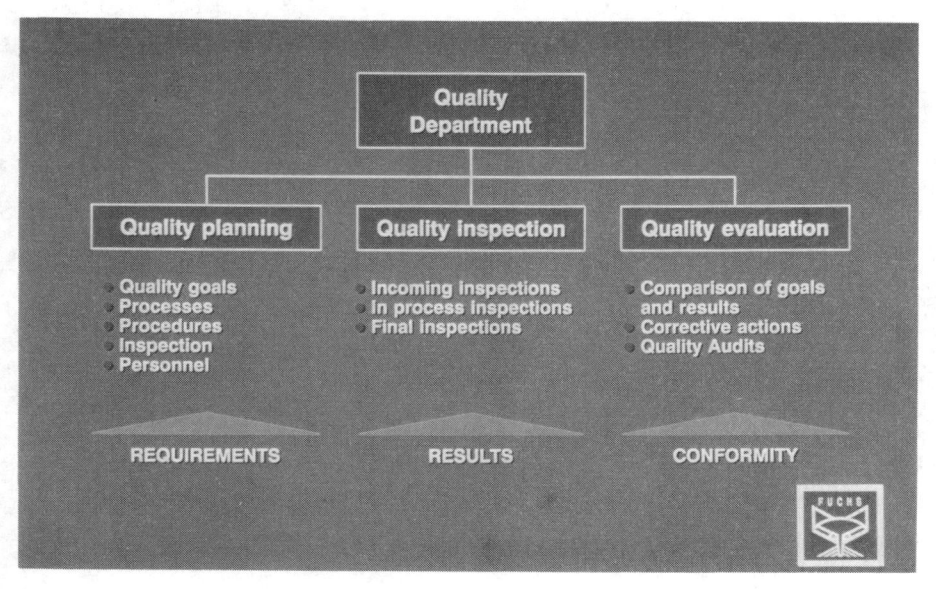

Bild 5

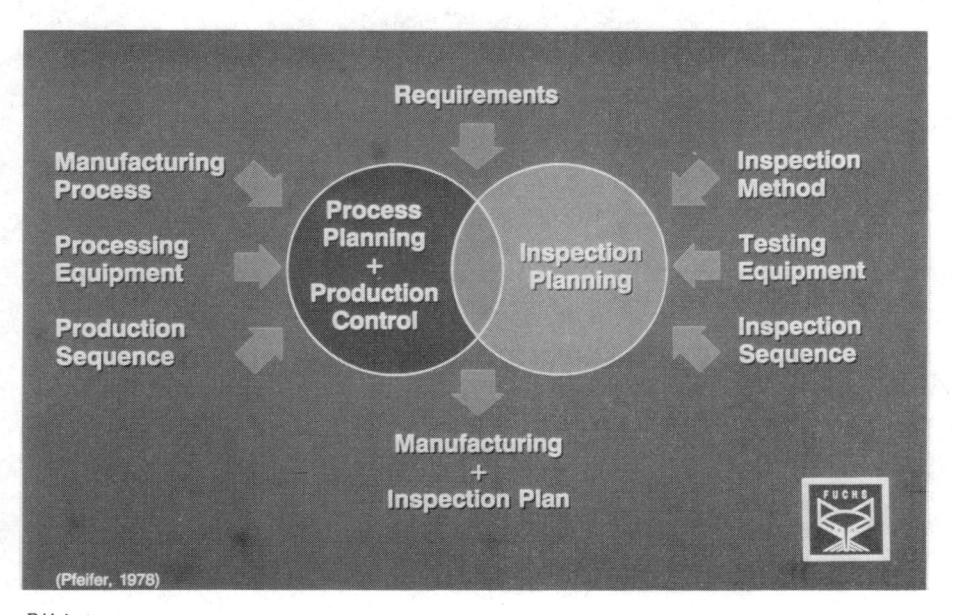

Bild 6

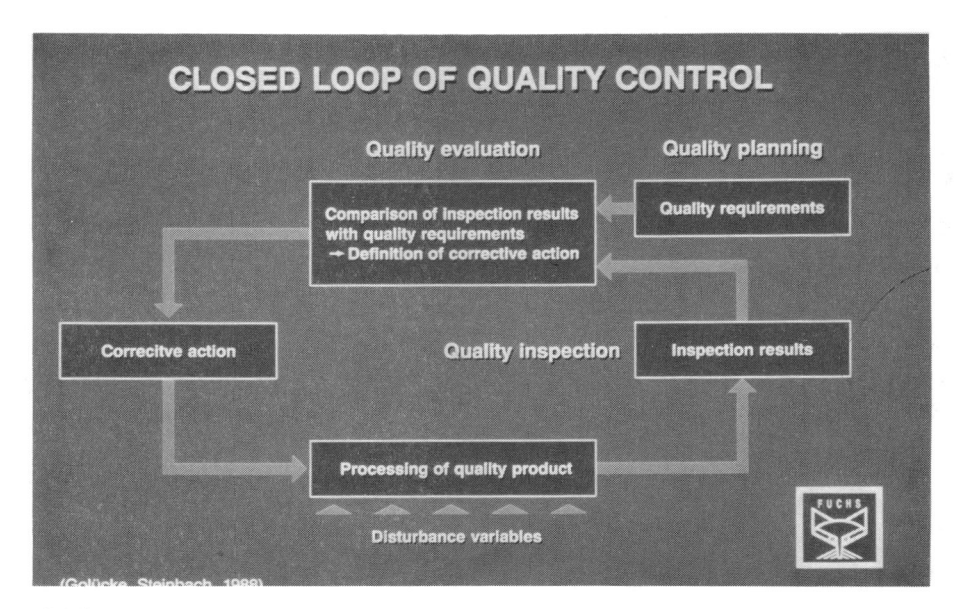

Bild 7

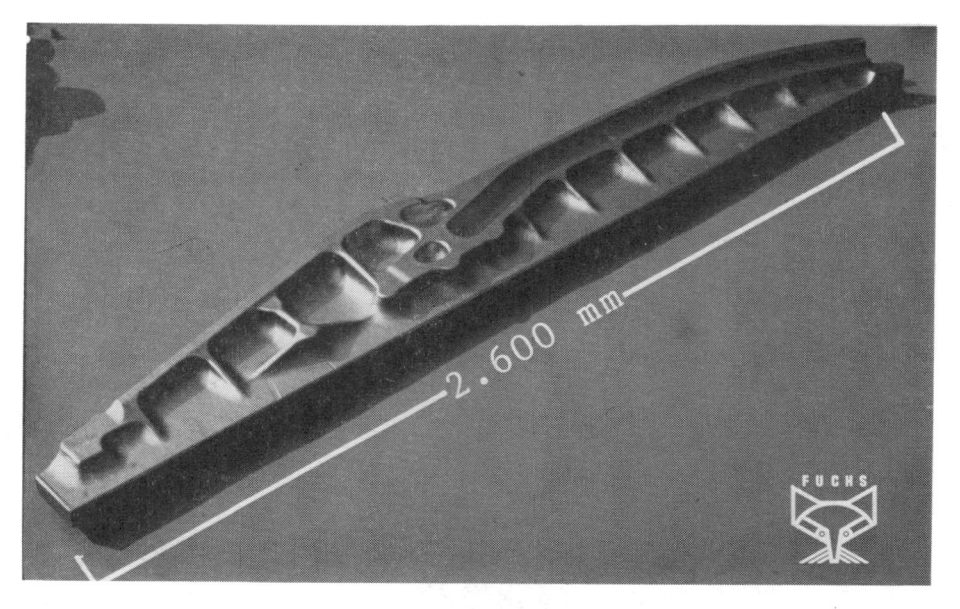

Bild 8   Flap Track des Nahverkehrsflugzeugs BAe 146
        aus Titanlegierung Ti 4 Al 4 Mo 2 Sn

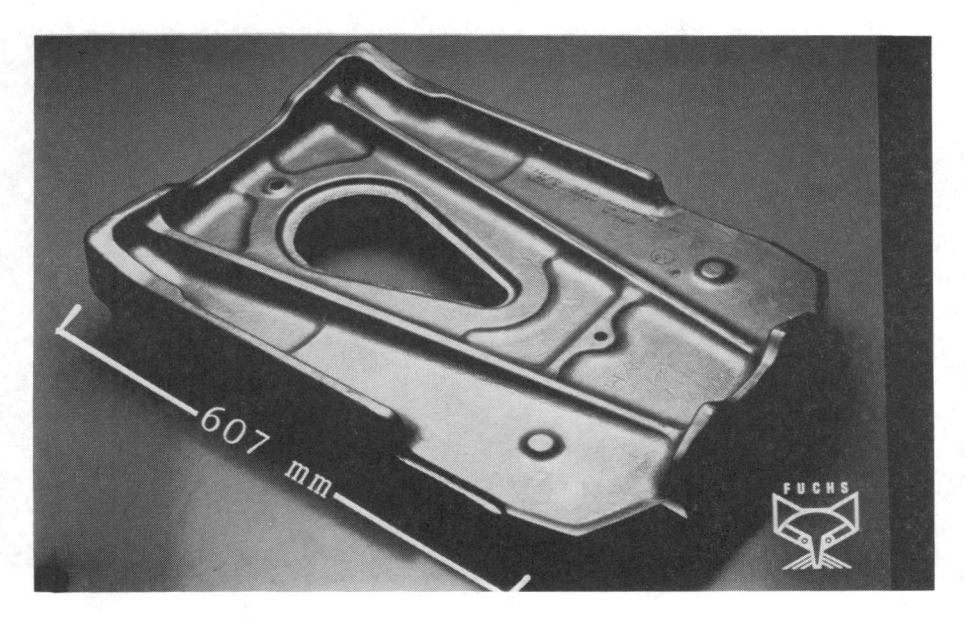

Bild 9   Bauteil aus Triebwerksaufhängung Airbus A 320 in Titanlegierung Ti 6 Al 4 V

Bild 10   Airbus-Flugzeugrad aus hochfester Aluminiumlegierung 7010

Bild 11   Flugzeugfensterrahmen in Genauschmiedeteilausführung

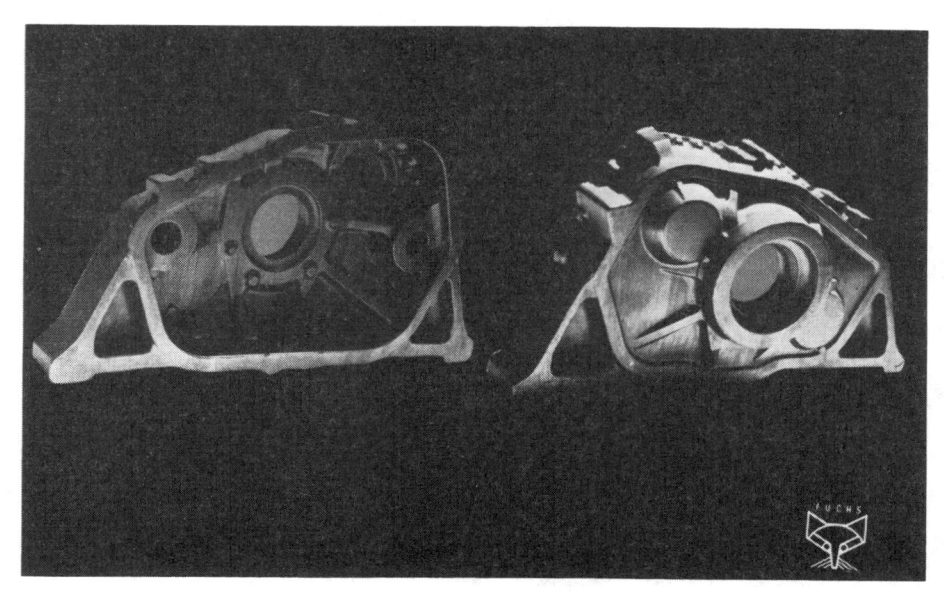

Bild 12   Hubschrauber-Getriebegehäusedeckel
           aus hochfester Magnesium-Schmiedelegierung

Bild 13   Genauschmiedeteil aus hochfester Aluminium-Schmiedelegierung

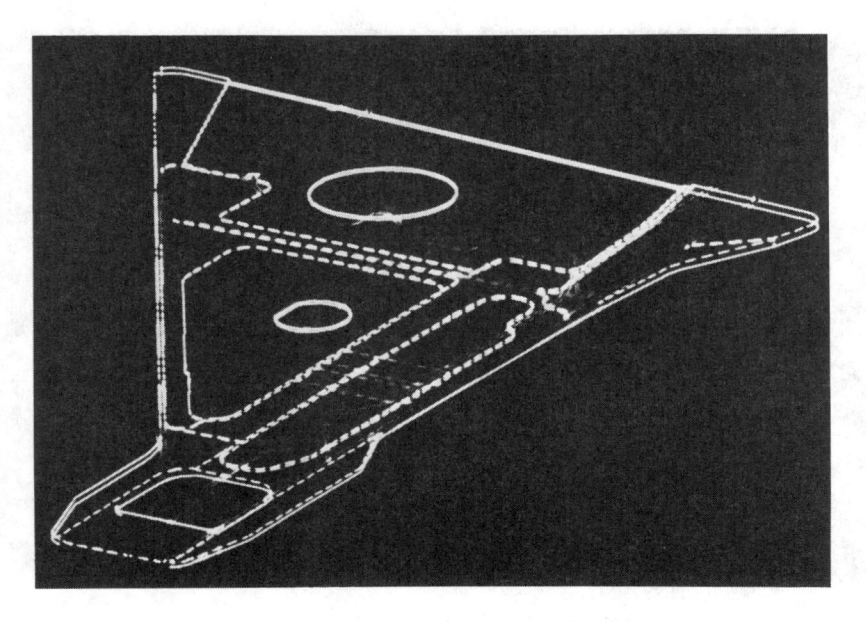

Bild 14   Genauschmiedeteil in CAD-Darstellung

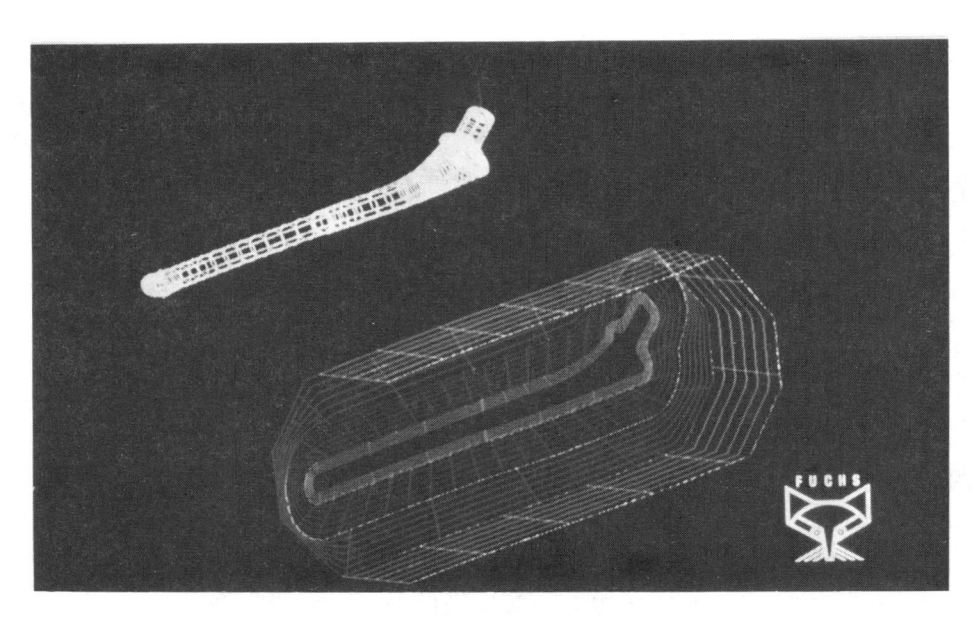

Bild 15   Hüftgelenkimplantat mit halbem Werkzeug in CAD-Darstellung

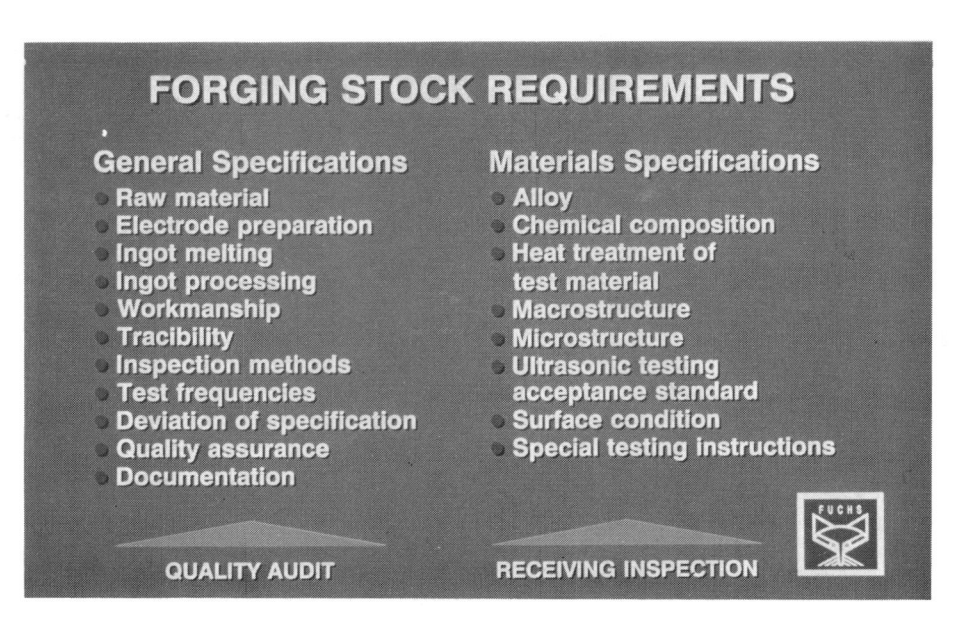

FORGING STOCK REQUIREMENTS

General Specifications
- Raw material
- Electrode preparation
- Ingot melting
- Ingot processing
- Workmanship
- Tracibility
- Inspection methods
- Test frequencies
- Deviation of specification
- Quality assurance
- Documentation

Materials Specifications
- Alloy
- Chemical composition
- Heat treatment of test material
- Macrostructure
- Microstructure
- Ultrasonic testing acceptance standard
- Surface condition
- Special testing instructions

QUALITY AUDIT   RECEIVING INSPECTION

Bild 16   Schmiedevormaterial-Anforderungen

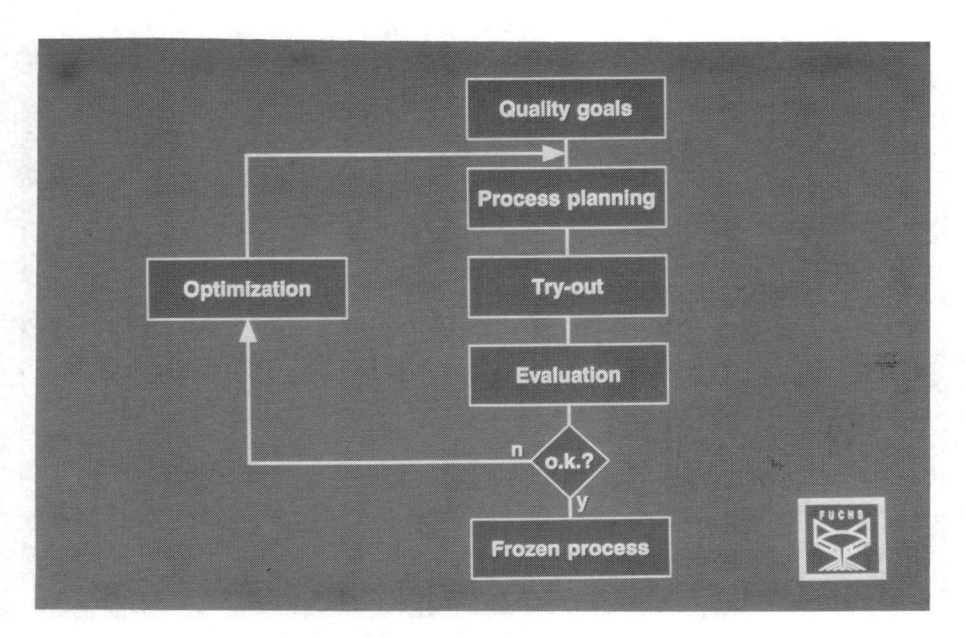

Bild 17   Ablaufschema für eine Schmiedeteil-Bemusterung

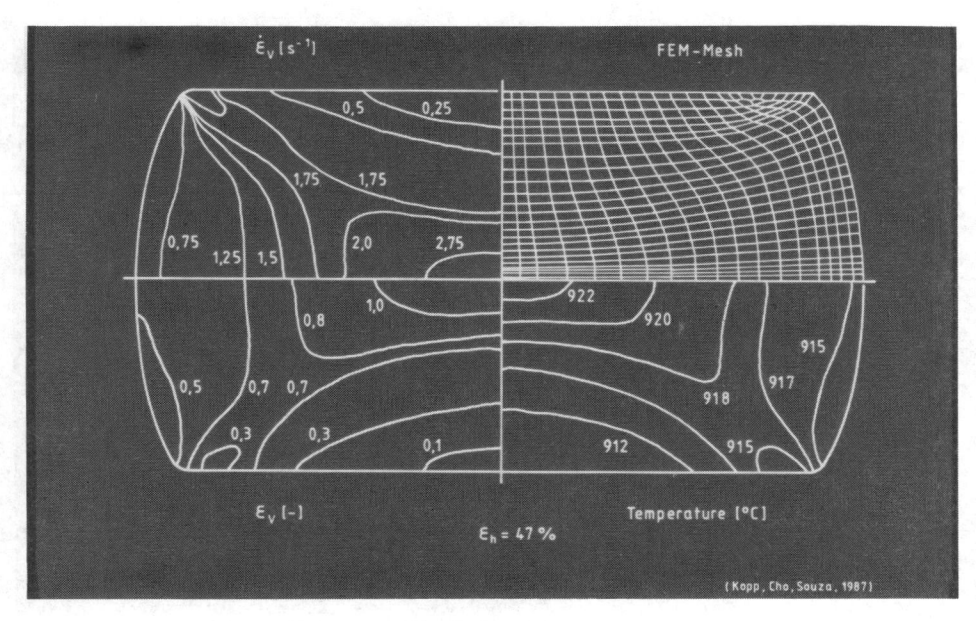

Bild 18   Prozeßoptimierung Schmiedestück
           Finite-Elemente-Methode

Bild 19   Flap Track vorgeschmiedet, eingelegt zum Fertigschmieden

Bild 20   Meßwarte Schmiedebereich

Bild 21   SPC-Terminal

Bild 22   Meßwarte für den Wärmebehandlungsbereich

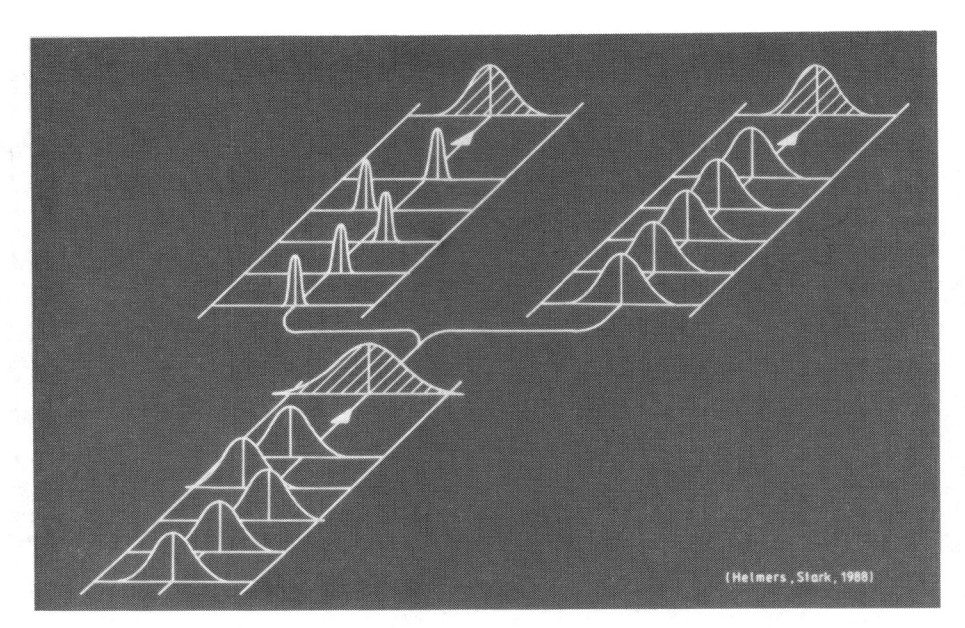

Bild 23   Prozeßstreuungsschemata

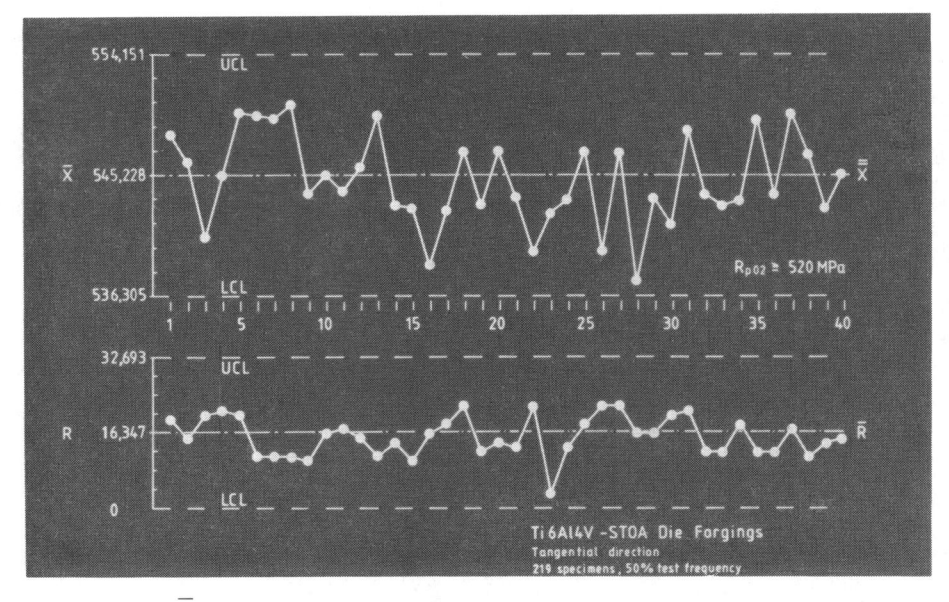

Bild 24 $\bar{X}$, R - Qualitätsregelkarte

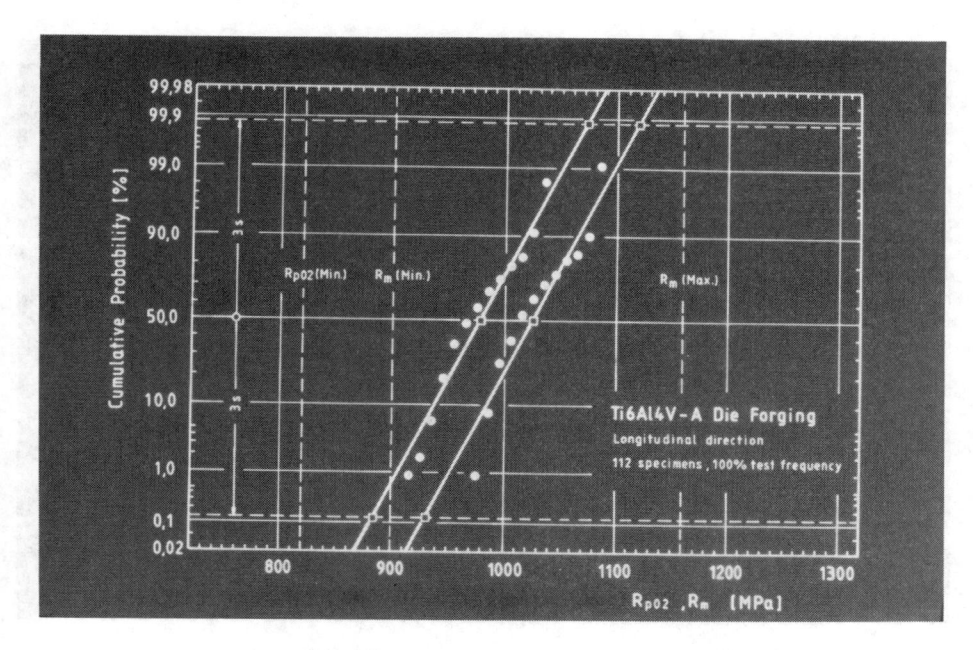

Bild 25   Summenhäufigkeitsdiagramm

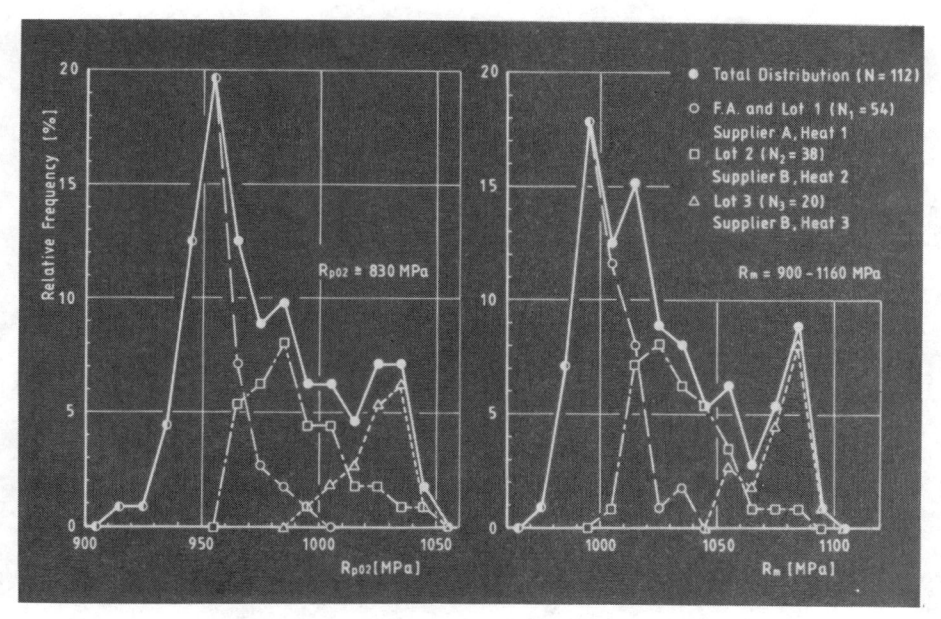

Bild 26   Relative Streuung der Festigkeitswerte
           als Funktion der Charge

Bild 27   Chemische Analyse - rechnergesteuerte RFA

Bild 28   Rechnergesteuerte Festigkeitsprüfeinrichtung

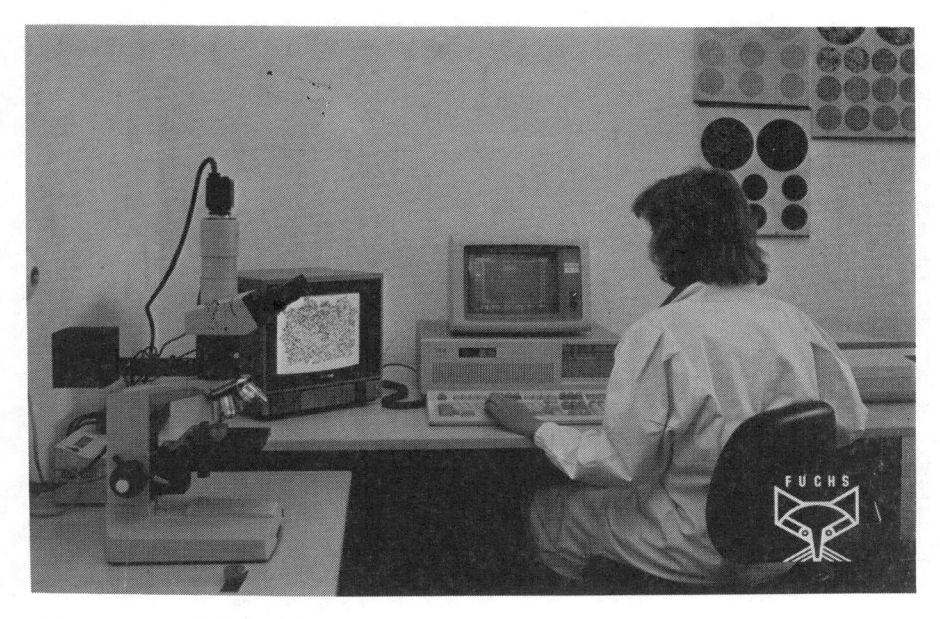

Bild 29　　　Gefügeanalyse

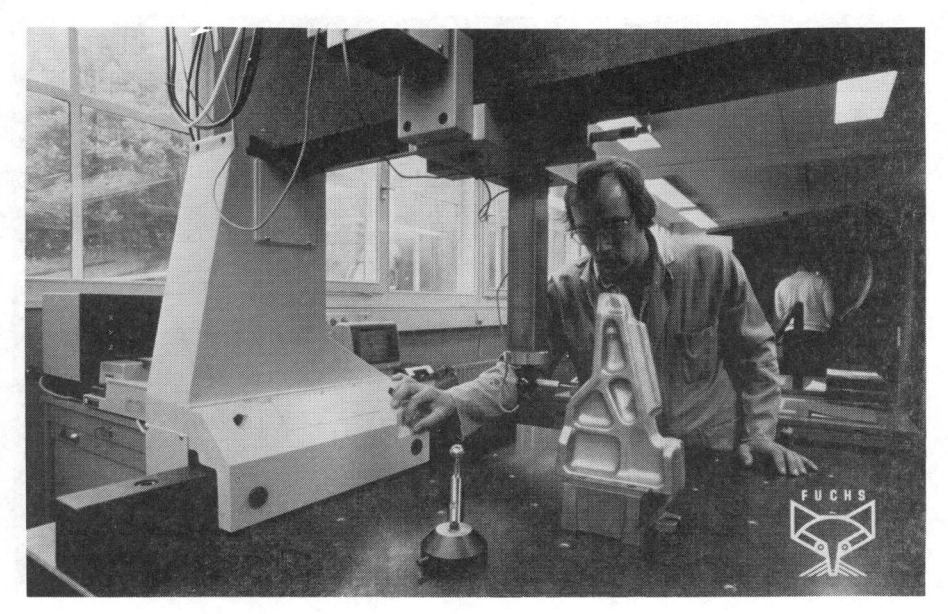

Bild 30　　　CNC-gesteuerte Maßprüfung

Bild 31 Manuelle Maßkontrolle mit elektronischer Datenerfassung

Bild 32 Automatische Ultraschallprüfeinrichtung

Qualitätssicherung beim Schmelzen von Gußwerkstoffen

J. M. Motz VDI, Ratingen und **W. Schneider,** Bonn

Einige Maßnahmen der Qualitätssicherung von Schmelzen bei Eisen- und Aluminium-Gußwerkstoffen werden behandelt. Eine Güteüberwachung vor dem Abguß kann große wirtschaftliche Bedeutung erlangen, da durch sie die Fertigung eines Anteils nicht spezifikationsgerechter Gußstücke vermieden werden kann. Darüberhinaus ist es möglich, die Streuung von Gußstückeigenschaften einzuengen. Auf einige Grenzen der Anwendbarkeit gütesichernder Maßnahmen der Schmelzekontrollen wird hingewiesen.

1. Einleitung

Die Erstarrungsmorphologie und damit die entstandene Seigerungsstruktur ist auch noch nach Umformprozessen in metallischen Knetlegierungen nachweisbar. Um so stärker ist ihr Einfluß auf Gefüge und Eigenschaften von Gußstücken. Bei ihrer Herstellung entfällt die ändernde Wirkung einer Umformung auf die Gefügeausbildung. Die Kristallisation in der Form legt nicht nur die endgültige Gestalt sondern auch wesentliche Gefügekenngrößen fest. Das Erstarrungsgefüge bestimmt damit die Gleichmäßigkeit und Güte von Gußstücken maßgeblich mit. Nachträgliche Korrekturen von Fehlern und Versäumnissen sind an den Produkten nicht mehr vorzunehmen. Es ist daher verständlich, daß der Gießer der Schmelzenbehandlung und seiner Gütesicherung zunehmende Bedeutung beimißt. Der Erstarrungsvorgang darf nicht Zufälligkeiten überlassen bleiben; er muß vielmehr gezielt beeinflußt werden, so daß in den Gußstücken reproduzierbar vorgegebene Gefügeausbildungen entstehen müssen. Das bedeutet, daß bereits am flüssigen Metall - also im Schmelzgefäß, in der Pfanne und während des Gießvorganges - durch metallurgische Behandlungen steuernd Einfluß genommen werden muß. Bild 1

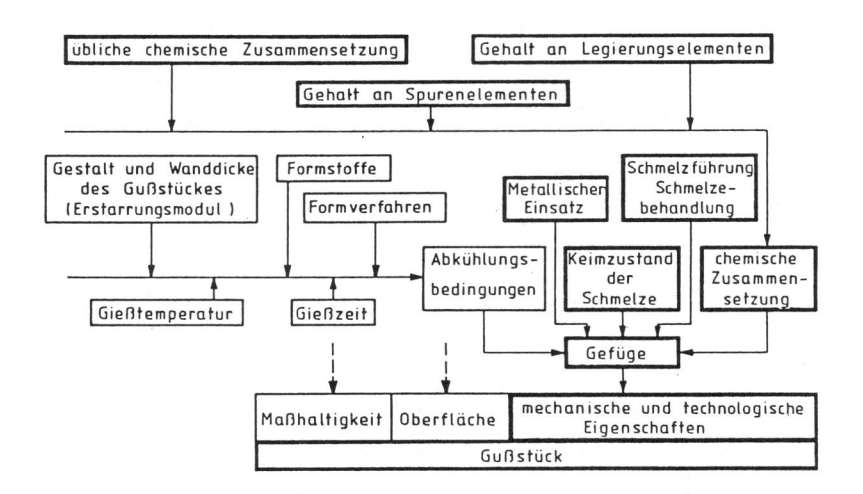

Bild 1: Einflüsse auf Gefügeausbildung und Eigenschaften von Gußstücken, nach K.-H. Caspers/1/.

gibt eine Übersicht über Kontrollen und schmelztechnische Verfahrensschritte /1/, wie sie z.B. bei Gußeisenwerkstoffen und bei Aluminium-Gußlegierungen angewendet werden:

- Wareneingangskontrollen aller Einsatzstoffe und ihre mengenmäßige Dosierung in der Gattierung
- Festlegung und Überwachung des Temperatur-Zeit-Ablaufs im Schmelzofen, im Behandlungsgefäß und in der Gießpfanne
- die analytische Überwachung der Schmelzenzusammensetzung auf Legierungs- und Begleitelemente und eine entsprechende Kontrolle bei den metallurgischen Maßnahmen
- Verfahren zur Reinigung der Schmelzen, z.B. das Entschwefeln vor der Magnesiumbehandlung bei Gußeisen, die Wasserstoffentgasung bei Al-Gußlegierungen, Filtration
- gezielte Zusätze zur Gefügebeeinflußung in den Gußstücken, z.B. Veredelung von Al-Gußlegierungen, Mg-Behandlung von Gußeisen mit Kugelgraphit, Impfzusätze bei Gußeisen
- technologische Kontrollen anhand von Vorproben zur Vorausbestimmung von Gefügeparametern, z.B. Beurteilung von Bruchgefügen
- thermische Analyse des Erstarrungsvorganges von Vorproben

- dosierte Zugabe von Impflegierungen bei Gußeisen in die
  Gießpfanne, in den Gießstrahl oder auch im Formhohlraum
  (Formimpfung)
- Einhaltung des für das Gußstück günstigsten Bereichs der
  Gießtemperatur

Die hier aufgezählten Maßnahmen können durch örtliche Anwendungen von Formstoffen mit verschiedenem Wärmediffusionsvermögen ergänzt werden, um das Gußgefüge in besonders beanspruchten Bereichen der Gußstücke zusätzlich zu beeinflussen.

Trotz ihrer erheblichen Unterschiede bei den Schmelz- und Gießtemperaturen weisen Eisen-Kohlenstoff- und Aluminium-Silicium-Gußwerkstoffe eine beachtliche Gemeinsamkeit von Eigenschaften auf:

- Es handelt sich in beiden Fällen um naheutektische bis eutektische Legierungen, die wegen ihrer Konstitution hervorragende Gießeigenschaften besitzen.
- Aufgrund ihres großen eutektischen Anteils können sie bei relativ niedrigen Temperaturen vergossen werden, sie neigen nur wenig zu Seigerungen.
- Die schalenförmige bis breiartige Erstarrungsmorphologie der verschiedenen Varianten beider eutektischer Systeme begünstigen die Speisbarkeit der Legierungen. Das erklärt die nahezu unbegrenzte Gestaltungsmöglichkeit bei der Konstruktion bei gleichzeitig hohem Ausbringen bei der Fertigung.
- Während der Erstarrung unterliegen sie nur geringen Volumenänderungen; ihre Lunkerneigung und damit ihr Speisungsbedarf ist daher gering. Eutektisches graues Gußeisen erstarrt sogar unter Volumenvergrößerung; in einigen Fällen kann daher speiserlos gegossen werden.
- Das wichtigste Kennzeichen beider Werkstoffgruppen ist jedoch die durch Schmelzenbehandlung in weiten Bereichen beeinflußbaren Ausbildungsformen ihrer eutektischen Systeme. Bei den Gußeisenwerkstoffen wird die Variations-

```
                    ┌─────────────────────────────────────┐
                    │  EISEN-KOHLENSTOFF-GUSSWERKSTOFFE   │
                    └─────────────────────────────────────┘
   ┌──────────────────────┐                      ┌──────────────────────┐
   │   graphithaltig      │                      │    graphitfrei       │
   │      stabil          │                      │    metastabil        │
   ├──────────────────────┴──┐                ┌──┴──────────────────────┤
   │ Gußeisen mit Kugelgraphit│               │      Stahlguß           │
   ├──────────────────────────┤               ├─────────────────────────┤
   │      Temperguß          │◄── Temperglühung ──│    Temperrohguß      │
   ├──────────────────────────┤               ├─────────────────────────┤
   │ Gußeisen mit Vermikulargraphit │         │ ledeburitische Gußeisen │
   │                                │         │ (meist legierte Sorten) │
   ├────────────────────────────────┤         ├─────────────────────────┤
   │ Gußeisen mit Lamellengraphit   │         │       Hartguß           │
   └────────────────────────────────┘         └─────────────────────────┘
                         │                              │
                         └──────┬───────────────────────┘
                            ┌───┴──────────────┐
                            │  Schalenhartguß  │
                            └──────────────────┘
```

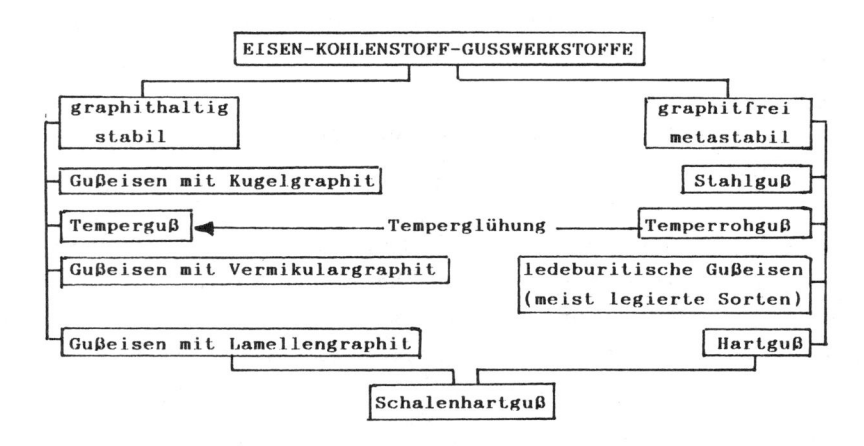

Bild 2: Übersicht über wesentliche Eisen-Kohlenstoff-
Gußwerkstoffe

breite zusätzlich dadurch erhöht, daß mit dem stabilen
System Eisen-Graphit und dem metastabilen Eisen-Zementit
zwei unterschiedliche Gleichgewichte vorliegen.

2. Eisen-Kohlenstoff-Gußwerkstoffe

Durch den Dualismus der beiden Systeme Eisen-Graphit und
Eisen-Zementit sowie durch die Beeinflußbarkeit der Graphitformen umfassen die Eisen-Kohlenstoff-Gußwerkstoffe,
kurz Gußeisen genannt, eine Vielzahl von Werkstoffgruppen.
Bild 2 zeigt hierzu eine Übersicht. Vor dem Abguß muß der
Gießer sich davon überzeugen können, daß die herzustellenden Gußstücke auch die Graphitformen und Gefügeausbildungen erhalten werden, die der Kunde in Spezifikationen und
Normen festlegt.

Die älteste Vorprobe für die Schmelzenkontrolle von Grauguß ist die Keilprobe /2,3/. Besonders bei den kontinuierlich arbeitenden Kupolöfen kann mit einfachen Mitteln durch
sie die Gleichmäßigkeit der Fertigung nachgewiesen und Gat-
tierungsumstellungen überwacht werden. Je nach den Anforderungen ist sie als flacher Keil mit einem Winkel von etwa 15° und einer Wanddicke zwischen 8 und 15 mm ausgebildet.

Die Probe wird fallend in eine Sandform gegossen und nach der Erstarrung gebrochen. Im Bruch ist der Übergang von der 'weiß', d.h. karbidisch, erstarrten Keilspitze zur 'grauen' Matrix deutlich zu erkennen. Die Länge der 'Weißeinstrahlung' oder besser die Breite des Keils am Übergang in Millimetern stellt ein Maß für die Neigung zur Bildung von Kantenhärte dar und vermittelt dem Gießer einen Hinweis auf die Graugußsorte nach DIN 1691. Abweichungen von der Vorgabe können durch Legierungskorrekturen im Schmelzgefäß oder Vorherd, bzw. durch Impfzugaben kurz vor oder während des Gießens ausgeglichen werden.

Bei der Erzeugung von Gußeisen mit Kugelgraphit wäre eine Prüfung der zu erwartenden Kugelgraphitausbildung vor dem Abguß eine wichtige Gütesicherungsmaßnahme. Das Bruchgefüge einer Gußprobe gibt hierüber nur eine unsichere Information, eine Herstellung von Schnellschliffen wäre erforderlich. Ein technisch eingeführtes Verfahren /4/ nutzt den Einfluß der Graphitformen im Gußeisen auf die Wärmeleitfähigkeit des Werkstoffs /5/ aus. Hierzu wird eine Vorprobe in eine

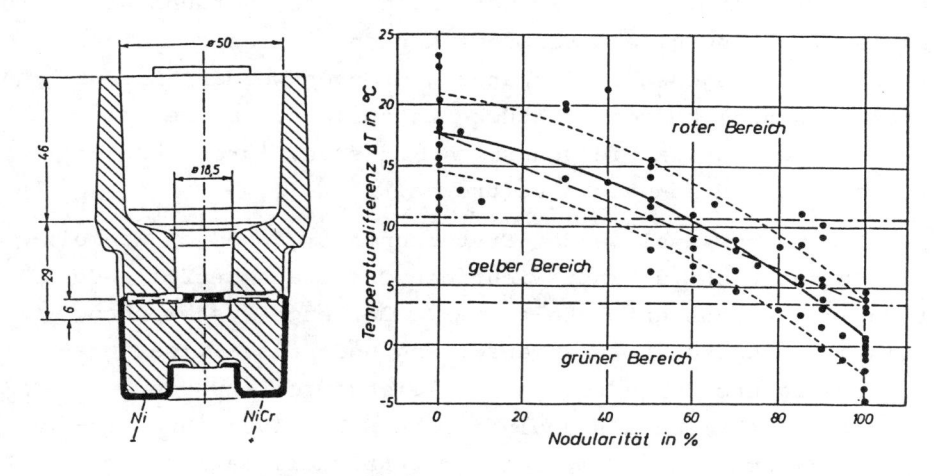

Bild 3: Meßtiegel mit Thermoelement zur Vorabschätzung der Kugelgraphitausbildung von Gußeisen und Aussagefähigkeit des Verfahrens

Standard-Sandform gegossen, die zwei Durchmesserbereiche (Bild 3) aufweist. Im kleineren ist ein Thermoelement eingebaut. Die Temperatur zu Beginn der eutektischen Erstarrung bei 1160°C im kleineren Volumen wird vom Thermoelement als Startsignal für die Messung unmittelbar aufgenommen. Das größere Volumen erstarrt später. Die dabei frei werdende Wärme muß durch Wärmeleitung zum Thermoelement transportiert werden. Je geringer die Wärmeleitfähigkeit des Werkstoffs ist, um so später wird dieses als Verzögerung der Abkühlung angezeigt. Die Abkühlzeit bis zu einer Temperatur von T(100)=1060°C sowie die Temperatur nach 3 min Abkühlung T(3min) werden gemessen. Die Differenz dieser beiden Temperaturen ist ein Kennwert für die Graphitausbildung. Bei $\Delta T < 3,5°C$ ist eine weitgehende Kugelgraphitausbildung zu erwarten, bei größeren Werten muß mit Graphitentartungen oder lamellaren Formen gerechnet werden.

Strebt man in den bisher beschriebenen Fällen eine 'graue' Erstarrung an, so muß Temperrohguß im gesamten Querschnitt ein 'weißes' Gefüge aufweisen. Die Bildung 'grauer' eutektischer Körner ist als 'Schwarzbruch' eine unerwünschte Fehlererscheinung. Als Vorprobe können Platten mit einer Wanddicke abgegossen und später gebrochen werden, die der größten Wanddicke der Gußstücke entspricht. Das gesamte Bruchgefüge muß karbidisch ausgebildet sein, 'grau' erstarrte Bereiche dürfen nicht auftreten.

Die thermische Analyse der Erstarrungsvorgänge von Schmelzproben hat sich zu einer wichtigen Qualitätskontrolle des flüssigen Eisens entwickelt /6-9/. Der enge Zusammenhang zwischen chemischer Zusammensetzung und Kristallisationsfolge aufgrund der heterogenen Gleichgewichte wurde zunächst vornehmlich als analytisches Schnellverfahren benutzt. Zwischen der Temperatur der Kristallisation von Primäraustenit T_L und dem Kohlenstoff-Äquivalent CE

$$CE(\%) = C(\%) + Si(\%)/4 + P(\%)/2 \qquad (1)$$

besteht eine enge Abhängigkeit /7,8,9/:

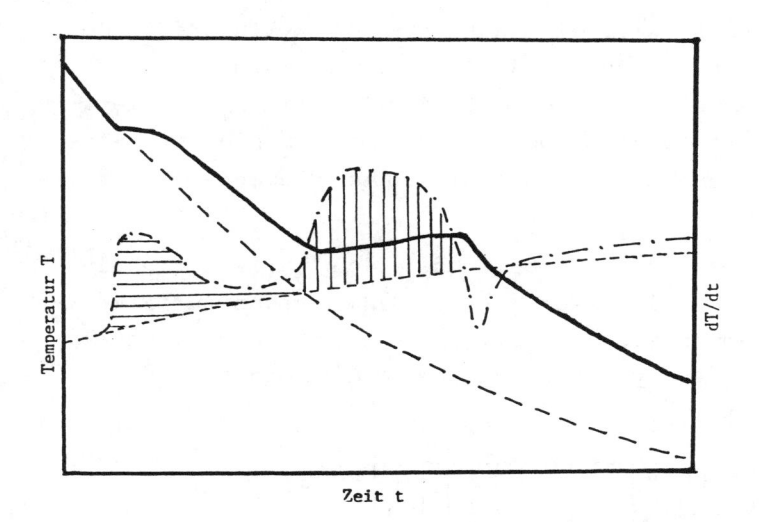

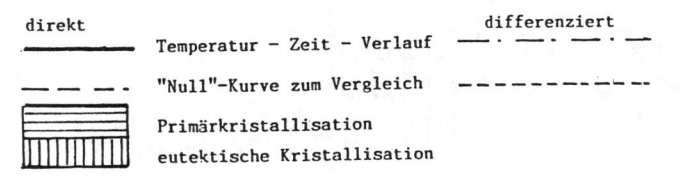

Bild 4: Beispiel für ein Auswerteschema einer thermischen Analyse mit Abkühlungskurve, einer "Null"-Kurve zum Vergleich und den differenzierten Kurven

CE(%):	2,4	2,6	2,8	3,0	3,2	3,4	3,6	3,8	4,0
T_L(°C):	1344	1327	1308	1289	1269	1247	1224	1200	1176

Mit der eutektischen Temperatur der metastabilen Erstarrung T_W von den Gehalten an Kohlenstoff, Phosphor und Silicium gibt es z.B. folgenden Zusammenhang:

$$T_W = 1104 + 9{,}8(\%C) - 12{,}1(Si(\%) + 2{,}45P(\%)) \qquad (2)$$

Derartige Beziehungen werden häufig zur Bestimmung der Summenwirkung von Kohlenstoff und Silicium in der Gießerei verwendet. Die P-Gehalte sind aus der Gattierung ableitbar oder so niedrig, daß sie vernachlässigt werden können. Zur

Temperaturmessung wird eine quader- oder zylinderförmige Sandform verwendet, in die ähnlich wie in Bild 3 gezeigt, ein Thermoelement eingebaut ist. Zur Bestimmung der metastabilen eutektischen Temperatur T_W wird in die Form eine kleine Menge des karbidstabilisierenden Elements Tellur gegeben.

Mit dem Einsatz schnell arbeitender physikalischer Analysensysteme haben die geschilderten Anwendungen zur Ermittlung von Zusammensetzungen etwas an Bedeutung verloren. Die thermische Analyse gewinnt aber zunehmend als verläß-

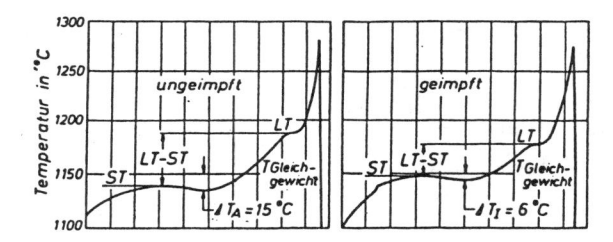

Bild 5: Unterkühlung einer ungeimpften und einer geimpften Graugußschmelze. Temperatur der Primärerstarrung LT, höchste Temperatur der eutektischen Kristallisation ST und Unterkühlung ΔT während der eutektischen Erstarrung, nach K.-H. Caspers

licher Indikator für die Kristallisationsabläufe in der Form an Bedeutung /10-13/. Diese sind eng mit der Gefügebildung im Gußstück und so direkt mit den Eigenschaften der gegossenen Bauteile korreliert.

Die gemessene Zeitabhängigkeit des Temperaturverlaufs der Erstarrung kann, wie Bild 4 zeigt, als halbquantitative Kalorimetrie der jeweils kristallisierenden Stoffmengen interpretiert werden. Noch deutlicher kann das anhand einer Differenzierung dT/dt beider Kurven erfolgen. Die gestrichelten Flächen sind den kristallisierten Anteilen der primär und der eutektisch erstarrten Stoffmengen proportional. Hohe Genauigkeiten der Meß- und Registriersysteme

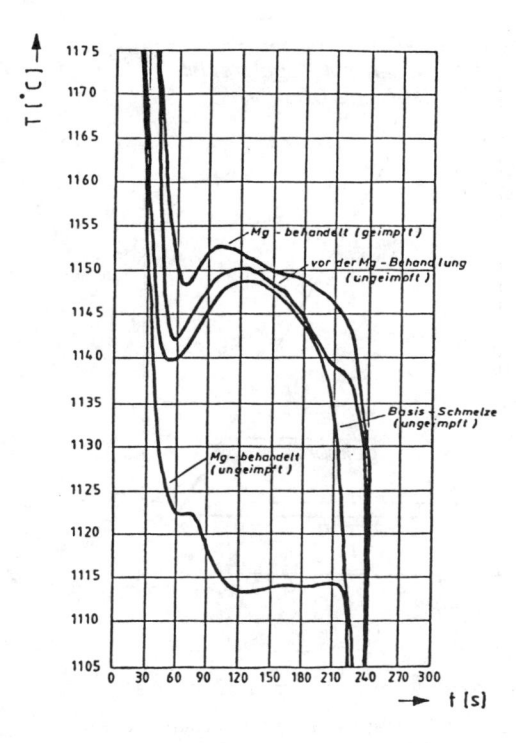

Bild 6:
Abkühlungsverlauf von Gußeisenschmelzen in verschiedenen Stadien der Herstellung von Gußeisen mit Kugelgraphit:
- Basisschmelze
- Schmelze vor und
- nach der Mg-Behandlung,
- Schmelze nach der Impfung,
nach W. Knothe

können über die Temperaturangabe und den -verlauf unmittelbare Informationen über die ablaufenden Erstarrungsvorgänge, ja sogar über die Form und Größe der sich ausbildenden Gefügebestandteile, vermitteln. Soll-Kurven könnten als Vorgaben für Erstarrungsverläufe von besonders hochwertigen Fertigungen im Rahmen einer Gütesicherung dienen. Auswirkungen metallurgischer Maßnahmen, wie z.B. Legierungs- und Impfzugaben, können auf diese Weise quantitativ erfaßt werden.

Bild 5 zeigt die Wirkung einer Impfbehandlung auf eine Graugußschmelze. Die Unterkühlung während der eutektischen Erstarrung wird vermindert /10/. Die Folge ist, daß in kleinen Wanddicken das Auftreten von Kantenhärte vermieden werden kann. In allen Bereichen wird der Anteil an Unterkühlungsgraphit der Formen D und B zugunsten der technologisch vorteilhafteren Formen A und E /14/ vermindert.

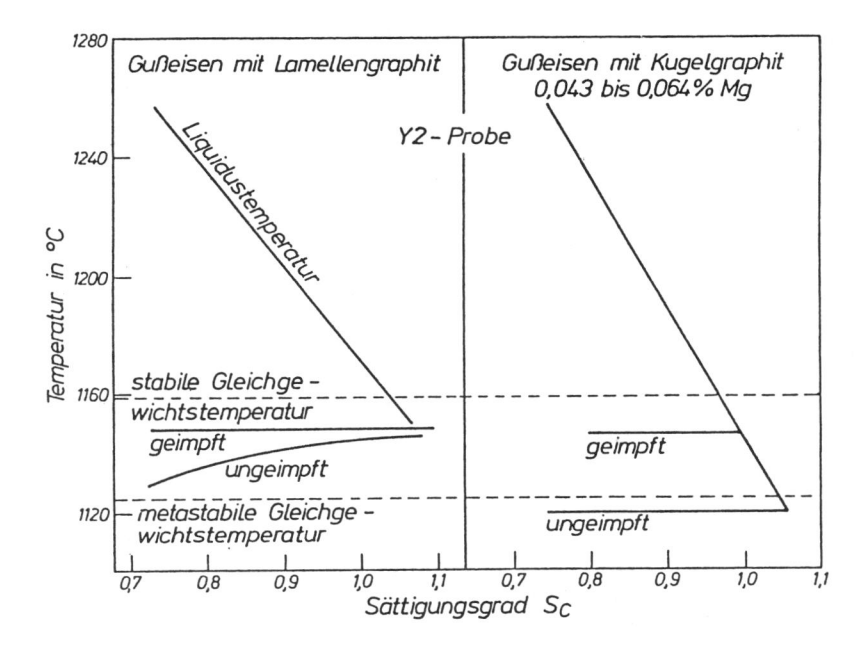

Bild 7: Unterkühlung der eutektischen Erstarrung bei geimpften Schmelzen aus Gußeisen mit Lamellengraphit (Grauguß) und Gußeisen mit Kugelgraphit, nach R. Hummer.

$$S_C = \frac{\%C}{4,3 - 0,33(\%Si + \%P)}$$

Unerläßlich ist eine Impfung vor dem Vergießen von Gußeisen mit Kugelgraphit. W. Knothe /aus 11/ macht das anhand von Bild 6 deutlich. Das Basiseisen im Schmelzgefäß und das gleiche Eisen unmittelbar vor der Behandlung haben vergleichbare Erstarrungsverläufe. Nach der Mg-Behandlung kristallisiert die gleiche Schmelze mit deutlicher Unterkühlung. In diesem Zustand würde ein Gußstück meliert, d.h. teilweise ledeburitisch, erstarren. Die Impfzugabe hebt nun den Temperaturverlauf beim Kristallisieren über den des Ausgangseisens an.

Die Beseitigung der Unterkühlung ist durch die Bildung einer hohen Zahl eutektischer Zellen während der Erstarrung

bewirkt worden. Dieses vermindert auch das Auftreten von
Mikroseigerungen. Die Gefahr einer z.T. 'weißen' Erstarrung besteht nicht mehr. Ein Vergleich der eutektischen Erstarrungen von Gußeisen bestätigt /13/, daß Gußeisen mit
Kugelgraphit generell stärker zum Unterkühlen neigt (Bild 7)
als Grauguß. Bei naheutektischem Grauguß, z.B. den Sorten
bis GG-20, unterkühlt die eutektische Erstarrung nur wenig.
Ein Impfung ist daher bei diesen Werkstoffen weniger wirksam und daher auch meist nicht üblich. Die höherfesten untereutektischen Graugußsorten von GG-25 bis GG-40 zeigen
eine zunehmende Unterkühlungsneigung, die Impfzugabe wird
somit zur üblichen Fertigungspraxis.

3. Aluminium-Gußwerkstoffe

Bei den Al-Gußwerkstoffen erfolgt eine Charakterisierung
der Legierungen nach verschiedenen Auswahlkriterien. Dazu
gehören der "Reinheitsgrad" der Legierung bezüglich bestimmter metallischer Begleitelemente, die Festigkeits- und Gießeigenschaften. Aufgrund des zuerst genannten Auswahlkriteriums wird bei den Al-Gußwerkstoffen unterschieden zwischen
den Hüttengußlegierungen, den hüttenähnlichen Legierungen
und den Umschmelzlegierungen. Eine Unterscheidung erfolgt
hier primär anhand der wichtigsten Begleitelemente Fe, Cu
und Zn, soweit es sich bei diesen nicht um Legierungselemente handelt. Die Konzentration dieser Elemente darf bei den
jeweiligen Legierungsgruppen dann eine bestimmte Obergrenze
nicht überschreiten. In Bild 8 sind einige Beispiele wichtiger Legierungen der erwähnten Legierungsgruppen sowie die
erlaubten Konzentrationen bezüglich der Elemente Fe, Cu und
Zn wiedergegeben, soweit sie nicht als Legierungselement
eingesetzt werden.

Die Hüttengußlegierungen lassen sich nur aus Elektrolysemetall herstellen, während die Herstellung der hüttenähnlichen Legierungen hauptsächlich aus Knetlegierungsabfällen
erfolgt. Die Umschmelzlegierungen dagegen werden aus z.B.
marktüblichen Gußschrotten, Spänen usw. gefertigt.

Hütten- legierungen	Hüttenähnliche Legierungen	Umschmelz- legierungen
Fe $\leq$ 0,15 Gew % Cu $\leq$ 0,01 Gew % Zn $\leq$ 0,06 Gew %	Fe $\leq$ 0,3 -0,8 Gew % Cu $\leq$ 0,03-0,1 Gew % Zn $\leq$ 0,1 Gew %	Fe $\leq$ 0,6 -1,0 Gew % Cu $\leq$ 0,15-1,0 Gew % Zn $\leq$ 0,3 -1,2 Gew %
AlSi12 AlSi11Mg AlSi9Mg AlSi7Mg AlSi18CuNiMg AlMg3 AlMg9 AlZn10Si8Mg AlCu4Ti AlCu4TiMg	AlSi12 AlSi10Mg AlSi5Mg AlSi12CuNiMg AlMg3 AlMg9	AlSi12(Cu) AlSi10Mg(Cu) AlSi9Cu3 AlMg3(Cu) AlZn10Si8CuMg

Bild 8: Beispiele für Al-Hüttengußlegierungen, hüttenähnlichen Al-Legierungen und Al-Umschmelzlegierungen

Neben der Einhaltung der vorgeschriebenen Legierungszusammensetzung hat der Zustand der Schmelze, wie eingangs erwähnt, erheblichen Einfluß auf die Güte der herzustellenden Gußstücke. Dabei wird der Schmelze-Zustand hauptsächlich durch die Einsatzstoffe, die Schmelzeherstellung sowie Maßnahmen zur Schmelzebehandlung beeinflußt. Er kann im wesentlichen durch den Gehalt an nichtmetallischen Verunreinigungen sowie gezielten Zusätzen zur Gefügebeeinflußung beschrieben werden. Aus diesem Grunde soll nachfolgend auf die Schmelzebehandlungen zur Reinigung und Gefügeverbesserung eingegangen werden.

Bei den in Al-Schmelzen vorkommenden Verunreinigungen handelt es sich hauptsächlich um Oxide und gelösten Wasserstoff /15,16,17/. Das Einschleppen dieser Verunreinigungen erfolgt entweder während des Einschmelzprozesses, während der Schmelzevorbereitung zum Gießen oder beim Gießprozeß selbst. Durch solche Verunreinigungen können die Eigenschaften der Gußstücke negativ beeinflußt werden. So ver-

mindern Oxide die Gießeigenschaften bezüglich des Fließ-
und Formfüllungsvermögens und fördern außerdem das Vorhandensein von Wasserstoff in der Schmelze. Zu hoher Wasserstoffgehalt äußerst sich, da er während der Erstarrung aus-
scheidet, in Gasporen im Gußstück, wodurch z.B. dessen Festigkeit herabgesetzt wird.

Trotz sorgfältiger Schmelzeherstellung ist immer davon aus-
zugehen, daß in den Al-Schmelzen Verunreinigungen der voran
beschriebenen Arten vorhanden sind. Es werden deshalb Maßnahmen zur Schmelzereinigung ergriffen. Hierbei kann im
wesentlichen zwischen einer Abstehbehandlung, Vakuumbehand-

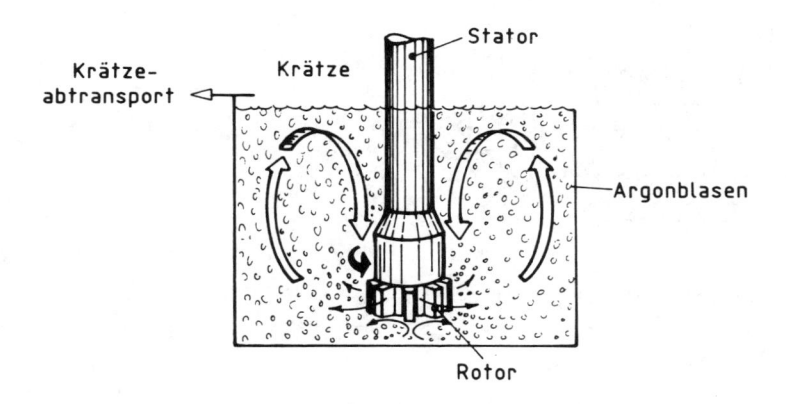

Bild 9: Schmelzebehandlung mittels Rotor

lung, Spülgasbehandlung und Filtration der Schmelze unterschieden werden /18,19/. Von den voran erwähnten Verfahren
ist insbesondere die Spülgasbehandlung zur Wasserstoffre-
duzierung mit dem Durchleiten von inerten (Ar, N_2) und reak-
tiven (Cl_2) Gasen durch die Schmelze von besonderer Bedeutung. Bei einer solchen Spülgasbehandlung werden aber auch
dispergierte Verunreinigungen durch Flotation der Spülgasblasen entfernt.

Die Spülgasbehandlung erfolgt in der Regel im Schmelz- oder

Warmhalteofen, wobei das Gas mit Hilfe von Rohren in die
Schmelze eingeleitet wird. Es setzten sich aber auch bei
der Behandlung von Al-Schmelzen zunehmend Verfahren durch,
die mit sich drehenden Rotoren, in der Regel aus Graphit,
arbeiten, über die das Spülgas eingeleitet wird /20/. Diese Verfahren können z.B. in einer Hüttengießerei "in line"

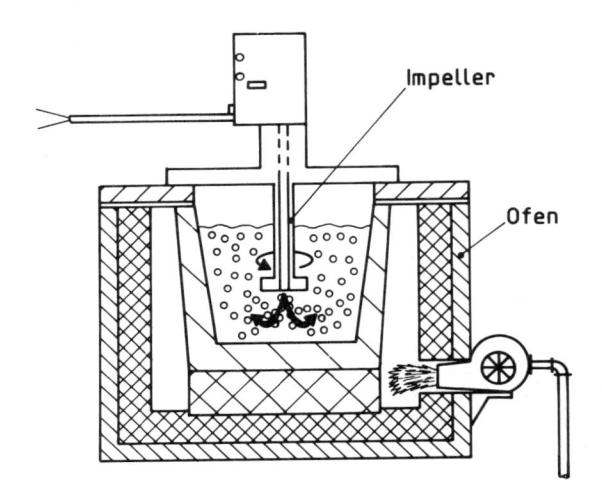

Bild 10: Schmelzebehandlung mittels Impeller

zwischen Gießofen und Masselgießmaschine in der Gießrinne
untergebracht sein. Das Funktionsprinzip eines solchen Verfahrens zeigt schematisch Bild 9. Dabei fließt die Schmelze
in einen beheizten Behälter in der sich ein speziell geformter Rotor befindet. Der Rotor weist Bohrungen auf, aus denen das Spülgas tritt und durch die Drehbewegung werden
sehr feine, gleichmäßig verteilte Spülgasblasen erzeugt.
Eine weitere Variante, die sich gut für den Einsatz bei
Schmelz- und Warmhalteöfen in Formgießereien eignet, ist
der sogenannte "Impeller" /21/. Auch hier handelt es sich
um einen Rotor, der feine Spülgasblasen erzeugt. Dieses Gerät kann auf den Ofen aufgesetzt werden, so daß der Rotor
in die Schmelze eintaucht, wie es aus Bild 10 ersichtlich
ist.

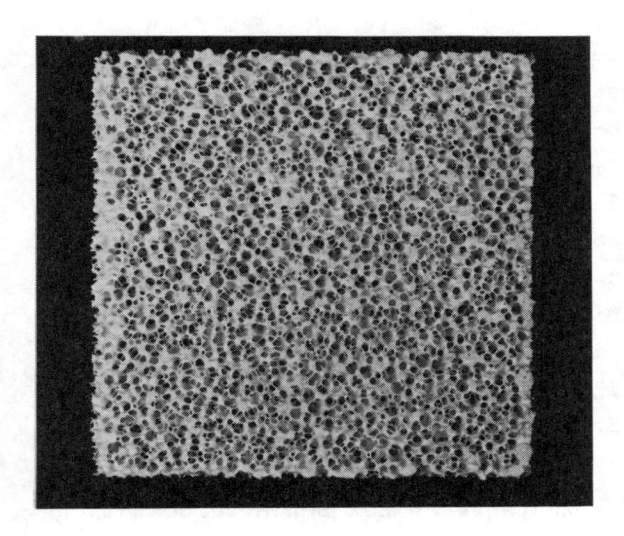

Bild 11: Schaumkeramik-Filterplatte

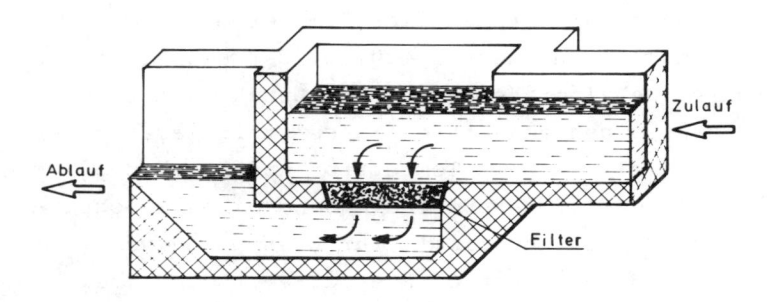

Bild 12: Unterbringung einer Schaumkeramik-Filter-
plattte in einer Gießrinne

Zunehmend setzt sich auch beim Vergießen von Al-Gußlegierungen die Filtrationstechnik durch. Dazu werden u.a. sogenannte Schaumkeramik-Filterplatten benutzt, die labyrinthartig von Porenkanälen durchzogen werden /22/. Bild 11 zeigt eine solche Filterplatte. Diese Platte kann z.B. bei Masselgießanlagen in dem Schmelzeüberführungssystem von Ofen zur Gießanlage oder in einer Gießform im Eingießsystem untergebracht sein. In Bild 12 ist ein Beispiel für die Anordnung in einer Gießrinne wiedergegeben. Solche Filterplatten eignen sich nur für die Entfernung von dispergierten Verunreinigungen, eine Wasserstoffentfernung ist damit nicht möglich.

Für die Überprüfung des Zustandes einer Schmelze bezüglich nichtmetallischer Verunreinigungen vor und nach einer Schmelzereinigung sind eine Reihe von Verfahren im Einsatz /23/. Zur Bestimmung des Wasserstoffgehaltes hat insbesondere der Alu-Schmelztester verbreitet Eingang in den Gießereien gefunden. Die Verfahrensweise dieses Gerätes beruht auf dem Prinzip der "ersten Blase". Hierbei wird Schmelze in einen kleinen Tiegel gefüllt, der sich in einem evakuierbaren Behälter befindet. Der Druck wird reduziert und bei Erscheinen der ersten Wasserstoffblase an der Oberfläche der Schmelze werden Temperatur und Druck bestimmt und mit Hilfe dieser Meßwerte anhand eines Nomogrammes der Wasserstoffgehalt bestimmt. Zur Bestimmung von dispergierten Einschlüssen stehen Geräte zur Verfügung, bei denen eine bestimmte Menge an Schmelze durch einen speziell präparierten Keramikfilter fließt und die in dem Filter zurückgehaltenen Einschlüsse anschließend metallographisch untersucht und quantitativ ausgewertet werden /24,25/.

Die Schmelzbehandlungsmaßnahmen zur Gefügeverbesserung von Gußstücken aus AlSi-Legierungen, die bei den Al-Gußlegierungen dominieren, haben eine Verbesserung der mechanischen Eigenschaften sowie des Lunker- und Speisungsverhalten zum Ziel. Bei diesen wird zwischen einer Kornfeinung, einer Feinung des übereutektischen Primärsiliciums und einer Ver-

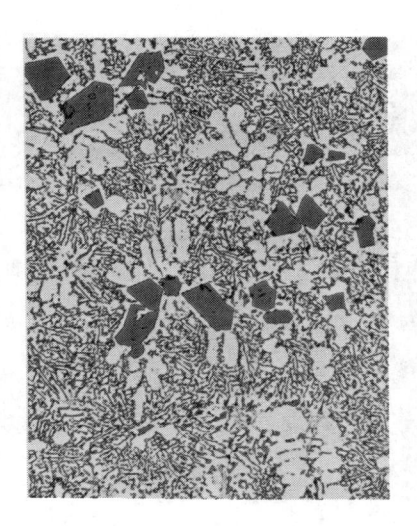

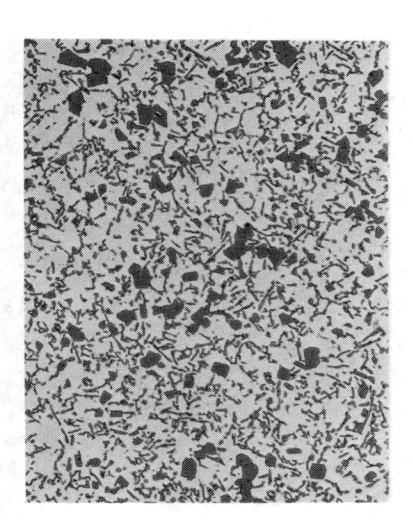

Bild 13: Gefügeausbildung einer übereutektischen AlSi-
Legierung ohne (Bild links) und mit P-Zusatz
(Bild rechts). V = 200:1

edelung unterschieden.

Eine Kornfeinung beeinflußt bei Gußlegierungen die Primärkristallisation des α-Mischkristalls und ist umso sinnvoller, je weniger Si die Legierung enthält. Die Kornfeinung wird durch Zugabe von AlTiB-Vorlegierungen mit 5 Gew % Ti und 1 Gew % B zur Schmelze durchgeführt. Dabei erfolgt das Einbringen von feinen Partikeln der hochschmelzenden Verbindung TiB_2, welche die Keimbildung des α-Mischkristalls bei der Erstarrung erleichtern /26/.

Übereutektische AlSi-Legierungen werden zur Erzielung einer feinen Ausbildung der primären Si-Kristalle mit P behandelt. Durch die Zugabe von P zur Schmelze bildet sich die Verbindung AlP, welche ebenfalls die Keimbildung der Si-Primärkristallisation erleichtert. Bild 13 zeigt Gefügeaufnahmen einer unbehandelten und einer mit P behandelten übereutektischen AlSi-Legierung. Das Einbringen von P in die Schmelze kann z.B. in Form der chemischen Verbindung Phosphorpentachlorid als Tablette oder als CuP-Vorlegierung erfolgen.

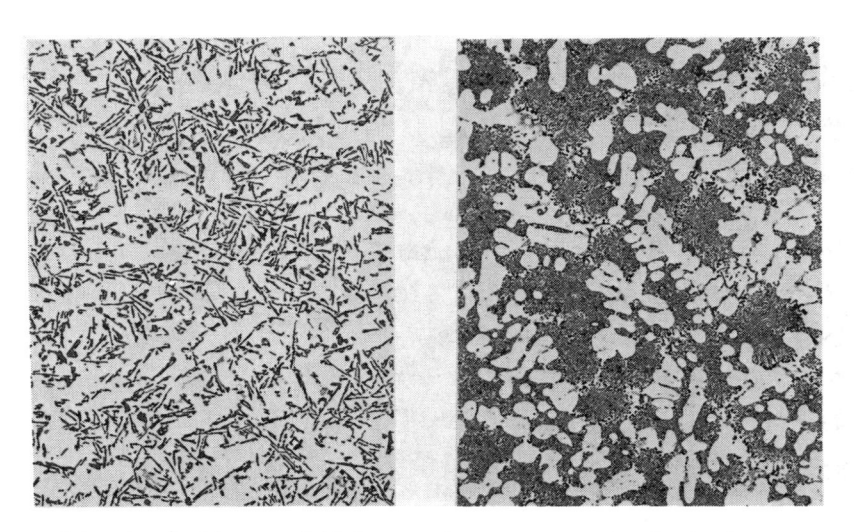

Bild 14: Gefügeausbildung einer untereutektischen
AlSi-Legierung ohne (Bild links) und mit Na-
oder Sr-Zusatz (Bild rechts). V = 50:1

Eine besondere Bedeutung hat für AlSi-Legierungen mit Si-
Gehalten von ca. 6-13 Gew % die Veredelung mit Na und Sr.
Bei der Veredelung wird die ungünstige körnige Gefügeausbildung des eutektischen Si in eine sehr feine, abgerundete
Ausbildungsform verändert, wie Bild 14 beispielhaft zeigt.
Die Zugabe von Na zur Schmelze erfolgt z.B. als Na-Metall
während das Sr in der Regel als AlSr-Vorlegierung der
Schmelze zugegeben wird. Die Na-Veredelung wird zunehmend
durch die Sr-Veredelung verdrängt, da das Na in der Schmelze relativ schnell abbrennt, so daß je nach Schmelzetempe-
ratur die Veredlungswirkung nach ca. 30 min abklingt, während die Sr-Veredelung länger anhält. Dies ist z.B. für den
Niederdruckkokillenguß vorteilhaft. Aufgrund des voran genannten erfolgt die Na-Zugabe in die Schmelz- und Warmhalteöfen der Formgießereien, während die Sr-Zugabe schon in
der Hüttengießerei erfolgen kann und die Formgießereien
somit mit langzeitveredelten AlSi-Legierungen beliefert
werden.

Zur Überwachung der Wirksamkeit der voran beschriebenen

Schmelzebehandlungsmaßnahmen zur Gefügebeeinflussung wird auch in den Al-Gießereien die thermische Analyse eingesetzt /27,28/. Als Maß z.B. der Veredelungswirkung gilt die durch Na- oder Sr-Zugabe erreichte Erniedrigung der eutektischen Temperatur gegenüber der unveredelten Schmelze, wie es schematisch in Bild 15 gezeigt wird. Mit der einfachen Abkühlungskurve ist aber z.Zt. schwierig genaue Rückschlüsse auf die Wirksamkeit von Kornfeinungsmaßnahmen bei unter- und übereutektischen AlSi-Legierungen zu ziehen. Hier bietet sich nach neueren Untersuchungen möglicherweise die Verwendung der differenzierten Abkühlungskurve an /28/.

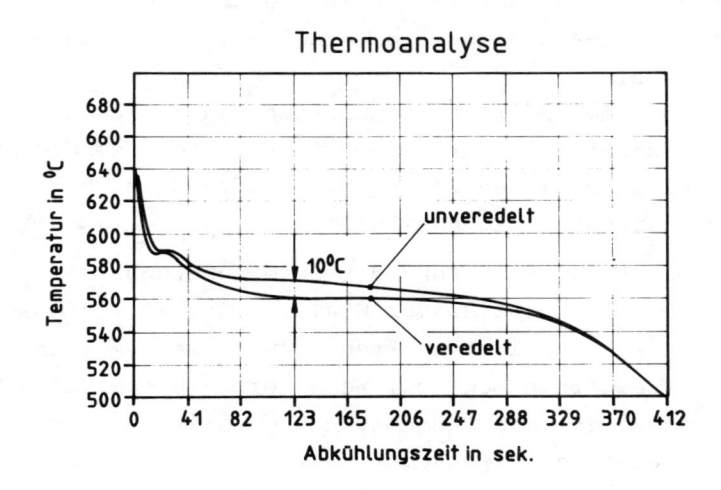

Bild 15: Abkühlungskurven einer veredelten und unveredelten AlSi-Legierungsschmelze

4. Grenzen der Qualitätssicherung beim Schmelzen

Die hier beispielhaft aufgezeigten Maßnahmen einer Güteüberwachung von Schmelzen sind nur mit gewissen Einschränkungen auf die Gußerzeugung übertragbar:

- Probenahme und Abguß erfolgen zu verschiedenen Zeiten. Der Zustand der Schmelze könnte sich inzwischen verändert haben. So haben Impf- oder Veredelungszugaben eine zeitlich begrenzte Wirkung.

- Technologische Prüfungen, wie Bruchproben und thermische Analysen, können nur Aussagen für Gußstücke zulassen, die vergleichbare Erstarrungszeiten aufweisen. Zur Bewertung von Schmelzen, aus denen dickwandige Gußstücke mit Kristallisationszeiten von mehreren Stunden, z.B. bei Gußeisen, gegossen werden sollen, sind sie nicht aussagefähig.
- Störungen beim Prüfungsablauf bleiben oft unbeachtet und können zu Fehlinterpretationen führen. So können bei der thermischen Analyse Gasblasen, Lunker, Schlacken oder Oxidhäute am Thermoelement den Abkühlungsverlauf verfälschen. Besonders bei automatischen EDV-Auswerteverfahren von Temperatur-Zeit-Abhängigkeiten sind unsinnige Folgerungen oft die Folge.
- Je nach Sachlage oder Betriebsorganisation kann die Aussage der Schmelzkontrolle für eine Korrektur vor dem Gießen zu spät sein. In diesen Fällen ist häufig dennoch eine nützliche Trendverfolgung möglich.

Insgesamt aber nimmt die Bedeutung der Gütesicherung von Schmelzen zu. Sie ist ein wirksamer Weg, einen Teil von Ausschußgußstücken erst gar nicht entstehen zu lassen. Mit ihrer Hilfe ist es weiterhin möglich, Werkstoffeigenschaften in Gußstücken mit geringeren Streuungen und damit mit verbesserten gewährleisteten Eigenschaften zu fertigen.

5. Schrifttum

/1/ Caspers, K.-H.: Gießerei 75 (1988) 15/16, S. 459-466
/2/ Wagner, K.; Friedrich, W.: Gießerei 51 (1964) 10, S. 273-275
/3/ Weiershausen, W.: Gießerei 51 (1964) 10, S. 276-277
/4/ Plessers, J.; Lietaert, F.; van Eeghem, J.: Gießerei 66 (1979) 2, S. 29-34
/5/ Löhberg, K.; Motz, J.: Gießerei 44 (1957) 11, S. 305-308
/6/ Wübbenhorst, H.: VDG-Taschenbuch Nr. 10, 1983, Gießerei-Verlag, Düsseldorf
/7/ Jelly, R.; Humphreys, J.G.: BCIRA J. 9 (1961) S. 622-631

/8/ Moore, A.; Donald, W.: BCIRA-Report Nr. 1120 (1973)
/9/ Schürmann, E.; Hensgen, U.: Giess.-Forsch. 36 (1984) 4, S. 121-129
/10/ Caspers, K.-H.: Gießerei 61 (1974) 20, S. 611-615
/11/ Döpp, R.: Mitteilungsblatt der TU Clausthal 1987, Nr. 64, S. 5-10
/12/ Marincek, B.: Teil 1: Grundlagen. Gießerei 67 (1980) 19, S. 587-593, Teil 2: Prüfverfahren und ihre Anwendungen im Betrieb, Gießerei 67 (1980) 23, S. 738-742
/13/ Hummer, R.: The Metallurgy of Cast Iron. Georgi Publ. Comp., St. Saphorin, Schweiz, 1974
/14/ VDG-Merkblatt P 441: Richtreihen zur Kennzeichnung der Graphitausbildung, Ausgabe August 1962
/15/ Leconte, G.B.; Buxmann, K.: Aluminium 55 (1979)5, S.329
/16/ Büchen, W.: Gießerei 75 (1988) 17, S. 491
/17/ Stary, R.: Aluminium 54 (1978) 11, S. 703
/18/ Kästner, S.; Krüger, J.; Winkler, P.: Gießerei 66 (1979) 3, S. 56
/19/ Maier, E.: Aluminium 57 (1981) 10, S. 676
/20/ Bildstein, I.; Zahorka, G. u.à.: Light Metals 1988, S. 431
/21/ Anderson, A.R.: Gießerei-Praxis (1988) 21, S. 277
/22/ Lossack, E.: Erzmetall 33(1980), 10, S. 494
/23/ Aluminium-Taschenbuch: Aluminium-Verlag Düsseldorf, 1983
/24/ Levy, S.A.: Light Metals 1981, S. 723
/25/ Doutre, D.; Gariépy, B. u.a.: Light Metals 1985, S. 1179
/26/ Reif, W.; Schneider, W.: Gießereiforschung 32 (1980) 2, S. 53
/27/ Höner, K.E.: Gießereiforschung 34 (1982) 1, S, 1
/28/ Höner, K.E.; Dootz, H.: Gießerei 75 (1988) 17, S. 498

Gütesicherung von Gußstücken aus Gußeisen und Aluminium-Gußlegierungen

R. Weber, Brühl

Gießen ist ein dynamischer Fertigungsprozeß, der außerhalb der Gleichgewichtszustände meistens irreversibel abläuft. Im Vergleich zu anderen Fertigungsverfahren ist der Gießprozeß grundsätzlich schlechter beherrschbar, wird aber durch verstärkte Automation und Rationalisierung und durch einen hohen Kontrollaufwand auch exakt bewertbar.
Aus der Produktion ergeben sich demnach Forderungen einmal zum Nachweis der Wirtschaftlichkeit von Kontroll-Systemen und
vor allem als vertrauensbildende Maßnahme gegenüber den Kundenanforderungen.

Allgemeines

Grundsätzlich gilt gerade für den sehr komplexen Vorgang des Gießens, daß exakte Meßwerte und Merkmale das Verfahren mehr und mehr durchdringen und so zur Prozeßüberwachung und damit wesentlich zur Prozeßsicherheit beitragen. Der Rechnereinsatz für die Prozeßsteuerung beim Schmelzen, Kernherstellen, Formen und Gießen ermöglicht eine hohe Wiederholungsgenauigkeit und bietet die Grundlagen für eine Just-in-time-Fertigung.

Mit der ständigen Weiterentwicklung neuer Verfahren zur Massenfertigung ist ein gegossenes Teil anders zu konstruieren als ein geschweißtes oder gepreßtes Teil; nur der Forderung nach gleich großer Festigkeit müssen alle Teile entsprechen. Die wirksamen Kräfte müssen aufgenommen wer-

den, dürfen die Beanspruchungsfähigkeit des Werkstoffes nicht überschreiten und müssen, wo es auf Steifigkeit ankommt, auf den zu ihrer Weiterleitung verfügbaren Materialquerschnitt bezogen, so gering sein, daß die auftretenden Verformungen innerhalb zulässiger Grenzen bleiben.
Die zu prüfenden jeweiligen Gußteil-Merkmale sind in Gruppen zu unterscheiden.

Aufbau eines QS-Systems in der "Gießerei"

Ein Qualitätssicherungs-System in der Gießerei besteht aus folgenden Hauptelementen und Hauptbereichen:

I. Grundlagen der Qualitätssicherung

   aus unternehmerischer Sicht für die Organisation und der Festlegung im QS-Handbuch. Neue Erkenntnisse, andere Fertigungstechniken, gesteigerte Kundenanforderungen und Spezifikationsänderungen müssen zu laufender Überarbeitung führen, damit ein jeweils aktueller Stand gewährleistet ist.

II. Qualitätsplanung
   1. QS bei der Anfrage und bei der Werkzeugentwicklung für den Modell- und Formenbau.
      Die Auftragsüberprüfung und die Qualitätssicherung beginnt bereits während der Entwicklung mit der Abstimmung zwischen der Gießerei und dem Konstrukteur.

   2. QS bei der Beschaffung und Vorplanung von Roh- und Hilfsstoffen
      Die Liefer-/Prüf- und Gütevorschriften für Lieferanten müssen vom Einkauf mitbestimmt werden. Die Wareneingangskontrolle muß durch Weitergabe der Qualitätsverantwortung an die jeweiligen Zulieferanten tätig werden. Es dürfen nur geprüfte bzw. zertifizierte Bezugsmaterialien in den Bereichen Ofen mit Impf- und Legierungsmitteln, Formerei einschließlich der Bestückung mit maßgenauen Kernpaketen, Kernfertigung

einschließlich Kernmontage und Überzugsstoffen, Putzerei und Kontrolle eingesetzt werden.

3. durch Definition der Prüf- und Arbeitsanweisungen und Prüfplanung unter Berücksichtigung der technischen Spezifikation.

III. Qualitätsprüfung

1. QS durch Kennzeichnung des Einzelgußteiles
Es muß die Möglichkeit der Rückverfolgung, der Sperrung von fehlerhaften Teilen und der Zuordnung zum Fertigungsprozeß bestehen. Fehlerhafte Teile sind auffällig zu kennzeichnen, streng getrennt zu lagern oder wenn notwendig, unbrauchbar zu machen.

2. QS durch die Qualitätsprüfungen
Die Qualitätsprüfungen sind nach folgenden Gesichtspunkten zu unterscheiden:
   a. in eine prozeßbegleitende Fertigungsprüfung mit Auswertungen von Daten und Betriebsergebnissen zur Steuerung der Qualität und zur Korrektur der Fertigung in den jeweiligen Gießereibereichen durch:
      - Verwalten von dynamischen Stammdaten mit Prüfplänen und Prüfmitteldateien,
      - Festlegung von Arbeitsgängen,
      - Bestimmen statistischer Werte wie Stichprobenhäufigkeit, Prüfschärfe nach folgendem Beispiel:

Prüfanweisung für	z.B. Formerei
Prüfmerkmal	z.B. Formhärte
Prüfstelle	z.B. Mitte Schwungradseite, Unterkasten
Prüfhäufigkeit	z.B. 1x zu Beginn jeder Gießstunde
Prüfmethode	z.B. Formhärteprüfgerät Fabrikat Typ XYZ
Erstelldatum	z.B. 15.4.1988
Verfasser	Unterschriften

Ergänzungs- oder   z.B. 3.9.1988
Änderungsdatum
Von wem ergänzt oder   Unterschriften
geändert
Angabe, wo die Dokumen-   z.B. Qualitätskontrolle
tation abgelegt und
verwaltet wird
Exakte Kennzeichnung   z.B. Skizze, verkleiner-
und Beschreibung der   te Zeichnungsaus-
Prüfmerkmale   schnitte, Foto
usw. und
- Überwachung mit Führen von Prozeß-Regelkarten
  und Festlegung von Eingriffsgrenzen.
  a. Prozeßregelkarte für variable Merkmale
     Es wird immer nur ein Merkmal in seinem Streu-
     bereich erfaßt und bewertet, am Produkt immer
     nur an ein und derselben Stelle.
     Vor Einsatz z.B. bei Wanddickenermittlungen
     sind erst Reihenmessung vorzunehmen, damit
     Schwachpunkte ersichtlich werden. An diesen
     Punkten ist SPC sinnvoll, weil sie Rückschlüs-
     se über die Gesamtwanddickenverhältnisse zu-
     läßt.
  b. Prozeß-Regelkarte für attributive Merkmale
     Sie ist überall dort anzuwenden, wo äußere
     Fehler leicht erkannt werden können. Am Guß-
     teil sind solche Beispiele das Vorhandensein
     von Grat, Übermaterial, Ausbrüchen oder Ober-
     flächenfehler. Die Attributivmerkmale haben
     als Ergebnis fehlerfrei/fehlerhaft oder gut/
     schlecht und sind daher leicht zu deuten.
     Ihre Ergebnisse werden in Langfristkarten zu-
     sammengefaßt und lassen Fehlerschwerpunktbe-
     reiche für durchzuführende Verbesserungen
     deutlich erkennen.Festgehalten werden auf die-
     sen Karten ebenfalls interne/externe Ausschuß-
     und Nacharbeitsrate und die Ergebnisse von

Korrekturmaßnahmen.
- Stichproben werden z.B. an Kernen gemacht. Fehler werden in Fehlersammelkarten mit Angaben von Prüfdatum, Prüfhäufigkeit, Stichprobenumfang, Kerntyp, Fehlstelle, Fehlerart und Aussortieren und Vernichtung von beschädigten Kernen dokumentiert.

Im Bereich Fertigungswerkzeuge werden Modelle und Kernkästen auf den Annahmestand, aufgegossene Kennzeichnungsdaten und Datum/Uhrzeit vor dem Einsatz überprüft.

b. in eine Fertigungsendprüfung
- durch entsprechende Prüf- und Meßmethoden für Sichtkontrolle, Handmessungen und automatische Meßsysteme.
- durch eine Überprüfung des Gußteiles nach
  Werkstoffanalyse,
  Gefügestruktur,
  mechanischen, technologischen Eigenschaften,
  Spannungszustand,
  Geometrie (Wandstärken),
  Fehlstellen und
  Bearbeitbarkeit.

IV. Qualitätssteuerung

QS durch Behandlung fehlerbehafteter Gußteile und den Rückinformationsfluß
- mit möglichen Korrekturmaßnahmen und der Verfolgung von Korrekturmaßnahmen, wobei die laufende Serie permanent zu beobachten ist, um weiterreichende Fehlerauswirkungen zu vermeiden.
- mit Fehlerfestellung, Fehlererkennung und Fehlerursachenermittlung, wobei diese Fehler zu Ausschuß, Nacharbeit oder Freigabeverfahren führen können. Betroffen sind alle Gußteile, die wegen ihrer Größe, Gewichtung und Lage nicht durch Nacharbeit behoben

werden können, ebenfalls Teile mit Materialfehlern
wie unter- oder überschrittene Härtewerten oder Dimensionsfehlern. Die Fehler sind zu wichten nach
Häufigkeit, Erkennbarkeit, Entwicklung und zu unterscheiden nach neu aufgetretenen Fehlerarten.
- mit Ermittlung von Qualitätskosten und
- durch QS-Aufzeichnungen
    a. in Kontroll-Regel-Karten mit Auswirkungen auf die
       Ausschußentwicklung, wobei die x/R-Regelkarten
       - ereignisbezogen und
       - zeitbezogen mit Berechnung der Eingriffsgrenzen
         zu unterscheiden sind.
    b. für laufende und Langzeit-Statistiken
       in Form von Balkendiagrammen, Histogrammen mit
       Normalverteilungskurven und Wahrscheinlichkeitsdiagrammen.

V. Qualitätsdokumentation

Dabei kennzeichnet die Qualität die Eigenschaften des Verfahrens und der Gußerzeugnisse an Hand folgender typischen
Merkmale:
- chemisch - mechanisch - thermisch - metallographisch -
- technologisch - elektromagnetisch - ergänzend (attributiv oder variabel meßbar).
Die Ergebnisse für die Merkmale sind einmal numerische Meß-Werte oder beschreibende Texte, die einer einzuhaltenden
und vorgegebenen Norm entsprechen.

Qualitätsprüfungen

Bei der Werkstoffprüfung werden jedem Werkstoff Merkmale
zugeordnet, die die für ihn spezifischen Prüfungen beschreiben, wobei das Gußprodukt nur so gut sein kann wie
der Werkstoff aus dem es gefertigt ist.
Ein ausreichender Informationsaustausch
    zwischen Kunde und Lieferant,
    exakte Normenabgrenzungen und

klare Lieferbedingungen machen die Vor- und Nachteile eines Werkstoffes und der daraus gefertigten Fertigteile für den jeweiligen Verwendungszweck deutlich.

Im Vorfeld ist der Werkstoff nach folgenden Gesichtspunkten zwischen der Gießerei und dem Kunden zu beschreiben:
1. durch die richtige Werkstoffwahl nach vorgegebenen
   - mechanischen,
   - bearbeitungstechnischen,
   - thermischen und/oder
   - korrosiven Beanspruchungsarten.
2. durch die konstruktive Bauteilgestaltung mit Spannungsverlauf und Wandstärkenverteilung mit vom Kunden vorgegebener Beanspruchungsart.

Eine allgemeine Forderung ist, möglichst kurzfristig Aussagen über mechanische Eigenschaften, Gefügeausbildung und Fehlerfreiheit zu bekommen, wobei einzelne Qualitätsmerkmale direkt mit dem laufenden Fertigungsablauf zusammenspielen.

Die Beurteilung des Werkstoffes ist möglich:
a. durch eine Werkstoffanalyse nach der chemischen Zusammensetzung, nach Spurenelementen, nach den Gasgehalten und der Oxidverteilung, wobei schlechte Werte die Festigkeit, die Härte, das Fließvermögen und die Lunkerneigung ungünstig beeinflussen. Insgesamt erhöht sich das Ausschußrisiko.
b. durch eine metallographische Untersuchung
   1. nach der Gefügestruktur entsprechend einer Mikro- und Makroanalyse von Seigerungen, Kantenhärte und Gießfehlern (Porositäten, Lunkervolumen) und Fehlern aus dem Schweißprozeß.
   2. nach der Korngröße und ihrer Wirkung auf Materialeigenschaften und
   3. nach dem Bruchgefüge.

c. durch technologische Untersuchungen
 1. nach statischen Festigkeitsprüfungen innerhalb jeweils gültiger Werkstoffnormen für die Zugfestigkeit, die Streckgrenze bzw. 0.2-Dehngrenze, die Bruchdehnung, die Keildruckfestigkeit, die Druck-, Biege- und Scherfestigkeit, die Härte und die erreichten Standardabweichungen.
    Die Härtemessung ermöglicht in Verbindung mit der chemischen Zusammensetzung ohne Beeinträchtigung der Gebrauchseigenschaften eine Abschätzung der Zugfestigkeit in Gußstücken.
    Empfehlenswert ist es, daß jede Gießerei eine Formel auf die für sie gültigen Produktionsbedingungen prüft und gegebenenfalls die Faktoren korrigiert.
    Zum Vergleich verschiedener Produktionszeiträume, die die Konstanz des Fertigungsprozesses "Gießen" kennzeichnen, kann die Häufigkeitsverteilung der Brinellhärte an einem Motorblock herangezogen werden. Ein Streubereich von ca. 196 bis 208 HB bezogen auf eine definierte Geometrie ist mit einer Wahrscheinlichkeit von 95.4% einzuhalten. Nur durch die Erfassung, Aufzeichnung und Auswertung von Meß- und Eigenschaftswerten und der Beherrschung metallurgischer Gesetzmäßigkeiten ist solch ein Ergebnis erreichbar und auch auf andere Eigenschaftswerte übertragbar.
 2. nach dynamischen Festigkeitsprüfungen
    bei kurzzeitig einwirkender Beanspruchung.
 3. bei Dauerschwingversuchen
    mit wechselnder Belastung als Funktion der Art, Höhe, Frequenz und Dauer der Beanspruchung, sowie Umgebungseinflüssen.
 4. durch eine zerstörungsfreie Prüfung
    als vorbeugendes Hilfsmittel Fehlstellen bereits frühzeitig zu erkennen.

Verfahren zur Erkennung innerer Fehlstellen sind:
- Durchstrahlungsverfahren,
  Gußfehler sind als wichtiger Anzeiger der Produktionssicherung zu sehen, wobei nach Ursache und Wirkung zu trennen sind.
  Falsche Werkstoffwahl verbunden mit großen Wanddickenunterschieden, schroffe Teilübergänge und Sandkanten tragen zum Ausschußrisiko bei.
- Ultraschallprüfung,
  Bei der Werkstückkontrolle steht die Schallschwächung in engem Zusammenhang mit der Graphitausbildung, die Schallgeschwindigkeit mit dem E-Modul und bei Grauguß mit der Zugfestigkeit.
- Magnetische, magnetinduktive und elektromagnetische Prüfungen und
- Endoskopische Verfahren.

Mit der erhöhten Prozeßsicherheit werden sowohl ein größeres Anwendungsspektrum als auch neue, konstruktive Lösungen möglich.

5. Spannungsmessungen am Gußteil für die Zuverlässigkeit und Verwendbarkeit des Bauteils.
   Dabei ergeben sich Aussagen über mögliche Spannungszentren, warm-, kalt und schwindungsbedingte Risse und das grundsätzliche Schwindungsverhalten.
6. nach Messungen physikalischer Größen
7. nach der Toleranz und Maßgenauigkeit durch Geometrievermessungen
   - in der Sichtkontrolle,
   - durch optische Ausmessverfahren und 3D-Koordinatenmeßmaschinen zur Bauteilvermessung und
   - durch Gewichtsvergleichsmessungen.

Die Nutzung höherer Werkstoffkennwerte ist nur in Form von Wanddickenverminderung möglich. Eng damit verbunden ist die Verbesserung des Masse-Leistungs-Verhältnisses durch verstärkten Rechnereinsatz für spannungsoptimierte Gußteile mit gleichzeitiger Erstarrungssimulation, was mit der Entwicklung

beim Motorguß eindeutig zu beweisen ist.
Die wichtigsten Forderungen waren in der Vergangenheit:

eine Gewichtsreduzierung,
bei gleichzeitiger Erhöhung der Steifigkeit,
verbunden mit einer verbesserten Geräuschdämpfung und
einer Stegbreitenverringerung zwischen den wassergekühlten Zylinderbohrungen.

Diese Entwicklungen wurden im Motorenbereich mit Werkstoffen GG-25 bis GG-30 mit den entsprechenden Legierungselementen erreicht.
Die Gewichtsverminderung und eine kostengünstigere Bearbeitung spielen für die gesamte Beurteilung im Vergleich zu anderen Fertigungsverfahren und Materialien die entscheidende Rolle.
Jede konstruktive Wanddickenverminderung setzt die Einhaltung engerer Maßtoleranzen voraus, wobei ein enger Zusammenhang zwischen Formverfahren und Maßabweichungen besteht.
Die Entwicklung der Gußwerkstoffe zu höheren Festigkeiten, zu höherer Maßhaltigkeit und Oberflächengüte konnte deshalb nur durch genauere Form- und Gießverfahren genutzt werden.

Ausblick

Der Realisierungsgrad einer betriebsumfassenden Qualitätssicherung wird heute mehr und mehr von seiner Rechnerstruktur abhängig gemacht. Der Einsatz eines rechnergestützten CAQ-Systems von der Stange wird nicht die Lösung bringen. CAQ als eine Methode und ein Instrument der Realisierung einer bereichsübergreifenden Qualitätssicherung hilft, den Begriff der Qualität der Produkte im Unternehmen "Gießerei" konzentrierter in den Vordergrund zu stellen.

Aus heutiger Sicht kann für sicherheits- und umweltrelevante Produktionsprozesse nicht auf eine einheitlich durch-

gängige Dokumentation aller durchgeführten Prüfungen verzichtet werden. Meßkurven wie Spannungs-Dehnungs-Kurven, x/R-Diagramme, Verteilungskurven mit linearem oder logarithmischem Maßstab müssen in einer Datenbank definiert sein und bei Bedarf aus aktuellen Daten erzeugt werden können. Für die Prozeßsicherheit ist es wichtig, die Meßwerte verknüpft zu definierten Betriebsgrenzwertvorgaben, zu einem bestimmten Kundenteil, für einen vorgegebenen Zeitraum oder für andere Parameter ausgeben zu können.
Die Datensicherung und Datenarchivierung muß über alle Ebenen und Zugriffsberechtigungen mit sofortigen auftretenden Veränderungen gewährleistet sein.
In einer Langzeitabspeicherung muß die Zugriffsmöglichkeit auf die vollständigen Prüfunterlagen, wie Meßort, Meßgerät, Umgebungsbedingungen, Kundenvorgaben, Normen und Meßwerte bestehen.
Ergebnisprotokolle und Berichte für gewünschte Teile (z.B. Erstmuster, Laborberichte, Ausschußzahlen, usw.) müssen transparent auswählbar sein.
Ein QS-System darf kein starres Gebilde sein, sondern muß sich mit Normen- und Kundenvorschriftenänderungen und Änderungen in der Betriebs- und Ablauforganisation anpassen. Die Meßwertübertragung muß dabei im Hintergrund des QS-Gesamtsystems ablaufen.

Mit der rechnergestützten Verknüpfung von arbeitsorganisatorischen und prozeßtechnischen Vorgaben und Abläufen sind Voraussetzungen geschaffen, ein qualitativ gleichbleibendes hochwertiges Gußteil fertigungsgerecht zu gießen.

Qualitätssicherung bei der Herstellung von Sinterwerkstoffen

W. Löhmer, Radevormwald

Zusammenfassung
Die bei der Herstellung von Sinterteilen angewandten Maßnahmen zur Qualitätssicherung entsprechen den allgemeinen, bekannten Vorschriften für ein QS-System (DIN 9000..., VDA-Schriften)

Im Folgenden werden nur die qualitätssichernden Maßnahmen beschrieben, die bei der Herstellung des Ausgangsmaterials **Pulver** und bei der Überwachung und Regelung der **werkstofflichen Kenndaten** bei der Herstellung von Sinterteilen zu berücksichtigen sind.
Behandelt werden die im Fertigungsablauf und in der Endkontrolle üblichen Methoden beider Herstellungsverfahren, die auf die speziellen Anforderungen der Pulvermetallurgie abgestimmt sind.

1. QS bei der Herstellung von Pulver

1.1 Gestellte Erwartungen an das Produkt 'Pulver'
Die Verarbeiter von Metallpulvern erwarten beim Kauf, daß die Produkte den angegebenen Spezifikationen entsprechen und alle Eigenschaften aufweisen, die für den geplanten Einsatzbereich gefordert sind. Die Einhaltung der Qualität muß auf Dauer gewährleistet sein und der Abnehmer muß die Sicherheit haben, daß alle Kriterien erfüllt sind.

1.2 Aufgaben der QS bei der Pulverherstellung

Bei unseren Haupt-Pulverlieferanten stellt die dezentralisierte Qualitätssicherung die Einhaltung der festgelegten Spezifikationen in der Produktion durch folgende Maßnahmen sicher:
- Mitarbeit und Genehmigung für die zum Kauf von Vorwerkstoffen geltenden Anforderungen und Spezifikationen
- Genehmigung für die Verwendung eingekauften Materials, das nicht genau den spezifizierten Anforderungen entspricht
- Überwachung der festgelegten Produktionsbedingungen
- Initiierung korrigierender Maßnahmen bei nicht vorschriftsmäßigen Produkten
- Maßnahmen bei falschen oder unzulänglichen Spezifikationen.

Naturgemäß sind die Aufgaben der QS nicht nur auf den Herstellungsprozeß begrenzt, sondern berücksichtigen im Marketing die technischen Beziehungen zu den Kunden, seine Anforderungen an das hergestellte Produkt aufgrund seiner Produktionsverfahren sowie die Information des Kunden über bestehende und neu entwickelte Produktspezifikationen. Es versteht sich von selbst, daß damit auch eine gewisse Einflußnahme und Mitwirkung in Forschung und Entwicklung neuer verbesserter Produkte verbunden ist.

Für die Erzeugung von Eisen-Pulvern, die bei der Herstellung von Sintermetallteilen als bedeutendstes Ausgangsmaterial eingesetzt werden, sind folgende Rohstoffe von Bedeutung:
- Eisenerzkonzentrate, Koks, Anthrazit und Kalkstein
- Alteisen, Legierungsmetalle und Hilfsmaterialien für das Stahlschmelzen
- Legierungszusätze, Graphit und Schmiermittel

Die hierfür festgelegten Materialspezifikationen werden einer laufenden Qualitäts-Eingangsprüfung unterzogen und dokumentiert.

1.3 Kurz-Beschreibung zweier ausgewählter Herstellungsverfahren

An dieser Stelle sollen zwei der vielen möglichen Herstellungsverfahren für Metallpulver herausgegriffen werden: Das Eisenschwammverfahren und das Wasserverdüsungsverfahren.

Beim Eisenschwammverfahren (Bild 1) wird der Rohstoff, ein hochwertiges Magnetiterzkonzentrat, in einer Spezialanlage mit einer als Reduktionsmittel dienenden Mischung aus Koksgries und Kalkstein in feuerfeste Keramikrohre gefüllt. Beim Durchlauf durch einen Tunnelofen (1200°C) wird das oxidische Eisen zu einem metallischen Eisen hohen Reinheitsgrades und poröser Konsistenz - daher der Name Eisenschwamm - reduziert. In weiteren Stationen wird dann dieser Eisenschwamm zu rohem Eisenpulver zerkleinert, gemahlen und gesiebt. Meist erfolgt vor der Verpackung noch eine Vergütung durch Glühen im Bandofen bei 700 bis 1000°C.

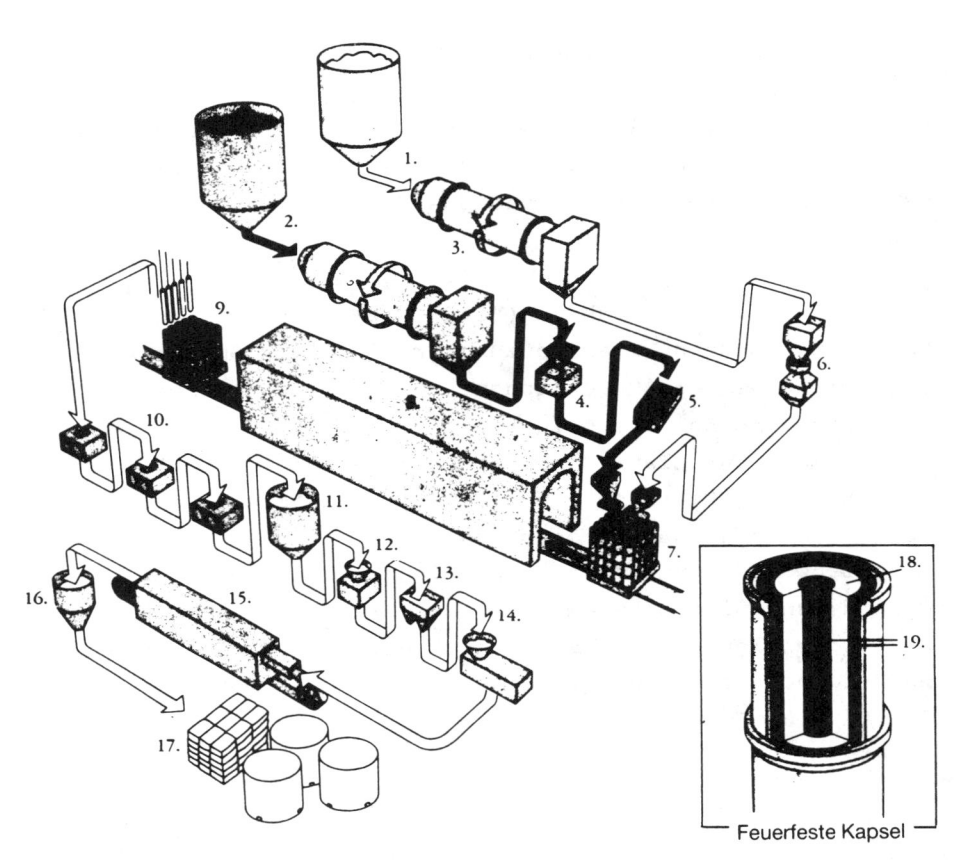

1. Eisenerzkonzentrat
2. Reduktionsmischung
3. Trocknung
4. Zerkleinerung
5. Absiebung
6. Magnetische Trennung
7. Abfüllung
8. Reduktion im Tunnelofen
9. Entleerung
10. Grobe Zerkleinerung
11. Zwischenlagerung
12. Zerkleinerung
13. Magnetische Trennung
14. Mahl- und Siebvorgänge
15. Glühung
16. Homogenisierung
17. Automatische Verpackung
18. Eisenerz
19. Reduktionsmischung

Feuerfeste Kapsel

Bild 1 EISENSCHWAMMPROZESS

Beim Wasserverdüsungsverfahren (Bild 2) werden die Ausgangsmaterialien wie z.B. Stahlschrott in einem Lichtbogenofen geschmolzen. Die Schmelze wird durch eine Düse geleitet und dann Wasserstrahlen unter Hochdruck ausgesetzt, die das flüssige Metall in feine Tröpfchen aufbrechen und diese zu festen Partikeln abkühlen. Das rohe verdüste Pulver wird dann magnetisch von Verunreinigungen getrennt, auf die gewünschte Korngröße gesiebt, geglüht und verpackt.

1.4 QS der Pulver-Eigenschaften

Im betrieblichen QHB des Pulverherstellers wird anhand von Fließschemas genau festgelegt, an welchen Zwischenstationen des beschriebenen Produktionsablaufes Proben zu entnehmen sind und zwar unter Angabe der ausführenden

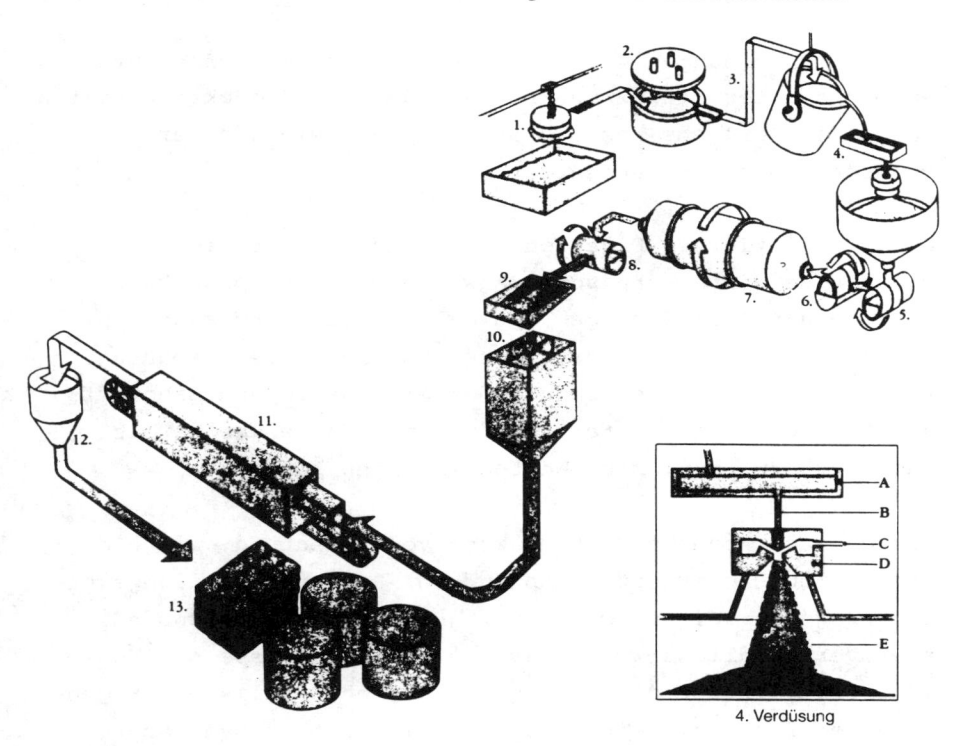

4. Verdüsung

1. Ausgewählter Eisenschrott
2. Lichtbogenofen
3. Stahlschmelze
4. Verdüsung
5. Naßmagnetische Trennung
6. Entwässerung
7. Trocknung
8. Trockenmagnetische Trennung
9. Siebvorgänge
10. Zwischenlager
11. Glühung
12. Homogenisierung
13. Automatische Verpackung

A Gießkasten
B Stahlschmelze
C Hochdruckwasser
D Düse
E Verdüstes Eisenpulver

Bild 2 WASSERVERDÜSUNG

Stelle und mit Beschreibung der anzuwendenden Methoden und Geräte.
- Wo, wie und wie oft hat eine Probenahme zu erfolgen?
- Wie ist die Probe ggf. aufzubereiten?
- Welche Analysen/Untersuchungen sind durchzuführen?
- Welche Formulare und welcher Verteilerkreis sind für die Ergebnisse vorzusehen?
- Ggf. werden die korrigierenden Maßnahmen vollautomatisch oder manuell eingeleitet.

Die Aufschreibungen - im allgemeinen 5 Jahre aufbewahrt - erfolgen unter einer Los-Nr., aus der der Produktionszeitraum, die Bereichs- bzw. Produkt-Type sowie die Fertigungscharge zu entnehmen ist.

Die spezifizierten Eigenschaften sind so festgelegt, daß sie die bei der technischen Anwendung des Endproduktes bestehenden Anforderungen optimal erfüllen und auch den technischen und wirtschaftlichen Möglichkeiten Rechnung tragen, wobei die Festlegung der Grenzwerte und Eingriffsgrenzen sowohl mit unteren und oberen Zahlenwerten als auch mit Max- bzw. Min.-Werten erfolgen kann.

Für uns als Abnehmer ist es wohl von Bedeutung, wie die Produktionssicherheit im Ablauf des Pulverherstellungsverfahren gewährleistet wird. Von größerem Interesse sind aber verständlicherweise für uns die Ergebnisse der Endkontrolle, in der die chemischen und physikalischen Eigenschaften für jedes einzelne Los ermittelt werden. So interessieren uns vorwiegend:
- die chemische Analyse und der sog. H_2-Loss (DIN/ISO 4491 und 4493)
- die Siebanalyse oder Teilchengrößenverteilung (ISO 4497)
- die physikalischen Eigenschaften wie die Fülldichte (DIN/ISO 3923) und das Fließverhalten (DIN/ISO 4490)

Weitere Eigenschaften wie z.B. die Verdichtbarkeit des
Pulvers (DIN/ISO 3927) und die beim Pressen und Sintern
auftretenden dimensionellen Änderungen (DIN/ISO 4492)
sowie die am fertiggestellten Sinterteil auftretenden
Eigenschaften werden mit Hilfe eines genormten Probe-
stabes (ISO 2740) beim Pulverhersteller nur sporadisch
überprüft. Die Ergebnisse stellen gewissermaßen eine
Bestätigung dafür dar, daß die oben erwähnten, für die
Pulverherstellung festgelegten, Spezifikationen dem späteren Anwendungsfall gerecht werden.

Auf die qualitätssichernden Maßnahmen bei Verpackung,
Lagerung und Versand soll hier nicht weiter eingegangen
werden. Erwähnenswert ist vielleicht noch, daß allen Lieferungen ein Zertifikat (Lieferanalysenbericht) beige-
stellt wird.

Soweit die Qualitätssicherung beim Pulverhersteller.
Bewußt wurde auf allgemein gültige Betrachtungen verzichtet. Die in den Einleitungsvorträgen am Vormittag vorge-
tragenen Gesichtspunkte gelten ja nicht nur für die QS der
Pulver-Herstellung, sondern für **alle** Produktionsverfahren.

Wie in vielen Bereichen ist das Endprodukt der Pulverhersteller das Ausgangsprodukt der Weiterverarbeiter, in
diesem Fall der pulvermetallurgischen Industrie, d.h. der
Hersteller von Sinterteilen.

2. QS beim Hersteller von Sinterteilen

2.1 Aufgaben der QS beim Teile-Hersteller
Auch für uns als Hersteller von Sinterteilen - gemäß
DIN 30 900 der Oberbegriff für alle pulvermetallurgisch
hergestellten Teile wie Sinter-Formteile, -Lager, -Filter
usw. - gilt es naturgemäß, ein QS-System zu planen, zu
integrieren und zu optimieren, welches bei unseren Abnehmern wiederum die Erwartung erfüllt, daß die eingekauften

Produkte den angegebenen Spezifikationen entsprechen und alle Eigenschaften aufweisen, die für den geplanten Einsatzbereich gefordert sind.

Mehr als die Hälfte unserer Abnehmer setzen sich aus Automobilherstellern und deren Unterlieferanten zusammen. Es ist daher an dieser Stelle müßig zu erwähnen, daß ein QS-System der Sinterteile-Hersteller den Anforderungen der DIN 9000 bis 9004 - soweit zutreffend - den VDA-Richtlinien, d.h. den bekannten 'roten Büchlein' und - last not least - der (berühmt-berüchtigten) Ford-Q 101 entsprechen muß, um überhaupt als Lieferant infrage zu kommen und die entsprechenden Audits (Lieferantenbewertungen) zu überstehen.

Auch hier soll wiederum nicht vom allgemeinen QS-System die Rede sein, denn die gestellten Anforderungen sind einmal in den drei eben erwähnten Unterlagen (DIN, VDA, Q 101) ausreichend beschrieben, zum anderen wurde ihre Bedeutung in den Einleitungsvorträgen herausgestellt. Letztlich ist uns wohl allen klar, daß die in der QS verwendeten Handwerkzeuge wie Stichprobenpläne, Urwertkarten, $\bar{x}$/R-Regelkarten, Maschinen- und Prozeß-Fähigkeitsnachweise usw. heute nicht nur zum 'Stand der Technik' gehören, sondern ihre Anwendung in allen erdenklichen Fertigungsprozessen, also nicht nur in den hier behandelten, eine Grundvoraussetzung für eine statistische Prozeßregelung (SPC) darstellen.

Zur allgemeinen Übersicht der Aufgaben der Qualitätssicherung in der pulvermetallurgischen Industrie sei ein Fließschema (Bild 3) gezeigt, aus dem ersichtlich ist, bei welchen Fertigungsschritten (normaler Kasten) das Qualitätswesen eingreift (dick umrandeter Kasten).

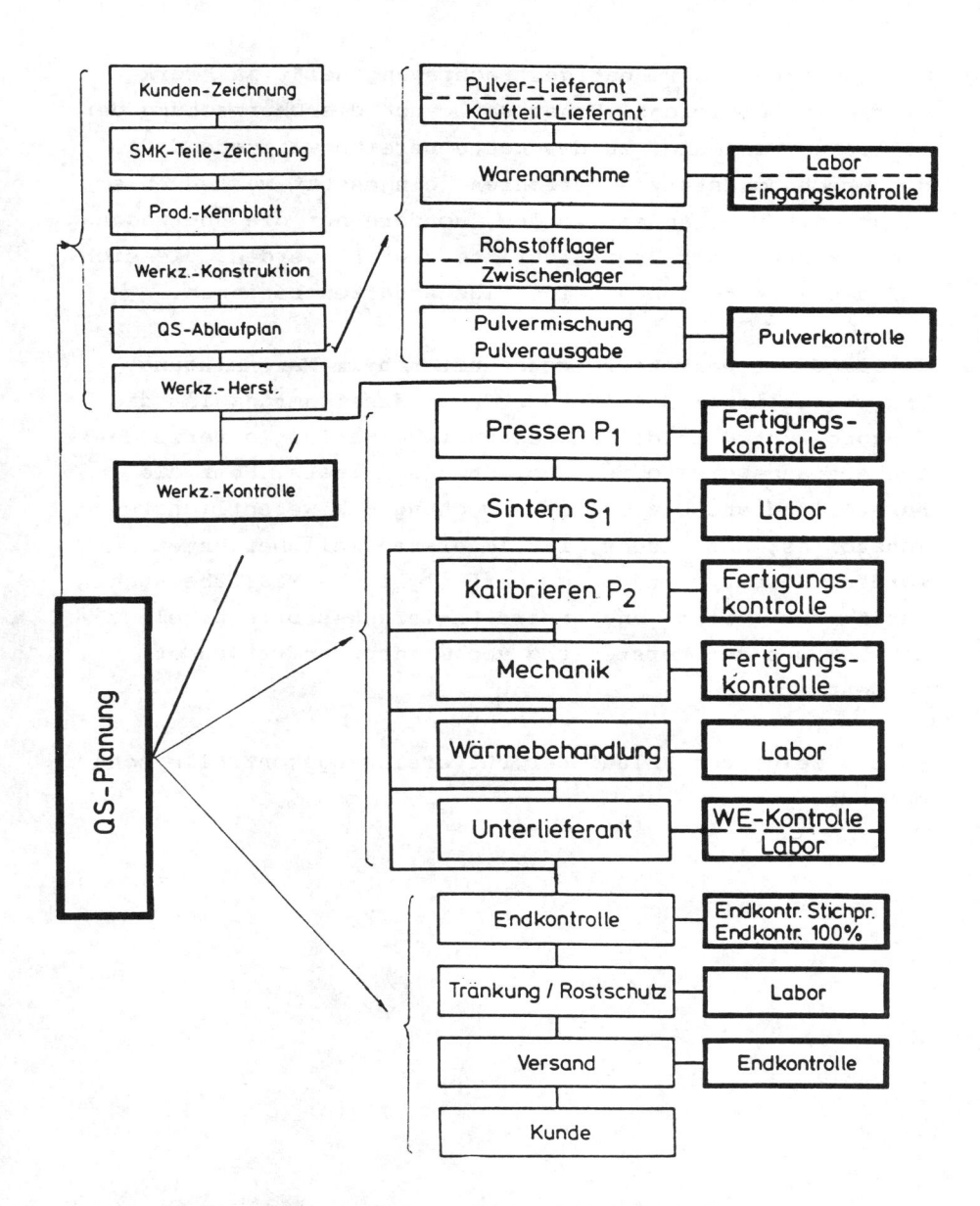

Bild 3 **FLIESS-SCHEMA DER QS IN DER PM-INDUSTRIE**

Das Hauptthema der heutigen Fachtagung heißt ja "**Werkstoffe** im Vergleich". Daher soll auch die Überwachung der maßlichen Merkmale, zu der heute bereits weitgehend CAQ, d.h. rechnergestützte Verfahren, eingesetzt werden, hier nicht weiter behandelt werden, sondern nur die Überwachung und Steuerung der Prozeßschritte erwähnt werden, die sich auf den Werkstoff und seine Eigenschaften beziehen.

2.2.1 QS der Werkstoffeigenschaften beim Wareneingang
Ein wesentlicher Schritt der Qualitätssicherung ist die Eingangskontrolle der in der Pulvermetallurgie verwendeten Ausgangswerkstoffe, nämlich des Pulvers. Über die Herstellung und Qualitätsüberwachung des wesentlichsten Rohstoffes, des Eisens, ist im ersten Teil berichtet worden. Selbstverständlich werden gleiche Maßstäbe auch für Kupfer-, Zinn- und andere Legierungsstoffe angelegt, die bei uns zur Herstellung von Mischungen verwendet werden.

Bild 4 zeigt den Ablauf der Pulvereingangskontrolle schematisch.

Bild 4 PULVER-EINGANGSKONTROLLE, schematisch

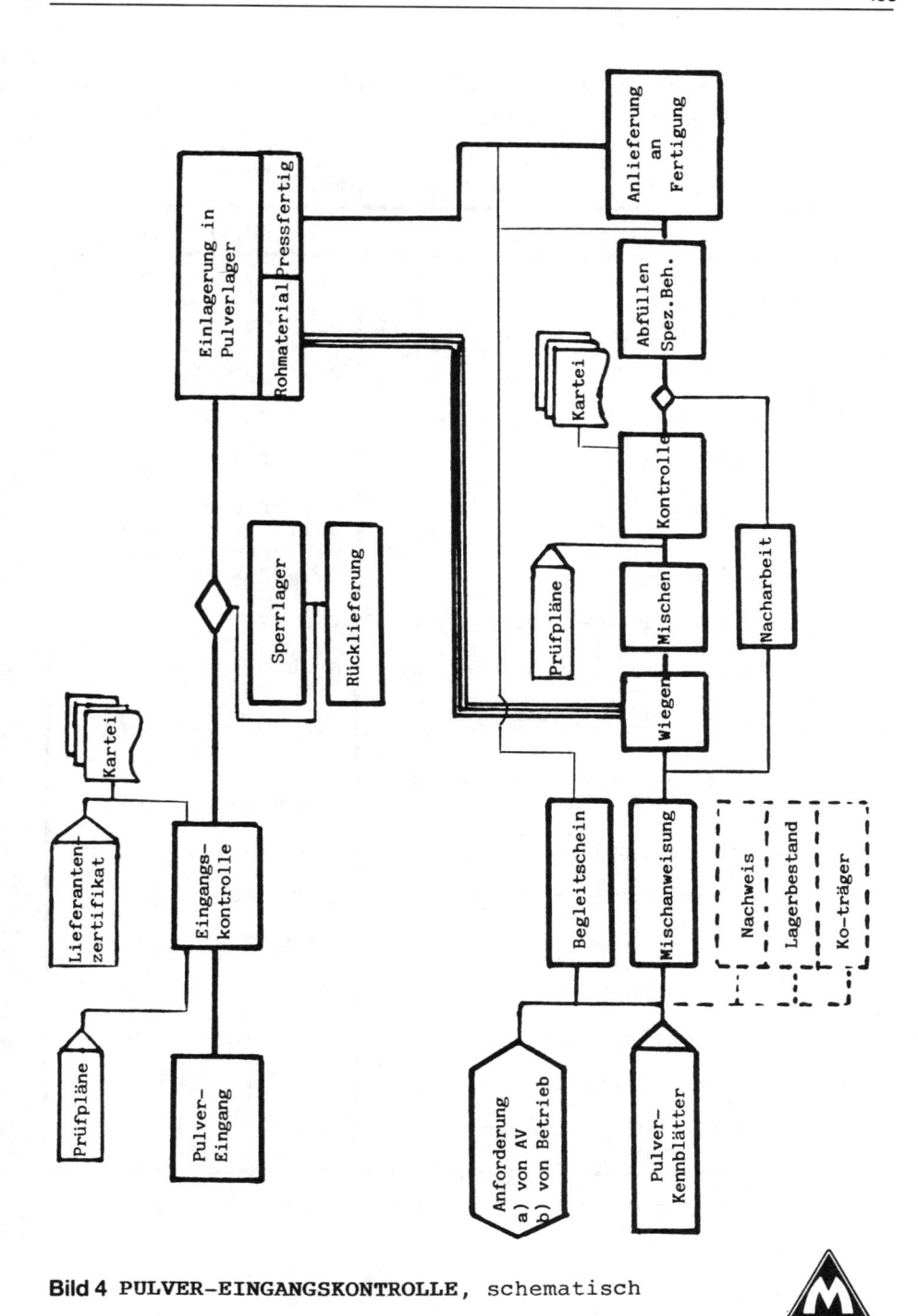

Bild 5 zeigt eine Auflistung aller möglichen Merkmale, die
bei einer WE-Prüfung zu überwachen sind, wobei als Prüfkriterien für ein bestimmtes Pulver eines oder mehrere
dieser Merkmale festgelegt werden können.

Nr.	Prüfmerkmal	Prüfung nach
1	Absiebung auf Fremdkörper	Krebsöge-Vorschrift
2	Fülldichte	DIN/ISO 3923 Teil 1
3	Fließverhalten	DIN/ISO 4490
4	Klopfdichte	DIN/ISO 3953
5	Siebanalyse	ISO 4497
6	Verpressbarkeit	entsprechend DIN/ISO 3927, jedoch zyl. Werkzeug mit 1 cm^2 Grundfläche
7	Presskörper-Biegefestigkeit	ISO 2740
8	Maßverhalten nach dem Sintern	Krebsöge-Vorschrift
9	rad. Bruchfestigkeit des Presslings	DIN V 30 911 Teil 2
10	rad. Bruchfestigkeit nach dem Sintern	DIN V 30 911 Teil 2
11	Gleitmittelgehalt	DIN/ISO 4495
12	Kohlenstoffgehalt (C-)	LECO, F+E
13	Sauerstoffgehalt (O_2-)	LECO, F+E
14	Schwefelgehalt (S-)	LECO, F+E
15	Kupfergehalt	ausw. Institute
16	diverse andere Elemente	ausw. Institute
17	Vergleich mit Lieferantenzertifikaten	---

Bild 5 MÖGLICHE PRÜFMERKMALE DER PULVER-WE-KONTROLLE

Für den weiteren Verarbeitungsprozeß ist die Fließfähigkeit und die Fülldichte eines Pulvers von größter Bedeutung. Diese Eigenschaften sind entscheidend für das ordnungsgemäße und reproduzierbare Füllen des Werkzeuges (Stichwort: dünne Wandungen, abgesetzte Matritzen). Diese Merkmale werden dementsprechend bei allen eingehenden "preßfertigen" Mischungen und allen selbst erstellten Mischungen geprüft.

2.2.2 QS der Werkstoffeigenschaften in der Fertigung
Die mechanischen und physikalischen Eigenschaften wie Festigkeit, Streckgrenze, E-Modul, Biegebruchfestigkeit, radiale Bruchfestigkeit, Porosität usw. (siehe DIN V 30 910, Teil 1 bis 6 und DIN V 30 911, Teil 1 bis 7) werden - neben der chemischen Analyse - vorwiegend von der Dichte des Werkstoffes und den angewandten Prozeßparametern beim Sintern beeinflußt.

Daher konzentriert sich die QS - aus werkstofflicher Sicht gesehen - während der einzelnen Fertigungsschritte im wesentlichen auf die Kontrolle der Dichte und der Sinterparameter.

Die Formgebung erfolgt bekanntlich durch Pressen des Pulvers in Werkzeugen. Da die Dichte (in g/cm^3) eine Funktion von Volumen und Gewicht ist, das Volumen aber wiederum - bis auf die Presshöhe(n) - vom Werkzeug selbst bestimmt wird, setzt man im allgemeinen zwei verschiedene Prüfverfahren an.

Beim Einrichten der Werkzeuge wird - vor Serienbeginn - die Dichte nach dem archimedischen Prinzip (s. DIN V 30 911/3) bestimmt. Weitere Dichtemessungen erfolgen ein- bis zweimal je Schicht/Fertigungslos. Hierzu stehen rechnergestützte Wägevorrichtungen (Gewicht in Luft, unter Wasser) zur Verfügung.

Die laufende Überprüfung der Dichte kann dann durch die Überprüfung des Gewichtes und der Preßhöhe(n) (mit Regelkarte/SPC) erfolgen, da die äußere Kontur - werkzeuggebunden - unverändert bleibt.

Beim Sintern wird durch Überwachung der Ofen-Parameter (Temperatur, Schutzgasatmosphäre sowie Band-Geschwindigkeit und -Belastung (bei Bandöfen) bzw. Taktzeit und Kästenbeladung (bei Hubbalkenöfen) die Einhaltung der vorgeschriebenen Spezifikationen gewährleistet. Zusätzliche Überprüfung des Maßverhaltens sowie der Sinterhärte lassen Rückschlüsse auf die richtig gewählte chemische Zusammensetzung und Sinterparameter zu.

Für Teile, die nach dem Kalibrieren und/oder einer mechanischen Bearbeitung einer Wärmebehandlung, z.B. Dampfbehandlung oder Härten, unterzogen werden, kommen zusätzliche QS-Maßnahmen in Betracht.

Bei der Wasserdampfbehandlung, bei der durch überhitzten Wasserdampf eine 'Edelrost'-Fe_3O_4-Schicht (Rost = Fe_2O_3!) gebildet wird, sind Schichtdicke, Aussehen und Oberflächenhärte die wesentlichen Prüfkriterien; Temperatur, Behandlungs-Menge und -Zeit die wesentlichsten Regelfaktoren.

Beim Härten sind die Besonderheiten der porösen Werkstoffe zu berücksichtigen. Die Porosität beschleunigt die Diffusion, was zu kürzeren Behandlungszeiten und - bei besonders dünnen Wandstärken - zur Durchhärtung führen kann, wenn die Härteparameter (Temperatur, Zeit, Taupunkt, CO_2-, Propan- und/oder NH_3-Gehalt) nicht auf die Geometrie des Teiles und seinen Grundwerkstoff abgestimmt werden. Hier kommt der QS-Planung und -Überwachung (Festlegung und Kontrolle der Behandlungsparameter) eine ganz besondere Bedeutung zu; jede Charge erhält nach Überprüfung von

Härte und EHT eine gesonderte Freigabe des Labor, bevor
die Teile zum nächsten Arbeitsgang gelangen.

2.2.3 QS der Werkstoffeigenschaften in der Endkontrolle

Da sich die Meßverfahren für Sinterwerkstoff-Eigenschaften
und insbesondere die Anforderungen an die Prüfkörper oft
von denen reguliner Werkstoffe unterscheiden, sind bei der
Überprüfung der Merkmale die in den existierenden, besonders auf die Pulvermetallurgie zugeschnittenen, Normen
(DIN V 30 911, Teil 1 bis 7 bzw. ISO 2738, 2739, 2312,
3325, 4496, 4507, 5754) gemachten Vorschriften zu beachten.

Es darf wohl als bekannt vorausgesetzt werden, daß ein
Teil der Sinterwerkstoff-Eigenschaften nicht am fertigen
Bauteil zu ermitteln sind, wie z.B. Zugfestigkeit,
Streckgrenze, Dehnung, E-Modul, Biegebruchfestigkeit und
Schlagfähigkeit. Gemäß den zitierten nationalen und inter-
nationalen Normen ist es auch nicht zulässig, diese Eigen-
schaften an Mini-Zerreißstäben, die aus den Bauteilen
herausgearbeitet wurden, zu bestimmen oder aus gemessenen
Härtewerten umrechnen zu wollen (für poröse Sinterwerk-
stoffe gelten bekannte Umrechnungsverfahren von Härte in
Festigkeit nicht!).

Als wesentliche Prüfkriterien kommen daher für das fertige
Bauteil die Dichte - und ggf. bei Lagern: Porosität bzw.
Ölaufnahme (DIN V 30 911, Teil 3; ISO 2738) -, die radi-
ale Bruchfestigkeit (DIN V 30 911, Teil 2; ISO 2739), die
Oberflächenhärte (DIN V 30 911, Teil 4; ISO 4498) oder die
Einsatzhärtungstiefe (DIN V 30 911, Teil 5; ISO 4507)
infrage. Für Sinter-Filterwerkstoffe sind in DIN V 30 911
Teil 5 und für weichmagnetische Werkstoffe in DIN V 30 911
Teil 6 entsprechende Prüfkriterien und Meßmethoden be-
schrieben.

Da sich die Dichte in den dem Pressen nachgeschalteten Arbeitsgängen nicht ändert, erfolgt in der Endkontrolle bzw. Ausgangsprüfung lediglich eine Stichprobe pro Versandlos. Das gleiche gilt für Härtewerte von Teilen, die einer Wärmebehandlung unterzogen wurden. Stichproben und Aufschreibungen beim Pressen bzw. nach der Wärmebehandlung bilden dann den Nachweis zur Einhaltung der Spezifikation.

Sollten für Sinterbauteile besondere Festigkeitseigenschaften als kritische Merkmale herausgestellt werden, die sich wie oben erwähnt nicht am Bauteil selbst, sondern nur an Probestäben (ISO 2740) ermitteln lassen, so sind zwischen Hersteller und Endabnehmer bestimmte, auf das Bauteil zugeschnittene Prüfverfahren, wie z.B. Bruchkräfte, Drehmomentsmessungen, Aufweitungen, Lastwechselprüfung usw. zu vereinbaren.

3. Schlußbetrachtung

Bewußt wurden in diesem Referat die unterschiedlichen, in der Pulvermetallurgie relevanten Prüfverfahren erwähnt und erläutert. Es darf wohl als selbstverständlich vorausgesetzt werden, daß die Auswertung der ermittelten Werte und ihre Dokumentation ebenso wie daraus resultierende Audits (bei Abweichungen) und insbesondere die zu ergreifenden Maßnahmen (= Regelung des Prozesses unter Berücksichtigung der Statistik, SPC) den heute bekannten und üblichen Regeln folgen.

Die in unserem Betrieb in den letzten Jahren gemachten Erfahrungen haben gezeigt, daß sich eine konsequente Befolgung der Grundlagen einer Qualitätssicherung nicht nur für den Kunden, sondern auch für den Hersteller positiv bemerkbar macht, wenn sich das Ergebnis auch nicht immer in Mark und Pfennig ausdrücken läßt.

Qualitätssicherung bei Polymerwerkstoffen

K. Oberbach VDI, Leverkusen

Qualitätssicherung bei Polymerwerkstoffen

K. Oberbach

1   Einleitung

Geht man von der Bedeutung des Begriffes aus, so sind **Polymerwerkstoffe** alle Stoffe, die aus Riesenmolekülen aufgebaut und zur Herstellung von Formteilen geeignet sind. Bei Betrachtung z. B. des Elastizitätsmoduls dieser Werkstoffe läßt sich ein weiter Bogen vom weichen Gummi aus Naturkautschuk, der selbst ein Polymer ist, bis zu den Stählen spannen. Selbst in einer Kunststoffgruppe, dem Polyethylen, reicht der Elastizitätsmodul von ca. 150 MPa bei isotropen Formteilen, bis zu 120 GPa bei stark anisotropen Fasern, die aus gescherten Lösungen gewonnen wurden. Der theoretische Modul der C-C-Kette des Polyethylens liegt nochmals um den Faktor 15 höher /1/.

Bild 1 soll aufzeigen, wie sich konventionell verarbeitete Polymerwerkstoffe in das breite Spektrum einiger anderer Werkstoffe einordnen. Hierbei wurden auch Faserverbunde berücksichtigt, die ähnlich dem Holz ausgeprägte Anisotropien in den Eigenschaften aufweisen können.

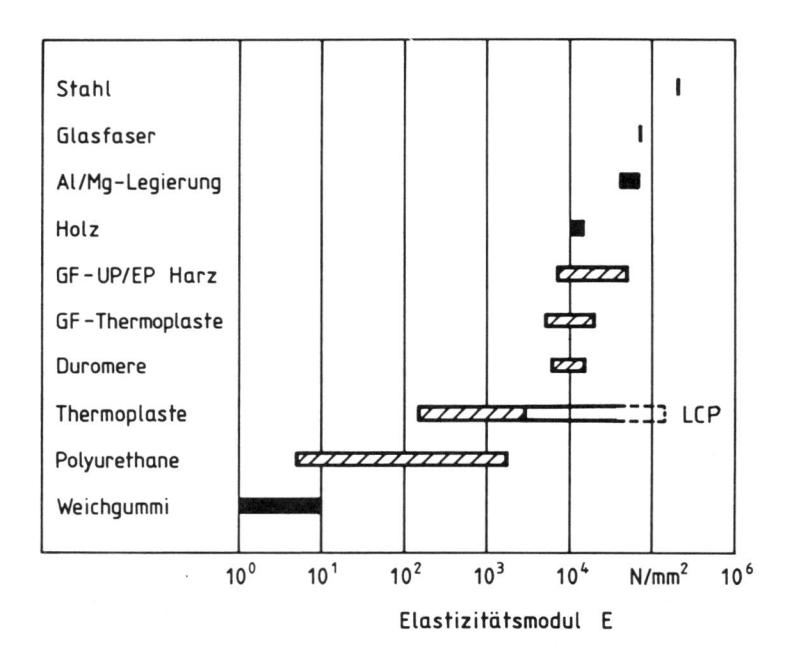

Bild 1: Elastizitätsmoduln verschiedener Werkstoffe

In diesen Ausführungen wird beispielhaft auf Gesichtspunkte bei der Qualitätssicherung von thermoplastischen Kunststoffen eingegangen.

Die Qualitätssicherung von **Werkstoffen** ist eine wesentliche Voraussetzung für die Erzeugung von **Formteilen** mit ausreichender Gebrauchstauglichkeit, d. h. einer Funktionstauglichkeit über den vorgesehenen Einsatzzeitraum. Für eine Vielzahl von Kunststoffanwendungen sind äußere Merkmale wie Freiheit von Lunkern, Einfallstellen, Gratbildung, sichtbaren Bindenähten und sonstigen Oberflächenfehlern für die Anwendung wichtige Gesichtspunkte. Mangelnde Qualität in dieser Hinsicht läßt sich wenn überhaupt nur mit großem Aufwand, z. B. durch nachträgliches Lackieren, ausgleichen.

Heute spricht man jedoch viel von technischen Kunststoffen, was besagen will, daß diesen Werkstoffen Einsatzgebiete erschlossen werden, bei denen längere Lebensdauer unter erhöhter mechanischer, elektrischer, thermischer oder chemischer Beanspruchung erwartet wird. Nicht zuletzt sind diese Einsatzgebiete durch ein erhöhtes Risiko beim Versagen der geforderten Funktion gekennzeichnet. Eine Qualitätssicherung gewinnt deshalb bei Polymerwerkstoffen zunehmend an Bedeutung.

Eine Qualitätssicherung hat sich am Produktionsfluß der Formteilentstehung zu orientieren. Sie ist das Ergebnis unterschiedlichster Kontroll- und Überwachungsmaßnahmen. Dies soll am Beispiel von Thermoplasten gezeigt werden.

2 Qualitätssicherung im Produktionsfluß

Bild 2 zeigt schematisch den Produktionsfluß vom **Rohstoff** zum fertigen **Formteil.**

Aus den **Rohstoffen** - Monomere, Zusatzstoffe der verschiedensten Art - entstehen durch chemische Prozesse (Polymerisation, Polyaddition, Polykondensation) oder physikalische Prozesse (Compoundierung) **Formmassen.** Dieses können Homopolymere, Copolymere oder Polymergemische sein. Sie liegen in der Regel in Form von Granulaten vor. Aus den Granulaten entsteht im wesentlichen durch thermische Umformung (Spritzguß, Extrusion) der **Formstoff.** Der Formstoff kann in Form von Probekörpern, Halbzeugen oder den endgültigen Formteilen vorliegen.

Entsprechend diesem Produktionsfluß läßt sich eine grobe Einteilung der Kontrollmaßnahmen vornehmen. Der **Rohstoff** muß einer **Eingangskontrolle** unterliegen (A in Bild 2). Hierbei können z. B. Zusammensetzung und Sauberkeit maßgebliche Kriterien sein.

Eine **Prozeßkontrolle** bei der Herstellung der **Formmasse** ist wichtig, um **gleichbleibende** Qualität zu erzeugen (B in Bild 2). In der Regel wird hier eine vollständige Erfassung der Prozeßparameter angestrebt, die durch im On-line-Verfahren gemessene Produkteigenschaften wie z. B. Schmelzeviskosität ergänzt wird.

Produktionsfluß   Kontrollpunkte

Rohstoff ← **A. Eingangskontrolle**
z.B. Mono- / Polymere
Zusatzstoffe

z.B. Zusammensetzung
Sauberkeit

Poly - merisation
- addition
- kondensation
Compoundierung

← **B. Prozeßkontrolle**
z.B. Einwaage
Prozeßparameter

C. Partiefreigabe

Formmasse ←
z.B. Polymere
Compounds

1. Formmasseprüfungen
am Granulat
z.B. Gehalt an: Monomeren, Wasser
Zusammensetzung
Viskosität

Formgebung
z. B. Spritzguß
Extrusion

← 2. Prozeßkontrolle
z.B. Temperaturen, Drücke, Zeiten

Formstoff

Probekörper ← 3. Formstoffprüfung
z.B. mechanische, thermische,
elektrische Eigenschaften
Sauberkeit
Brandverhalten

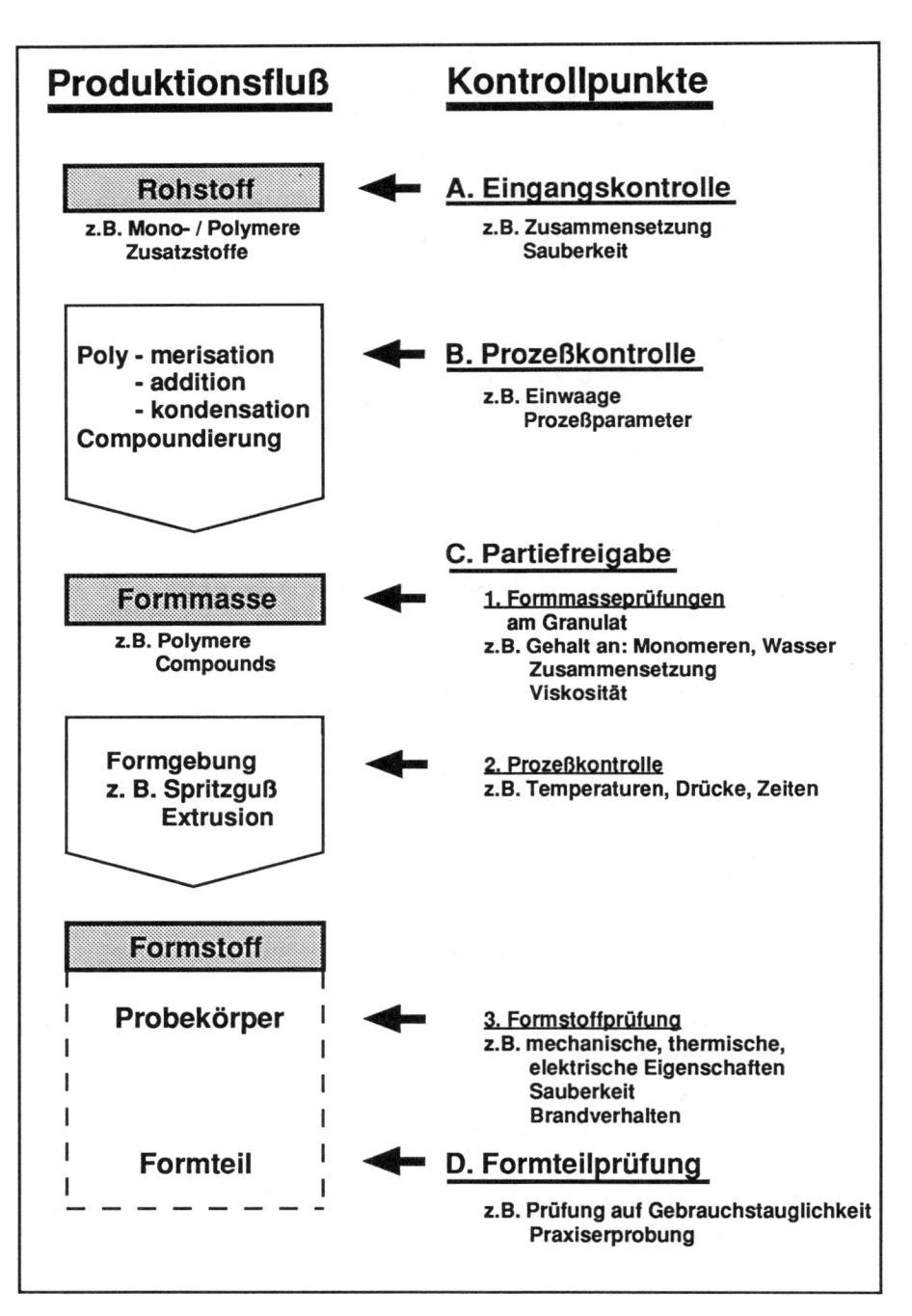

Formteil ← **D. Formteilprüfung**
z.B. Prüfung auf Gebrauchstauglichkeit
Praxiserprobung

Bild 2: Stationen der Qualitätsprüfung im Produktionsfluß

Die Formmasse ist der eigentliche Polymerwerkstoff. Bei ihm setzt die **Partiefreigabeprüfung** ein (C in Bild 2). An der Formmasse selbst (z. B. Granulat) können nur wenige Prüfungen wie Gehalt an Restmonomeren, Wasser, Glasfasern, Extrakt oder Viskosität, Zusammensetzung, Sauberkeit geprüft werden (C_1 in Bild 2). Für weitere Partiefreigabeprüfungen muß die Formmasse in Formstoff z. B. über einen Spritzgießvorgang umgewandelt werden. Da die Eigenschaften des Formstoffs in starkem Maße von den Verfahrensparametern bei seiner Herstellung abhängen können, muß die **Prozeßkontrolle** Bestandteil der Prüfung sein (C_2 in Bild 2). Hierbei werden z. B. beim Spritzgießprozeß, Temperaturen, Drücke, Zeiten usw. registriert. An definiert hergestellten Probekörpern wird dann als dritte Komponente der Partiefreigabe die **Formstoffprüfung** durchgeführt (C_3 in Bild 2). Es werden mechanische, thermische, elektrische Eigenschaften, Sauberkeit, Farbe, Brandverhalten usw. untersucht.

Der Formgebungsprozeß bei der Umwandlung der Formmasse zum Formstoff ist für die Herstellung von Probekörpern und Formteilen identisch. Die Qualitätssicherung im Produktionsprozeß entsprechend Bild 2 läßt sich also bis zur **Formteilprüfung** ausweiten /2/. Auch bei der Formteilprüfung ist eine Prozeßkontrolle (C 2 in Bild 2) wichtige Voraussetzung zur Beurteilung der Qualitätskonstanz der Formteile. An den Formteilen selbst werden ähnlich wie an den Probekörpern die für die Gebrauchstauglichkeit relevanten Prüfungen durchgeführt. Diese Prüfungen können bis zur Praxiserprobung reichen.

Ohne auf Details einzugehen, wurden bisher mehr die generellen Gesichtspunkte für die Qualitätssicherung bei Polymerwerkstoffen behandelt. Im folgenden sollen nun einige Beispiele für die verschiedenen in Bild 2 aufgeführten Kontrollpunkte gegeben werden.

3 Beispiele für Qualitätsprüfungen

3.1 Schmelzeviskosität

Beim Formfüllvorgang, vgl. Bild 3, kühlt die Schmelze im kälteren Werkzeug ab ($\dot{Q}_1$ in Bild 3), andererseits kann sie sich durch Energiedissipation ($\dot{Q}_2$) aufheizen. Außerdem ist ein Druckverlust (Δp) zu überwinden, der von der Formteilgeometrie, den thermischen Kennwerten der Schmelze und ihrer Viskosität abhängt und ein Maß für die erzielbaren Fließwege ist. Eine Berechnung des Fließweges (rheologische Werkzeugauslegung) ist mit modernen Rechenprogrammen möglich. Hierzu ist die Kenntnis der Abhängigkeit der Schmelzeviskosität von der Schergeschwindigkeit und Temperatur erforderlich (Bild 3). Diese wird z. B. durch den sog. Carreau-Ansatz beschrieben und dadurch für Rechenoperationen zugänglich /3/.

Der **Bemessungskennwert Viskosität** ist als **Qualitätsmerkmal** für eine Formmasse ungeeignet, da die Messungen zeit- und kostenaufwendig und nur an der fertigen Masse durchführbar sind. Es ist deshalb üblich, am Granulat einen sog. Schmelzindex MFI zu bestimmen. Dies ist die Masse, die in 10 min bei festgelegter Temperatur und festgelegtem Druck durch eine Düse gedrückt wird (Bild 3). Zur Zeit findet eine Umstellung vom MFI zum sog. Melt Volume Index (MVI) statt, bei dem das rationeller und genauer zu bestimmende Volumen statt der Masse ermittelt wird. Aus MFI und MVI läßt sich die Viskosität errechnen, so daß man bei Variationen von Massetemperatur und Schergeschwindigkeit eine vollständige Information über das für die Formteilauslegung erforderliche Viskositätsverhalten erhält.

MFI und MVI werden bei Schergeschwindigkeiten im Bereich von 500 s^{-1} bestimmt (Bild 3). Für den Spritzgießvorgang sind jedoch Schergeschwindigkeiten zwischen 10^3 und 10^4 s^{-1} relevant, so daß die Aussagekraft für die Praxis nur begrenzt ist. Außerdem spielen die thermischen Kennwerte und das Erstarrungsverhalten beim Spritzgießprozeß eine wesentliche Rolle.

Rheologische Werkzeugberechnung

Formfüllvorgang beim Spritzguß

$$\Delta p(\text{Platte}): \frac{\partial p}{\partial x} = 12 \cdot \eta \cdot \frac{\dot{V}}{B H^3}$$

$\dot{Q}_1$ = Wärmeableitung
$\dot{Q}_2$ = Energiedissipation

Bemessungskennwert Viskosität

$\eta = f(\vartheta, \dot{\gamma}) \rightarrow$ Carreau-Ansatz

Qualitätsmerkmal Viskosität

Füllindex: off line-Kennwert an der Formmasse

MVI $\dot{Q}$ (cm³/10min)

MFI $\dot{G}$ (g/10min)

Viskosität

$\eta = K_1 \cdot \frac{1}{\dot{Q}} = K_2 \cdot \frac{1}{\dot{G}}$

$\eta = K_3 \cdot \Delta p$

Seiten-Strom-Rheograph

Fülldruck p: on line-Kennwert bei der Formstoffherstellung

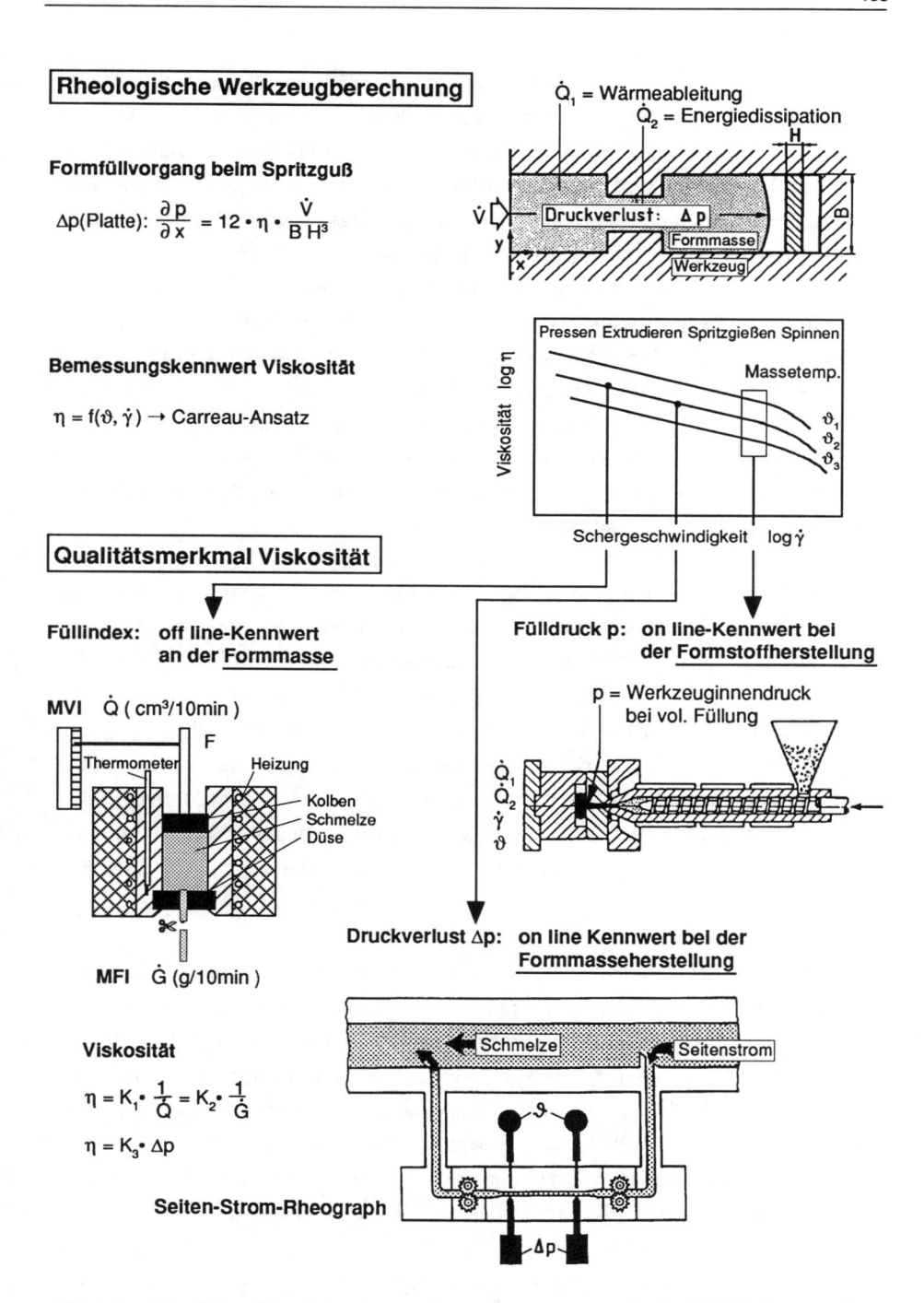

p = Werkzeuginnendruck bei vol. Füllung

Druckverlust Δp: on line Kennwert bei der Formmasseherstellung

Bild 3: Die Schmelzeviskosität als Bemessungs- und Qualitätskennwert

Da in der Regel bei der Partiefreigabe auch eine Formstoffprüfung durchgeführt wird (Kontrollpunkt C3 in Bild 2), muß ein Probekörper gespritzt werden. Der in den letzten Jahren erzielte Fortschritt in der Regelung der Spritzgießmaschinen und Erfassung auch schneller Prozeßparameter gestattet nun die Messung des sog. **Fülldrucks** beim Spritzgießprozeß (Bild 3). Dies ist der am Anfang des Fließwegs gemessene Massedruck, der zur volumetrischen Füllung des Formnestes erforderlich ist. Dieser unter praxisnahen Bedingungen beim Spritzgießprozeß ermittelte Kennwert charakterisiert die Verarbeitbarkeit einer Formmasse wesentlich besser als ein Schmelzindex und wird deshalb zunehmend zur Qualitätskontrolle eingesetzt. Der Fülldruck kann auch beim Formteilhersteller zur Eingangskontrolle und zur Prozeßoptimierung und -überwachung eingesetzt werden, wenn die Spritzgießmaschine entsprechend ausgerüstet ist.

Das Ergebnis jeder Formmasse- oder Formstoffprüfung kommt zu spät, um in den Umwandlungsprozeß vom Rohstoff zur Formmasse korrigierend eingreifen zu können. Der nächste konsequente Schritt besteht deshalb darin, die Viskosität bereits bei der Herstellung der Formmasse zu kontrollieren. Hierzu bietet sich der sog. **Seitenstrom-Rheograph** an /4/ (Bild 3). Ein Teilstrom der Schmelze wird hierbei durch eine Meßkapillare gefördert, in der der Druckverlust über eine bestimmte Meßstrecke kontinuierlich ermittelt wird. Dieser Druckverlust ist ein Maß für die Schmelzeviskosität und kann als Steuerungsgröße für den Produktionsprozeß dienen.

Man spricht gerne vom Kunststoff als "Werkstoff nach Maß". Dies will besagen, daß Kunststoffe ganz gezielt zur Erfüllung bestimmter Anforderungen aus der Praxis "gezüchtet" werden können. Eine wesentliche Voraussetzung hierzu ist die Kenntnis des Zusammenhangs zwischen eingesetzten Rohstoffen und Prozeßparametern bei der Herstellung der Formmasse einerseits und den Zielgrößen Formstoffeigenschaften andererseits. Bild 4 zeigt hierzu als Beispiel, daß mit zunehmendem Modifikatorgehalt in ABS-Systemen der Schmelzindex abnimmt, d. h. die Viskosität der Schmelze zunimmt /5/. Hiermit wird die Bedeutung unterstrichen, die der **Einwaage als Prozeßkontrollgröße** bei der Herstellung der Formmasse zukommt (B in Bild 2).

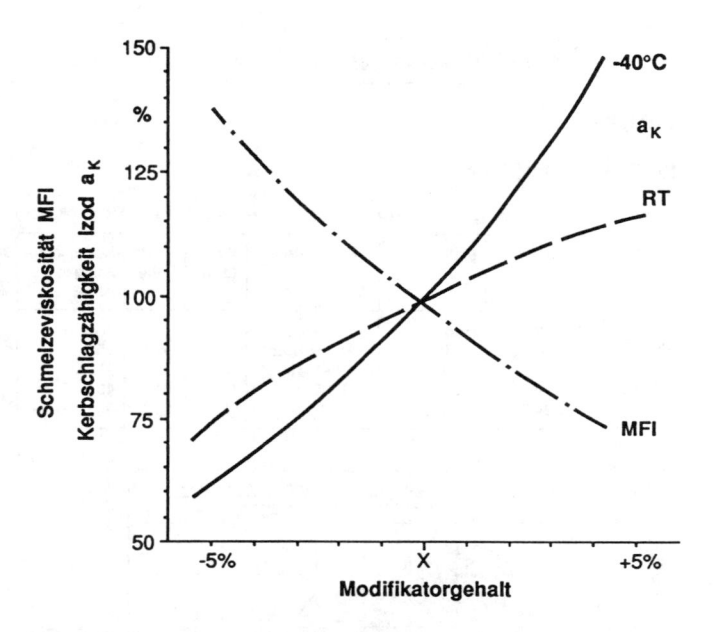

Bild 4: Einfluß des Gehalts an Modifikator auf die Schmelzeviskosität und Kerbschlagzähigkeit in ABS-Systemen

Die Schmelzeviskosität ist ein gutes Beispiel dafür, wie man ausgehend von den Forderungen des Formteil- und Werkzeugkonstrukteurs bereits im Produktionsprozeß für die Formmasse eine On-line-Qualitätsüberwachung installieren und bei Formteilherstellung anwenden kann. Andererseits erkennt man aus Bild 4, daß eine Einflußgröße - der Modifikatorgehalt - zwei so unterschiedliche Eigenschaften wie Viskosität der Schmelze und Kerbschlagzähigkeit beeinflussen kann. Eine Qualitätssicherung muß deshalb auf mehreren Produktmerkmalen basieren.

3.2 Schlagzähigkeit

Eine der "meist gehandelten" Eigenschaften der Kunststoffe ist die Schlag- und Kerbschlagzähigkeit. Sie ist deshalb in fast jedem Qualitätsbeurteilungssystem zu finden.

Als mechanischer Kennwert sollte die Zähigkeit eine für den Konstrukteur relevante Kenngröße sein. In Bild 5 sind hierzu einige Gesichtspunkte aufgelistet.

Qualitätskennwert

B Qualitätsmerkmal "Zähigkeit"

B1 Methodenauswahl für Formstoffprüfung

Kerbschlagzähigkeit von PC/ABS   (Auswahl aus 33 Möglichkeiten)

[1]) NKS:
Normkleinstab 50mm x 6mm x 4mm,
ISO-Stab: 80mm x 10mm x 4mm,
ASTM-Stab: 63mm x 12,7mm x 3,2mm
[2]) angebrochen

Prüfnorm	Methode	Probekörper	Kerb-form	Rest-höhe mm	Kerbschlag-zähigkeit kJ/m²
ISO 180	Izod	ISO-Stab	V	8,0	70[2])
ASTM D 256	Izod	ASTM-Stab	V	10,1	85[2])
ISO 179	Charpy	ISO-Stab	V	3,2	25
ISO 179	Charpy	ISO-Stab	U	2,7	40[2])
DIN 53453	Charpy	NKS	U	2,7	30

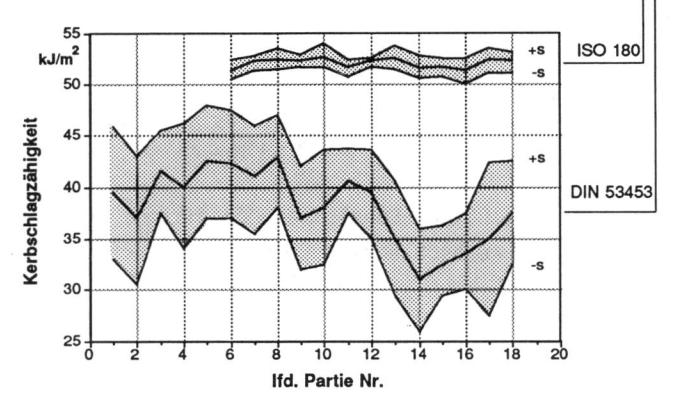

B2 Aussagekraft der Methode ISO 180

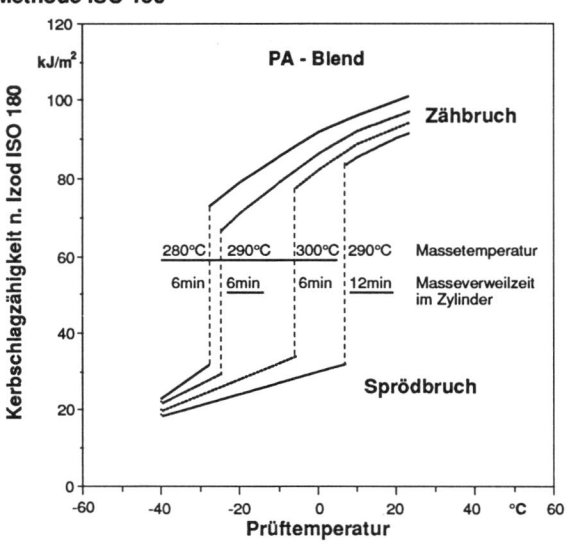

Besteht die Forderung lediglich darin, daß stoßbeanspruchte Teile **nicht brechen** dürfen, so muß sichergestellt sein, daß die vom Formteil bis zu einer Schädigung aufnehmbare Energie, d. h. das Integral Kraft x Weg bis zur Werkstoffschädigung größer ist als z. B. die Fallenergie m x g x h eines stoßenden Körpers (A_1 in Bild 5). Das Arbeitsaufnahmevermögen eines Formteils ist über einen Geometriekennwerte K mit dem spezifischen Arbeitsaufnahmevermögen w des verwendeten Werkstoffs verbunden. w läßt sich z. B. als Integral einer im Zugversuch aufgenommenen Spannungs-Dehnungs-Linie ermitteln.

Bei einer weiteren Gruppe von Formteilen steht primär die Forderung im Raume, daß das Teil **nicht spröde brechen** darf (A 2 in Bild 5). Spröde bedeutet hierbei, daß sich z. B. keine scharfen Kanten und Splitter beim Versagen bilden dürfen. Um dieses Werkstoffverhalten zu charakterisieren, wird gerne die sog. Kerbschlagzähigkeit herangezogen. Bei diesem Versuch wird die Energie bestimmt, die zum Zerschlagen eines gekerbten Probekörpers benötigt wird. Zähes und sprödes Versagen läßt sich hierbei sowohl optisch durch die Art des Bruches wie auch durch den ermittelten Zähigkeitskennwert unterscheiden.

Obwohl die an einem Probekörper ermittelte Schlagzähigkeit kein ausreichendes Kriterium für ein zähes Formteilversagen darstellt, wird sie vielfach als Qualitätsmerkmal herangezogen. Es gibt ca. 33 verschiedene Möglichkeiten zur Durchführung von Schlagzähigkeitsprüfungen. In Bild 5 sind unter B 1 die fünf wichtigsten mit Ergebnissen an Polycarbonat aufgeführt. Umfangreiche Untersuchungen von Tischer /6/ haben gezeigt, daß die heute meist verwendete Methode nach DIN 53 453 für eine Partieprüfung ungeeignet ist, da sie infolge der ungünstigen Kerbform und Probekörpergeometrie schlecht reproduzierbar und deshalb nicht mehr in der Lage ist, selbst zwischen Kunststofftypen aus der gleichen Produktklasse signifikant zu unterscheiden. Die Methode nach ISO 180 ist wesentlich besser geeignet und beginnt sich sowohl bei der Partieprüfung wie auch zur allgemeinen Charakterisierung von Kunststofformassen durchzusetzen.

In Bild 5 B 2 ist die nach ISO 180 ermittelte Kerbschlagzähigkeit als Funktion der Prüftemperatur dargestellt. Parameter sind unterschied-

Formteilbemessung

A Berechnungsgrundlagen

A1 Teil darf nicht brechen !

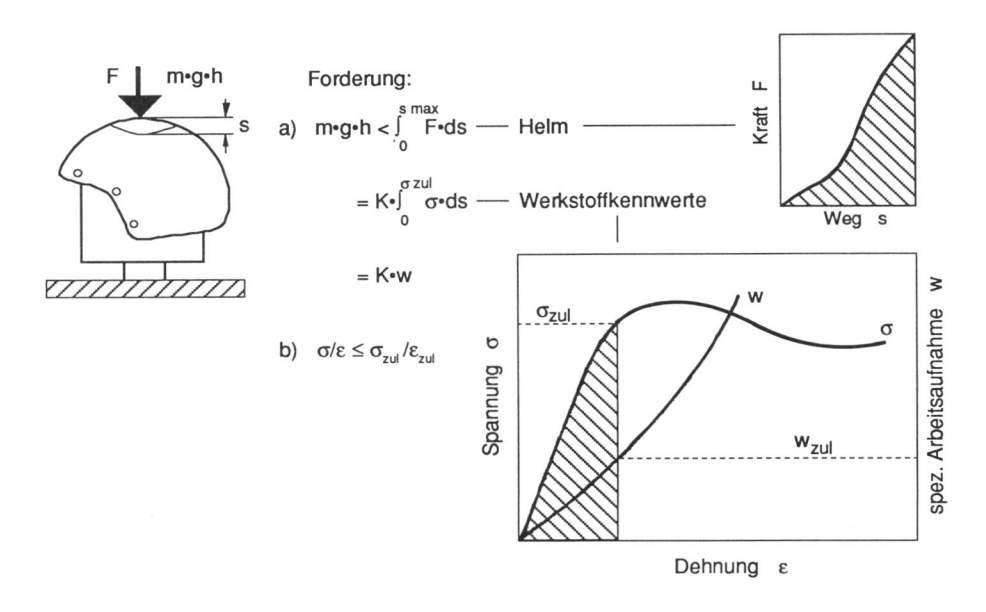

Forderung:

a) $m \cdot g \cdot h < \int_0^{s\,max} F \cdot ds$ —— Helm

$\quad = K \cdot \int_0^{\sigma_{zul}} \sigma \cdot ds$ —— Werkstoffkennwerte

$\quad = K \cdot w$

b) $\sigma/\varepsilon \leq \sigma_{zul}/\varepsilon_{zul}$

A2 Teil darf nicht spröde brechen !

Formteil

Zähbruch
23°C
90 kJ/m²

Sprödbruch
-50°C
20 kJ/m²

Probekörper

Kerbschlagzähigkeit
PBTP v-Kerbe

Kein ausreichendes Kriterium
für zähes Formteilversagen !

Bild 5: Die Kerbschlagzähigkeit als Bemessungs- und Qualitätskennwert

liche Massetemperaturen und Verweilzeiten beim Spritzgießen. Man erkennt, daß ein charakteristischer **Zäh-Spröd-Übergang** bei sinkender Temperatur von diesen beiden Prozeßparametern ganz wesentlich beeinflußt wird und damit auf eine Materialschädigung hinweist. Das gleiche gilt auch für andere Parameter, wie Bild 6 schematisch zeigt.

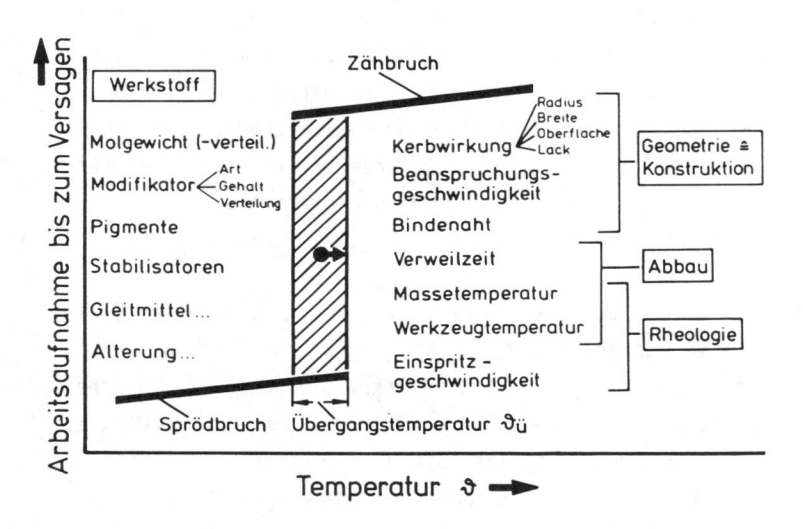

Bild 6: Einflußfaktoren auf die Temperaturlage des Zäh-Spröd-Übergangs bei Kunststoffen

Diese beiden Darstellungen lassen erkennen, daß die Kerbschlagzähigkeit nach ISO 180 zwar eine sehr sensible Methode zur Qualitätskontrolle darstellt, aber keine Vorhersage darüber zuläßt, ob ein Formteil aus dieser Formmasse bei praxisnaher Überbeanspruchung spröde oder zäh versagt. Erst recht können solche Werte keine Konstruktionskennwerte sein, um stoßbeanspruchte Formteile so zu dimensionieren, daß sie nicht brechen. Hierzu ist die Kenntnis des Spannungs-Dehnungs-Verhaltens bis in den Bereich der ersten Werkstoffschädigung erforderlich, und wie dieses durch Geometrieparameter (Abmessungen, Kerben, Umwelt, Temperatur, Alterung) und Beanspruchungsparameter (Geschwindigkeit) beeinflußt wird.

Die Kerbschlagzähigkeit stellt nur eine nachträgliche Bestätigung für die Qualität der Formmasse dar. Das Kontrollsystem für die Schlagzähigkeit läßt sich im Produktionsfluß jedoch weiter zurückverlagern, wenn man zusätzliche Einflußfaktoren berücksichtigt, Bild 4.

4 Schlußfolgerung

In Bild 2 wurde dargelegt, daß sich eine Qualitätssicherung am Produktionsfluß orientieren muß. Die beiden aufgeführten Beispiele für Qualitätsmerkmale - Schmelzeviskosität und Schlagzähigkeit - zeigen jedoch, daß die Auswahl der Qualitätsmerkmale sich nach den Anforderungen an die aus den Formmassen herzustellenden Formteile richten muß. Denn letztlich muß deren Qualität Zielrichtung jeglicher Qualitätssicherung sein. Bei der Vielfältigkeit des Einsatzes von Kunststoffen und der daraus resultierenden Anforderungen ist es verständlicherweise schwierig, allgemein gültige Qualitätsmerkmale entsprechend dieser Zielrichtung zu definieren.

Einen Ansatzpunkt kann jedoch die Frage liefern, nach welchen Kriterien findet eine **Vorauswahl von Kunststoffen** für ein bestimmtes Einsatzgebiet statt. Hierzu hat ein Arbeitskreis wertvolle Vorarbeit geleistet /7/, indem er aus dem Blickwinkel des Formteilentwicklers heraus eine sog. **Grundwertetabelle** mit mechanischen, thermischen, elektrischen, verarbeitungstechnischen und sonstigen Eigenschaften zusammengestellt hat (Bild 7). Diese Grundwerte werden folgenden Anforderungen gerecht:

- sie sind aussagekräftig, da nach strengen Kriterien aus einer Vielzahl von Werten ausgewählt,

- sie sind vergleichbar, da die Verfahrensparameter bei der Formstoff-Herstellung und -Prüfung festgelegt sind,

- Sie sind allgemein leicht auf einer gemeinsam von BASF, Bayer, Hoechst und Hüls unter Federführung von Bayer im Jahre 1987 entwickelten Datenbank-Diskette ® "CAMPUS" verfügbar /8/.

Lfd. Nr.	Eigenschaften	Norm-Nr.	Einheit	Probekörper Maße in mm	Prüfbedingungen und Bemerkungen[1]
1	Probekörperherstellung				
1.1	a) Massetemperatur	in Vorbereitung	°C	ISO 3167, Nr. 3 nach DIN 53455 oder 80 × 10 × 4	Angabe durch Formmassehersteller
	b) Werkzeugtemperatur		°C		
	c) Fließfrontgeschwindigkeit		mm/s		Angabe in Formmassenormen
2	Verarbeitungstechnische Eigenschaften				
2.1	a) Schmelzeviskosität η	DIN 54811	Pa·s	Formmasse	bei optimaler Massetemperatur entsprechend 1.1. a) bei $\dot\gamma = 100$ und 3000 s^{-1}
	Melt Volume Index MVI	DIN 53735, ISO/R 1133	cm^3/ 10 min	Formmasse	
2.2	Verarbeitungsschwindung VS	in Anlehnung an DIN 53464	%	80 × 10 × 4	längs und quer in Probekörpermitte
2.3	Nachschwindung NS	-	%	80 × 10 × 4	wie 2.2 nach 1 h Lagerung bei 80°C
3	Mechanische Eigenschaften				
3.1	a) Streckspannung σ$_S$ Dehnung ε$_S$ und ε$_R$	DIN 53455 ISO/R 527	N/mm^2 %	Nr. 3 nach DIN 53455 4 mm dick	Prüfgeschwindigkeit 50 mm/min bei a) und b), 5 mm/min bei c); Angabe von ε$_R$ nur bei Werten unter 50%, sonst Angabe: >50%; Werte nach c) werden nur angegeben, wenn Werte nach a) nicht bestimmbar sind. Werte nach c) werden nur angegeben, wenn Werte nach b) nicht bestimmbar sind.
	b) Spannung bei 50% Dehnung σ$_{50}$		N/mm^2		
	c) Zugfestigkeit σ$_B$ Reißdehnung ε$_R$		N/mm^2 %		
3.2	Elastizitätsmodul E aus dem Zugversuch	DIN 53457, ISO/R 527	N/mm^2	wie 3.1	E$_s$ wird bei Spannungen bestimmt, die zu Dehnungen ≤0,5% führen.
3.3	Kriechmodul E$_{c/t h}$, E$_{c/10^n h}$	DIN 53444, ISO 899	N/mm^2 N/m^{-2}	wie 3.1	
3.4	a) Schlagzähigkeit	ISO 180	kJ/m^2	80 × 10 × 4^2	Methode 1/C bei 23°C und −30°C, Methode 1/A bei 23°C und −30°C, Doppel-V-Kerbe bei 23°C; 3.4c) vorbehaltlich der Einführung dieses Probekörpers in DIN 53448, z.Z. in Arbeit; Werte nach c) werden nur angegeben, falls nach a) und b) kein Bruch erfolgt.
	b) Kerbschlagzähigkeit	ISO 180	kJ/m^2	wie 3.4 a)	
	c) Kerbschlagzugzähigkeit	DIN 53448	kJ/m^2	wie 3.4 a)	
4	Thermische Eigenschaften				
4.1	Formbeständigkeitstemperatur HDT	DIN 53461, ISO 75	°C	110 × 10 × 4^2	Biegespannung 1,80 N/mm^2, bei weichen Produkten zusätzlich 0,45 N/mm^2, bei steifen zusätzlich 5,0 N/mm^2.
4.2	Vicat-Erweichungstemperatur VST	DIN 53460, ISO 306	°C	10 × 10 × 4	Methode B 50, nicht geeignet für teilkristalline Kunststoffe.
4.3	Mittlerer thermischer Längenausdehnungskoeffizient α(t$_1$/t$_2$)	DIN 53752	10^{-4}·K^{-1}	ca. 10 × 10 × 4^4	Verfahren B, vorzugsweise zwischen t$_1$ = 23°C und t$_2$ = 80°C, längs und quer in Probekörpermitte.
5	Elektrische Eigenschaften				
5.1	a) Dielektrizitätszahl ε$_T$ b) Dielektrischer Verlustfaktor tan δ	DIN VDE 0303 Tl. 4	-	80 ⌀ × 1	Bei 50 Hz und 1 MHz.
5.2	Durchschlagfestigkeit ε$_d$	DIN VDE 0303 Tl. 2	kV/mm	wie 5.1	Elektrodenanordnung K 20/P 50 in Trafoöl.
5.3	Vergleichszahl der Kriechwegbildung CTI	DIN VDE 0303 Tl. 2	Stufen	≥15 × 15 × 4^2	Prüflösungen A und B.
5.4	a) Spezifischer Durchgangswiderstand ρ$_D$	DIN VDE 0303 Tl. 3	Ω·cm	wie 5.1	
	b) Oberflächenwiderstand R$_{OA}$	DIN VDE 0303 Tl. 3	Ω	wie 5.1	
5.5	Elektrolytische Korrosionswirkung	DIN 53489	Stufen	30 × 10 × 4^4	
6	Optische Eigenschaften				
6.1	Brechzahl n$_D$	DIN 53491, ISO/R 489	-	wie 3.1	
6.2	Lichttransmissionsgrad τ	DIN 5036	-	wie 5.1	Lichtart D 65
7	Verhalten gegen äußere Einflüsse				
7.1	Brennbarkeit	IEC 707	-	125 × 13 × 1,6	Prüfbedingungen FG bzw. FV, IEC 707 entspricht UL 94. Verfahren 1 L bis zur Sättigung.
7.2	a) Wasseraufnahme W$_s$ b) Feuchtigkeitsaufnahme	DIN 53495	% %	wie 5.1 wie 5.1	Bis zur Sättigung, Versuchsdurchführung in Anlehnung an 7.2a) im Normklima 23/50, DIN 50014.
8	Sonstige Eigenschaften				
8.1	Dichte	DIN 53479, ISO/R 1183	g/cm^3		

[1] Standard-Prüfklima Normklima 23/50 DIN 50014, falls Eigenschaften bei höheren Temperaturen erforderlich, sind 40, 60, 80°C zu verwenden.
[2] Eventuell aus Probekörper Nr. 3 nach DIN 53455 herausgearbeitet.
[3] Eventuell aus Probekörper 80 ⌀ × 1 herausgearbeitet.
[4] Eventuell aus Probekörper Nr. 3 nach DIN 53455 oder Probekörper 80 × 10 × 4 herausgearbeitet.

Bild 7: Grundwertetabelle für die Datenbank CAMPUS

CAMPUS ist inzwischen weltweit bekannt und kann allen Rohstoffherstellern zur Weitergabe ihrer Produktinformationen an ihre jeweiligen Kunden zur Verfügung gestellt werden.

Die Grundwertetabelle stellt auch eine gute Basis zur Auswahl von Qualitätsmerkmalen dar: Die Partiefreigabe sollte nur in Ausnahmefällen z. B. für Werkstoffe mit speziellen Eigenschaften auf nicht in der Tabelle enthaltene Werte zurückgreifen. Für den Abnehmer von Formmassen ergibt sich hieraus der Vorteil einer Vergleichbarkeit von Werten z. B. in Bescheinigungen über Werkstoffprüfungen nach DIN 50 049, auch wenn sie von verschiedenen Lieferanten kommen, und der Formmassehersteller kann die ermittelten Daten z. B. zu statistischen Absicherungen der Eigenschaftswerte in Broschüre oder der Datenbank CAMPUS verwenden.

Wie gezeigt wurde, sind solche Partiefreigabeprüfungen aufwendig, da sie zumindest teilweise einen Formgebungsprozeß vor der Prüfung erfordern. Außerdem können diese Werte nicht direkt zur Steuerung des Herstellungsprozesses der Formmasse verwendet werden. Der Formmassehersteller muß deshalb bestrebt sein, und dies muß ihm auch gestattet sein, entsprechende Kontrollpunkte vom Formstoff her möglichst weit in Richtung Rohstoff zu verlagern (siehe Bild 2). Allerdings muß hier streng darauf geachtet werden, daß eine möglichst gute Korrelation zu anwendungstechnisch relevanten Eigenschaften besteht, wie dies am Beispiel Schmelzeviskosität gezeigt wurde.

Schrifttum

/1/

I. Smook u. A.J. Pennings
Polymer Bulletin 9 (1983) 75

G. Hinrichsen: Vortrag anläßlich der Werkstofftage Oktober 1987, TU Berlin

/2/ Oberbach, K.

Zur Sicherung der Qualität von Formteilen aus Kunststoff durch Formteilprüfung
Kautschuk + Gummi, Kunststoffe 32 (1979) 12, S. 976 - 983

/3/ Bangert, H. u. a.   CAE bei der Entwicklung von Kunststoffteilen
                        für Kraftfahrzeuge
                        Kunststoffe 75 (1985) 9, S. 542 - 549

/4/ N.N.   Prospekt der Göttfert Werkstoff-Prüfmaschinen
                        GmbH, Postfach 12 20, 6967 Buchen, Odenwald
                        On-line Rheometrie für Polymerschmelzen

/5/ Weirauch, K.   Vortrag anläßlich der Mitgliederversammlung des
                        Fachverbandes Technische Teile im GKV am 2.10.86
                        in Garmisch-Partenkirchen

/6/ Tischer, W.   Bayer AG Dormagen, persönliche Mitteilung

/7/ Oberbach, K. u.   Kunststoffkennwerte für Datenbank und Kon-
    Rupprecht, L.   struktion
                        Kunststoffe 77 (1987) 8, S. 783 - 790

/8/ Schmitz, J. u. a.   Kunststoff-Datenbank Campus
                        Plastverarbeiter 39 (1988) 4, S. 50 - 58

Qualitätssicherung bei Hochleistungsverbundwerkstoffen mit Polymermatrix

Ch. Möck VDI, Ludwigshafen

Zusammenfassung

Hochleistungsverbundwerkstoffe sind auf Grund ihrer hervorragenden mechanischen Eigenschaften bei gleichzeitig sehr niedrigem Gewicht insbesondere für die Luft- und Raumfahrt von großer Bedeutung. Demzufolge ist auch die Qualitätssicherung an den ausgeprägten Anforderungen dieses Industriezweiges orientiert. Sie umfaßt sämtliche physikalische, chemisch-analytische und mechanische Prüfungen, vom Einsatzstoff über verschiedene Zwischenproduktstufen bis hin zum Produkt, dem Halbzeug **Prepreg**. Bei der Abnahmeprüfung ist eine Doppelprüfung im Anlieferungs- und im ausgehärteten Zustand typisch.

Die, aufgrund des Anwendungsfeldes der Luft- und Raumfahrt, tief in die Produktion integrierte auftragsbezogene Prüfplanung und Methodengestaltung mit ausgeprägter Nachweispflicht ist als Herausforderung an eine chemische Halbzeug-Fabrikation angenommen und realisiert worden.

1 Hochleistungsverbundwerkstoffe und ihre Einsatzgebiete

Allgemein versteht man unter einem **Verbundwerkstoff** ein Material, das aus mindestens zwei unterschiedlichen Komponenten besteht. Bei den **Faserverbunden** liegt eine Komponente in Faserform vor. Diese **Faser** ist in der zweiten Komponente, der **Matrix**, eingebettet. Die sogenannten Hochleistungsverbundwerkstoffe basieren auf der Kombination von endlosen, hochfesten Verstärkungsfasern (Kohlenstoff, Aramid oder Glas) in gerichteter oder gewobener Anordnung (Bild 1) sowie mechanisch und thermisch hoch belastbaren Matrices. Das Grundelement der Hochleistungs-Verbundwerkstoffsysteme ist die Unidirektional (UD-)Schicht. Sie ist dadurch gekennzeichnet, daß die von der Matrix umhüllten Fasern geradlinig und parallel zueinander angeordnet sind. Je nach Fertigungsverfahren und Anforderungen lassen sich solche UD-Schichten unter beliebigen Winkeln übereinander zu einem (Mehrschichten-)Laminat verbinden und werden dann zum Bauteil ausgehärtet. Je nach Verstärkungsart wird unterschieden in **unidirektionale Prepregs (UD-Prepreg)** und in **Gewebeprepregs**. Eine weitere Unterscheidung erfolgt nach Matrixwerkstoff in Metall-, Keramik- oder Polymerverbunde /1/. Die in dieser Abhandlung berücksichtigten Hochleistungsverbundwerkstoffe behandeln nur Polymerverbunde.

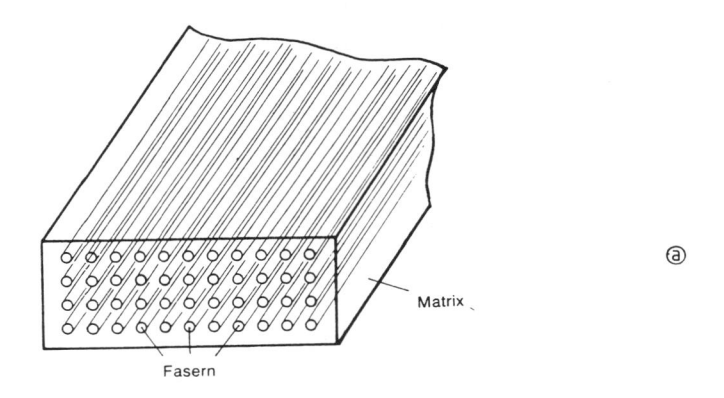

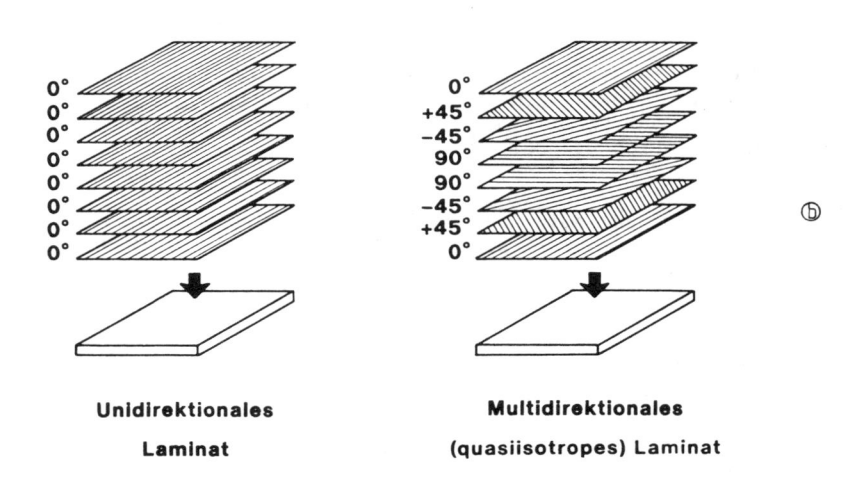

Bild 1: Schematischer Aufbau von Hochleistungs-Faserverbund-
werkstoffen. (a)
Unidirektional (UD)-Schicht; (b) spezielle Laminat-
aufbauten

Die Palette der verfügbaren **Matrices** reicht von **Epoxidharzen** über **Phenol-** und **Vinylesterharze** bis zum **Bismaleinimidharz**. Neuerdings werden auch **Thermoplaste** auf die Verwendbarkeit als Matrix bei den Verbundwerkstoffen untersucht.

Ein wichtiges Kriterium bei der Harzauswahl ist die erforderliche Verarbeitungs- und Beanspruchungstemperatur. Neben den mechanischen Harzeigenschaften wie z. B. Zähigkeit sind auch Fragen der Brennbarkeit, der chemischen Verträglichkeit, etc. von Bedeutung.

Für hochbelastete Strukturen und überall dort, wo, wie in der Luft- und Raumfahrt (Bild 2a), Gewicht einzusparen ist, werden in der Regel **Kohlenstoffasern (CFK)** mit unterschiedlichem Steifigkeits- und Bruchverhalten eingesetzt. Für spezielle Anwendungen sind **Aramid-Fasern (AFK)** erforderlich. Der Einsatz in modernen Passagierflugzeugen liegt bei ca. 12 %; in militärischen Flugzeugen ist er deutlich höher /3/. Im Automobilbau beginnt sich über Blattfedern das **glasfaser**-verstärkte Bauteil **(GFK)** zu etablieren, aber auch Zweige der Freizeitindustrie (Bild 2b) machen sich die gewichtsspezifischen Eigenschaften zunutze /4/. Spezialanwendungen, z. B. für den Blitzschutz, erfordern **metallische Faserwerkstoffe**, wie z. B. Kupfer oder Aluminium, die dann meist als Gewebeverstärkungen vorliegen.

2 Herstellung von Hochleistungsverbundwerkstoffen

Die BASF hat durch die Übernahme der Prepreg- und Kohlenstoffaser-Aktivitäten der Celanese-USA vor drei Jahren den Unternehmensbereich der Hochleistungsverbundwerkstoffe gegründet und seine Forschungs- und Entwicklungsarbeiten produktions- und marktseitig abgerundet. Vor zwei Jahren wurde mit dem Bau eines Produktions- und Technologiezentrums in Ludwigshafen begonnen und 1988 begann die Produktion von Prepregs und Klebfilmen in Ludwigshafen.

Bei der Prepregherstellung wird eine Unterscheidung nach **UD-Prepreg** (unidirektional) und **Gewebeprepreg** vorgenommen. Der Herstellungsablauf des Endproduktes "Prepreg" kann allgemein wie folgt zusammengefaßt werden (Bild 3):

Ausgehend von den Einsatzstoffen werden diese nach der Wareneingangskontrolle und Zwischenlagerung im Hochregal- oder Tiefkühllager in der **Konfektionierungs-Fläche** nach den entsprechenden Rezepturen zusammengestellt.

Bild 2a: Space Shuttle

Bild 2b: Tennisschläger

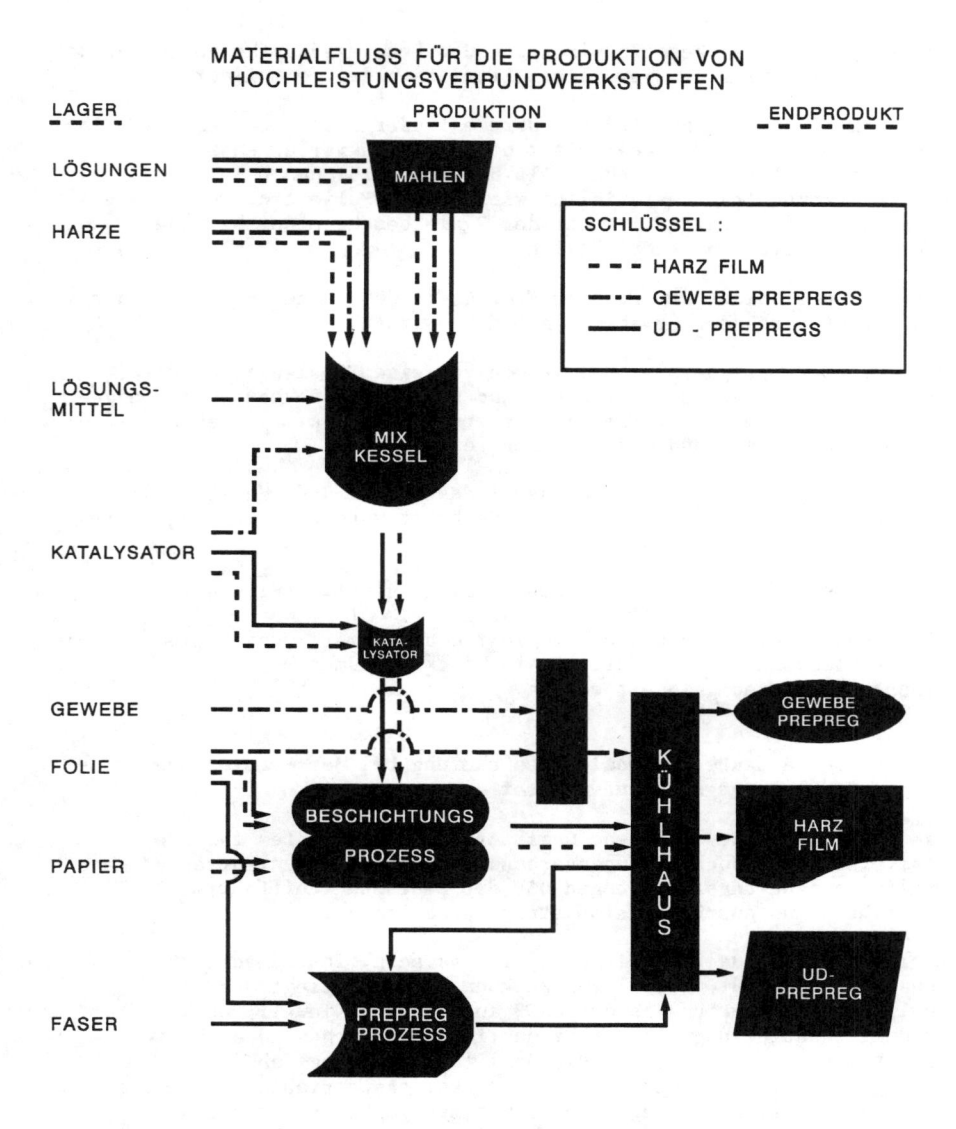

Bild 3: Materialfluß für die Produktion von
Hochleistungsverbundwerkstoffen

In geeigneten Mischkesseln wird eine der Prepreg-Hauptkomponenten, das
Harz (Matrix), aus den jeweiligen Einsatzstoffen formuliert.

Nach dem Misch-Vorgang wird das Harz entweder direkt zum Harzfilm im
Beschichtungs-Prozeß umgearbeitet oder im Tränkverfahren zur
Gewebeimprägnierung verwendet. Als Hilfmittel dienen beim
Coating-Prozeß Trägermaterialien wie Papier, Folie etc. Der Herstellungsprozeß des Coatens ist dem der Papierbeschichtung bzw. der
Tonträgerherstellung sehr ähnlich.

Die Endstufe bildet der **Prepreg-Prozeß,** in dem in den Harzfilm oder
das Harz Fasern oder Gewebe eingebracht werden.

Bei der **UD-Prepregherstellung** werden von einem Spulengatter Faserstränge abgezogen, parallelisiert und zu einem Faserband zusammengeführt. Mit einem Harz werden die Fasern durchtränkt, so daß ein
ca. 0,1 mm dickes Band, das Prepreg, entsteht.

Beim **Gewebeprepreg** wird in der Regel das Gewebe über Harzlösungen
imprägniert. Im nachfolgenden Prozeßschritt werden die Lösungsmittel
verdampft und zurückgewonnen.

Die Produktaufmachung ist normalerweise aufgerollt (Bild 4),
vereinzelt werden Pregregplatten versendet.
Damit das Reaktionsharz nicht vorzeitig aushärtet, müssen die Prepregs
mit Reaktionsharzen als Matrices in Tiefkühlräumen bei
Minustemperaturen gelagert werden.

3 Ziel und Aufgabe der Qualitätssicherung bei der Herstellung von Hochleistungsverbundwerkstoffen

Das im weiteren beschriebene Qualitätssicherungssystem für die
Herstellung der Hochleistungsverbundwerkstoffe ist entsprechend den
**Qualitätssicherungsforderungen QSF der Deutschen Luftfahrt-,
Raumfahrt- und Ausrüstungsindustrie /4/** aufgebaut.

Ziel von jeder Qualitätssicherung muß es sein, Instrumente zu
schaffen, Qualität produzieren zu können. Daher liegt die
Qualitätsverantwortung in der BASF auch bei der jeweiligen
Produktionsabteilung. In der Produktionsabteilung sind auch die
Produktionskontrollen sowie die Qualitätssicherungslabors
eingegliedert, sind aber von den Fabrikationsbetrieben unabhängig.
Die Qualitätssicherung arbeitet somit zwangsläufig eng mit der
Fabrikation zusammen und hat zusätzlich zu den Aufgaben der
Prozeßsteuerung als Qualitätskontrolle weitere fertigungsunterstützende Aufgaben im Sinne der **Wareneingangsprüfung** und der
Schadensverhütung im Herstellprozeß als auch kontrollierende **Abnahmeprüfungen** wahrzunehmen.

Die gesamten Prüfaufwendungen für nur ein Produkt ergeben, je nach
Produkt und Kunde verschieden ausgeprägt, bei ca. fünfzehn bis zwanzig
Prüfstufen (Bild 5) mit ca. 50 Prüfschritten leicht bis zu 100
Einzelprüfungen.

VDI BERICHTE 183

Bild 4: Halbzeug Prepreg

Einsatzstoffe

QS Eingangsprüfung

Aufbereitung
mahlen/mischen

QS Produktionsprüfung

Zwischenprodukte
(Harzvorstufen/Katalysator)

QS TEST
(Reines Harz)

Zwischenprodukt
(katalysiertes Harz)

QS TEST
(katalysiertes Harz)

Zwischenprodukt
(Beschichtung)

QS TEST
(Harzfilm)

Endprodukt
(Prepreg)

QS TEST
(Zertifizierung)

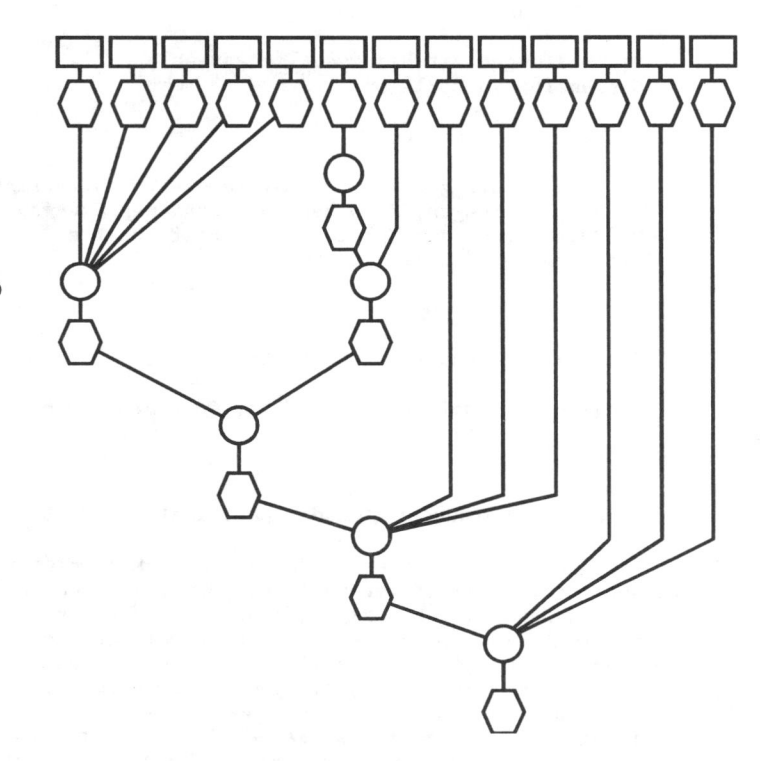

Bild 5: Herstell- und Prüfstufen eines UD-Prepregs

3.1 Qualitätssicherungshandbuch

Die zur Verwirklichung dieses Zieles erforderlichen Grundsätze und Verfahrensweisen sind in einem **Qualitätssicherungshandbuch** festgelegt. Qualitätssicherungsanforderungen der Luft- und Raumfahrt (QSF) sind Grundlage dieser Qualitätssicherungsgrundsätze.

Im Qualitätssicherungshandbuch sind allgemeine Anforderungen an

- **Anwendung, Ziele, Geltungsbereich und Zuständigkeiten**
- **Organisation und Aufgabenstellung**
- **Spezifikationen**
- **Dokumentation, Erstellung, Aufzeichnung, Überwachung und Aufbewahrung von Vorschriften**
- **Betriebsmittel, Herstell- und Prüfgeräte, Kalibrierungen**
- **Fehlerverhütungen und Fehlerbeseitigung**
- **Produktions- und Prüfplanung**
- **Beschaffungen mit Bezugsquellenauswahl, Beschaffungsunterlagen**
- **Fertigungsüberwachung**
- **Qualitätsprüfungen mit Prüfanweisungen, Prüfverfahren, Eingangsprüfungen, Zwischen- und Abnahmeprüfungen, Nachverfolgung der Herstell- und Prüfschritte Probenahmen, Zertifizierung**
- **Materialhandhabung**
- **Verpackungs- und Versandvorschriften**
- **Qualitätshilfsmittel, QS-Audits, QS-Stempel etc.**

beschrieben.

3.2 Produktanforderungen - Kundenspezifikation

In den Kundenspezifikationen werden die Produktanforderungen und die Liefervorschriften exakt geregelt. Die Spezifikation sollte auf die Kundenanwendungen gleichermaßen wie auf das herzustellende Produkt zugeschnitten sein. Zur Vermeidung von Unstimmigkeiten zwischen Kunde und Lieferant sind in der Spezifikation en detail auch die Anforderungen an die Prüfmethoden fixiert. Speziell im chemischen Analysenbereich, aber auch bei physikalischen und mechanischen Prüfungen, treten Abhängigkeiten der zu zertifizierenden Eigenschaften von den Prüfmethoden auf. Die **Warenausgangsprüfung des Herstellers** ist somit über die der Spezifikation mit der **Wareneingangsprüfung des Anwenders** zu harmonisieren.

3.3 Dokumentation

Zur Sicherstellung der vom Kunden geforderten **Nachweispflicht** sind die einzelnen Herstell- und Prüfvorgänge detailliert beschrieben. Es ist sichergestellt, daß die Entwicklungsgeschichte der Qualität eines Produktes, sowie die Prüfberichte, die zu einem Materiallos gehören, gesammelt und über Jahre archiviert werden.

3.4 Betriebsmittel und deren Kalibrierung

Alle Meß- und Testgeräte, die zur Prüfung der Produkt- und Rohmaterialkontrolle eingesetzt werden, sind mittels eines Kalibrierungsprogrammes erfaßt. Die Häufigkeit der Kalibrierung hängt vom Zweck und dem Nutzungsgrad des Gerätes ab. Protokolle über diese Aufzeichnungen werden als nachweispflichtige Unterlagen aufbewahrt.

3.5 Fehlerverhütung, Fehlerbeseitigung, Störungswesen, Beanstandungen

Alle Fehler sowie Abweichungen von Unterlagen, die während eines Tests auftreten, sind aufzuzeichnen (Beanstandungsmeldung). Es muß sichergestellt sein, daß keine fehlerhaften Materialien in den Herstellungsprozeß gelangen, und daß fehlerhaft hergestellte Produkte sofort separiert werden.

In einer Störungsübersicht wird die Art und Häufigkeit der Störungen festgehalten. Die Ursachen der Abweichungen werden festgestellt und behoben.

3.6 Produktions- und Prüfplanung

Die **Mitarbeit** der Qualitätssicherung ist bereits **in der** Planung der **Fertigungsphase** erforderlich.

Fertigungsverfahren werden deshalb nach folgenden Kriterien überprüft:

- Sind die angewandten **Verfahren** hinsichtlich ihrer Durchführbarkeit **erprobt?**
- Ist der **Verfahrensablauf schriftlich definiert?**
- Sind die **Kontrollschritte geplant** und **schriftlich fixiert?**
- Sind die **Umwelt-** und **Arbeitsbedingungen** dem Verfahren angepaßt?

Die Einhaltung der im Fertigungs-Kontroll-Dokument festgehaltenen Vorschriften wird von Prozeßstufe zu Prozeßstufe durch Kontrollstempel oder Freigabeetiketten bescheinigt und verfolgt.

Alle Materialien und Arbeitsgänge sind vor Beginn der Fertigung festzulegen und während der gesamten Fertigungsphase unverändert beizubehalten und nachvollziehbar zu dokumentieren.

3.7 Qualitätsprüfungen

Sämtliche Qualitätsprüfungen erfolgen nach schriftlichen Prüfanweisungen, in welchen die anzuwendenden Prüfverfahren detailliert beschrieben sind. Für die erforderlichen Kriterien der Freigabe oder Zurückweisung sind die Bereiche der jeweiligen Prüfgröße wiederzugeben.

3.7.1 Wareneingangsprüfung

Die Wareneingangsprüfung dient der Sicherstellung der Einsatzstoff-Konstanz und der Vermeidung von Produktschwankungen.

Wareneingangskontrollvorschriften beinhalten in der Regel Aussagen über

- Materialbezeichnung
- Versandliste
- Losbezeichnung
- Verfalldatum
- Lager- und Versandzeit
- Qualität der Verpackung
- Physikalische/chemische Kennwerte des Materials wie Flächengewicht, Viskosität, Farbe, Feststoffanteil, Dichte, Säurezahl, Schlichte, Reaktivität
- Mechanische Kennwerte wie Zugfestigkeit, Reißfestigkeit

3.7.2 Abnahmeprüfungen - Warenausgangsprüfungen

Ziel und Aufgabe der Warenausgangsprüfungen ist die Sicherstellung der kundenspezifischen Auslieferung des Produktes. Die Warenausgangsprüfungen gliedern sich - ebenso wie die produktionsbegleitenden Prüfungen - in **physikalische** und in **chemisch-analytische** Prüfungen mit zusätzlichen Überprüfungen der **mechanischen** Produkteigenschaften.

Das **Prepreg** wird im Rahmen der Warenausgangsprüfung der Qualitätssicherung als Halbzeug angesehen, dessen **Eigenschaften im ungehärteten Zustand** und im **gehärteten Zustand** nachzuweisen sind. Diese **zweifache Prüfung** ist das **spezifische Merkmal** einer **Prepreg-Qualitätssicherungskette**. Sie ist erforderlich, da erst durch die Aushärtung der eigentliche Verbundwerkstoff entsteht, dessen mechanische Eigenschaften zu kontrollieren sind. Die Prüfungen im Auslieferungszustand liefern entscheidende Aussagen über die Identifikation und die Verarbeitbarkeit.

Im Rahmen der Qualitätssicherungskette kommt der detaillierten Absprache über die anzuwendenden Prüfmethoden entscheidende Bedeutung zu, da nur so der Vergleich der Meßwerte beider Partner ermöglicht wird. Dies gilt sowohl für die Prüfungen im Anlieferungszustand (physikalische Eigenschaften) als auch für die am Laminat (mechanische Eigenschaften). Die **Probenzahl** für die einzelnen Prüfungen ist je nach Spezifikation festzuschreiben.

Für die einzelnen Warenausgangsprüfungen werden in der Regel folgende
physikalische Eigenschafts-Prüfungen gefordert:

    Sichtkontrolle auf Prepregfehler
    Flächengewicht Prepreg
    Flächengewicht Faser
    Harzgehalt
    Flüchtige Bestandteile
    Harzfluß
    effektive Dicke des ausgehärteten Laminates
    Klebrigkeit

Chemische Analysen (Komponentenprüfungen) werden normalerweise nur in
Streitfällen zwischen Prepreg-Hersteller und Endverbraucher ausgetauscht, da sich im Regelfall durch die Prüfungen am Prepreg eine
nachträgliche Kontrolle der Komponenten ergibt.

Am ausgehärteten Laminat ermittelte **mechanische Eigenschaften** sind
in Abhängigkeit von Lagenaufbau, Belastungsorientierung und der
Prüftemperatur zu bestimmen. In der Regel werden die Werte für
Zugfestigkeit, Zugmodul und **interlaminare Scherfestigkeit** ermittelt.
Zum Teil sind Biegefestigkeit, Biegemodul und Klettertrommelschälkraft
als Prüfung verlangt (Bild 6). Für die mechanischen Prüfungen ist
neben den Prüfmethoden eine genaue **Festlegung** des **Aufbaus** und der
Herstellung der Testlaminate von besonderer Wichtigkeit. Hier sind
Lagenzahl, Faserrichtung, Laminatharzgehalt, Härtebedingungen usw.
(Bilder 7, 8, 9) genau festzulegen, um Probleme beim Vergleich von
Meßwerten zu umgehen.

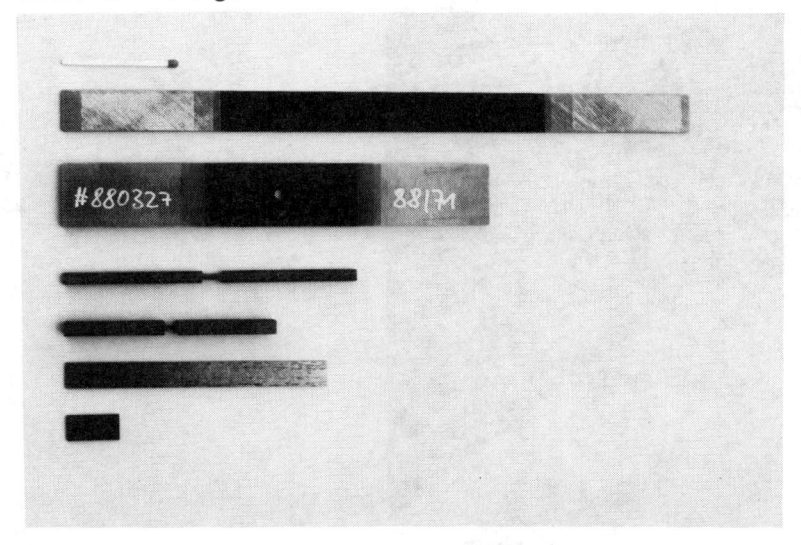

Bild 6: Unterschiedliche Prüfkörper zur mechanischen
Prüfung von Hochleistungsverbundmaterial

    (von oben nach unten: Zugprobe, Lochzugprobe,
    Druckprobe DIN, Druckprobe Boeing, Biegeprobe,
    Interlamininare Scherprobe)

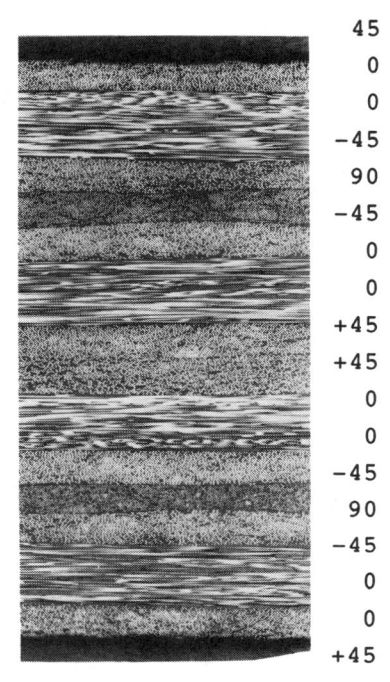

Bild 7: Laminataufbau eines
multidirektionalen
Prüfkörpers

```
 45
  0
  0
-45
 90
-45
  0
  0
+45
+45
  0
  0
-45
 90
-45
  0
  0
+45
```

Bild 8: Versuchsautoklav mit zur
Härtung vorbereiteten Laminaten

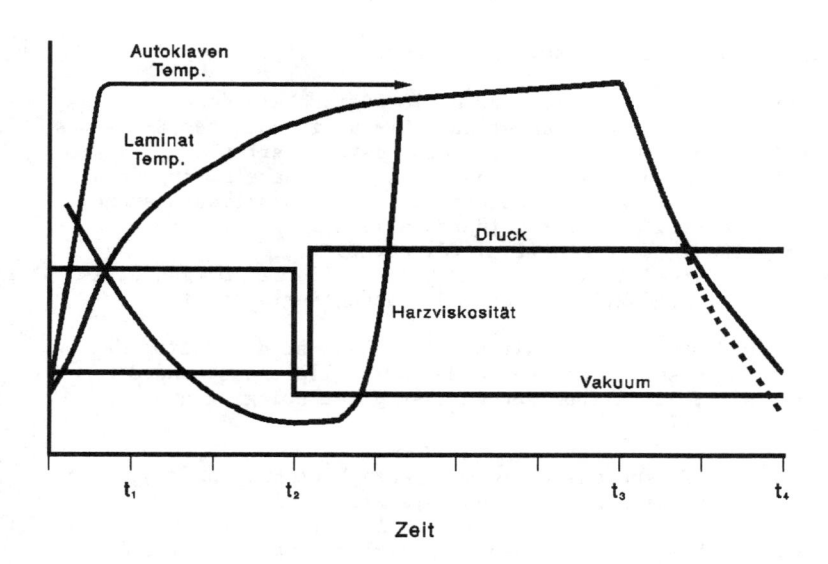

Bild 9: Typischer Härtungszyklus

Für jedes gelieferte Prepreg-Batch ist vom Hersteller ein
Zertifikat mit folgenden Angaben auszustellen:

- Identifizierungsdaten der Batches und Rollen
- Technische Lieferbedingungen
- Identifizierungsdaten der Pregpregkomponenten (Harz, Faser)
- Herstelldatum des Prepregs
- Einzelwerte oder Mittelwerte aller Prüfungen der Abnahmeprüfung

3.8 Qualitätshilfsmittel und aktive Qualitätssicherung

Als äußerst wirksame Hilfsmittel sind **Qualitäts-Audits** zu bewerten.
Durch ständig wiederkehrende interne und externe Überprüfung des
Produktions- und Prüfablaufes, der Dokumentation und Archivierung etc.
wird das erforderliche Qualitäts- und Prduktionsniveau gehalten. Bei
der Durchführung von Audits kommt der vor- und nachbearbeitenden Phase
eine besondere Bedeutung zu.

Besonderes Augenmerk ist auch aus Kostengründen auf eine aktive Qualitätssicherung zu legen, d. h. weit im voraus vor einer Produktion sind
Schwankungen von Einsatzstoffen und Verarbeitungsprozessen und deren
Einflüsse auf das Endprodukt durch entsprechende Überprüfung der Rezepturen zu charakterisieren. Hierbei sind die kritischen
Einflußgrößen zu ermitteln und diese dann ganz gezielt in engen Tole-
ranzbereichen zu verfolgen.

Im Sinne dieser aktiven Vorgehensweise sind auch maschinenlesbare
Beschriftungsverfahren einzureihen, da Verwechslungsmöglichkeiten
minimiert oder gar ausgeschlossen werden. Dies gilt besonders für die
kritische Phase der Komponentenzusammenstellung in Verbindung mit
prozeßgesteuerten Wägesystemen.

4 CAQ - Computerunterstützte Qualitätssicherung

Die Prepregherstellung weist sich durch die Eigenschaft der
kundenspezifischen Prüfanforderungen aus. Die aufgrund ihres Einsatzes
stark mit Prüfvorschriften und entsprechend detaillierten
Lieferspezifikationen behafteten Produkte, deren genaue Durchführung
und Überprüfung ein sehr enges Zusammenspiel von Produktionsplanung,
Qualitätssicherung etc. erfordert, führen allein aufgrund der
Datenflut zwangsläufig zu dem Hilfsmittel der EDV.
Für die Geschäftsabwicklung wird eine maßgeschneiderte EDV-gestützte
Auftragsabwicklung, Produktions- und Prüfplanung installiert.

Bei der computerunterstützten Qualitätssicherung ist das **Prüfen der
Zulieferungsprodukte** sowie das **Prüfen der Herstellprozesse** und der
Zwischenprodukte auf **Einhaltung der Fertigungstechnologien** und
Qualitätsnormen zu erfassen.

Speziell für die z. T. kundenauftragsbezogenen Fertigungsprüfungen ist
eine Integration des **Qualitätssicherungssystems** in ein
Produktions-Planungssystem zwingend. In den Arbeitsplänen sind die
zugehörenden Prüfpläne zu integrieren. Spezielles Augenmerk ist der
Dokumentation der Prüfergebnisse zu widmen, und es gilt, mittels
Datenbanken die Zertifikat-Erstellung zu unterstützen.

Im einzelnen gilt es, Verbesserungen zu erzielen bei:

> **Informationsfluß** der Qualitätsdaten
> **Personalbedarf**
> **Papierlauf minimieren**
> **Vermeidung von Doppelarbeit/Ablage**
> **Prüfdurchlauf-Beschleunigung**
> **Höhere Planungszuverlässigkeit**
> **Transparenz**

In der **Planungsebene** erfolgt die **Prüfplanverwaltung**, aufgeteilt in
Qualitätskenndaten, **Stamm-** und **Auftragsdaten**.

In der Steuerungsebene werden auftragsbezogen aktuelle Prüfpläne und
Prüfberichte erstellt, es erfolgt von hier die Überwachung der **Auftragsbearbeitung** mit **Koordination** der Prüfungen. Die **operative Ebene**
basiert entsprechend den Arbeitsvorgaben auf **dezentraler Hard- und
Software** der auftragsbezogenen Prüfungen.

Dezentrale Geräte wie PCs in den Labors oder für die Prozeß-
datenerfassung und -kontrolle müssen mit einem **Leitrechner** verbunden
sein. Eine **Minimierung** der **manuellen Datenerfassung** ist anzustreben (Barcoding). Eine **Unterstützung** und Beschleunigung der Erfas-
sungsvorgänge durch formularlose **Direkteingabe** bzw. **automatische
Datenerfassung** ist erforderlich. **Doppelte Datenerfassung** und Eingaben
sind zu vermeiden. Einmal erfaßte Daten sind für alle Aufgabenbereiche
des Systems einschließlich des Leitsystems aufzubereiten.
Datentransfer ist vom Leitrechner zu den dezentralen Rechnern (PC's)
und umgekehrt erforderlich.

Die **Qualitätssicherung** hat, beginnend beim **Probeneingang**, bereits als **Barcoding** die **Etikettierung** vorzusehen. Am Ende der Prüfungen erfolgt die **Berichterstellung**, die batch- und auftragsorientiert sein kann. Eine vorherige **Spezifikationskontrolle**, die Ist- und Sollwerte kontrolliert, dient der **Validierung der Prüfungen**. Die Möglichkeit des Nachweises der Qualitätskontrollen vom Endprodukt zu den Einsatzstoffen und umgekehrt (Tracing) ist notwendig.

Die Resultate in der **gemeinsamen Datenbank** dienen der Abfassung von **Spezifikationen** und sind über lange Zeiträume (~ 20 Jahre) zu archivieren. Hierzu werden heutzutage optische Speicher verwendet.

Informationsaufbereitung wie **Einzelinformationen** pro Produkt und Prüfvorgang, **verdichtete Informationen** pro Batch und/oder Produkt als periodischer Bericht, Informationen über die **Qualitätshistorie** anhand ausgesuchter Merkmale, sowie die Prüfzertifikate sind nach Abschluß der Prüfungen auftragsbezogen zu verfassen.

5 Literatur

/1/ Lang, R. W.; Stutz, H.; Heym, M.; Nissen D.:
Polymere Hochleistungs-Faserverbundwerkstoffe.
Vortrag anläßlich der Tagung der Fachgruppe "Makromolekulare Chemie" in Bad Nauheim am 14. und 15. April 1986.

/2/ Dr. Haaf, Franz: Unternehmensbereich Verbundwerkstoffe.
BASF-Referate.1987.

/3/ BASF-Information zum Thema: Hochleistungsverbundwerkstoffe.

/4/ QSF-B - Qualitätssicherungsforderungen
Hrsg.: Bundesverband der Deutschen Luftfahrt-, Raumfahrt- und Ausrüstungsindustrie e. V. 1984.

/5/ Luftfahrttechnisches Handbuch. Band Faserverbund-Leichtbau
Hrsg.: Arbeitskreis Faserverbund Leichtbau.

Qualitätssicherung bei metallischen und nichtmetallischen Beschichtungen

H.-A. Crostack VDI, **W. Jahnel** und **H. Meyer,** Dortmund

1. Einleitung

Im Rahmen der Qualitätssicherung von Schichtsystemen ist neben der Bestimmung des Werkstoffzustands die Ermittlung weiterer Kenngrößen von Bedeutung. Hierzu gehören u.a. der Oberflächenzustand des unbeschichteten Bauteils, geometrische Daten wie die Teileform oder die Schichtdicke und Systemeigenschaften, wie z.B. die Haftung oder die Verträglichkeit der Werkstoffe untereinander. Für die Qualitätssicherung bedeutet dies, daß bereits die Eigenschaften der angelieferten Komponenten vor dem eigentlichen Beschichtungsprozeß hinreichend genau erfaßt werden müssen.

Die Kontrolle des Prozesses und die anschließende möglichst zerstörungsfreie Prüfung sichern die Bauteilqualität und liefern gleichzeitig die Eingangsdaten für die spätere Prüfung im Betrieb.

Sofern es das Ziel der Qualitätssicherung ist, unzulässige Merkmalsabweichungen zu ermitteln, muß zunächst die Qualität einer Beschichtung, d.h die Gesamtheit der geforderten Eigenschaften des Schichtsystems zur Erfüllung der späteren Funktion /1/, definiert werden. Diese Eigenschaften (Merkmale) können z.B. je nach späterem Einsatzbereich der Beschichtung sein:

- die Schichtdicke,
- die Haftfestigkeit,
- die Härte,

- der Gehalt an Porosität,
- der Eigenspannungszustand,
- die Duktilität,
- die Temperaturwechselbeständigkeit,
- die mechanische Schwingfestigkeit,
- die Korrosions – sowie
- die Verschleißfestigkeit,
- die Beständigkeit gegenüber chemischen Angriffen.

Für die Qualitätsprüfung tritt hier bereits eine erste Schwierigkeit auf: Viele der o.a. Merkmale sind Systemeigenschaften und können am einzelnen Bauteil nicht geprüft werden. So ist z.B. der Verschleiß neben den Eigenschaften der Bauteiloberfläche (Geometrie, Rauhigkeit) auch vom Reibpartner und den Umgebungsbedingungen abhängig.

Hier hilft man sich in der Regel damit, daß Erstzmerkmale geschaffen werden. Als Synonym für die Verschleißfestigkeit wird z.B. häufig die Härte verwandt. Gleiche Härte läßt sich jedoch mit verschiedenen Werkstoffen, Werkstoff- und Spannungszuständen erzeugen, die sich später unter Verschleißbedingungen völlig unterschiedlich verhalten.

Sofern jedoch Eigenschaften vereinbart sind, kommt den einzusetzenden Prüftechniken die Aufgabe zu, diese zu erfassen, bzw. die Abweichungen aufgrund unterschiedlichster Ursachen zu erkennen, zu beschreiben und zu dokumentieren. Darüber hinaus ist es erforderlich, vor dem eigentlichen Fertigungsprozeß eine Prüfung der am Prozeß beteiligten Komponenten und Werkstoffe durchzuführen. Dies betrifft u.a.:

- die Bauteilgeometrie,
- die Bauteiloberfläche,
- die chemische Zusammensetzung des Beschichtungsmaterials,
- die Korngröße des Beschichtungspulvers,
- die Reinheit des Schutzgases etc.

Die Qualitätsprüfung von Schichtsystemen besteht demzufolge aus einer Kette von Prüfungen, die sich -beginnend bei der Wareneingangskontrolle- über den eigentlichen Herstellungsprozeß und einer Endkontrolle bis zur Inspektion und Wartung während der Betriebsphase beim Anwender erstreckt.

Während heutzutage vielfach nur eine Funktions- und Endkontrolle erfolgt, kann sich in vielen Fällen die Prüfung zwischen verschiedenen Bearbeitungsstufen als kostensparender Effekt auswirken. Die einzelnen Funktionsbereiche, in denen eine angepaßte, sinnvolle Prüfung erfolgen kann, sind in Bild 1 schematisch dargestellt.

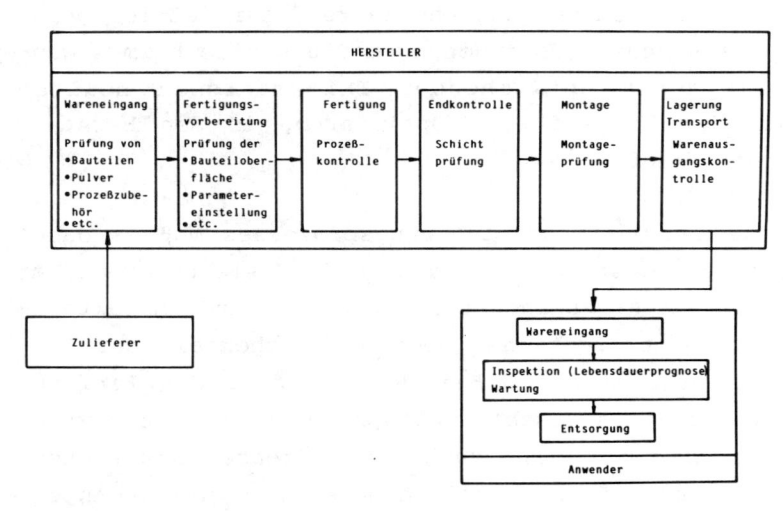

Bild 1: Prüfkette

Zunächst werden im Wareneingang die verschiedenen Komponenten der Zulieferer überprüft. Hierzu werden die Bauteile insbesondere auf deren Geometrie und Material untersucht sowie die Beschichtungswerkstoffe hinsichtlich ihrer chemischen und physikalischen Eigenschaften analysiert. In der Fertigungsvorbereitung werden u.a. die Prozeßparameter definiert und eine Kontrolle der zu beschichtenden Oberfläche z.B. auf Fettfreiheit und Rauhigkeit durchgeführt. Während des Herstellungsprozesses ist eine ständige Überwachung der

Prozeßparameter nötig, um eine reproduzierbare Schichtqualität zu gewährleisten. Dem Fertigungsprozeß schließt sich i.a. die Endkontrolle an, in der die Beschichtung u.a. auf Schichtdicke und Beschichtungsfehler (Bindefehler, Risse) untersucht wird.

Nach einer sich eventuell anschließenden Montage und entsprechender Montageprüfung gelangen die beschichteten Komponenten zur Warenausgangskontrolle, in der u.a. die Vollständigkeit der auszuliefernden Ware geprüft wird. Zu dem Gesamtkonzept der Qualitätssicherung gehört -insbesondere bei sicherheitsrelevanten Bauteilen- darüber hinaus eine regelmäßige Inspektion und Wartung während der Betriebsphase und damit eine ständige Überwachung der Bauteile beim Anwender. Die hierdurch entstehenden Informationen sollten wiederum im Hinblick auf eine Optimierung in den Herstellungsprozeß einfließen.

Sinn des gesamten Qualitätssicherungsprozesses muß es dabei sein, Fehler möglichst zu vermeiden. Sofern sie unvermeidbar sind, müssen sie aber zumindest festgestellt und charakterisiert werden, um Informationen über die Sicherheit der Bauteile erarbeiten zu können. Bei der Vielzahl der Einflußgrößen innerhalb eines Beschichtungsprozesses und dem extrem hohen Aufwand, der zur Einhaltung enger Grenzen der Prozeßparameter erforderlich wäre, sollte dabei vom zweiten Aspekt ausgegangen werden, ohne daß die Bemühungen zur Reduzierung der Fehler vernachlässigt werden.

Im folgenden sollen hierzu einige Prüfstationen bei der Herstellung und Inspektion beschichteter Bauteile beschrieben und anhand einzelner Beispiele vorgestellt werden.

2. Die Wareneingangsprüfung

Eine intensive Kontrolle des ankommenden Materials im Wareneingang (also zu einem möglichst frühen Zeitpunkt) erweist sich als der wirtschaftlich wohl sinnvollste Prozeß. Durchläuft nämlich fehlerhaftes Material zunächst die weiteren Fertigungsschritte und wird z.B. erst bei einer Endkontrolle entdeckt, so sind alle zwischenzeitlich durchgeführten Arbeitsschritte unnötig gewesen. Beim heutigen Stand der Prüftechnik besteht darüber hinaus die Gefahr, daß der Fehler nicht im eigenen Werk gefunden wird. Tritt dagegen erst während der Betriebsphase ein Schaden auf, so kann dies zu Folgeschäden, Regreßforderungen und hohem Imageverlust führen.

Bei der Herstellung von Beschichtungen ist zunächst darauf zu achten, daß die zu beschichtenden Bauteile die vereinbarten Abmessungen aufweisen. Hierzu werden i.a. neben der einfachen Längenmessung mittels Schieblehre etc. zunehmend auch genauere Dimensions-Meßverfahren wie z.B. Mehrachsen-Koordinaten-Meßgeräte mit mechanischer Antastung eingesetzt.

Zur schnelleren und berührungslosen Erfassung der Bauteilform und -topographie kann auf optische Verfahren zurückgegriffen werden. Beispielhaft hierfür seien die optische Triangulation /2/ und die interferometrische Abstandsmessung /3/ angeführt.

Neben der Geometrie sind weitere Kennwerte des Bauteils, wie z.B. die Rauhigkeit, der Härtungsgrad, die Verschmutzung bzw. Oberflächenbehandlung etc., von Bedeutung. Während heutzutage vorwiegend zerstörende Prüfmethoden zur Materialuntersuchung eingesetzt werden, wie z.B. die Metallographie, sind jedoch im Hinblick auf eine 100%-Prüfung zerstörungsfrei arbeitende Prüfmethoden wünschenswert. Einen Beitrag hierzu können z.B. die optischen Verfahren (z.B. für die Rauhigkeit) /4/ oder Wirbelstromprüftechniken (für den Werkstoffzustand) liefern.

Beim Wirbelstromverfahren werden über ein magnetisches Wechselfeld in leitenden Materialien Wirbelströme induziert, deren Rückwirkung auf das erregende Feld als Impedanzänderung einer Spule gemessen werden kann. Die Ausbildung der Wirbelströme hängt dabei sowohl von den elektrisch/magnetischen Materialkennwerten als auch von den Prüffrequenzen ab /5/.

Somit reagiert das Verfahren z.b. sehr empfindlich auf Legierungs- und Gefügeänderungen des Werkstoffs, so daß fehlerhafte Materialzustände z.B. in Form von Chargenschwankungen des angelieferten Grundmaterials erfaßt werden können /6,7/.

Für die Wareneingangskontrolle ist dabei eine hohe Prüfsicherheit bei großer Prüfgeschwindigkeit des einzusetzenden Prüfverfahrens im Hinblick auf eine kontinuierliche Überprüfung des angelieferten Werkstoffzustandes von entscheidender Bedeutung. Hier läßt sich das CS-Impulswirbelstromprüfverfahren (CS=Controlled Signals) vorteilhaft einsetzen /8,9/.

Im Rahmen dieser Entwicklung konnte beispielsweise der Nachweis erbracht werden, daß sich durch den Einsatz eines definiert ausgelegten Prüfimpulses eine eindeutige Trennung unterschiedlicher Wärmebehandlungen erreichen läßt /10,11/.

Das folgende Beispiel dokumentiert die hohe Trennschärfe und -sicherheit dieses Verfahrens anhand sechs unterschiedlicher Wärmebehandlungen, die an Lenkhebeln aus dem Werkstoff 41Cr4 eingestellt wurden. Eine Auswertung der charakteristischen Signalkennwerte belegt hierbei die geringe Streuung innerhalb einer Wärmebehandlung, Bild 2 , wobei jeder Wärmebehandlungszustand zur statistischen Absicherung mehrfach besetzt war.

Werkstoff: 41 Cr 4
Geometrie: Lenkhebel

Wärmebehandlung	Klasse				
	$A(T_0) = 0{,}99 - 1$	$A(T_0) = 0{,}98 - 0{,}989$	$A(T_0) = 0{,}95 - 0{,}979$	$A(T_0) = 0{,}9 - 0{,}949$	$A(T_0) = < 0{,}9$
ohne Wärmebehandlung (A1.0)	90 %	5 %	5 %		
schmiedeperlitisch (A2.1)	100 %				
normalgeglüht (A3.1)	35 %	29 %	12 %	18 %	0.8327 6 %
vergütet (konv.) (A4.1)	79 %	21 %			
vergütet (VadS) (A5.1)	95 %	5 %			
gehärtet (A6.0)	42 %	16 %	26 %	11 %	0.8591 5 %

Bild 2: Streuung der Signalspitzenwerte innerhalb der einzelnen Wärmebehandlungen

Im Gegensatz hierzu ergaben sich bei der Trennung einer einzelnen Wärmebehandlung gegenüber allen weiteren eine deutliche Veränderung der Signalamplitude, wobei aufgrund der geringen Streuung innerhalb der einzelnen Gruppen die Amplitudenwerte näherungsweise zu einem Mittelwert zusammengefaßt werden können, Bild 3.

Bezogen auf eine kontinuierliche Wareneingangskontrolle bedeutet dies, daß entsprechend einer o.g. Gefüge- und Verwechslungsprüfung sämtliche Bauteile (Grundmaterialien), die einer geforderten Liefervorschrift nicht entsprechen, bereits frühzeitig aussortiert werden können. Somit kann -auch unter wirtschaftlichen Gesichtspunkten- eine effektive und reproduzierbare Qualitätskontrolle realisiert.

3. Verfahren zur Qualitätsprüfung von Beschichtungen

Im Anschluß an den Fertigungsprozeß muß das Beschichtungsergebnis analysiert und beurteilt werden. Dabei hat die

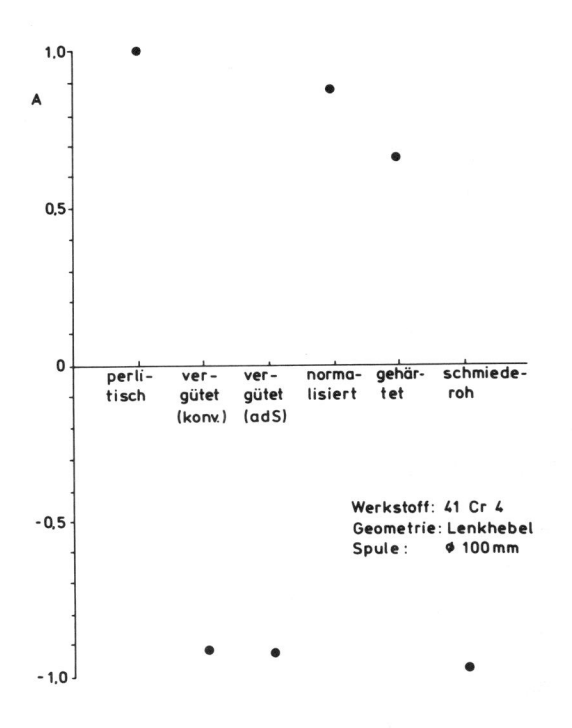

Bild 3: Trennungsverhalten der schmiedeperlitischen Wärmebehandlung gegenüber allen weiteren Wärmebehandlungen

Werkstoff: 41 Cr 4
Geometrie: Lenkhebel
Spule: ⌀ 100 mm

Auswahl der einzusetzenden Prüftechniken unter Beachtung der vorliegenden Werkstoffkombinationen, der Geometrie des Bauteils und der zu erwartenden Fehlerart zu erfolgen. Darüber hinaus spielt auch der Ort der Prüfung (Zugänglichkeit, Störgrößeneinfluß) in vielen Fällen eine wichtige Rolle.

Die Qualität des Beschichtungsergebnisses wird u.a. durch die geforderten Eigenschaften des Schichtverbundes einerseits sowie der Fehlerfreiheit andererseits bestimmt.

In Tabelle 1 sind einige wichtige, das System Schicht/Substrat kennzeichnende Eigenschaften und zum Einsatz kommende Meßverfahren aufgelistet /12,23/.

Eigenschaft	Meßverfahren
- Verschleißfestigkeit	- Stanzversuch - Reibtest-Verfahren - Schleifpapier-Verfahren
- Korrosionsbeständigkeit	- Sprühnebelversuch - Heißgaskorrosionsversuch
- Haftfestigkeit	- Ritztest - Biegeversuch - Haftzugversuch
- Härte	- Eindringtiefen-Messung nach Rockwell
- Oberflächenrauhigkeit	- mechanische und optische Tastschnitt-Verfahren - optische Streulichtmethode
- Duktilität	- 3-Punkt-Biegeversuch - Zugversuch
- Eigenspannungen	- Bohrlochversuch - Röntgenverfahren

Tabelle 1: Meßverfahren zur Bestimmung mechanisch-technologischer Eigenschaften

Zur Erfassung von Schichtdicke und Fehlerfreiheit stehen darüber hinaus jeweils eine Reihe weiterer Prüfverfahren zur Verfügung, von denen einige im folgenden kurz diskutiert und hinsichtlich ihrer Einsetzbarkeit und ihres Aussagevermögens für diesen speziellen Anwendungsbereich beschrieben werden. In ausgesuchten Beispielen werden die Ergebnisse einiger neuerer Prüfverfahren vorgestellt.

3.1 Schichtdickenprüfung

Die Funktionsfähigkeit einer Beschichtung ist oftmals an eine Mindestschichtdicke gebunden, während aus Gründen der Maßhaltigkeit des Bauteils eine Maximalschichtdicke festgelegt werden muß. Darüber hinaus können Beschichtungen auch hinsichtlich ihrer Stärke limitiert sein, um den Einfluß auf das Bauteilverhalten zu minimieren. Daher ergibt sich die Notwendigkeit der genauen und zuverlässigen Ermittlung der Schichtdicke. In Tabelle 2 sind verschiedene zerstörende und zerstörungsfreie Prüfverfahren zur Schichtdickenmessung aufgelistet.

Wie aus der Tabelle zu entnehmen ist, ist jede Prüftechnik nur für bestimmte Schichtsysteme einzusetzen. So kann z.B. mit Hilfe des kapazitiven Verfahrens nur die Dicke einer nicht elektrisch-leitenden Beschichtung gemessen werden. Bei der Haftkraftmessung muß der Grundwerkstoff ferromagnetisch, das Beschichtungsmaterial dagegen nicht-ferromagnetisch sein, während optische Interferenzverfahren nur bei einer transparenten Schicht eingesetzt werden können. Darüber hinaus besitzt jedes Verfahren einen spezifischen Meßbereich, der die Auswahl der Meßverfahren abhängig von der zu erwartenden Schichtdicke weiterhin einschränkt.

Als Beispiel für eine neuere Prüftechnik zur Dickenbestimmung von Beschichtungen wird im folgenden das Verfahren der Analyse thermischer Wellen näher erläutert.

Bei diesem Verfahren werden thermische Wellen durch Bestrahlung der zu prüfenden Probenoberfläche mit moduliertem Laserlicht erzeugt. Reflexionen der Wellen an der Grenzschicht Substrat/Beschichtung oder an Fehlstellen in der Beschichtung (aufgrund unterschiedlicher thermischer Impedanzen) tragen zu Änderungen in der Amplitude und Phase der Temperaturmodulation an der Oberfläche bei und können somit zur Schichtdickenbestimmung und Fehlerdetektion genutzt werden.

Methode	Prinzip	Bemerkungen
Mikroskopische Verfahren		
• Schliff-vermessung	Anfertigung eines Querschliffs, licht- oder RE-mikroskopische Vermessung am Querschliff	zP, lok, aufwendige Präparierung
• Kalotest /12/	Einschleifen und mikroskopische Vermessung einer Kalotte	zP, lok, aufwendige Präparierung
• Lichtschnitt-verfahren	Herstellung einer Stufe und lichtmikroskopische Untersuchung	zP, lok, aufwendige Präparierung
Radiometrische Verfahren		
• Betarückstreu-verfahren /13/	Messung der Rückstreuung eines monoenergetischen Elektronenstrahls, i.a. eines radioaktiven Materials	zfP, int, unterschiedliche Ordnungszahl zwischen Substrat und Schicht ist Voraussetzung
• Röntgen-diffraktion	Intensitätsmessung reflektierter Röntgenstrahlung gestattet Rückschlüsse auf die Dicke einer durchstrahlten Kristallitschicht	zfP, int, Voraussetzung ist Kristallinität und chemische Homogenität der Beschichtung
• Fluoreszenz-methode /14/	Anregung der charakteristischen Eigenstrahlung von Substrat oder Schicht durch einen Gamma-Strahler	zfP, int, quasi-kontinuierliche Messung möglich
Magnetische Verfahren		
• Haftkraft-messung /17/	Messung der durch die Dicke der nichtferromagnetischen Schicht beeinflußten magnetischen Haftkraft	zfP, lok, Grundwerkstoff ferromagnetisch, Schicht nicht ferromagnetisch
• Magnetische Induktion /17/	Messung des magnetischen Flusses von einer Sonde zum magnetischen Grundmaterial. Fluß wird durch die Dicke der Schicht bestimmt	zfP, lok, Grundwerkstoff ferromagnetisch, Schicht nicht ferromagnetisch
• Wirbelstrom-verfahren /17/	Messung der Impedanzänderung einer Spule durch den Einfluß der in die Nähe gebrachten Schicht/Substrat-Kombination	zfP, lok, Voraussetzung: Verhältnis der Leitfähigkeit Schicht/Substrat nicht zwischen 0,3 und 3

zP : zerstörende Messung   int : integrale Messung
zfP: zerstörungsfreie Messung   lok : lokale Messung

Tabelle 2: **Verfahren zur Schichtdickenmessung**

Methode	Prinzip	Bemerkungen
Optische Verfahren		
• Interferenz- verfahren /15/	Beleuchtung mit weißem Licht, Messung der Wellenlänge des reflektierten Lichts	zfP, lok, Schicht muß transparent sein
• Höhenschicht- linienholo- graphie /16/	Topographische Vermessung der Oberflächenkontur vor und nach dem Beschichten mit Hilfe holographischer Methoden	zfP, lok , Prüfung auch bei Artgleichheit von Substrat und Schicht möglich
• Ellipso- metrie /15/	Messung der Änderung des Polarisationszustandes einer Lichtwelle bei der Reflektion an der Schicht	zfP, lok, Schicht muß transparent sein
Elektrische Verfahren		
• Durchschlags- verfahren	Messung der Durchschlagsspannung	zP, lok, Schicht und Substrat dürfen nicht metallisch sein
• Kapazitäts- verfahren /18/	Elektrode wird auf nicht leitende Schicht aufgesetzt und wirkt mit leitendem Grundkörper als Kapazität, die ein Maß für die Schichtdicke ist	zfP, lok, Schicht muß Isolator, Substrat muß leitend sein
• Coulometrisches Verfahren /18/	Anodische Auflösung der Schicht in Gegenwart eines Elektrolyten, die benötigte Strommenge ist ein Maß für die Schichtdicke	zP, int, Schicht muß metallisch sein
Thermische Verfahren		
• Thermische Wellen /19/	Bestrahlung der Schicht mit intensitätsmoduliertem Licht, Messung der entstehenden thermischen Welle nach Betrag und Phase	zfP, lok, Schicht und Grundwerkstoff müssen unterschiedliche thermische Leitfähigkeit besitzen
• Wärmestau- verfahren /20/	Erwärmung der Beschichtung mit Infrarotstrahlen, Messung des Temperaturverlaufs	zfP, int, Schicht und Grundwerkstoff müssen unterschiedliche thermische Leitfähigkeit besitzen
• Wärmedurch- strahlungs- verfahren /20/	Erwärmung der Beschichtung mit Infrarotstrahlung, Messung der Temperaturverteilung auf der Rückseite	zfP, int, Schicht muß sehr dünn und das Substrat eine gute thermische Leitfähigkeit besitzen

Tabelle 2: Verfahren zur Schichtdickenmessung (Fortsetzung)

In Bild 4 ist das Ergebnis der Prüfung einer Nickel-Chrom-Karbid-(Metco 81)-beschichteten Probe mit stufenförmig verlaufendem Schichtdickenprofil bei zwei Modulationsfrequenzen (10 und 25 Hz) dargestellt /19/. Jeder Beschichtungsstufe (Höhe der Stufe jeweils 50 µm) kann eindeutig eine Änderung der Phase zugeordnet werden. Gleichzeitig wird deutlich, daß die Empfindlichkeit der Phasenmessung hinsichtlich der Erfassung von Schichtdickenänderungen am größten für geringe Schichtdicken ist.

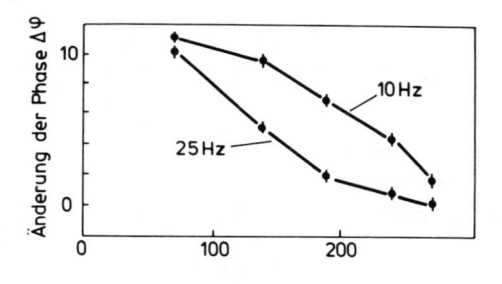

Bild 4: Schichtdickenmessung mit thermischen Wellen

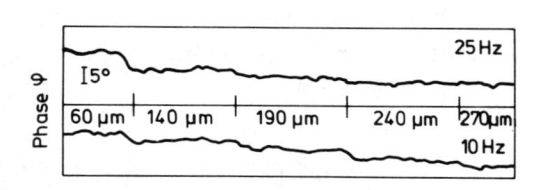

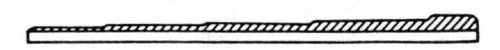

(n. Almond et. al. II)

3.2 Schichtprüfung auf herstellungsbedingte Fehler

Im Gegensatz zur Schichtdickenmessung, für die bereits eine Reihe zerstörender und zerstörungsfreier Verfahren vorliegt, ist eine direkte Schichtprüfung auf Fehler und fehlerhafte Bereiche deutlich schwieriger. Mit den Verfahren

- der Sichtprüfung,
- der Magnetpulverprüfung,
- der Farbeindringprüfung,
- der Ultraschallmikroskopie,
- der Ultraschall-Technik,
- der holographischen Schallfeldabbildung,
- der Schallemissionsanalyse,
- der Mehrfrequenzen-Wirbelstromtechnik,
- der Analyse thermischer Wellen,
- der Potentialsondentechnik sowie
- der Mikrowellentechnik

stehen eine Reihe unterschiedlicher Verfahren zur Verfügung, die jedoch von Fall zu Fall deutlichen Einschränkungen unterworfen sind /21/.

So ist z.B. der Einsatzbereich der berührungslos messenden Wirbelstromtechnik, die einen äußerst empfindlichen Fehlernachweis ermöglicht, auf elektrisch leitende Werkstoffe beschränkt.

Diese Einschränkung entfällt bei der Ultraschall-(US)-Technik /24/, die ein ähnlich hohes Fehlernachweisvermögen wie die Wirbelstromtechnik besitzt. Probleme bestehen hier jedoch insbesondere bei der Prüfung oberflächennaher Bauteilbereiche. Da der Ultraschall sowohl an inneren (z.B. Grenzfläche Substrat/Beschichtung, Rißflanken, Bindefehler) als auch an äußeren Grenzflächen (Geometrie des Bauteils) reflektiert wird, überlagern sich z.B. bei der Prüfung in Senkrechteinschallung Rückwandecho und Echo des oberflächennahen Fehlers. Das Fehlersignal kann in diesem Fall nicht eindeutig von der Rückwandanzeige getrennt werden.

Das im folgenden vorgestellte relativ neue Verfahren der holographischen Schallfeldabbildung /16/ kann bei der Prüfung von metallischen und keramischen Beschichtungen verbesserte Möglichkeiten bieten.

Das Verfahren basiert auf dem Einsatz der holographischen Interferometrie zur Sichtbarmachung von in die Bauteiloberfläche eingeleiteten Ultraschallwellen. Dabei wird die sich ausbreitende Welle empfindlich und mit hoher lokaler Auflösung abgebildet. Fehler im erfaßten Bereich kommen im Schallfeldbild direkt über dem Fehlerort zur Anzeige und können hinsichtlich Lage, Form und Größe beschrieben werden. Bild 5 gibt ein Schallfeld wieder, das mit diesem Verfahren aufgenommen wurde. Zur Prüfung einer plasmagespritzten CoCrAlY-Schicht wurde vom linken Bildrand her in die Beschichtung eingeschallt. Die über die Oberfläche laufende Welle ist anhand der hellen Wellenfronten deutlich zu erkennen. Durch Störungen dieser ansonsten homogen verlaufenden Wellenfronten werden 3 Bindefehler detektiert. Auf der linken Seite ist ein Bindefehler mit einem Durchmesser von 3 mm zu erkennen, rechts liegen 2 Bindefehler mit einem Durchmesser von je 2,5 mm.

Bild 5:
Nachweis von Bindefehlern zwischen metallischer Beschichtung und Grundwerkstoff

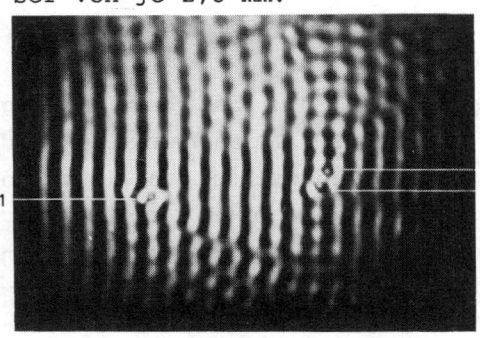

Fehlerdurchmesser : 1 : 3 mm , 2/3 : 2 mm
Prüffrequenz : 1 MHz
Grundmaterial : Austenit
Schichtmaterial : Co Cr Al Y
Schichtdicke : 0,5 mm

5. Prüfung während der Betriebsphase

Die Überwachung der Bauteile kann beim Anwender im Rahmen von regelmäßigen Inspektionen durchgeführt werden. Wird - wie z. B. in der Luftfahrtindustrie üblich - dabei nach dem "damage-tolerance"-Konzept verfahren, so bestimmt die Kritikalität der gefundenen Fehler, ob das Bauteil repariert oder ersetzt werden muß, oder ob nach Abschätzung der verbleibenden Restlebensdauer die Funktionstüchtigkeit bis zum nächsten Wartungstermin gewährleistet ist. Besondere Bedeutung kommt hierbei der Prüfung von Sicherheitsbauteilen, z.B. von Triebwerken, zu.

Die Wahl des einzusetzenden Prüfverfahrens hängt dabei maßgeblich sowohl von den zu prüfenden Werkstoffen als auch von den während des Betriebs ggf. auftretenden Schädigungstypen ab.

So können z.B. bei Turbinenschaufeln oder Brennkammerwänden die zum Schutz vor Heißgaskorrosion aufgebrachten, metallischen Spritzschichten aufgrund einer hohen Temperaturbelastung während des Betriebs oxidieren. Der Einsatz verunreinigter Brennstoffe kann zur Sulfidation der Schichten führen. Beide Prozesse führen letztlich zum Abplatzen der metallischen Schutzschicht und können somit den Totalausfall des Triebwerks verursachen.

Derzeit werden die beschichteten Bauteile bei der Wartung visuell auf Abplatzungen hin untersucht. Gegebenenfalls wird nach starker Erhitzung relevanter Bauteilstellen aufgrund der Verfärbung der Schichten eine Aussage über den Grad der Oxidation getroffen. Sulfidation ist -abgesehen von Verfärbungen in fortgeschrittenem Stadium- anhand von "Pilzbildungen", d.h. punktuellen Oberflächenaufwölbungen der Spritzschicht, zu erkennen.

Bei dem folgenden Prüfbeispiel wurden mit Hilfe des CS-Impulswirbelstromverfahrens Turbinenschaufeln von Flugzeugtriebwerken untersucht /22/, deren ca. 0.07 mm dicke Spritzschichten auf der Konkavseite des Schaufelblattes im Eintrittsbereich der Kühlkanäle unterschiedlich stark sulfidiert sind. Es handelt sich um die Spritzschicht Codep B, die auf das Basismaterial René 80 aufgebracht ist. Die Schädigungen sind visuell nur zum Teil anhand von "Pilzbildungen" bzw. an der Verfärbung der Schicht zu erkennen.

Der komplexe Krümmungsverlauf der Schaufelblätter stellt für die mechanische Führung der Prüfsonde bei der Bauteilabtastung ein Problem dar. Um den Störeinfluß durch die sich stetig ändernde Neigung der Sonde zur Flächennormalen zu begrenzen, wurde exemplarisch nur das in Bild 6 skizzierte Prüfgebiet verfahren. Hierzu wurde eine automatisierte x-y-Verfahreinheit mit hoher Genauigkeit eingesetzt und eine Sonde mit kleiner Aufsatzfläche (Spitztaster) gewählt, da sonst die relativ starke Krümmung der Schaufelfläche zu Abstandseffekten führt.

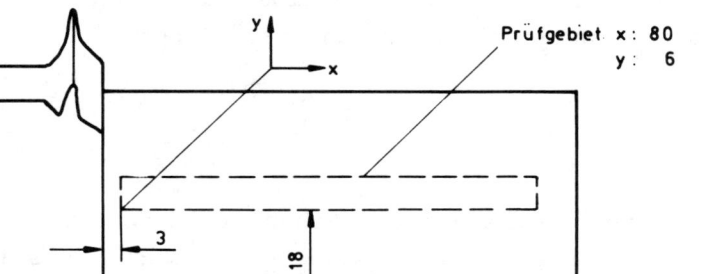

Bild 6: Lage des Prüfgebiets bei den geschädigten Turbinenschaufeln

Bild 7 - oben - zeigt den Impulswirbelstrombefund für eine Turbinenschaufel. Dargestellt sind diejenigen Signalspitzenwerte (W) in Abhängigkeit vom Meßort, die bezogen auf den Digitalisierungsbereich von +/- 2047 Punkten einen Schwellwert von +1135 Punkten übersteigen. Nach Durchführung eines Signalverarbeitungs-Algorithmus (Hochpaßortsfilter) können die geometriebedingten Störanzeigen (Bild 7 - oben rechts -) weitgehend reduziert werden (Bild 7 - unten -).

Prüfteil: Schaufelblatt Nr. BL 4685 (Flugzeugturbine), konkave Seite

Spritzschicht: Codep B
Basiswerkstoff: René 80
Schichtdicke: 0,07 mm

Prüfgebiet:
x: 80 mm
y: 6 mm

Analyse der W-Werte: Auswertegrenzen:

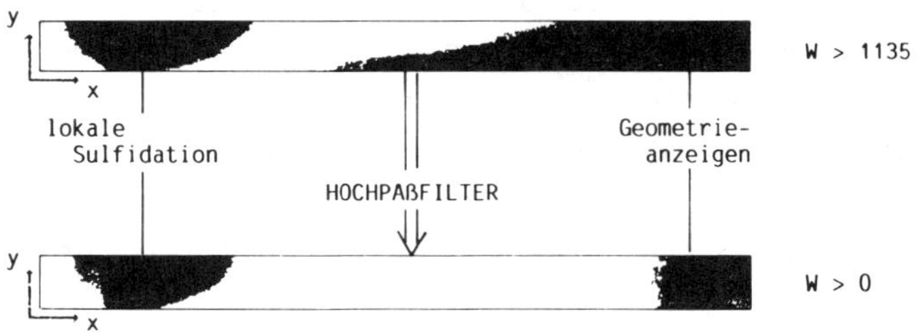

W > 1135

lokale   Geometrie-
Sulfidation   anzeigen
                HOCHPAßFILTER
                     ⇓

W > 0

Frequenzbereich: Sonde: Spitztaster KA2-1
40 k - 400 kHz   (Absolutsystem)

Bild 7: Impulswirbelstrombefund einer Turbinenschaufel, lokaler Sulfidation vor und nach einer Ortsfilterung

Der Impulswirbelstrombefund der Schaufel entspricht in seiner Ausdehnung den sichtbaren Verfärbungen ihrer Oberfläche. Visuell läßt sich ein durchgehend stark verfärbtes, glattes Fehlergebiet erkennen, daß nur am Rand Pilzbildungen aufweist, so daß in diesem Beispiel der Sulfidationsprozeß bereits weit fortgeschritten ist.

6. Zusammenfassung

Im Rahmen der Qualitätssicherung von Beschichtungen kommt u.a. der Prüfung große Bedeutung zu. Im Unterschied zu weitgehend "homogenen" Werkstoffen sind hierbei neben der Charakterisierung der Einzelkomponenten auch die Verhaltensweise des Gesamtverbundes einschließlich der Grenzfläche Substrat/Schicht sowie der Oberflächen zu beurteilen.

Bedeutsam und wirtschaftlich ist daher, daß bereits die Qualität der Einzelkomponenten geprüft wird, bevor die Fertigung einsetzt. Die Prüfung der gefertigten Teile liefert dann Angaben für die Zuverlässigkeit und damit die Eingangsdaten für die spätere Beurteilung im betrieblichen Einsatz.

Literatur

/1/ N.N: Begriffe und Formelzeichen im Bereich der Qualitätssicherung. DGQ-Schrift Nr. 11-04, 3. Aufl., Beuth Verlag (1979)

/2/ Produkt-Information "Optocator", Selcom Meßgeräte GmbH

/3/ Feutlinske, K., Th. Gast: "Berührungslos optisch-elektrische Prüfung von Lagen und Dimensionen", QZ 30, Heft J (1985)

/4/ Czepluch, W.: Vergleich von Tastschnitten, optischer und rechnerischer Verfahren zur Kennzeichnung von Oberflächenprofilen. VDI-Verlag (1987)

/5/ Förster, F., K. Stambke: Theoretische und experimentelle Grundlagen der zerstörungsfreien Werkstoffprüfung mit Wirbelstromverfahren, III. Verfahren mit Durchlaufspule zur quantitativen zerstörungsfreien Werkstoffprüfung. Zeitschrift für Metallkunde 45 (1945) 4, S. 166-179

/6/ Becker, E.A., M. Vogt: Wirkungsweise und Anwendungsmöglichkeiten eines elektromagnetischen Gefüge- und Verwechslungsprüfgerätes. Materialprüfung 15 (1975) 5, S. 182-185

/7/ Heptner, H., H. Stroppe: Magnetische und magnetinduktive Werkstoffprüfung. VEB Deutscher Verband für Grundstoffindustrie, Leipzig, 1972

/8/ Nehring, J : Untersuchungen zum Einsatz problemangepaßter Prüfimpulse (CS-Technik) bei der Wirbelstromprüfung. VDI-Fortschrittsberichte, Reihe 5, Nr. 132 (1987)

/9/ Crostack, H.-A., J. Nehring, W. Oppermann: Einsatz von Korrelationsimpulsen (CS-Technik) zur Wirbelstromprüfung, Materialprüfung 26 (1984), Nr. 1/2, Jan./Febr., S. 16-20

/10/ Crostack, H.-A., J. Nehring, W. Bischoff: Untersuchungen zur Ermittlung der Anwendungsgrenzen und zur Verbesserung der zerstörungsfreien Prüfung von Schmiedeteilen. Abschlußbericht zum BMFT-Forschungsprojekt 03 S 306 4, Universität Dortmund, August 1986

/11/ Crostack, H.-A., W. Bischoff, J. Nehring: Zerstörungsfreie Prüfung von Schmiedeteilen. Industrieanzeiger, Schmiedetechnische Mitteilungen, Heft 41, S. 32, Heft 55/56 S. 18-30 (1988)

/12/ VDI-Bericht 702: Prüfen und Bewerten von Oberflächenschutzschichten, Düsseldorf (1988)

/13/ Ott, A.: Neue mikroprozessorgesteuerte Schichtdickenmeßgeräte nach dem Betarückstreu-Verfahren. "Werkstoffe und ihre Veredelung", Heft 2, S.15 (1979)

/14/ Wacker, W.: Berührungslose Schichtdickenmessung an uneeingebrannten Pulverschichten. DFO-Tagung "Neue Entwicklungen in der Lackiertechnik", (1979)

/15/ Frey, H., G. Kienel: Dünnschichttechnologie. VDI-Verlag

/16/ Fischer, W.R.: Beitrag zur Weiterentwicklung der holographischen Interferometrie zur Verbesserung der zerstörungsfreien Prüfung thermisch gespritzter schichten. Dissertationsschrift, Universität Dortmund (1982)

/17/ N.N.: Zerstörungsfreies Messen der Dicke von nicht ferromagnetischen Schichten auf ferromagnetischem Grundmaterial. DVS Merkblatt 2303 (1972)

/18/ Fischer, H.: Moderne Verfahren zur zerstörungsfreien Schichtdickenmessung. Metalloberfläche 36, S. 231 (1982)

/19/ Almond, D.P., P.M. Patel, J.M. Pickup, H. Reiter, "An evaluation on the suitability of thermal wave interferometry for the testing of plasma sprayed coatings", NDT International, Vol. 18, No. 1, (1985)

/20/ Linhart C., A. Weckmann: Berührungslose Bestimmung der Dicke von Oberflächenbeschichtungen durch thermische Meßverfahren. Technisches Messen, Heft 11, S. 291 (1982)

/21/ Crostack,H.-A., Steffens,H.-D., Krüger,A., Pohl,K.-J.: Nondestructive Testing of Sprayed Ceramic and Ceramic and Metallic Coastings", Proc. of the 9th E-MRS Conference, Nov. 1985, Strasbourg

/22/ Crostack, H.-A., W. Jahnel, J. Kohn, B. Polaud: Demnächst in "Schweißen und Schneiden"

/23/ Simon, H., M. Thoma: Angewandte Oberflächentechnik für metallische Werkstoffe, Hansa Verlag, München

/24/ Tsukahara, Y., E. Takeuchi, E. Hayashi: A new method of measuring surface layer-thickness using dips in angular dependence of reflection coefficients. Proceedings of Ultrasonic Symposium, Vol. 2, S. 992 (1984)

Prüftechnik in der modernen Qualitätssicherung eines Automobils

A. Jurgetz und **Th. Bücherl,** Dingolfing

Seit Jahren erlangt in unserer Gesellschaft ein Fortbewegungsmittel immer mehr an Bedeutung. Das Automobil ist aus dem heutigen Leben nicht mehr wegzudenken. Es durchlief seit seinen Anfängen eine rasante Entwicklung, wobei die steigenden Anforderungen des Umfeldes als Entwicklungsmotor dienten und dienen. Diese Forderungen lassen sich mit folgenden Schlagworten ausdrücken:

      längere Lebensdauer
      höhere Sicherheit
      mehr Komfort
      verbesserte Wirtschaftlichkeit
      gesteigerte Leistung
      höhere Umweltfreundlichkeit

Nur mit einem Mehr an Technik können die Ansprüche erfüllt werden. Gleichzeitig ist eine Anpassung der Qualitätssicherungssysteme an das hohe Niveau der Qualität unter der Prämisse der Wirtschaftlichkeit notwendig geworden. Nicht mehr Fehlersuche und Fehlererkennung stehen im Vordergrund, sondern Vorbeugung und Verhütung von möglichen Mängeln.

Qualitätssicherung beginnt somit schon weit vor der Anlieferung von Serienteilen. Bereits in der Planungsphase werden Qualitätskriterien festgelegt. Diese finden bei der Konstruktion Berücksichtigung und werden bis zur Produktionsfreigabe nochmals überprüft. Mit der Erstbemusterung über den Vorserienstand hinaus bis zum Serienlauf wird die Einhaltung des Qualitätsstandes gesichert. Der bis dato erlangte Qualitätsstandard wird dann bis zum Auslauf der Serie überwacht und ggf. weiter gestiegenen Anforderungen angepaßt.

Um zu vermeiden, daß schadhafte Teile in die Serie einfließen, ist es notwendig, die Qualität von angelieferten Teilen stichprobenartig in Ergänzung zu den präventiven Qualitätssicherungsmaßnahmen zu überprüfen. Das folgende Schema zeigt das Vorgehen bei der Beurteilung von Wareneingängen auf.

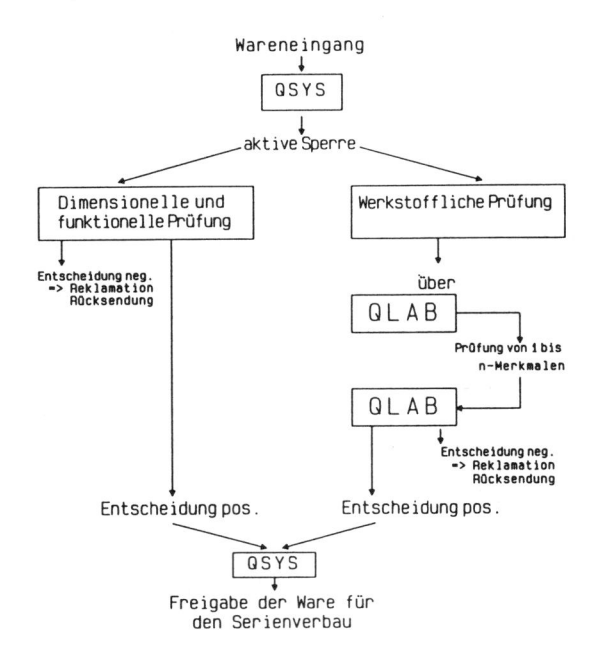

Bild 1: Ablaufschema für die Wareneingangsprüfung

Über ein zentrales Rechensystem (QSYS) wird der Wareneingang zunächst aktiv gesperrt. Die Ware wird dann zum einen einer funktionellen, zum anderen einer werkstofflichen Prüfung unterzogen. Dabei werden die Prüfaufträge, die werkstoffliche Belange betreffen, mit Hilfe eines Laborinformationssystemes (QLAB) abgewickelt. Nur wenn beide Gruppen eine positive Entscheidung treffen, erfolgt die Freigabe der Ware für den Serienverbau.

Nachfolgend wird aufgeführt, wie mittels moderner Prüftechniken die voranstehenden Gedanken im Rahmen der Qualitätssicherung von Werkstoffen verwirklicht werden.

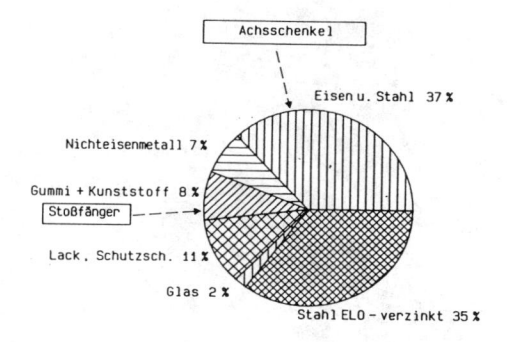

Ein Auto besteht aus:

ca. 2500 im Hause gefertigten Teilen
ca. 4500 zugekauften Fertigteilen
ca. 150 Aggregaten
ca. 1500 Gemeinkosten-Materialien
ca. 6000 Arbeitsfolgen
ca. 20 verschiedenen Werkstoffkombinationen

Bild 2: Werkstoffe eines Automobils

Die Anwendung der Prüftechniken wird anhand von zwei Beispielen beschrieben, die aus der großen Vielfalt an Werkstoffen respektive Einzelteilen ausgewählt wurden. Der Achsschenkel steht dabei repräsentativ für eine Werkstoffgruppe mit einem sehr hohen Anforderungsprofil und mit langer Tradition. Kunststoffstoßfänger dagegen für eine Gruppe, die erst in den letzten Jahren an Bedeutung gewann.

Prüftechniken am Beispiel des Kunststoffstoßfängers

Bild 3: Darstellung eines Kunststoffstoßfängers

Der Stoßfänger ist ein Formteil, an das hohe Anforderungen bezüglich der Optik und mechanischen Belastbarkeit (Fahrsicherheit) gestellt werden. Es ist aus einem Polymerblend, nämlich Polybutylentherephthalat und Polycarbonat (PBTP/PC), hergestellt.

Bevor die Prüftechniken, die zur Qualitätssicherung des Formteils Verwendung finden, näher beschrieben werden, sei an dieser Stelle nochmals der Hinweis gestattet, daß insbesondere bei Kunststoffteilen die Qualitätssicherung schon in der Konstruktionsphase beginnt. Qualitätsbeeinflussende Merkmale müssen bei der Planung des Formteils bzw. des formgebenden Werkzeuges überdacht werden. Beispiele hierfür sind:

- scharfe Kanten --------> Bruchanfälligkeit
- Lage von Bindenähten --------> Bruchanfälligkeit und Güte der Lackierung
- Füllbedingungen --------> Spannungsrißanfälligkeit, Eigenspannungen

Die nachfolgend aufgeführten Prüftechniken, die bereits vor der Verarbeitung der Rohstoffe eingesetzt werden, sollen die Sicherstellung einer kontinuierlichen Verarbeitung, d. h. die Möglichkeit mit unveränderten Verarbeitungsparametern zu arbeiten, und die Einhaltung von Werkstoffvorgaben gewährleisten.

Infrarotspektroskopie (IR)

Die Infrarotspektroskopie eignet sich zur Identprüfung von Granulaten und Lacken.

Prinzip:

Aufgrund von Wechselwirkungen zwischen molekularen Strukturen und Lichtquanten treten beim Durchstrahlen von Proben mit Infrarotlicht Absorptionen auf, d. h. Molekülbausteine werden durch Energieaufnahme zu Schwingungen angeregt. Die Beeinflussung des ausgesandten Spektrums durch die Probe wird als Kurvenzug registriert und ergibt ein für jeden Stoff charakteristisches Spektrum.

Bei der Identprüfung von Werkstoffen wird darauf geachtet, daß die Spektren bei einem Soll - Ist - Vergleich eine gute Übereinstimmung zeigen. Würden beispielsweise die charakteristischen Banden für Polycarbonat (siehe Markierungen in Bild 4) fehlen, müßte die Rohstofflieferung für die Stoßfänger zurückgewiesen werden. Ebenso wird bei der Eingangsprüfung von Lacken verfahren.

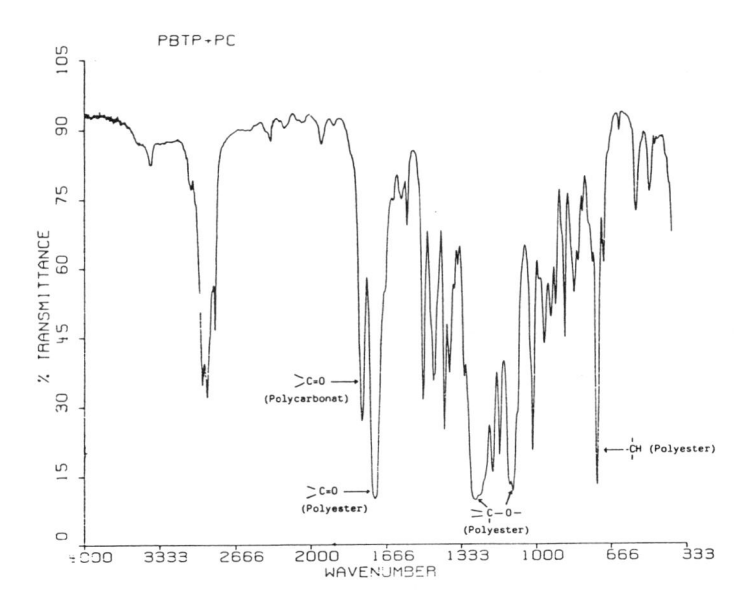

Bild 4: Spektrum des Werkstoffes PBTP/PC

Differentialkalorimetrie (DSC)

Nach der durchgeführten Identifizierung des Werkstoffes wird mittels der Differentialkalorimetrie der morphologische Aufbau überprüft. Schwankungen in der Molekülmassenverteilung bewirken eine Änderung des Schmelzpunktes und der Schmelzenthalpie. Dies kann mit der angeführten Methode nachgewiesen werden.

Prinzip:

Ein Probenbehälter wird mit einem linearen Temperaturprogramm aufgeheizt. Beeinflußt die enthaltene Probe die Temperatur (z. B. durch eine exotherme Reaktion), wird die Heizleistung sofort korrigiert, um das Temperaturprogramm einhalten zu können. Die Aufzeichnung der Heizleistung liefert eine Aussage über die spezifische Wärmekapazität der Probe.

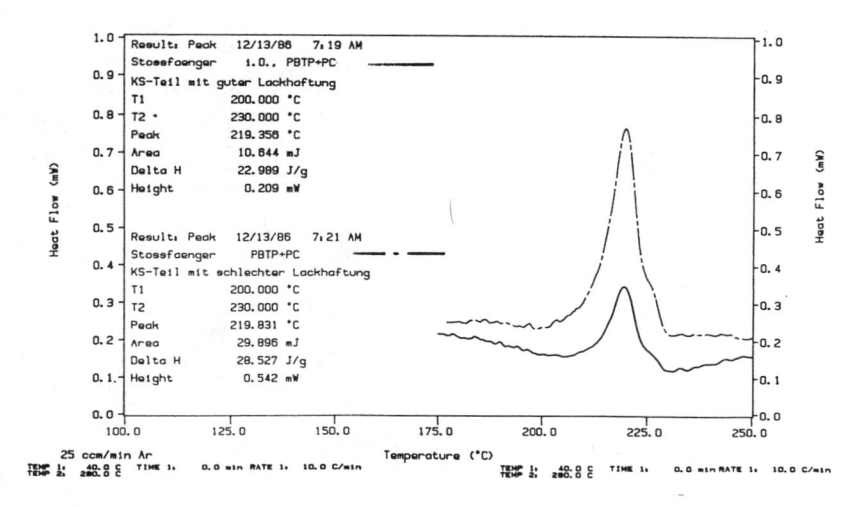

Bild 5: Thermogramme zweier Werkstoffproben

Aus dem Bild geht hervor, daß nicht nur die Verarbeitungsbedingungen von der morphologischen Struktur beeinflußt werden, sondern auch die Lackhaftung. Wenn daher bei der Wareneingangsprüfung differierende Thermogramme entstehen, wird die angelieferte Charge nicht angenommen.

Gaschromatographie (GC)

Auch bei Lacken, die für die Beschichtung von Kunststoffstoßfängern Verwendung finden, ist es notwendig, nach erfolgter Identifizierung mit Hilfe der Infrarotspektroskopie die Lackspezifikation detaillierter zu untersuchen. Ein geeignetes Hilfsmittel für den quantitativen Nachweis von Lösungsmitteln ist die Gaschromatographie.

Prinzip:

Die Probe wird im Einspritzblock verdampft und mittels eines Inertgasstromes über eine mit Adsorbens gefüllte Trennsäule gespült. Die jeweiligen Inhaltsstoffe haften entsprechend ihrer unterschiedlichen Siedepunkte und Polaritäten verschieden lang am Adsorbens. Beim Verlassen der Säule werden die einzelnen Komponenten mit einem Detektor nachgewiesen.

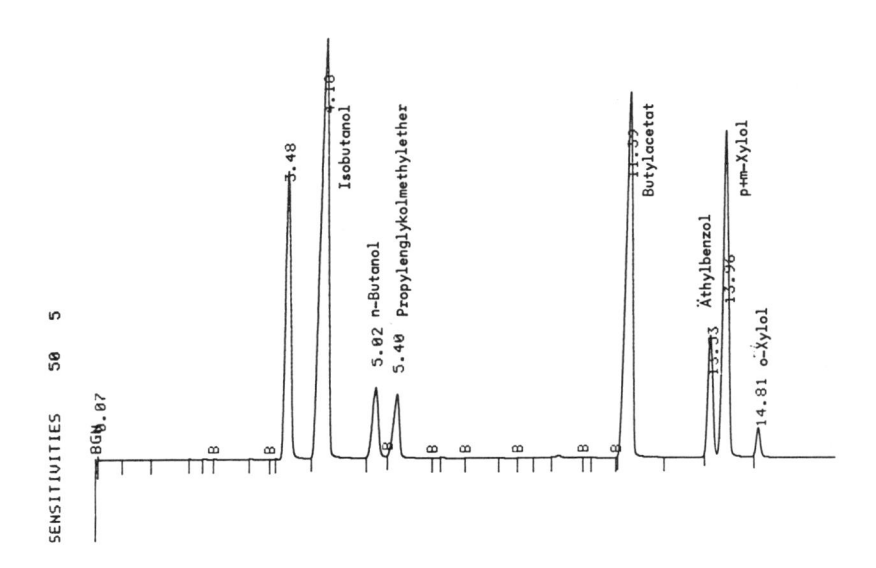

Bild 6: Chromatogramm eines Gemisches von Lacklösungsmitteln

Aus dem Chromatogramm geht hervor, welche Substanzen das freigegebene Lösungsmittelgemisch enthält. Die Zuordnung erfolgt über die jeweiligen Retensionszeiten. Sollten bei der Eingangsprüfung Komponenten fehlen oder andere Bestandteile hinzugekommen sein, würde dies zur Zurückweisung der Lieferung führen.

Gelpermeationschromatographie (GPC)

Ein weiteres Merkmal der Wareneingangsprüfung von Lacken ist die Bestimmung der Molekulargewichtsverteilung. Dem molekularen Aufbau kommt besondere Bedeutung zu, da sowohl Aushärtung als auch Haftung des Lackes dadurch beeinflußt werden. Die Bestimmung erfolgt mit Hilfe der Gelpermeationschromatographie.

Prinzip:

Das zu untersuchende Polymer wird in einem geeigneten Lösungsmittel gelöst. Anschließend wird die Probe auf eine Säule aufgegeben, die mit einem bestimmten Gel gefüllt ist. Es ergibt sich ein Diffusionsvorgang, bei dem die Bestandteile der geprüften Substanz aufgrund ihrer verschiedenen Molekülgrößen mehr oder weniger tief in die Poren eindringen. Vom Elutionsmittel werden sie immer wieder weitergeleitet. Damit benötigen die einzelnen Komponenten unterschiedliche Zeiträume auf ihrem Weg durch die Säule und werden entsprechend ihrer Molekülgröße getrennt.

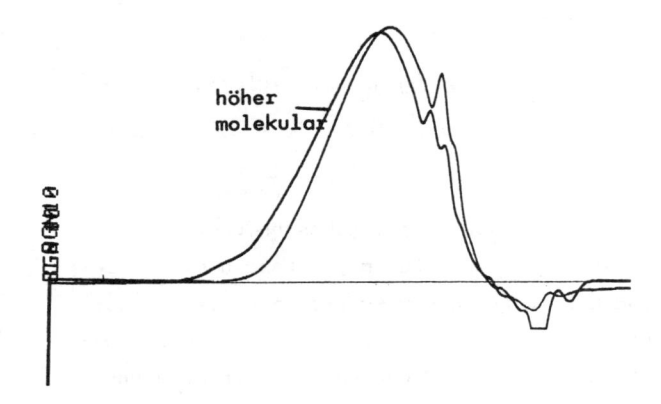

Bild 7: Molekulargewichtsverteilung zweier Decklackchargen

Aus dem Chromatogramm wird ersichtlich, daß die untersuchten Decklacke eine differierende Molekulargewichtsverteilung besitzen. Damit die vorgegebenen Verarbeitungsbedingungen beim Lackiervorgang einzuhalten sind, muß die abweichende Lackcharge zurückgewiesen werden.

Nach der umfangreichen Wareneingangsprüfung, bei welcher die angeführten Merkmale noch um eine Vielzahl von Untersuchungen ergänzt werden, beginnt die Fertigung des Formteils.

Meßwerterfassungssysteme

Die Einhaltung von Verarbeitungsparametern - wie Wege, Drücke, Temperaturen, Zeiten - beim Spritzgießen von Kunststofformteilen sichert eine gleichbleibende Formteilqualität hinsichtlich Dimensionsgenauigkeit und mechanischen Kennwerten. Eine der Möglichkeiten zur Überwachung der Verarbeitungsparameter ist ein Meßwerterfassungssystem.

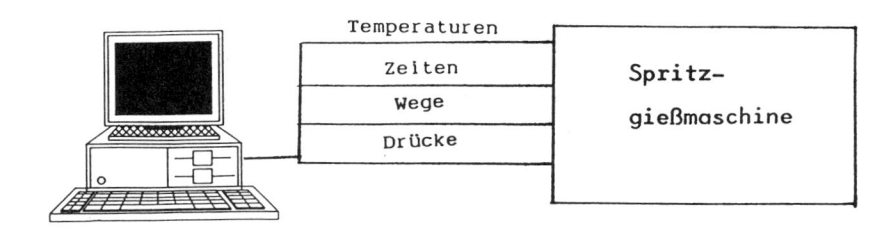

Bild 8: Prinzipskizze zur Meßwerterfassung an Spritzgießmaschinen

Prinzip:

Über Aufnehmer werden Verarbeitungsparameter gemessen und einer Recheneinheit zugeführt. Die einzelnen Parameter werden mit Toleranzfeldern versehen, und nur wenn die Meßwerte in diesen Feldern liegen, wird das Formteil der weiteren Verarbeitung zugeführt. Damit ist eine Gewährleistung von maßlich geringfügig differierenden Formteilen möglich. Auch Formteileigenschaften wie Kristallinität, Eigenspannung, Scherorientierung u. a. ändern sich nur unmerklich, und somit ist eine ordnungsgemäße Weiterverarbeitung, in diesem Beispiel das Lackieren, nicht beeinträchtigt.

Um Schwankungen von Parametern auszuschließen, die bisher nicht durch die angeführten Meßmethoden überprüft wurden, wird das Fertigteil nochmals einigen Prüfungen unterzogen.

Durchstoßversuch

Eine unterschiedliche Zusammensetzung oder Applikation der Lackierung von Kunststoffteilen kann die mechanischen Kennwerte beeinflussen. Um gleichbleibende Eigenschaften sicherzustellen, findet eine Durchstoßprüfung am Fertigteil statt. Gleichzeitig wird dadurch auch die Verarbeitungsqualität des Spritzgußteils überprüft.

Prinzip:

Ein Bolzen durchdringt einen Probenkörper mit konstanter Geschwindigkeit. Die Interpretation des erhaltenen Diagrammes und des

Bruchbildes ermöglicht Rückschlüsse auf die Verarbeitung des Werkstoffes bzw. auf dessen ordnungsgemäße Lackierung.

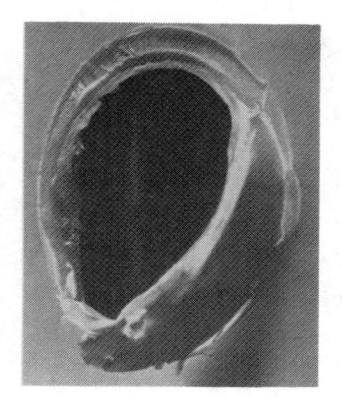

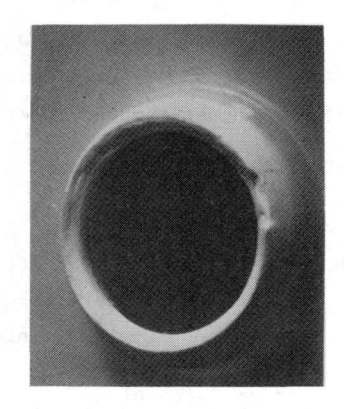

sprödes Bruchverhalten   zähes Bruchverhalten

Bilder 9 u. 10: Bruchbilder nach dem Durchstoßversuch

Die Bilder zeigen verschiedene Bruchformen, die sich nach dem Durchstoßversuch ergaben. Würde am Fertigteil Sprödbruchverhalten festzustellen sein, müßte die gesamte Produktion nochmals überprüft und ggf. optimiert werden.

Ein weiteres wichtiges Kriterium bei Anbauteilen eines Automobils ist die farbliche Übereinstimmung mit der Lackierung der Karosserie.

Farbtonmessung

Unterschiedliche "Farbschattierungen", die durch Nichteinhaltung von Lackierparametern entstehen, können nicht toleriert werden; deshalb ist die Farbkonstanz des Fertigteils zu überprüfen.

Prinzip: Die Probe wird mit einer Lichtquelle beleuchtet. Detektoren registrieren das im Spektralbereich zwischen 400 nm - 700 nm reflektierte Licht (Spektralphotometer). Ein Computer berechnet dann die Farbdifferenz. Treten zu große Differenzen zum Urmuster auf, wird das Formteil nicht verbaut.

Neben dem farblichen Eindruck spielt natürlich auch die Lackhaftung eine entscheidende Rolle. Zur Beurteilung werden Gitterschnittprüfungen bzw. Steinschlagtests durchgeführt. Mittels Schwitzwasser- und Temperaturwechseltest wird geprüft, ob z. B. die Vorbehandlung der Teile mit ausreichender Sorgfalt durchgeführt wurde und damit Haftungsstörungen ausgeschlossen sind.

Die voranstehenden Prüftechniken sind ein Abriß der Qualitätssicherungsmaßnahmen für den Kunststoffstoßfänger. Der Bedeutung des Bauteils angemessen, werden sehr umfangreiche Prüfungen durchgeführt. Gleiches gilt auch für den Achsschenkel als zweites Beispiel zur Darstellung der Anwendungsmöglichkeiten von modernen Prüftechniken.

Prüftechniken am Beispiel des Achsschenkels

Bild 11: Darstellung eines Achsschenkels (Rohteil)

Ein Beispiel aus dem großen Umfang der Werkstoffgruppe Vergütungsstähle ist der Achsschenkel, ein Schmiedeteil aus 41 CrS 4. Ebenso wie beim Kunststoffstoßfänger (Prüfung von Granulat und Lack) beginnt mit der Schmelzenfreigabe die Qualitätssicherung des Werkstoffes weit vor dem Fertigungsablauf. Die gezielte Schmelzenfreigabe erfolgt nach folgenden Kriterien:

                 chemische Zusammensetzung
                 Austenitkorngröße
                 Jominyhärtbarkeit
                 Umformfaktor
                 Reinheitsgrad

Emissionsspektroskopie

Die chemische Zusammensetzung des Werkstoffes wird mit einem Emissionsspektrometer ermittelt.

Prinzip:

Die Oberfläche des zu prüfenden Teiles wird durch eine elektrische Entladung abgefunkt. Dabei schmilzt ein Teil der Probe und wird dadurch homogenisiert. Im weiteren Verlauf verdampft das Probenmaterial, wobei die verschiedenen Elemente thermisch angeregt werden. Dieser angeregte (energiereichere) Zustand ist nicht stabil. Die aufgenommene Wärmeenergie wird sofort als Lichtenergie abgegeben. Hierbei entsteht für jedes Element ein charakteristisches Spektrum. Das emittierte Licht wird in einem Spektrometer in seine Komponenten zerlegt. Die Lichtintensität ist ein Maß für die Konzentration der Elemente in der Probe.

Im Falle des Achsschenkels wird die Charge bei Nichteinhaltung untenstehender Grenzwerte einer Weiterverarbeitung nicht zugeführt.

                 Kohlenstoff: 0,38 - 0,45 %
                 Schwefel   : 0,020 - 0,035 %
                 Phosphor   : max.   0,035 %

```
Silizium   : max.    0,40 %
Chrom      : 0,90 -  1,20 %
Mangan     : 0,60 -  0,90 %
Aluminium  :      >  0,02 %
```

Mikroskopie

Die Mikroskopie ist ein Hilfsmittel zur Bestimmung der Austenitkorngröße und des Reinheitsgrades des Werkstoffes.

Prinzip:

Zur Überprüfung der Austenitkorngröße ist eine Probe nach dem McQuaid - Ehn - Verfahren vorzubereiten. Ein ca. 1 cm^3 großer Abschnitt wird 8 Stunden bei 925 °C in kohlenstoffabgebenden Mitteln (z. B. Bariumcarbonat) geglüht. Während dieser Vorbereitungszeit scheidet sich an den Austenitkorngrenzen Sekundärzementit ab. Nach der Anfertigung einer Schliffprobe erfolgt eine Auswertung des Gefügezustandes unter dem Mikroskop.

Bild 12: Schliffbild zur Austenitkorngrößenbestimmung

Die Schliffprobe wird mit den Richtreihen nach der Euronorm 103-71/Bildtafel B verglichen, wobei die Korngrößen nach der BMW - Werkstoffnorm 600 37.0 größer als 4 sein müssen.

Die Beurteilung des Reinheitsgrades erfolgt ebenfalls anhand eines metallographischen Schliffes. Begutachtet wird die Verteilung von Schlackenzellen bzw. -einschlüssen, die die Gebrauchseigenschaften beeinflussen. Beim Achsschenkel wird ein maximaler K 4 - Wert von 40 nach dem Stahl-Eisen-Prüfblatt 1570 zugelassen.

Mit der Überprüfung der voranstehenden Kriterien und des Umformfaktors sind die wichtigsten Merkmale, die zur Entscheidung über die Chargenfreigabe herangezogen werden, untersucht, und der Werkstoff wird zur Fertigung eines sog. "Chargenvorlaufs" freigegeben. Chargenvorlauf bedeutet, daß eine geringe Anzahl von Achsschenkeln gefertigt wird. An diesen Bauteilen werden Fertigteilprüfungen durchgeführt, die eine störungsfreie Produktion bzw. ordnungsgemäße Funktion im Fahrzeug gewährleisten.

Zum einen wird das Bauteil maßlich überprüft, zum anderen ein fehlerloser Zustand der Oberfläche (z. B. Oxidfreiheit, keine Deformationen) sichergestellt. Zudem werden die Teile einer dynamischen Belastung unterzogen.

Dynamische Festigkeitsprüfung

Der Versuch liefert eine Aussage über das mechanische Verhalten des Bauteils unter Dauerbeanspruchung.

Prinzip:

Nach der Montage des Achsschenkels in eine Prüfaufnahme wird er mit einem Wechselbiegemoment belastet. Die Schwingprüfung führt man mit einer Prüffrequenz von 17 Hz durch und erzeugt damit ein entsprechendes Wechselbiegemoment. Alle Teile werden bis zum Bruch geprüft.

Nach der internen Qualitätsvorschrift von BMW müssen die geprüften Einzelteile des Chargenvorlaufs sowie die Serienteile folgende Anforderungen erfüllen: Kein Teil darf unter der Mindestlastwechselzahl von 40 000 ausfallen. Außerdem muß ein statistischer Mittelwert von 60 000 Lastwechseln vom gesamten Prüflos überschritten werden. Bleiben diese Anforderungen unerfüllt, erfolgt die Ablehnung der Charge. An Achsschenkeln, die unterhalb der geforderten Mindestlastwechselzahl versagen, wird die Bruchursache mittels chemischer und physikalischer Methoden festgestellt, um damit der Wiederholung des Mangels vorzubeugen.

Bild 13: Dynamische Prüfung am Achsschenkel

Magnetpulverprüfung (Fluxen)

An allen Teilen des Chargenvorlaufs wird eine Magnetpulverprüfung durchgeführt, die dazu dient, die Rißfreiheit der Teile festzustellen.

Prinzip:

Am zu prüfenden Formteil werden magnetische Felder angelegt. Der homogene Verlauf der Feldlinien wird durch Risse und Lunker gestört. Im Bereich der Fehlstellen verdichten sich die Feldlinien an der Oberfläche des Formteils. Dort kommt es zu einer Anhäufung von

Eisenspänen, mit denen man den Prüfling bestreut, während diese auf der restlichen Oberfläche gleichmäßig verteilt sind.

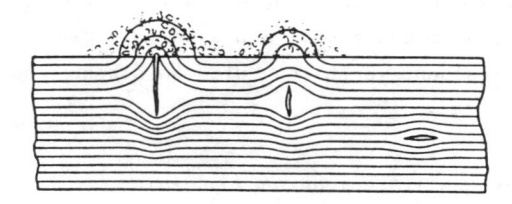

Bild 14: Prinzipskizze zur Magnetpulverprüfung

Selbstverständlich wird der Chargenvorlauf nur positiv beurteilt, wenn eine absolute Rißfreiheit gegeben ist.

Mikroskopie

Ein weiteres Beurteilungskriterium des Chargenvorlaufs ist das Vergütungsgefüge.

Bild 15: Schliffbild zur Kerngefügebeurteilung

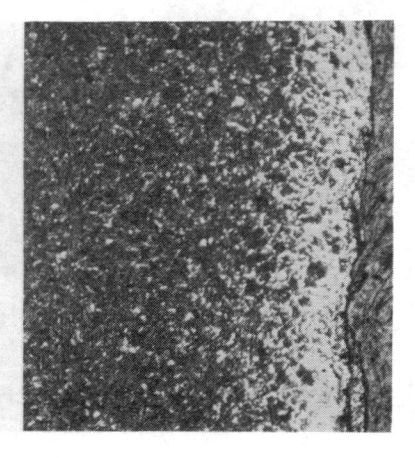

Bild 16: Schliffbild zur Beurteilung der Randentkohlungstiefe

Das Kerngefüge muß dabei aus Martensit und Bainit aufgebaut sein, Primärferritreste müssen ausgeschlossen werden. In Bild 16 ist die Randzone des Bauteils abgebildet. Die Entkohlungstiefe darf nach BMW-Werkstoffnorm 600 37.0 max. 0.3 mm betragen. Bauteile, die den beschriebenen Gefügeaufbau aufweisen, erfüllen die an sie gestellten Anforderungen.

Erst nach all diesen präventiven Qualitätssicherungsmaßnahmen beginnt die Serienfertigung der Achsschenkel. In den Fertigungsablauf ist eine Magnetpulverprüfung integriert, so daß alle Achsschenkel auf Rißfreiheit untersucht werden. Zudem führt man Stichproben nach den bereits beim Chargenvorlauf angeführten Kriterien durch. Zusätzlich erfolgt die Beurteilung des Faserverlaufes des geschmiedeten Bauteils.

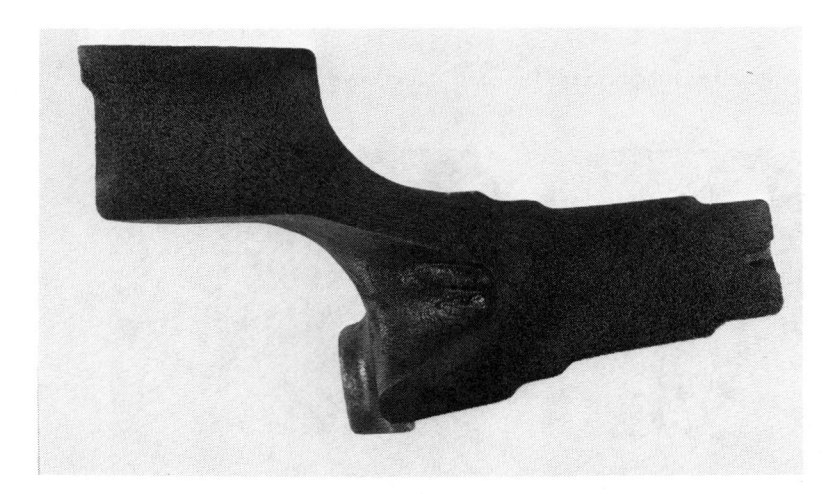

Bild 17: Faserverlauf des Schmiedeteils

Ein von Bauteil zu Bauteil gleichmäßiger Faserverlauf deutet auf eine Kontinuität der Prozeßparameter während des Schmiedevorgangs und damit auf gleichbleibende Formteileigenschaften hin.

Schlußbetrachtung

Gestiegene Ansprüche hinsichtlich Qualität und die Notwendigkeit Risiken aufgrund von fehlerhaften Teilen auszuschließen fordern von Automobilherstellern und deren Zulieferindustrie hohe Aufwendungen für Prüftechniken. Nur so kann Fehlern vorgebeugt und die Fehlersuche in den Hintergrund gedrängt werden.

Der vorliegende Beitrag beschreibt einige ausgewählte Prüftechniken, die notwendig sind, um die hohen Qualitätsanforderungen an Bauteile eines Automobils hinsichtlich Funktion und Optik überprüfen zu können. Zukünftig wird es aufgrund ständig steigender Ansprüche erforderlich sein, Qualitätssicherungsmaßnahmen weiterzuentwickeln. Damit eng verbunden ist die Entwicklung und Anwendung moderner Prüftechniken.

Schrifttum:

/1/ Kämpf, G.: Charakterisierung von Kunststoffen mit physikalischen Methoden. Hanser Verlag München, 1982

/2/ Klingenfuß, H.: Der Einfluß der Kunststoffoberfläche auf die Lackierschicht. Beitrag in: Qualitätssicherung beim Lackieren von Kunststoffen (Tagung des SKZ)

Qualitätssicherung von Werkstoffen im Flugzeugbau

P. Fornell, Hamburg

Zusammenfassung

Die Qualitätssicherung von Werkstoffen im Flugzeugbau ist eng verknüpft mit den Zulassungsforderungen der Behörden (Bauvorschriften).
Darüberhinaus gelten die kundenspezifischen Anforderungen sowie unternehmensinterne QS-Grundsätze.
Qualitätssicherung beginnt bereits in den frühesten Produktentstehungsphasen: **Philosophie der präventiven Qualitätssicherung.**

1. Einleitung

Das oberste Ziel im Flugzeugbau ist es, sicherzustellen, daß ein Flugzeug in jeder Betriebsphase kontrollierbar und sicher bleibt, d.h. daß es **lufttüchtig** ist.

Diese Leitlinie resultiert nicht zuletzt aus den besonderen Anforderungen an unsere Produkte - die Flugzeuge. Sie unterscheiden sich gegenüber allen übrigen gängigen Verkehrsmitteln schon dadurch, daß sie bei Auftreten irgendwelcher Störungen und Probleme während ihrer Hauptnutzungsphase (im Flug) nicht angehalten werden können, um Korrekturmaßnahmen einzuleiten.

Der internationale Standard auf dem Gebiet der Lufttüchtigkeit ist weltweit recht ausgeglichen und in sogenannten Bauvorschriften festgeschrieben. Zum Nachweis der Lufttüchtigkeit - sie ist für die Zulassung eines neuen Flugzeugtyps in Form einer **Musterzulassung** und für jedes weitere Serienflugzeug einer Baureihe in Form einer **Stückprüfung** erforderlich - muß der Flugzeughersteller heute etwa 50.000 Einzelnachweise im Rahmen der Musterprüfung gegenüber den Zulassungsbehörden führen.

Die Struktur des Airbus A310 ist für eine Mindestbetriebsdauer von 20 Jahren, d.h. 48.000 Flügen ausgelegt.

Der hierfür erforderliche Lebensdauernachweis wurde durch dynamische Ermüdungsversuche an der kompletten Flugzeugstruktur am Boden für über 100.000 Flüge (2 Leben) erbracht.

Der Nachweis der Erfüllung der jeweiligen Lufttüchtigkeitsforderungen liegt bei uns in Deutschland in der Eigenverantwortung des Herstellers.

Die Behörde prüft lediglich auf Plausibilität der Nachweisführung und auf fachliche, organisatorische und anlagentechnische Voraussetzung beim Hersteller.

Damit wird das besonders hohe Maß an Verantwortung der einzelnen Ingenieure und Techniker in der deutschen Flugzeugindustrie gekennzeichnet.

Vor diesem Hintergrund wird verständlich, daß auch dem Gebiet der Qualitätssicherung von Werkstoffen ein hoher Stellenwert im Zuge der Entwicklung und Produktion von Verkehrsflugzeugen zukommt.

2. Das Qualitätssicherungskonzept bei MBB-UT

Die Qualitätssicherungsphilosophie bei MBB zielt jedoch über die reine Zulassungsforderungen hinaus darauf ab, **alle** Anforderungen, die an die Qualität eines MBB-Produktes gestellt werden, zu erfüllen. Qualität bezieht sich dabei für den Unternehmensbereich Transport- und Verkehrsflugzeug sowohl auf **Fehlerfreiheit** und **Termintreue** bei Flugzeugauslieferung als auch auf **Sicherheit, Zuverlässigkeit** und **Wartbarkeit** innerhalb der Flugzeugnutzungsphase.

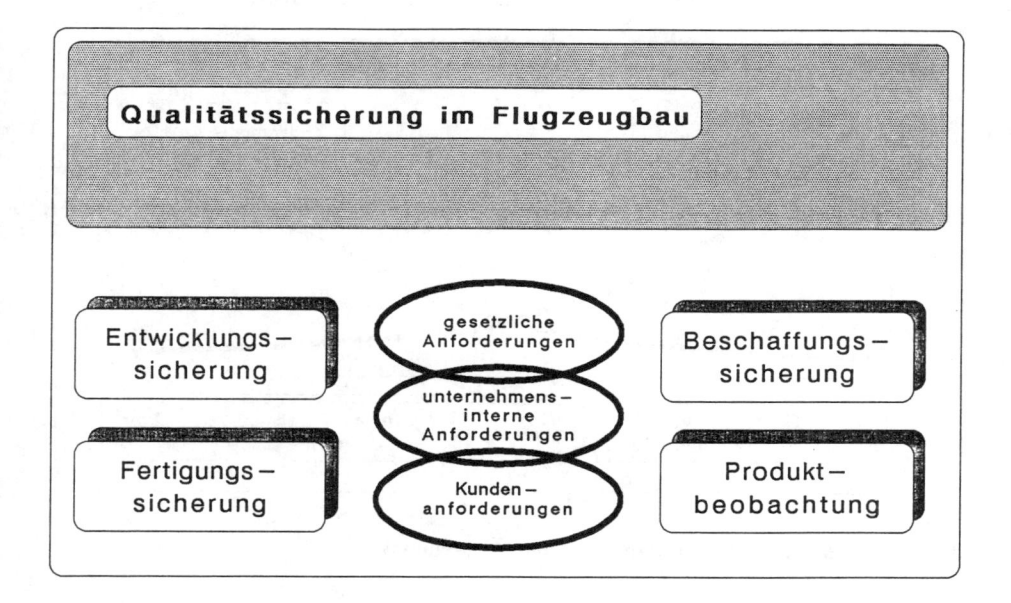

Bild 1: QS-Konzept im Flugzeugbau

Das Qualitätssicherungskonzept bei MBB konzentriert sich dabei auf die Bereiche

- ° Entwicklungsphase
- ° Fertigungsphase
- ° Nutzungsphase

Die Erkenntnis, daß nur ca. 25% - 30% aller Qualitätsmängel auf Produktionsfehler zurückführbar sind, hingegen mehr als 70% der Qualitätsmängel in anderen, im Projektverlauf zeitlich früher tätigen Fachbereichen (wie Entwicklung, Marketing, Materialwirtschaft usw.) entstehen hat dazu geführt, alle "Qualität"-beeinflussenden Bereiche möglichst frühzeitig in unser QS-Konzept aktiv miteinzubinden **(Philosophie der präventiven Qualitätssicherung)**.

Kosteneinspar–Potential und Änderungskosten
im Produktentstehungsgang

Kosten–einsparungs–potential

Änderungs–kosten

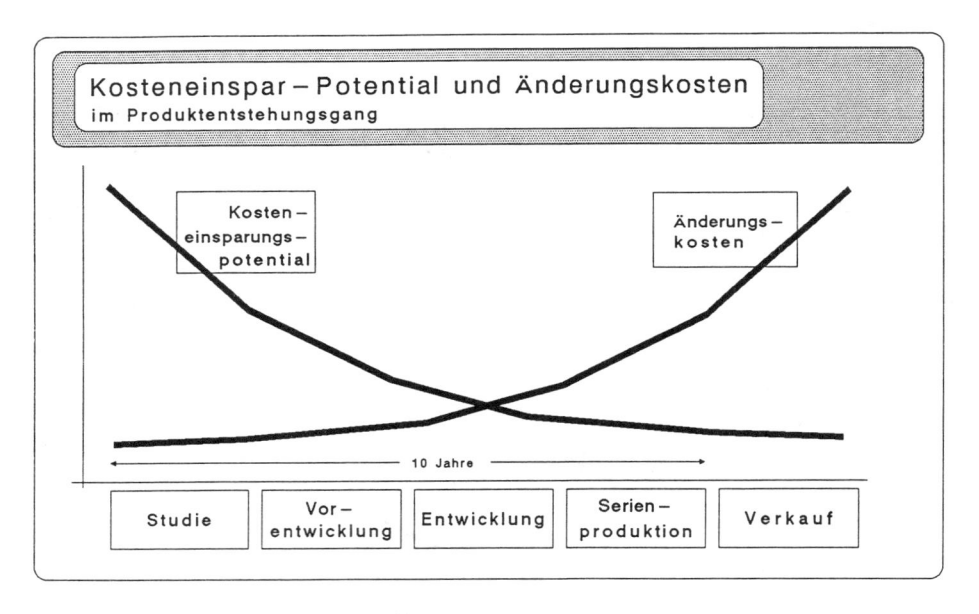

10 Jahre

Studie | Vor–entwicklung | Entwicklung | Serien–produktion | Verkauf

Bild 2: **Kosteneinspar-Potential und Änderungskosten**

Anmerkung:
Bei MBB gibt es eine klare Trennung der **Judikative** (Qualitätssicherung) von der **Exekutive** (Entwicklung, Fertigung, Marketing etc.).

Die Werkstoffe und Werkstofftechnologien bilden wesentliche Innovationspotentiale zur Erfüllung der Kundenanforderungen an die Leistungs- und Qualitätseigenschaften moderner Verkehrsflugzeuge.
Ein wesentliches Ziel stellt dabei die günstige Lage der Flugzeugbetriebskosten (**Direct Operational Costs**) beim Airliner dar.

Die Qualitätssicherung von Werkstoffen im Flugzeugbau beschäftigt sich mit **metallischen** und **nichtmetallischen** Werkstoffen.

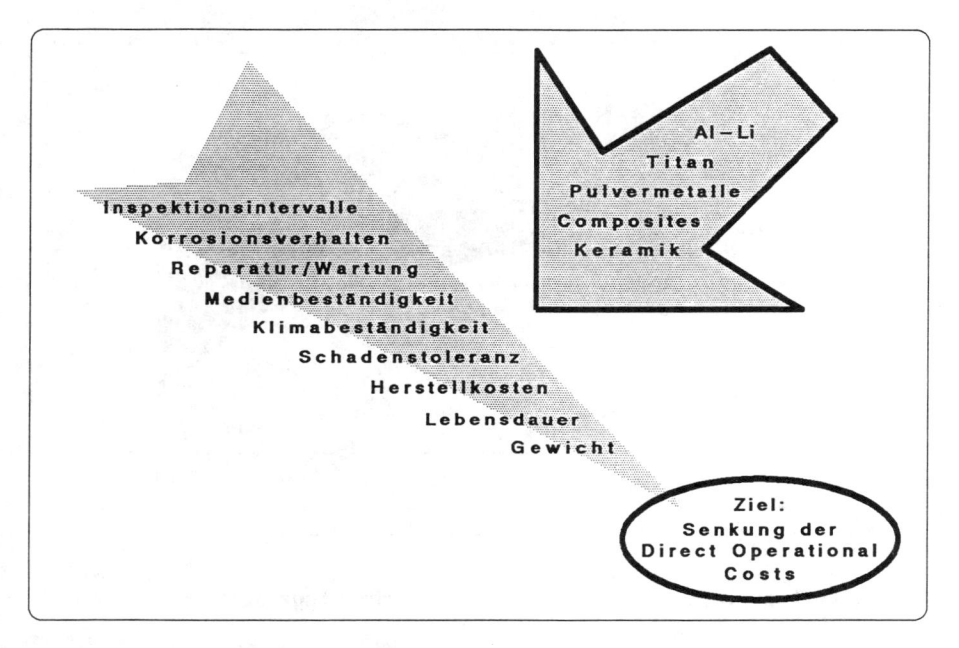

Bild 3: Werkstoffe im Anforderungsprofil

Teilweise werden die Werkstoffe in Form von Fertigmaterial angeliefert (Bleche, Platten, Strangpreßprofile, Spritzgußteile, Tiefziehteile, Waben etc.); teilweise wird der Werkstoff bei MBB erst in seinen Endzustand übergeführt (Klebstoffe, Faserverstärkte Halbzeuge, Lacke etc.).

Werkstoffanteile
in zukünftigen Verkehrsflugzeugen

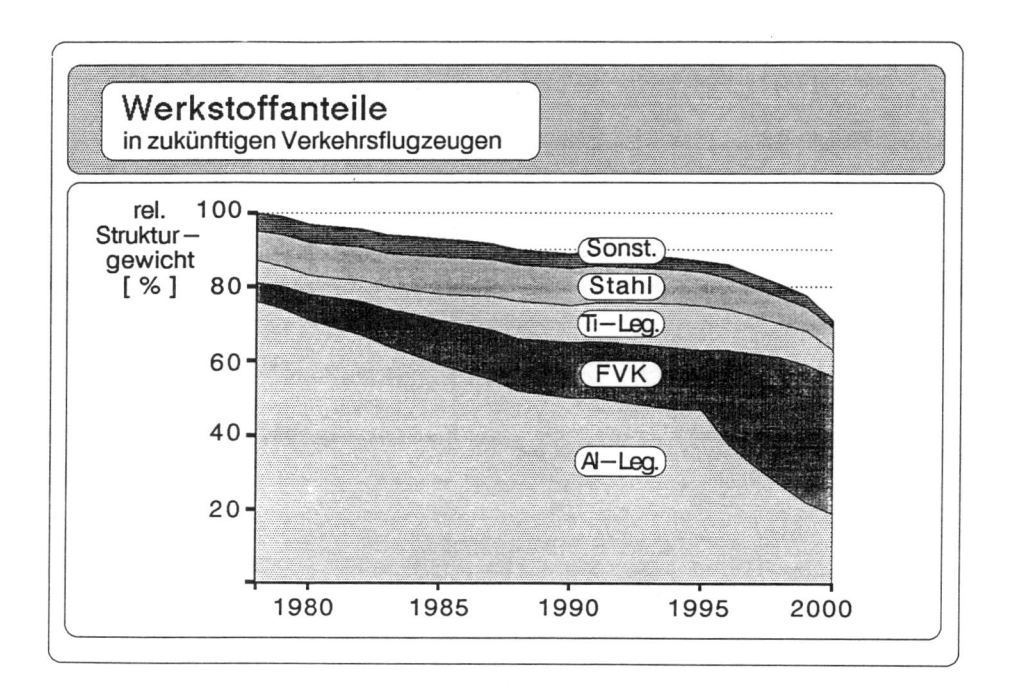

Bild 4: Werkstoffanteile in zuküntigen Verkehrsflugzeugen

Aus diesen Gründen ergeben sich gewisse Unterschiede bei der **werkstoffspezifischen Qualitätssicherung.**
Dennoch haben wir ein gemeinsames Grundprinzip abgeleitet.

3. Elemente der Entwicklungssicherung

Bei der Werkstoffqualifikation veranlaßt die QS die Erstellung eines **Anforderungsprofils,** das die Belange **aller** betroffenen Fachbereiche zusammenfaßt (Werkstoff- und Verfahrenstechnik, Strukturmechanik, Konstruktion, Fertigung und Qualitätssicherung).

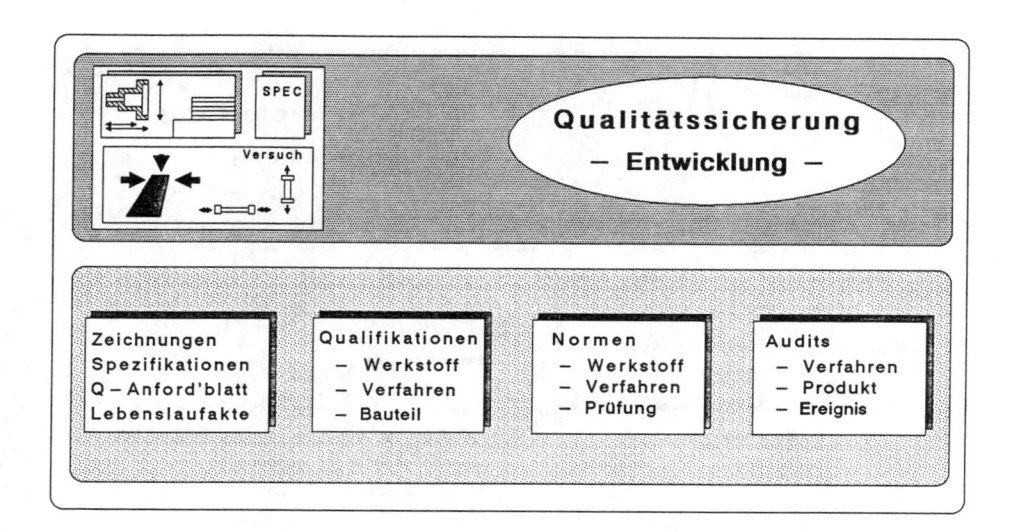

Bild 5: Elemente der Entwicklungssicherung für Werkstoffe

Anhand des Anforderungsprofils wird ein **Qualifikationsprogramm** entwickelt, das die Ermittlung des Qualitätsniveaus aller erforderlichen Werkstoffkenndaten für einen bestimmten konstruktiven Anwendungsfall zum Ziel hat.

Gleichzeitig werden **Fertigungs-** und **Verarbeitungsversuche** durchgeführt, um auch die produktionstechnischen Anforderungen im Hinblick auf den Werkstoffeinsatz bereits frühzeitig abzusichern.

Parallel zu diesen Aktionen erfolgt die **Beschaffungssicherung** zur Minderung der wirtschaftlichen und technischen Risiken bei Zulieferung in Form eines **Audits** beim Werkstoffhersteller.
Dabei hat das "second source"- bzw. "double supply" - Prinzip bei uns oberste Priorität.

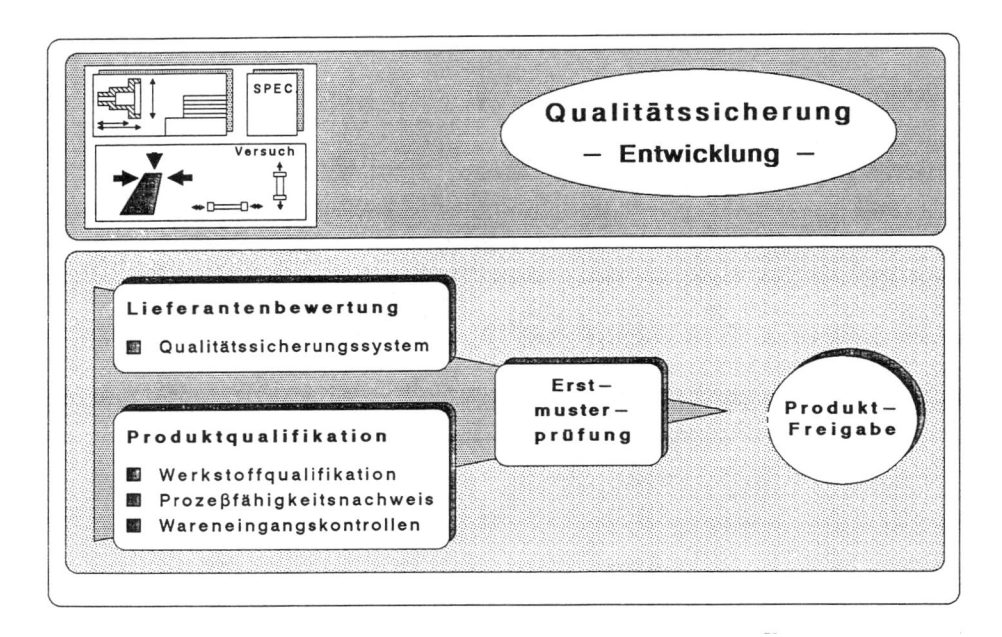

Bild 6: Konzept zur Beschaffungssicherung

Das Audit verfolgt drei Hauptziele:

- Überprüfung auf Qualitätsfähigkeit **(Systemaudit)**

- Überprüfung auf Prozeßfähigkeit **(Prozeßaudit)**

- Überprüfung auf Produktfähigkeit **(Produktaudit)**

Die Bewertung innerhalb des Systemaudits entspricht den Richtlinien der Qualitätsanforderungen der deutschen Luftfahrtindustrie (QSF-A, B, C).

Die Beurteilung der Prozeß- und Produktfähigkeit (Capability/-Traceability) führt bei positivem Ergebnis zu einer "Qualitätsvereinbarung" zwischen Hersteller und Anwender in Form eines **technischen Qualitätshandbuchs** ("Quality Manual").

Darin sind alle wesentlichen technischen Parameter der Werkstoff- bzw. Halbzeugherstellung - angefangen von den Rohmaterialspezifikationen, über die Prozeßspezifikationen ("Process-control-document") bis hin zu den Prüfspezifkationen - in Form von Vorschriften und Sollvorgaben mit Ausgabeindex festgeschrieben.
Dieses QS-Prinzip wurde aus unseren Erfahrungen bei Faserverbundwerkstoffen abgeleitet und soll zukünftig auch verstärkt auf metallische Werkstoffe übertragen werden; z.Zt. sind die QS-Aktivitäten seitens MBB in diesem Werkstoffbereich auf die Einsichtnahme der Fertigungs- und Prüfpläne der Hersteller beschränkt.

Das Quality-Manual wird mit Ausgabedatum in den geltenden Vertragsspezifikationen zwischen Hersteller und Anwender angezogen.
Damit bleibt der innerhalb der Qualifikationsphase verwendete Werkstoffstandard eingefroren **(Absicherung des Qualifikationsstandards).**

Jede Änderung im Quality-Manual ist herstellerseitig anzeigepflichtig und bedarf ggf. einer teilweisen oder vollständigen Requalifikation des Werkstoffes/Halbzeuges.

4. Werkstoffspezifikationen

Die Eigenschaftskennwerte des Werkstoffqualifikationsprogramms (im Regelfall an 2 - 3 Batches ermittelt) werden in Form technischer Normen bzw. Spezifikationen festgeschrieben.

Dabei werden die Werkstoff-**Mindestanforderungen** in einer **herstellerunabhängigen** Norm (Werkstoffdatenblatt oder technischen Lieferbedingung) zusammengefaßt.

Darüberhinaus werden bei Faserverbundwerkstoffen die **herstellerspezifischen Eigenschaftsmerkmale** (Quality-Manual od. spezielle Eigeschaftsniveaus des Werkstoffes) in einem gesonderten, jeweils nur für einen Hersteller gültigen spezifischen Werkstoffdatenblatt fixiert.

Dieses Blatt ist Bestandteil der Werkstoffbestellung und definiert sowohl die herstellerspezifischen Abnahmeniveaus als auch spezielle Prüfbedingungen im Rahmen der Wareneingangs-/Warenausgangsprüfung.

Eine weitere wichtige Anforderung ist die hinreichende Werkstoff- bzw. Halbzeugverarbeitbarkeit, die in der Regel im Zuge der **Verfahrensqualifikation** an Bauteilen und Teilkomponenten überprüft wird. Daraus abzuleitende Qualitätsanforungen werden ebenfalls als Kennwerte (z.B. Lagerfähigkeit, Viskosität oder Klebrigkeit, Lösungsglühtemperatur/-zeiten etc.) im herstellerspezifischen Datenblatt bzw. in der Werkstoffnorm mit der zugehörigen Testmethode festgelegt.

Als letztes Glied in der Qualifikationskette folgt die **Bauteilqualifikation,** d.h. der Nachweis, daß die Materialeigenschaften aus der Werkstoff- und Verfahrensqualifikation mit der konstruktiven und strukturmechanischen Auslegung in Übereinstimmung stehen (z.B. in Form statisch/dynamischer Festigkeitsversuche auch unter Betriebsbedingungen mit Lebensdauernachweisen von bis zu 2 Flugzeugleben, entsprechend 96.000 Flügen, beim Airbus A310).

5. Life Data Sheets und QRS-Blätter

Für Technologieteile - das sind Strukturbauteile des Flugzeugs, bei denen neue, in Entwicklung und Fertigung noch nicht beruhigte bzw. durch die Bauteilkonfiguration stark beeinflußte Werkstoffe und Verfahren zum Einsatz kommen (z.B. **Composite-Bauteile, Schmiedestücke, HIP-Teile, SPF-umgeformte Teile, geklebte Strukturen** etc.) - gilt bei der Qualifikation ein besonderes Qualitätssicherungsverfahren.

Diese Qualifikationsbauteile werden dabei durch sogenannte Lebenslaufakten (**"Life-Data-Sheets"**) dokumentiert.
Diese "LDS" enthalten alle wichtigen Daten über die eingesetzte Werkstoffcharge (mit Wareneingangsprüfdaten), die Fertigungsparameter und die Daten der zugehörigen Bauteilendprüfung in Form eines Soll/-Ist-Vergleiches.

Danach wird das Qualifikationsmuster zunächst zerstörungsfrei (NDT-Technik, z.B. Röntgen oder Ultraschall etc.) und anschließend zerstörend werkstoffanalytisch untersucht (z.B. Gefügeuntersuchung an Schliffproben, Rasterelektronen-Mikroskopie, Thermoanalyse oder mechanische Coupon-Tests).

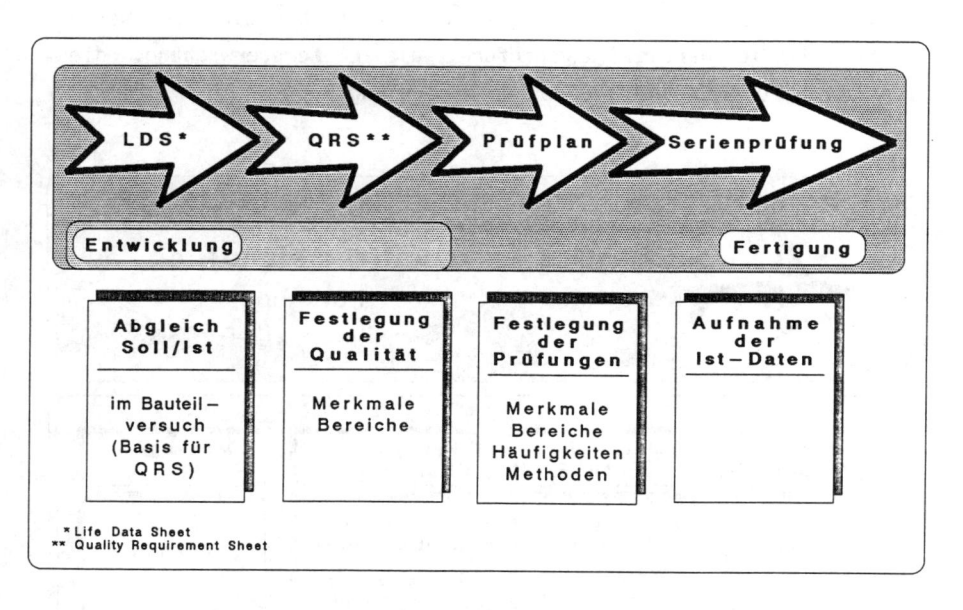

Bild 7: QS-Konzept für Technologieteile

Aus den Erkenntnissen der "life-data-sheets" und den werkstofftechnologischen Untersuchungen am Qualifikationsbauteil ergeben sich die entwicklungsseitigen Vorgaben für die Qualitätsanforderungen (äußere/innere Qualität) innerhalb der Serienphase.

Sie werden in sogenannten **QRS-Blättern** ("Quality Requirements Sheets") festgeschrieben.

6. Qualitätssicherung in der Fertigungsphase

Die Qualitätsanforderungsblätter ("QRS") sind Bestandteil der Bauunterlage und dienen der Qualitätssicherung im Fertigungsbereich zur Erstellung der Prüfpläne.

Die Qualitätssicherung in der Fertigung konzentriert sich bei Werkstoffen auf die **Wareneingangsprüfung,** die **Lieferüberwachung,** die **Prozeßüberwachung** und auf die **Bauteilendprüfung.**

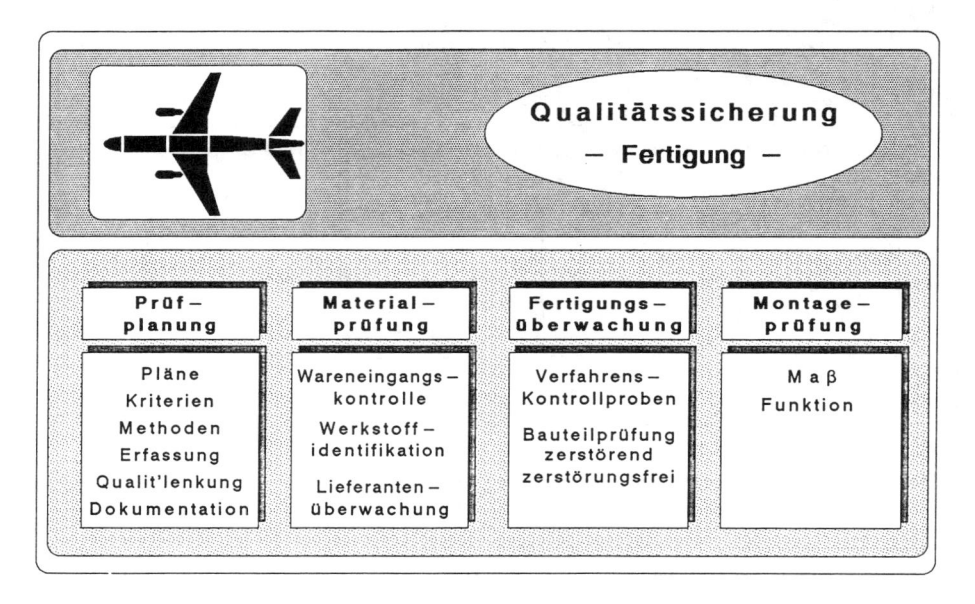

Bild 8: Elemente der Fertigungssicherung für Werkstoffe

Dabei wird die **Werkstoffqualität** im Anlieferungszustand über relevante Wareneingangsprüfungen (Werkstoffidentifikation) nach dynamischen Stichprobenplänen (entsprechend Lieferstatistik und Qualitätsfähigkeit des Lieferanten) sichergestellt.

Die **Verfahrensabsicherung** erfolgt über Verfahrenskontrollproben oder mit Hilfe direkter statistischer Prozeßkontrollmaßnahmen ("in-process-control").

Die Bauteilendprüfung prüft die **kritischen** Bauteilzonen auf innere und äußere **prozeß-** oder **werkstoffbedingte** Abweichungen (z.B. Lunker, Risse, Delaminationen etc.) durch Einsatz möglichst zerstörungsfreier Prüfverfahren.

7. Systematische Qualitätsdatenerfassung

Aufgrund der zunehmenden Automatisation und Rechnerunterstützung der Fertigungsabläufe wurde eine rechnergestützte Qualitätsdatenerfassung und -verarbeitung eingerichtet (**Systematische Qualitätsdatenerfassung**).

Ihre Hauptfunktionen liegen in der

- **Prüfplanung** (Festlegung der Prüf- und Fehlermerkmale, Ablaufplanerstellung etc.)

- **Qualitätsdatenerfassung** (Prüfergebniserfassung)

- **Qualitätslenkung** (Steuerung nach festen Regelalgorithmen auf Basis der Prüfergebnisse)

- **Dokumentation** (Langzeitarchivierung der aufzeichnungspflichtigen Nachweisakten)

Die systematische Qualitätsdatenerfassung führt mit ihrer raschen Informationsverarbeitung zu stärker **präventiven** QS-Maßnahmen innerhalb der Fertigung, indem frühzeitig Störgrößen auf die Produktqualität und deren Ursache (Werkstoff, Verfahren, Fertigungsmittel, Mensch) erkannt und qualitätsberuhigend beeinflußt werden können.

Gleichzeitig ergeben sich durch die systematische rechnergestützte Qualitätsdatenerfassung auch Voraussetzungen für eine **wirtschaftlich** durchführbare Qualitätssicherung (**Optimierung der Qualitätskosten/- "Cost-Improvement"**) von Werkstoffen und ihren abgeleiteten Konstruktionen.

8. Qualitätssicherung in der Nutzungsphase

Das letzte Modul innerhalb des QS-Regelkreises bei MBB befaßt sich mit der **Produktbeobachtung**.

Ziel dieser Aufgabe ist die Erfassung und Aufbereitung von Schadensdaten aus der Nutzungsphase der Flugzeuge zur frühzeitigen Erkennung und Beseitigung von Qualitätseinbrüchen bei der Airbusflotte.

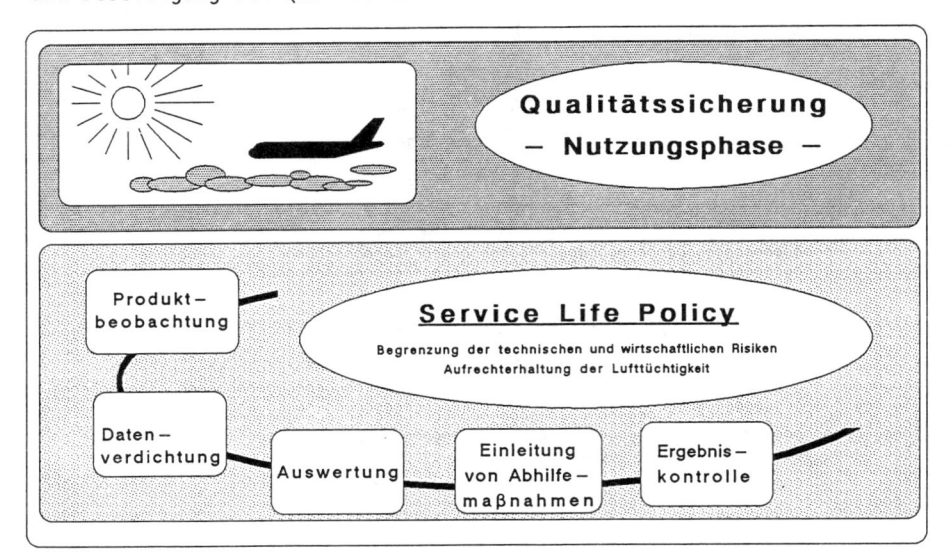

Bild 9: Elemente der QS innerhalb der Nutzungsphase

Dies dient zur Auftrechterhaltung der Lufttüchtigkeit und zur Eingrenzung der technischen und wirtschaftlichen Risiken.

In bezug auf Werkstoffe bedeutet dies die Erfassung und Dokumentation aller im Flugbetrieb aufgetretenen **Stördaten** der Flugzeugstruktur, die auf Werkstoffunzulänglichkeiten zurückzuführen sind, sowie die Überwachung der Inspektions- und Reparaturaktivitäten der Airbus-Kunden.

Damit verbunden ist auch die Festlegung und Durchsetzung von Abhilfe-, Reparatur- und Inspektionsmaßnahmen, sowie deren Erfolgskontrolle zur raschen Beseitigung von **"In-Service"**-Schwerpunktproblemen (**"Service-Life-Policy"**) durch die Qualitätssicherung. Die Stördaten werden dabei ihrer Ursache entsprechend in Entwicklungs-, Fertigungs-, Wartungs-, Prüfmängel und in Unfallereignisse eingestuft.

Durch Rücksteuerung der hierbei gewonnenen Erfahrungen an die übrigen Fachbereiche (Entwicklung, Fertigung, Materialwirtschaft, Qualitätssicherung, Marketing etc) kann sichergestellt werden, daß Qualitätsniveaus innerhalb einer laufenden Bauserie bzw. bei Neuentwicklungen wirksam korrigiert bzw. optimiert werden können.

9. Resümee

Die Qualitätssicherung von Werkstoffen ist im Flugzeugbau direkt verknüpft mit den Anforderungen an das Endprodukt "Flugzeug" (Gesetz, Kunde, Unternehmensleitlinie).

Mit technisch zuverlässigen, modernen, aber gleichsam wirtschaftlichen Methoden wollen wir möglichst **präventiv** die **kritischen Qualitätsmerkmale** des Werkstoffs - bezogen auf seine konstruktive Anwendung - überprüfen.

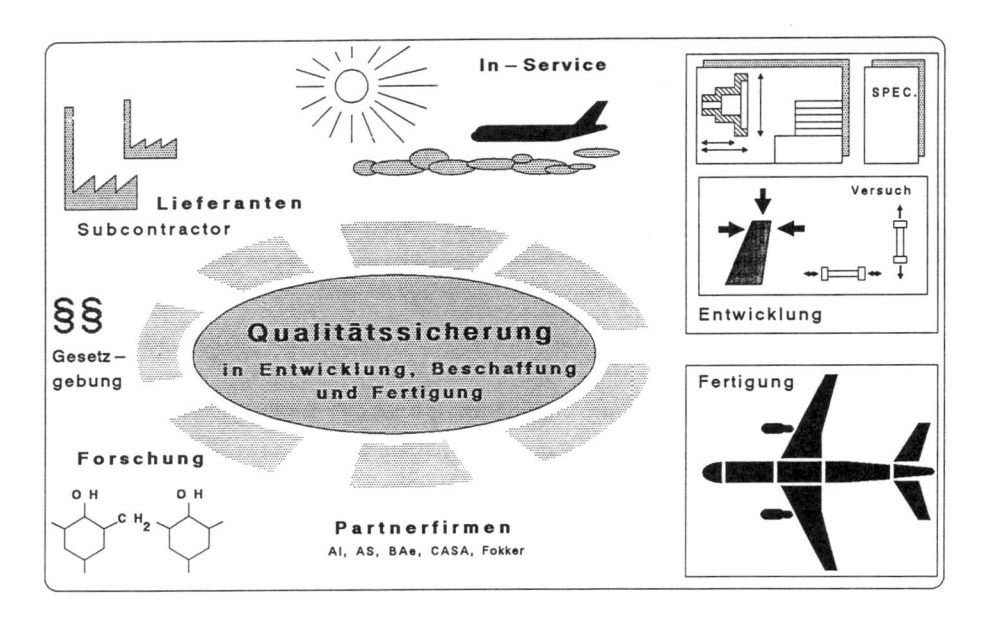

Bild 10: Einbindung der QS in Entwicklung, Fertigung und Beschaffung

Jeder Einzelne - alle Zulieferer eingeschlossen - muß Qualität innerhalb seiner Funktion praktizieren. Denn wir wollen **Qualitätsflugzeuge** herstellen, um besser zu sein als unsere Wettbewerber.

Die Güte der Werkstoffeigenschaften – eine Einflußgröße auf die technische Zuverlässigkeit von Luftfahrzeugen

G. Nagel, Hamburg

1. Die Bauteilvielfalt im Objekt Flugzeug und außergewöhnliche Qualitätsanforderungen

   Im modernen Strahlflugzeug ist eine sehr große Werkstoff- und Bauteilvielfalt vorhanden und auf engstem Raum konzentriert. Diese Werkstoffe und Bauteile müssen so gestaltet und aufeinander abgestimmt sein, daß mit dem gesamten Objekt Flugzeug ein sicherer, zuverlässiger und wirtschaftlicher Flugbetrieb gewährleistet werden kann. Wenn man sich vorstellt, daß rund 240 000 Einzelmaterialpositionen zu einem ganzen zusammengefügt sind und einwandfrei funktionieren müssen, erkennt man, daß bei den Zuverlässigkeitsanforderungen des Einzelteils eine extrem hohe Qualität verlangt werden muß. Jede Kette ist bekanntlich so stark wie ihr schwächstes Glied. Es ist nicht vermessen zu sagen, daß am Ende der Kette Objekt-System-Bauteil-Werkstoff eben der Werkstoff steht. Dort, wo infolge von Redundanz der Systeme der Fehler toleriert werden kann, ist die Güte des Werkstoffs eine Einflußgröße für die Zuverlässigkeit des Flugzeuges. Eine aufwendige Prüfung und detaillierte Kontrolle ist in den Bereichen erforderlich, wo der Werkstoffehler die Flugsicherheit beeinflussen kann.

   Um es noch einmal anders auszudrücken, man unterscheidet beim Betreiben von Luftfahrzeugen sehr deutlich zwischen Zuverlässigkeit und Sicherheit.

Ein zuverlässiger Flugbetrieb wird gestört durch Ausfälle, die vorkommen können z. B. ein Ausfall eines Triebwerkes oder Geräts ohne Gefährdung der Sicherheit. Die Störung der Flugsicherheit dagegen erfordert maximalen Aufwand zur Vermeidung des betreffenden Fehlers, sei es im Werkstoff, im Bauteil oder des Gerätes selbst.

- **Bauteil- und Werkstoffvielfalt**

Das Flugzeug selbst läßt sich grob einteilen in die Flugzeugzelle mit dem Rumpf, den Tragflächen, den Rudern den Fahrwerken, den Triebwerken, den Geräten und die Kabineninneneinrichtung.

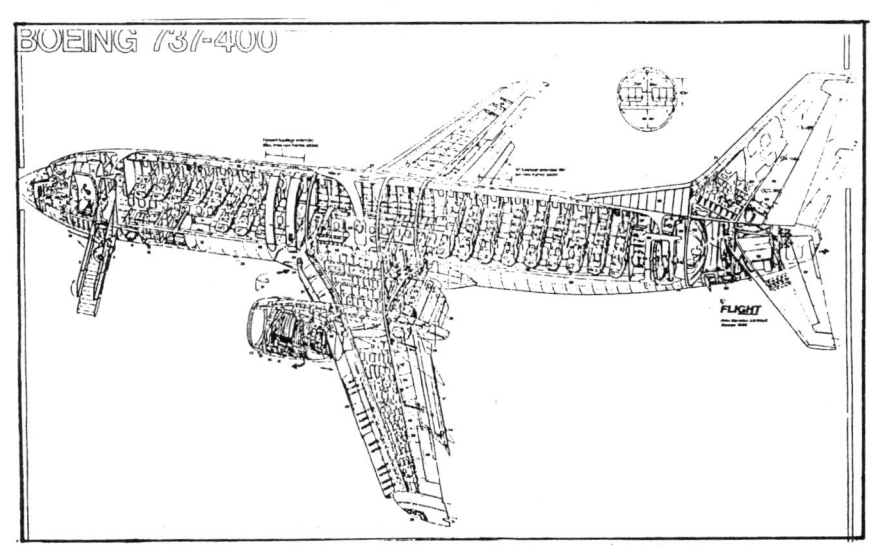

Abb. 1 Überblick über die Struktur eines modernen Verkehrsflugzeuges (noch nicht im Einsatz)

Die Außenhaut des Flugzeuges im Bereich des Rumpfes, der Tragflächen, der Seiten- und Höhenruder besteht vorwiegend aus einer kaltaushärtbaren Aluminium-Kupfer Magnesium Legierung. Im Rumpfbereich ist auf der Außenhaut eine 99,999%ige Aluminium-Plattierung vorhanden. Glasfaser- und kohlefaserverstärkte Kunststoffe, Honeycombstrukturen, Magnesium und Titanlegierungen und letzlich Aluminium-Lithium-Legierungen sind auf dem Vormarsch.

Guß- und Schmiedestücke für Verstärkungen und als Verbindungselemente sind aus Aluminium-Magnesium und aus Titanlegierungen.

An den Übergängen zwischen Tragflächen und Rumpf und speziell an dem Kraftübertragungsstellen zwischen Fahrwerk und tragender Struktur sind in vielfältiger Form diverse Teile aus Stahl im Einsatz. Das gleiche gilt für die Kraftübertragung von Triebwerk zur Tragfläche bzw. Triebwerk zum Rumpf bei im Heck angebrachten Triebwerken.

Bei diesen Stahlbauteilen handelt es sich um niedriglegiertem hochfesten Stahl mit Fertigkeiten bis zu 2000 MPa. Die Fahrwerke mit ihren diversen Einzelteilen unterschiedlicher Bauart, vom einfachen Bolzen bis zum im gesenkgeschmiedeten Achsträger sind ebenfalls aus niedriglegiertem hochfesten Stahl.
Die Landeklappenspindeln z. B. bestehen aus oberflächengehärteten Kohlenstoffstahl.
Eine breite Werkstoff- und Bauteilpalette bilden die Einzelteile des Triebwerks.
Austenitische Stähle, Vergütungsstähle, hochwarmfeste Legierungen aus Nickel- und Cobaltbasislegierungen, Titanlegierungen und auch Aluminium und Magnesiumlegierungen im Triebwerksgondel- und Schubumkehrerbereich kommen zur Anwendung. Das verwendete Schaufelmaterial ist teilweise mit galvanischen Beschichtungen, teilweise mit keramikähnlichen Schichten überzogen. Die Werkstoffe im Triebwerk unterliegen vom Kompressor zum Turbinenbereich höher werdenden Temperaturbelastungen und sind wegen der hohen Luftdurchsatzes starker Korrosionsbeaufschlagung in Form von Oxidation und Sulfidation ausgesetzt. Die Bauteilvielfalt reicht von Wellen, Naben, Buchsen, Distanzstücken über die

verschiedenen Schaufeln, Kompressor- und
Turbinenscheiben bis zu den komplizierten Gehäuseteilen.

Die verschiedenartigsten Geräte der Hydraulik, der
Pneumatik-, des Kraftstoffsystems und der Kinematik haben
ihre eigene Laufzeit, ihre spezielle Verwendung, ihr
spezielles Medium und damit auch ihre spezielle
Werkstoffpalette. Bei den Gehäusen wird Leichtmetallguß
vorherrschend verwendet.

Das Kabineninnere hat für unterschiedliche Werkstoffe bis
hin zu den feuerhemmenden Zwischenwänden und
Sitzbezügen ein breites Einsatzspektrum. Besonders zu
erwähnen sind die Sitzschienen aus Al-Zn-Si-Legierungen
hoher Festigkeit, um das mehrfache der Erdbeschleunigung
im Sonderfall aushalten zu können.

Außergewöhnliche Qualitätsanforderungen

Generell ist festzustellen, daß im Flugzeug jedwede
Gewichtsreduzierung auf der Materialseite die
Zuladungsmöglichkeit, die Reichweite und letzlich die
Wirtschaftlichkeit erhöht. Dies bedeutet, daß immer die
höchstmögliche Festigkeit bei geringstmöglichem Gewicht
des Werkstoffes gefordert wird.

Hochfeste Werkstoffe können andererseits zu diversen
Herstellungs-, Verarbeitungs- und Prüfproblemen führen.

Am Beispiel der Fahrwerksachsen läßt sich verdeutlichen,
daß bei Verwendung von nicht hochfestem Material die
Anzahl der zu befördernden Passagiere unterhalb der
geplanten Wirtschaftlichkeitsschwelle sinken würde. Nur
durch Verwendung von niedrig legiertem hochfesten
Stählen ist ein wirtschaftliches Betreiben der heute
verwendeten Düsenflugzeuge möglich.

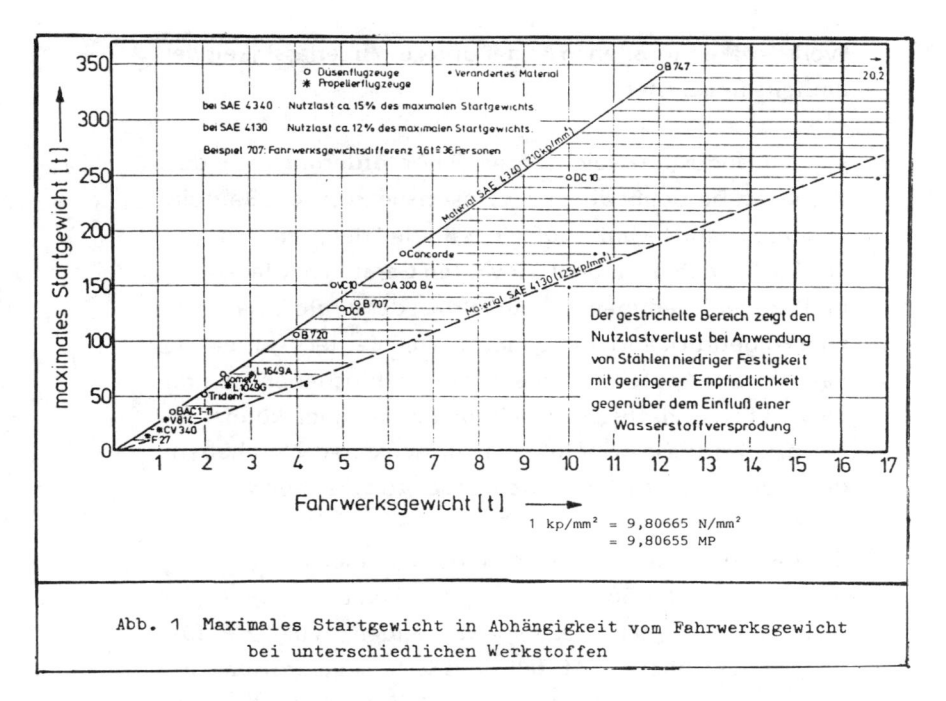

Abb. 1 Maximales Startgewicht in Abhängigkeit vom Fahrwerksgewicht bei unterschiedlichen Werkstoffen

Abb. 2 Startgewicht über Fahrwerksgewicht

Daß die Fahrwerksachsen aus niedrig-legiertem hochfesten Stahl, sofern sie nicht korrekt bearbeitet werden, diverse Probleme auslösen, ist bekannt durch die Begriffe Wasserstoffversprödung, Spannungsrißkorrosion und Sprödbruchneigung.

Ähnliche Beispiele sind
die Empfindlichkeit hochfester Titanlegierungen,
die Korrosionsanfälligkeit warmaushärtbarer Aluminium-Legierungen und die Korrosionsanfälligkeit von Magnesiumlegierungen.

Der Schutz der Werkstoffe vor Korrosion besitzt im und am Flugzeug einen sehr großen Stellenwert und bedarf umfangreicher Kontrollverfahren.

2. Werkstoffkenngrößen in Beziehung zur Zuverlässigkeit der Bauteile und Systeme

In jedem Industriezweig werden die Anforderungen an den Werkstoff bestimmt durch das Einsatzspektrum des Bauteils. In der Luftfahrttechnik muß jedes Bauteil der primären Struktur und in sicherheitsrelevanten Geräten der fail-save-philosophie" genügen, d. h. ein Bruch des Bauteils darf nicht zum Folgebruch auch des benachbarten Bauteils führen. Das benachbarte Bauteil muß die Last des gebrochenen Teils für die Zeit bis zur nächsten Inspektion übernehmen können. Rißfortschrittgeschwindigkeiten müssen einen Wert haben, der es erlaubt, den Riß vor dem Bruch zu erkennen.

Der Begriff der Redundanz spielt bei Systemen eine wesentliche Rolle. So sind im Flugzeug bis zu drei unabhängige Hydrauliksysteme vorhanden, so daß z. B. für die Zeit des Fluges der Ausfall eines Systems verkraftbar ist. In diesem Falle kann der Bruch einer Rohrleitung oder einer Schweißnaht als Werkstoffehler die Zuverlässigkeitsrate beeinflussen, da nach der Landung Behebungsmaßnahmen durchgeführt werden müssen, die zu Verspätungen führen. Jeder namhafte Luftverkehrsbetrieb hat eine Zuverlässigkeitskennzahl, die monatlich verfolgt wird und Verspätungen von 15 min. pro 100 Starts beinhaltet.

So können Verspätungen aus technischen Gründen konkret erfasst werden. So liegt die Rate z. B. bei Langstreckenflugzeugen etwas höher als bei Kurz- und Mittelstreckenflugzeugen. Sie sollte sich bei Langstreckenflugzeugen um den Wert 3 pro 100 Starts und bei Kurzstrecken < 2 pro 100 Starts bewegen.

Der Ausfall eines Triebwerks geht wegen des möglicherweise erforderlichen Triebwerkswechsels ebenfalls in die Zuverlässigkeitsstatistik ein. Ein gerissener Zuganker, der in der Hohlkehle beim Galvanisieren von Nickel-Cadmiumschichten eine zu geringe Nickelschicht aufwies, war z. B. der Grund für den Triebwerksausfall. Es bildete sich "stress-alloy", nachdem das Kadmium bei erhöhten Temperaturen in das Grundmaterial eindrang. Wegen der zu geringen Nickelschicht fehlte der Sperrschichteffekt.

Im anderen Fall war bei der Herstellung das Gefüge einer Turbinenscheibe zu grobkörnig geworden und führte zum Bruch.

Diese Palette läßt sich vielseitig vergrößern für die Fälle, bei denen nicht ein Konstruktions- oder mechanischer Verarbeitungsfehler, sondern ein Werkstoffehler den Ausfall eines Systems zur Folge hatte.

Sehr oft ist es ein kleines Teil, ein Bolzen oder eine Unterlegscheibe, welches mit Luftfahrtqualität - deshalb auch die eigenständige Luftfahrtnormung - zu fertigen ist, um den höchsten Ansprüchen zu genügen.
Es gibt nun bei den Luftverkehrsgesellschaften Zuverlässigkeitserfassungsysteme, die Mittels der EDV jegliche Beanstandung sowohl vom Flugkapitän als auch vom Wartungsmechaniker registrieren. Sie werden dem sogen. ATA-Kapitel (z. B. Fahrwerke ATA Kapitel 32) zugeordnet und unter diesem Begriff zusammengefaßt.

Die Bezeichnung für ein solches System ist ROD, (reliability on demand), das monatliche Schwerpunkte der Beanstandungen an die verantwortlichen Ingenieure zwecks Abhilfemaßnahmen weiterleitet.

3. **Überprüfungsintervalle von Bauteilen und Systemen im Flugzeug**

Neben dem erwähnten Zuverlässigkeitsüberwachungssystem "ROD" existiert ein

Instandhaltungssystem der Flugzeuge und in diesem Rahmen ein zusätzliches Kontrollsystem.

Das Instandhaltungssystem umfaßt alle Ereignisse am Flugzeug angefangen vom sogen. "Trip-check" vor jedem Flug über den "Service-check" einmal pro Woche, den "A-check" zwischen 180 und 400 Flugstunden dem "B-check", "C-check", "CR", "IL" und "D-Check". Der "D-check" oder Überholung findet je nach Flugzeugtyp zwischen 18 000 Flugstunden/80 Monaten und 31 000 Flugstunden/84 Monaten statt. Jedes der Ereignisse ist nach Umfang und Arbeitsstundenaufwand von Typ zu Typ unterschiedlich.

Ereignis/ Abkürzung	Intervall	Bodenzeit pro Ereignis	Arbeitsstd. pro Ereignis
Trip Check T	vor jedem Flug	35 min.	0,5
Service Check S	wöchentlich	4 Std.	20
A-Check A	ca. 350 Fh	6 Std.	40
B-Check B	ca. 1300 Fh	12 Std.	150
C-Check C	ca. 3000 Fh	30 Std.	700
IL-Check IL	ca. 16000 Fh Folgeintervall ca. 6000 Fh	2 Wochen	12 000
D-Check D	ca. 30 000 Fh Folgeintervall ca. 15 000 Fh	4 Wochen	30 000

Abb. 3 Vereinfachte Darstellung des Instandhaltungssystems einer Luftverkehrsgellschaft

Trip Check	Betankung, Außenüberprüfung zur Feststellung von offensichtlichen Servicearbeiten (Toiletten, Wasser usw.). Behebung von No-go Beanstandungen.
Service Check	Kontrollen wöchentlich Durchführung auf Übernachtungs- und/oder Umkehrstationen. Hauptinstandhaltungsarbeiten sind: Servicearbeiten (Öl-, Wasser-, Luftauffüllen), Reifendruckprüfung, Kabinensäuberung etc.
A-Check	Allgemeine Kontrollen am Flugzeug außen und innen (S-Check eingeschlossen). Auf- und Nachfüllen von Betriebsstoffen. Behebung von Flug-Boden und zurückgestellten Beanstandungen.
B-Check	Eingehende Kontrollen am Flugzeug außen und innen. Vermehrte Struktur und Funktionskontrollen mit höheren Anforderungen.
C-Check	Spezielle Kontrollen am Flugzeug außen und innen mit geöffneten Zugangsdeckeln. Struktur und Funktionskontrollen mit größerer Intensität.

IL-Check	Kontrollen an der Flugzeug-Struktur. Kabinen-Auffrischung. Farbausbesserung soweit erforderlich.
D-Check	Detail-Kontrolle/-Überholung der Flugzeugzelle der Kabine und der Systeme. Größter Freilegungsumfang. Wechsel von Großbauteilen. Erneuerung des Außenanstrichs. Einbau von Neuerungen.

Die Zeitspanne - z. B. 280 bis 400 Flugstunden deutet an, daß von Flugzeugtyp zu Flugzeugtyp eine unterschiedliche Flugstundenzahl zwischen den jeweiligen Ereignissen existiert. In diesen Ereignissen werden Routine-, Teil- und Gerätewechsel durchgeführt, Inspektionen in Form von Sichtkontrollen oder zerstörungsfreien Werkstoffprüfungen vorgenommen und sogen. "Non-routine"- Arbeiten auf Grund von Beanstandungen durchgeführt. Die abzuarbeitenden Befunde können Werkstoffehler, (Risse, Kratzer, Korrosion, Verschleiß) Funktionsfehler, Einbaufehler und im häufigsten Fall Inspektionen und Wechsel von sogen. Zeitabläufern sein. Alle Teile, die in der Routineüberwachung sind, werden für den Wechsel oder bei Inspektionen durch Arbeitskarten erfaßt. Dort sind die entsprechenden Arbeitsvorgänge beschrieben. Jedes der bereits benannten 240 000 Einzelteile am Flugzeug wird durch Materialbegleitscheine erfaßt, so daß über jedes Teil, das im Flugzeug ein- und ausgebaut wird, Buch geführt wird. Der Hersteller hat die Aufgabe, jedes Bauteil des Flugzeuges - auch Halbzeug - unverwechselbar zu kennzeichnen.

Das zusätzliche Kontrollsystem besteht aus zwei Elementen.

Ein Element stellt eine unternehmensunabhängige Prüforganisation dar, die neben dem Unternehmensvorstand den Luftaufsichtsbehörden verantwortlich ist. Jede Unregelmäßigkeit wird von diesen Mitarbeitern aufgenommen und verfolgt. Treten Werkstoffehler auf, werden sie mit den handelsüblichen modernen Werkstoffprüfverfahren untersucht. Handelt es sich um kritische Fälle, so geschieht eine Paralleluntersuchung im Hause der Luftverkehrsgesellschaft und dem Fluggerätehersteller.

Die von der Prüforganisation erfaßten Unregelmäßigkeiten werden dem Hersteller gemeldet. Von dessen Seite ist ein umfangreiches Informationssystem über Fehlerquellen und deren Ursachen aufgebaut worden, so daß die verantwortlichen Ingenieure über alle Vorfälle und deren Ursachen aller weltweit operierenden Flugzeuge informiert sind.

Der einfache Werkstoffehler, der irgendwo auf der Welt zu einem Ausfall eines Teiles oder Gerätes geführt hat und der auch an anderer Stelle der Welt zu einem Schaden führen kann, ist somit erfaßt und wird entsprechend bearbeitet.

Das zweite Element ist gegeben durch ein für die Mechaniker eingeführtes Qualifikationssystem. Dieses System regelt, welche Arbeiten von welchem Mechaniker durchgeführt, überprüft und danach bescheinigt werden können. Die Arbeiten sind nach Wichtigkeit und Schwierigkeit klassifiziert. Ein wichtiges Element ist die sogen. Eigenverantwortung des einzelnen Mitarbeiters. Optimale, tätigkeitsbezogene Schulung und beste technische Ausrüstung bieten die Gewähr für sachlich korrekte Durchführung der Arbeiten und Prüfung der Bauteile. Der zerstörungsfreie Werkstoffprüfer prüft die Bauteile eigenverantwortlich und wird nur per System und durch Stichproben seines Vorgesetzten überprüft. Die Doppelprüfung wird nur in seltenen Fällen angewendet und würde das Prinzip der Eigenverantwortung unterlaufen. Voraussetzung ist die Anwendung der bestmöglichsten Geräte und das stetige "Updating" des Wissenstandes des Mitarbeiters.

Die Philosophie des "zweiten Augenpaares" ist daher mit "Augenmaß" anzuwenden.

4. Prüfverfahren der Bauteile

Eine Luftverkehrsgesellschaft bekommt das Objekt Flugzeug vom Hersteller geliefert. Die Bauteile sind aus geprüften Halbzeugen gefertigt und die Bauteile sind je nach erforderlicher Belastung ausgelegt und ggfs. vor Einbau ebenfalls überprüft. Die Werkstoffkennwerte sind der Belastung der Bauteile angepaßt.

Obwohl die Zuverlässigkeit und Sicherheit vom Hersteller optimiert und zum Teil in Grenzwerten garantiert wird, obliegt es jeder Luftverkehrsgesellschaft, Geräte, Funktions- und Bauteilprüfungen eigenständig durchzuführen, wobei der Hersteller Empfehlungen für die Prüfungen bei Auslieferung des Objektes Flugzeug abgibt.

Das bereits beschriebene weltweite Fehlerreportingsystem tut ein übriges zur Durchführung von Prüfungen. Hinzu kommen die Erfahrung bei den einzelnen Luftverkehrsgesellschaften und sogenannte Lufttüchtigkeitsanweisungen, die die Luftverkehrsgesellschaften verpflichten, bestimmte Prüfungen am Bauteil oder Gerät durchzuführen.

Das einfachste Prüfverfahren ist die Sichtkontrolle mit unbewaffnetem Auge oder Vergrößerungsglas. Das Verfahren ist erstaunlich effektiv, da durch Markierungen durch Öl-, Kraftstoff- oder Nikotinfahnen eine Deutlichmachung von Rissen gegeben ist.
Funktionsunregelmäßigkeiten wie Scheuerstellen an Seilen, Röhren, Warnfeuerschleifen u. a. sind durch Sichtkontrollen ebenfalls gut zu erfassen.

Die Farbeindringprüfungen werden sowohl im Wartungsbereich als auch in der Überholung am Flugzeug relativ selten angewendet (Aufbringen von Hand und mit Dose).
Bei der Prüfung von Einzelteilen nach der Demontage aus

dem Flugzeug bzw. nach der Zerlegung der Triebwerke und Geräte findet jedoch die Farbeindringprüfung in ortsfesten Tanks ein breites Anwendungsfeld. Das gleiche gilt für das magnetische Rißprüfverfahren bei magnetisierbaren Werkstoffen.

Eine enorme Entwicklung hat das Wirbelstromverfahren bei der Suche nach Fehlern in Leichtmetallen am Flugzeug genommen.

Anfänglich konnte mit dem Wirbelstromverfahren nur der Fehler an der Oberfläche identifiziert werden. Durch Verwendung von unterschiedlichen Frequenzen und durch die Abbildung der Fehleranzeigen auf der Oszillographenröhre in der Blind- und Wirkwiderstandsebene an Stelle von einfachen Zeigerauschlägen besteht die Möglichkeit im Innern und an der Materialunterseite Fehler darzustellen. Durch geeignete Drehung der Frequenzebene ist es sogar möglich, Fehler in der zweiten und dritten Materiallage zu erkennen und Korrosionstiefen quantitativ zu bestimmen. Gerade im Flugzeugbau gibt es ja bekanntlich viele mehrlagige Konstruktionen und hier hat sich das Wirbelstromverfahren zur Überprüfung von Fehlern im Werkstoff ausgezeichnet bewährt.

Die Anwendung von Ultraschallprüfungen ist am Flugzeug und im Triebwerk sehr stark bauteilabhängig, da sowohl die Ankopplung der Ultraschallwellen als auch die Wiedergabe des Rückwandechos gewährleistet sein muß. Trotz dieser Situation gibt es erstaunlich difficile Anwendungsformen. Wichtig ist die Verwendung eines Prüfnormals, um eine eindeutig interpretierbare Aussage auf dem Oszillographenschirm zu erhalten. Es werden 2 bis 15 MHZ Schallköpfe unterschiedlicher Form verwendet. Sowohl Longitudinal - als auch Tranversaalwellen kommen zur Anwendung.

Verbleibt als zerstörungsfreie Prüftechnik konventioneller Art die Anwendung von Durchstrahlungsverfahren mittels Röntgenstrahlen und Isotopen. Als Isotop wird Iridium 192 verwendet und dies vorwiegend bei Untersuchungen am zusammengebauten Triebwerk.

Gesucht werden Risse, Ausbrechungen an Brennkammern, Verschiebungen an Leitschaufeln, Fremdkörper und Verschleißerscheinungen.

Röntgenuntersuchungen werden durchgeführt an Zellenbauteilen zur Ermittlung von Rissen und Korrosion.

Es werden Eintankgeräte und bewegliche Gleichspannungsanlagen verwendet. Auch die Einzelteilprüfungen im abgeschirmten Röntgenraum ist in der Luftfahrt verbreitet. Turbinen-, Kompressorschaufeln und Schweißnähte von Gehäuseteilen sind im Reparaturkreislauf zu kontrollieren.

Bleibt letzlich noch die Schallemission, Infrarot und Lasertechnik zu erwähnen. Die Anwendung dieser drei Verfahren ist bei Luftverkehrsgesellschaften auf Grund der hohen Investition und der begrenzten Einsatzmöglichkeit weniger stark verbreitet.

Die zerstörende Werkstoffprüfung und die Metallographie sind in einer Luftverkehrsgesellschaft für Schadensanalysen und Wareneingangskontrollen sehr gefragt.

Metallkundliches Wissen von hohem Stand ist für die Fehlerinterpretation und für die Auseinandersetzung mit dem Hersteller sehr nützlich.

5. Werkstoffe und Prüfungen

In den bisherigen Kapiteln wurde der große Zusammenhang dargestellt über Bauteile und Systeme im Flugzeug, Instandhaltungssysteme für den Flugbetrieb, Zuverlässigkeitsbetrachtungen und Fehlererfassungssysteme.

Es wurde verdeutlicht, welche wesentliche Rolle der Werkstoffehler auf das Verhalten eines Systems haben kann und wie die Zuverlässigkeit des Flugzeugs beeinflußt werden kann.

Genauso wichtig ist nun auch der Übergang von der Überprüfung der Systeme zur Prüfung der Werkstoffe am Bauteil. Diese Betrachtung kann nur an einzelnen Beispielen vorgenommen werden, da die komplette Beschreibung der durchzuführenden Prüfungen ein eigenständigen Buchinhalt füllen würde.

5.1 Flugzeugzelle

Die Festigkeit einer Flugzeugzelle ist beim Hersteller erprobt und für die entsprechenden Lastwechsel ausgelegt. Nach bestimmter Lastwechselzahl, die über die übliche Lebensdauer, hinausgeht können sich Werkstoffschäden zeigen.

An diesen Stellen sind Prüfungen auch innerhalb der Lebensdauer der Zelle angezeigt.
So ergab es sich, daß im sogen. Beavertailbereich der Tragfläche der Boeing 707 jahrelang zu jeder Teilüberholung (D-check) Röntgenprüfungen durchgeführt wurden, ohne Befunde zu erhalten.

Nach ca. 15jähriger Betriebszeit wurde in dem genannten Bereich unter dem Beavertail (Verstärkungsstück zur Aufnahme der Kräfte zur Übertragung vom Fahrwerk auf die

Tragfläche) ein 23 cm langer Riß festgestellt. Dieses Ereignis war der Auslöser für ein sogen. "wing-life-extension" Programm an der gesamten "Boeing-707-Flotte. Pro Tragfläche wurden ca. 5 000 Bohrungen mittels Wirbelstrom überprüft. Die aufgefundenen Anrisse in den Bohrungen der Struktur wurden aufgerieben, die Bohrungen mit einem Ziehdorn kaltverfestigt und z. T. wurde eine neue Flugzeugaußenhaut auf die Tragflächenoberseite aufgebracht.

Die großflächige Materialermüdung erforderte diese Neuerung zur Verlängerung der Lebensdauer der Zelle und damit des Flugzeuges.

5.2. Triebwerke

Vor der Lösung einer Prüfaufgabe müssen generell und im Triebwerksbereich im besonderen vier Fragen vorabgeklärt werden. Die erste Frage stellt sich auf Grund der Werkstoffvielfalt im Triebwerk nach dem Werkstoff selbst. Die zweite Frage muß sich mit der Geometrie des Bauteils befassen. Die dritte Frage bezieht sich auf die Zugänglichkeit des zu prüfenden Bauteils. Als vierte Frage ist zu klären, welches Prüfverfahren hat die entsprechende Empfindlichkeit für die nötige Fehlererkennbarkeit.

So haben sich die verschiedensten Prüfmöglichkeiten für das zusammengebaute Triebwerk (abgebaut vom Flugzeug bzw. "on the wings") entwickelt.

Ist das Triebwerk zerlegt, so ist der Prüfaufwand unvergleichbar einfacher. Bemerkenswert ist der Fall einer Spacerprüfung im Triebwerksinnern im Baustand von 1,5 m vom Triebwerkseinlaß mittels Wirbelstrom. Es würde eine spezielle Spreizsonde gebaut, die es erlaubte, den gesamten Spacerumfang im Bereich der Zugankerführungen zu bestreichen. Durch Vibrationen traten an dieser Stelle Risse auf.

6. Zukunftsbetrachtungen

Mit neuen Techniken an neuen Flugzeugen könnte in der Zukunft der Aufwand für Prüfung der Werkstoffe beim Betreiber reduziert werden. Da das Objekt Flugzeug immer optimalen Wirtschaftlichkeitsanforderungen entsprechen muß, werden die Anforderungen an den Werkstoff weiterhin im Extrembereich liegen.

Somit ergibt sich die Notwendigkeit von Fehlererfassungen und vorsorglichen Prüfungen.

Sowohl die Flugsicherheit als auch die Zuverlässigkeit erfordert Überprüfungssysteme und Kontrollen, die Fehler und Fehlermöglichkeiten per System auf ein Minimum reduzieren oder ganz ausschließen.

Es kann abschließend gesagt werden, daß die Güte der Werkstoffeigenschaften eine Zuverlässigkeitsgröße für den Luftverkehr darstellt, die Werkstoffeingenschaften jedoch die Sicherheit des Luftverkehrs laut Statistik jedoch kaum negativ beeinflußt haben.

Qualitätssicherung bei Werkstoffen im Maschinenbau

K. Boddenberg VDI, Duisburg

ZUSAMMENFASSUNG

Die Berücksichtigung der Anforderungen der DIN ISO 9001 bei der Qualitätssicherung von Werkstoffen in der Konstruktion, Fertigung und bei der Beschaffung wird an Hand von Beispielen aus dem Turboverdichterbau beschrieben. Auf die Bedeutung der Fehlererfassung und von Korrekturmaßnahmen wird eingegangen.

1. EINLEITUNG

Obwohl die Qualitätssicherung (QS) eines Werkes an das Produkt und an die eingesetzten Verfahren und Werkstoffe angepaßt sein muß, gilt doch die Erfahrung, daß in einem weiten Umfang QS-Systeme innerhalb des Maschinenbaus eine gemeinsame Basis haben. Wegen der weltweiten Anerkennung in praktisch allen Industrienationen ist es inzwischen auf dem Markt des Turboverdichterbaus üblich geworden, die DIN ISO 9001 als Grundlage zu wählen. Diese Norm wird angewandt, wenn QS-Nachweisanforderungen für die Abwicklung eines Auftrages gelten, in dem die Phasen der Entwicklung und Konstruktion, Produktion, Montage und des Kundendienstes enthalten sind. Bei der Festlegung eines QS-Systems ist es sinnvoll, einen derartigen Nachweisstandard auch zur Grundlage beim Aufbau des QS-Systems zu machen. Im Bild 1 sind die Elemente der DIN ISO 9001 etwas übersichtlicher angeordnet, als dies im Normtext der Fall ist. Hieraus ist zu ersehen, daß sich die QS auf alle Bereiche der Aufbau- und Abwicklungsorganisation einer Firma bezieht, und in nahezu allen diesen Bereichen spielt im Turboverdichterbau der Werkstoff eine mehr oder weniger große Rolle. Für die Werkstoffe im Maschinenbau kann man also die Vielfalt des QS-Systems aufzeigen, das umso vielseitiger und variabler sein muß, je größer der Einfluß des Kunden und je komplexer die Struktur des Auftrages ist. Dies gilt für

Führungselemente
4.1 Managementaufgaben
4.18 Schulung

Phasenübergreifende QS-Elemente	Phasenspezifische QS-Elemente
4.2 Qualitätssicherungssystem	4.3 Vertragsprüfung
4.5 Dokumentation	4.4 Entwicklung
4.8 Kennzeichnung und Rückverfolgbarkeit	4.6 Beschaffung
4.10 Qualitätsprüfungen	4.7 Beigestellte Produkte
4.11 Prüfmittelüberwachung	4.9 Produktion
4.12 Prüfzustand	4.19 Kundendienst
4.13 Fehlerhafte Einheiten	
4.14 Korrekturmaßnahmen	
4.15 Transport, Lagerung, Verpackung und Versand	
4.16 Qualitätsaufzeichnungen	
4.17 Interne Qualitätsaudits	
4.20 Statistische Verfahren	

Bild 1. Anforderungselemente der DIN ISO 9001

den Turboverdichterbau, der seine Anlagen für den Kunden konstruiert und maßgeschneidert fertigt, im besonderen Maße. Im nachfolgenden werden an Hand einiger weniger Beispiele für die QS bei Werkstoffen im Maschinenbau die Voraussetzungen beschrieben, die vor der Auftragsvergabe bereits vorliegen müssen. Dann wird kurz auf die Auftragsabwicklung eingegangen und zuletzt das für QS-Systeme so wichtige Mittel der Fehlererfassung und der Korrekturmaßnahmen besprochen.

2. VORAUSSETZUNGEN ZUR AUFTRAGSABWICKLUNG

Die Voraussetzungen für die Abwicklung eines Auftrages sind vornehmlich die in den Führungselementen und den phasenübergreifenden QS-Elementen beschriebenen Anforderungen. Aus dieser Fülle von Einzelfestlegungen werden nachfolgend Beispiele aus der Prüfmittelüberwachung, den Fertigungsverfahren und der Schulung des Personals dargestellt.

2.1 Prüfmittelüberwachung

Es ist wohl allgemein üblich, daß die Eichstellen der Staatlichen Materialprüfanstalten in regelmäßigem, häufig einjährigem Turnus zur Kalibrierung der klassischen Werkstoffprüfeinrichtungen herangezogen werden. Damit kann man davon ausgehen, daß die Forderung der DIN ISO 9001 erfüllt werden. Dort ist allerdings auch gefordert, sicherzustellen, daß die Handhabung, der Schutz und die Lagerung solcher Prüfgeräte so zu erfolgen hat, daß deren Genauigkeit und Gebrauchsfähigkeit aufrecht erhalten bleibt. Dies ist nicht immer alleine durch den Augenschein sicherzustellen, denn Veränderungen bei Meßgeräten müssen sich nicht durch äußere Beschädigungen anzeigen. Die einmalige Kalibrierung pro Jahr reicht daher nicht aus. Vielmehr müssen in angemessenen Zeitabständen in der Eigenverantwortung des Labors Zwischenprüfungen stattfinden. Im Bild 2 ist daher gezeigt, daß die Kalibrie-

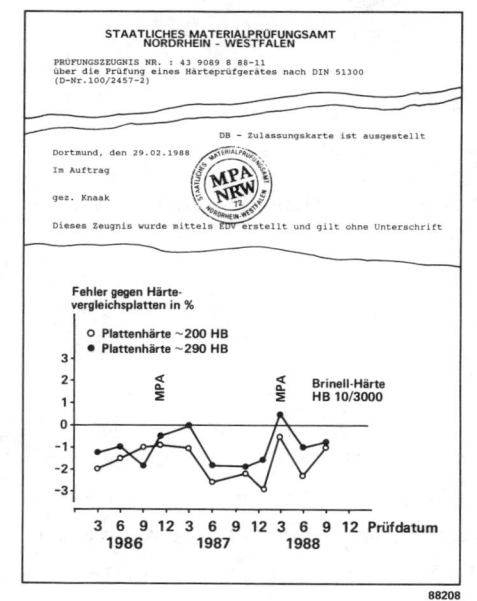

Bild 2. Kalibrierung und Zwischenprüfung eines Härteprüfgerätes

rung durch das Staatliche Materialprüfungsamt durch laufende Überprüfungen im dreimonatigen Rhythmus ergänzt wird. Hierbei wird mit geeichten Prüfplatten auf zwei verschiedenen Härteniveaus die Genauigkeit des Härteprüfgerätes durch unabhängige Mitarbeiter überwacht. Darüber hinaus werden Vorkommnisse registriert, die die Qualität des Prüfgerätes beeinflussen können und unter Umständen weitere Zwischenprüfungen erfordern.

Die moderne Werkstoffprüftechnik wendet darüber hinaus aber auch Verfahren an, für die es keine Kalibrierorganisation wie die Materialprüfämter gibt. Hier muß der Prüfmittelbenutzer seine eigenen Kalibriereinrichtungen schaffen und entsprechend seinen Erfahrungen über die zeitliche Veränderung der Prüfmittelgenauigkeit Kalibrierintervalle festlegen. So zeigt z.B. das Bild 3 den Aufbau der Kalibrieranordnung für eine Ultraviolettlampe, die bei der magnetischen Rißprüfung eingesetzt wird. Im Vergleich zum Sollwert der Lichtstärke in einem bestimmten Abstand von der Lampe ist die Abnahme dieser Lichtstärke über der Zeitachse dargestellt. Nur aus solchen Darstellungen ist zu erkennen, wann eine Lampe aus dem Verkehr gezogen werden muß, bevor sie den vorgegebenen Mindestwert für die Lichtstärke unterschreitet und die Qualität der Prüfergebnisse nicht mehr in vollem Um-

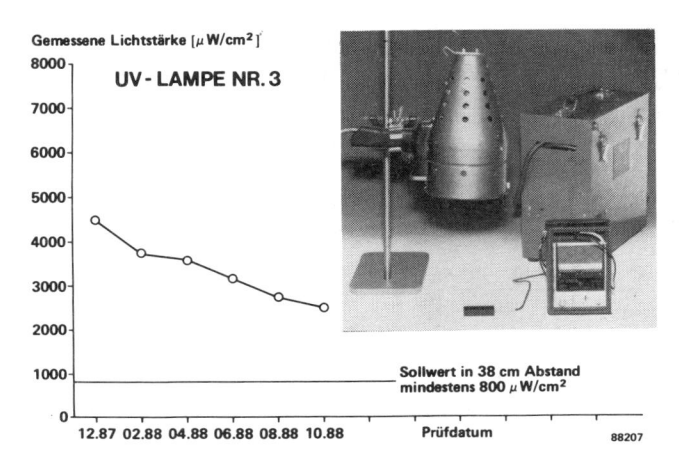

Bild 3. Zeitlicher Verlauf der Lichtstärke einer UV-Lampe ermittelt bei der regelmäßigen Kalibrierung

fang gewährleistet werden kann.

2.2 Fertigungsverfahren

Die wesentliche Forderung der DIN ISO 9001 für die Fertigung ist, neben der Planung und den Prüfungen, auf die später eingegangen wird, sicherzustellen, daß die Fertigungsverfahren unter beherrschten Bedingungen ablaufen. Dies bedeutet, daß nicht leicht reproduzierbare Fertigungsschritte, zu denen auf dem Gebiet der Werkstofftechnik neben dem Fügen wohl auch die Wärmebehandlung gehört, besonderen Qualifikationen unterliegen müssen. Die Einhaltung der einmal festgelegten Bedingungen bei der Wärmebehandlung ist in letzter Zeit dadurch erheblich erleichtert worden, daß moderne Wärmebehandlungsanlagen, wie es das Bild 4 zeigt, mit Mikroprozessoren ausgerüstet sind, die es gestatten, den einmal festgelegten Temperatur-Zeitverlauf mit hoher Genauigkeit zu reproduzieren. Diese Prozeßregler gestatten es auch, die Regelparameter zu beeinflussen, wodurch eine optimale Anpassung an die Werkstückgröße und die Belegung des Ofens möglich wird. Darüber hinaus werden neben der Temperatur auch andere wichtige Wärmebehandlungsparameter, wie z.B. Atmosphärenzusammensetzung, Gasdruck, Kühlgasgeschwindigkeit usw., geregelt.
Die Erfolge von Werkstoffbehandlungen werden nicht immer mit genormten

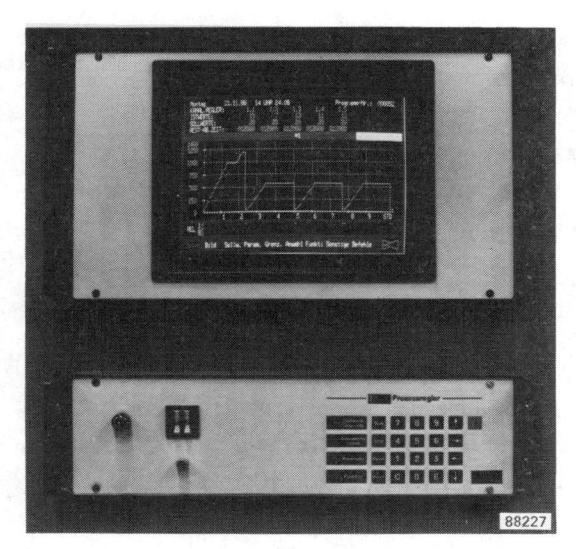

Bild 4. Prozeßregler für eine Vakuumanlage mit farbigem Grafikbildschirm zur Darstellung des programmierten Wärmebehandlungszyklus

Proben praxisgerecht wiedergegeben. In <u>Bild 5</u> ist dargestellt, wie aus der Aufgabe, Teile eines Turboverdichterlaufrades im Hochvakuum zusammenzulöten, eine Probe entwickelt wurde, die das Wesentliche dieses Fügeverfahrens praxisnah simuliert. Mit den gewonnenen T-förmigen Zugproben erhält man wirklichkeitsgetreue Ergebnisse über den Erfolg des Lötens. Die vereinfachte Probe dient daher zum Zeitpunkt der Entwicklung von Verfahrensparameter dazu, mit relativ geringem Aufwand Er-

Bild 5. Vergleich von Probe und Werkstück beim Löten

kenntnisse über das Verhalten des teuren Werkstückes beim Löten zu gewinnen. Außerdem ist es mit solchen Proben - wenn nötig - möglich, Qualitätsprüfungen der laufenden Fertigung durchzuführen, die am Turboverdichterlaufrad selbst zerstörungsfrei nicht zu gewinnen sind. Eine beherrschte Fertigung setzt auch voraus, daß geeignete Prüfverfahren zur Verfügung stehen, um Fertigungsfehler eindeutig zu erkennen. Daß es nicht immer einfache Prüfverfahren hierfür gibt, soll das Beispiel der Spannungsrißkorrosion in Schwefelwasserstoff zeigen. Die Standzeit von gefügten und ungefügten Proben in schwefelwasserstoffgesättigter Lösung ist, wie in <u>Bild 6</u> gezeigt, von der Härte abhängig. Man kann auch in erster Näherung sagen, daß sich viele Fertigungs- oder Wärmebehandlungsfehler durch Härtesteigerungen bemerkbar machen. Auf der anderen Seite können schon geringe Härteänderungen von nur 30 HV 10 zu einem Abfall der Standzeit auf weniger als ein Viertel

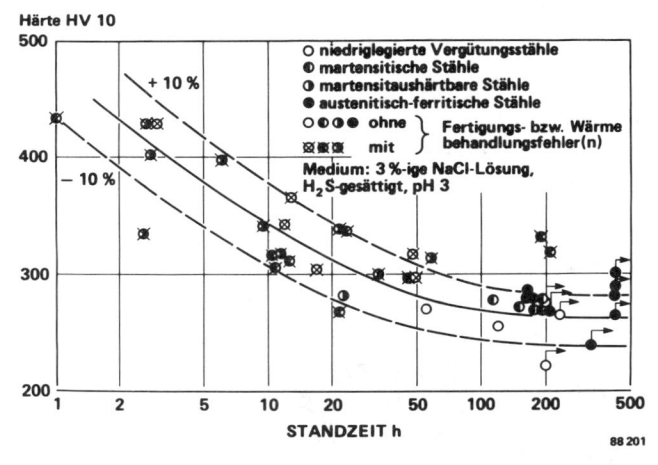

Bild 6. Einfluß von Fertigungs- und Wärmebehandlungsfehlern auf die Anfälligkeit gegen Spannungsrißkorrosion

führen. Außerdem gibt es Proben, die trotz erheblicher Härtesteigerung von über 50 HV 10 noch die gleichen Standzeiten erreichen wie die normal behandelten Proben. Durch nachträgliche Härteprüfung läßt sich daher nicht im vollen Umfang feststellen, ob die Fertigungsverfahren ordnungsgemäß durchgeführt worden sind, so daß eine ständige Überwachung der angewandten Verfahrensweise sichergestellt werden muß.

2.3 Schulung des Personals

Neben der Qualifikation der Produktions- und Prüfmittel und der Verfahren spielt die Qualifikation des Personals gerade im Bereich der Werkstofftechnik, eine außerordentlich wichtige Rolle, weil, wie oben schon erwähnt wurde, viele Verfahren in diesem Bereich nicht im vollen Umfang nachträglich hinsichtlich ihrer Qualität beurteilt werden können. Deswegen ist es schon seit längerem üblich, Schweißer für die verschiedenen Werkstoffe, die unterschiedlichen Werkstückgeometrien und Schweißpositionen zu qualifizieren, wobei je nach Bauteil, das zu fertigen ist, hierfür auch vom Hersteller unabhängige Prüfer, z.B. des TÜV, eingesetzt werden.

Aber auch auf vielen anderen Gebieten der Werkstofftechnik ist die Qualifizierung des Personals inzwischen in weitem Umfang üblich geworden. Die DIN ISO 9001 fordert hierzu, daß die Mitarbeiter auf der Basis einer angemessenen Ausbildung, Schulung und/oder Erfahrung entsprechend den an sie gestellten Forderungen qualifiziert sein müssen. Für die zerstörungsfreie Werkstoffprüfung hat sich als ein Weg, die geforderte Qualifizierung zu erreichen und nachzuweisen, die Anwendung der ASNT DOC. SNT-TC-1A eingeführt. Dies gilt insbesondere für Maschinenhersteller, die im internationalen Markt tätig sind. Für alle üblichen zerstörungsfreien Werkstoffprüfverfahren wie Röntgen, Ultraschallprüfung, Farbeindringprüfung, Magnetpulverprüfung usw. wird eine Ausbildung und Qualifizierung in drei Stufen (Level) durchgeführt und in regelmäßigen Abständen wiederholt. Im Bild 7 ist ein Zertifikat einer solchen Qualifizierung wiedergegeben, welches auch für viele Kunden als Beurteilungsmaßstab für die Fähigkeit des vom Lieferer gestellten Personals für die vorgesehenen Prüfaufgaben dient. Über diese allgemeine Qualifikation hinaus sind auch firmenspezifische Festlegungen für die Tätigkeit des Werkstoffprüfers von Wichtigkeit. Hierüber müssen ebenfalls Informationen erteilt werden. Das Bild 8 zeigt eine Notiz über eine Ausbildungsmaßnahme für Prüfpersonal zu einer ganz bestimmte Arbeitsanweisung, die für seine Prüfertätigkeit von qualitätsbestimmender Bedeutung ist. Erst wenn eine derartige Unterweisung nachvollziehbar durchgeführt wurde und die entsprechenden Unterlagen am Arbeitsplatz vorhanden sind, können die Prüfaufgaben vom Prüfer selbständig und verantwortungsvoll ausgeführt werden.

Bild 7. Zertifikat über die Qualifizierung von Personal für die zerstörungsfreie Werkstoffprüfung

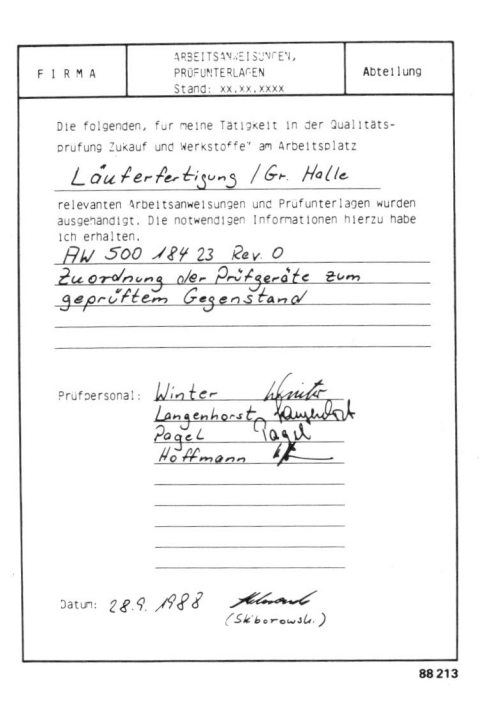

Bild 8. Nachweis über Ausbildungsmaßnahmen

3. AUFTRAGSABWICKLUNG

Für die Auftragsabwicklung gelten im wesentlichen - wenn man sich noch einmal Bild 1 vor Augen führt - die phasenspezifischen QS-Elemente. Insbesondere diese sind im Einzelmaschinen- und Anlagenbau dadurch gekennzeichnet, daß die jeweiligen Vertrags- und Einsatzbedingungen die QS stark beeinflussen. Es müssen daher organisatorische Mittel gefunden werden, sich flexibel auf die jeweiligen Bedingungen einzustellen.

3.1 Konstruktion

Werkstofffragen werden in Konstruktionsabteilungen im allgemeinen nicht von Fachleuten behandelt, so daß es unter Umständen schwierig sein kann, richtig auf nur dem Fachmann erkennbare Änderungen in den Einsatzbedingungen der Werkstoffe zu reagieren. Dies gilt ganz besonders bei der Korrosion. Die Bewährung von Stählen unter Korrosionsbedingungen kann sich nämlich zum Teil bereits bei geringfügigen Änderungen drastisch verschlechtern. Das im Bild 9 dargestellte Beispiel zeigt das Verhalten einer Lötverbindung aus weichmartensitischem Stahl unter Bedingungen, wie sie bei der Kondensation aus Industrieluft vorliegen können. Das in der Luft enthaltene SO_2 bzw. SO_3 löst sich in

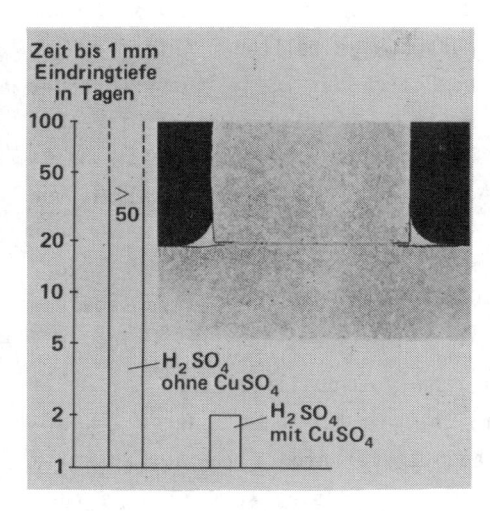

Bild 9. Selektive Korrosion an Lötverbindungen

dem Kondensat, so daß auf der Metalloberfläche ein Film gelöster schwefeliger Säure bzw. Schwefelsäure vorliegt. Dies führt zu einem allgemeinen Angriff des Stahls. Eine besondere selektive Korrosion wird aber zumindest in den ersten fünfzig Tagen der Korrosionsbeanspruchung nicht beobachtet. Fügt man diesem Korrosionsmedium jedoch Kupfersulfat hinzu, so dringt ein selektiver Korrosionsangriff im Übergang zwischen Lot und Stahl rasch vor und zerstört die Verbindung. Solche Bedingungen herrschen, wenn aus Industrieluft in vorgeschalteten Kühlern die Luftfeuchtigkeit kondensiert und die dort vorhandenen Kupferwerkstoffe angreift. Auf diese Weise kommt es zur Kupfersulfatbildung, so daß das Korrosionsmedium die im Bild 9 gekennzeichnete kritische Zusammensetzung besitzt.

Der Einfluß der Umgebungsbedingungen ist bei Kunststoffen erfahrungsgemäß besonders stark. Es reicht z.B. nicht aus, für die Konstruktion allgemeine Daten über die Alterung dieser Werkstoffe aus Werkstoffblättern zu entnehmen. Vielmehr ist die genaue Kenntnis über den Einfluß der Umgebungsbedingungen auf die Veränderung der Kunststoffe notwendig. Das Bild 10 zeigt hierzu Beispiele für Gewichtsverluste von Viton in Abhängigkeit von der Temperatur bei verschiedenen Medien und Drücken.

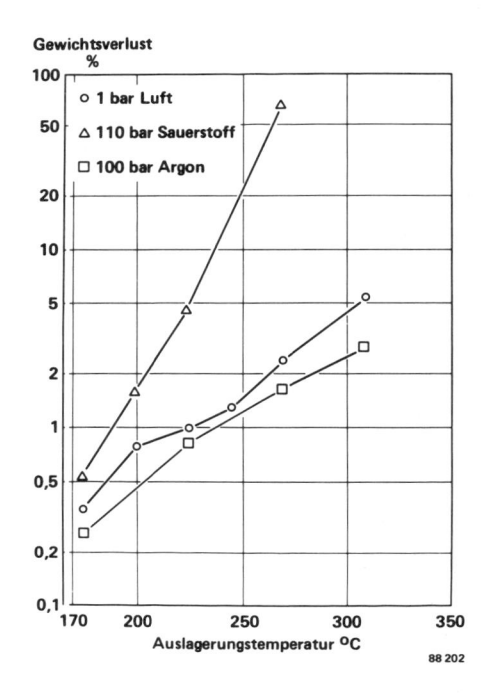

Bild 10. Veränderung von Viton bei unterschiedlichen Bedingungen

3.2 Beschaffung

Bei der Beschaffung kehrt sich das Verhältnis Kunde/Hersteller um. Der Hersteller muß nach DIN ISO 9001 die an ihn selbst von seinem Kunden gestellten Anforderungen bezüglich der QS in entsprechender Weise auf seinen Unterlieferanten übertragen. Notwendigerweise heißt dies, daß man als Hersteller von vornherein eine Auswahl unter den möglichen Unterlieferanten vornehmen muß, da die Auftragsabwicklung im allgemeinen Fall keine Zeit dafür läßt, diese erst nach Auftragseingang zu qualifizieren.

Für Halbzeuge ist es daher erforderlich, wie für alle anderen Zukaufteile auch, eine Liste der zugelassenen Lieferanten - wie auszugsweise in Bild 11 dargestellt - zu führen. Diese Zulassung kann sich je nach Schwierigkeitsgrad des Halbzeuges auf eine einzige Lieferspezifikation beschränken. Die Lieferantenliste macht dem Einkauf Angaben über die Anforderungen an das QS-System des Unterlieferanten. Sie legt außerdem

Firma	LISTE DER ZUGELASSENEN LIEFERANTEN für Halbzeuge					Ident-Nr.:
						Blatt 1 v. X
Bauteil Werkstoff Einsatzbereich	zugelassene Lieferanten (Name und Sitz)	mögliche Lieferanten Qualifizierung noch erforderlich	QS-System[1]) Anforderungs- stufe 1-3	Art der Beurteilung[2]) Kategorie A-C	Prüf- umfang[3]) Kategorie I-III	
Rotationsteile						
X 20 CrNi 17 2	Firma X		2	C	I	
Einzelschmiedestücke		Firma Y	2	B	–	

[1]) Z.B.: 2 Konstruktion liegt bereits fest, z. B. typisierte Produkte. Zwischenprüfungen während der Herstellung notwendig
[2]) Z.B.: B Beurteilung durch System-Audit in Verbindung mit produkt- und verfahrensspezifischen Fragen
[3]) Z.B.: I Effektives QS-System, minimale Prüfungen bei Wareneingang

Bild 11. Liste der zugelassenen Lieferanten

die Basis für dessen Beurteilung und für den Wareneingang bzw. die Abnahme beim Unterlieferanten, den Prüfumfang in Abhängigkeit von dem vorgefundenen QS-System und den Erfahrungen aus den Lieferungen der Vergangenheit fest.

Die DIN ISO 9001 erwartet, daß die Beschaffungsdokumente Angaben enthalten, die die Produkte klar beschreiben. Das Bild 12 gibt für innendruckbeaufschlagte, gegossene Verdichtergehäuse eine Zusammenfassung all der Punkte, die je nach Werkstoff und Bauart in einer Liefervorschrift behandelt werden müssen. Sie gehen über die eigentliche Werkstoffbeschreibung und die Anforderungen an das Bauteil hinaus und befassen sich auch mit den vorkommenden Fertigungsschweißungen und den hierfür notwendigen Qualifikationen, der Behandlung von Fehlern sowie der notwendigen Dokumentation und Kennzeichnung.

GELTUNGSBEREICH
— Definition der Teile
— Werkstoff
— Einsatzbedingungen

MITGELTENDE NORMEN
— Prioritäten

ANFORDERUNGEN
z. B. — chemische Zusammensetzung
— Erschmelzungsverfahren
— Wärmebehandlungszustand
— zulässige innere und äußere Fehler
— Probenlage und -abmessungen
— mechanisch-technologische Eigenschaften

FERTIGUNGSSCHWEISSUNGEN
z. B. — Schweißverfahrensprüfung
— Qualifikation des Schweißpersonals
— Dokumentation der Fehler
— Schweißgenehmigung

PRÜFUNGEN
z. B. Prüfumfang bei Erstlieferung
(Qualifizierung)
— Prüfumfang bei Folgelieferung
— Qualifikation des Prüfpersonals

DOKUMENTATION
z. B. — Umfang und Sprache der Dokumentation
— Identifizierungsdaten

KENNZEICHNUNG
z. B. — Art der Kennzeichnung
— Ort der Kennzeichnung
— Identifizierungsdaten

Bild 12. Inhalt einer Liefervorschrift für Gußgehäuse

Die im Zusammenhang mit der Beschaffung einzusetzenden Prüfverfahren sind vielfach in Normen festgelegt. Für die Bewährung einiger Bauteile sind jedoch technologische Sonderprüfungen zu entwickeln, die sich an den tatsächlichen Beanspruchungen orientieren. O-Ringe aus Viton zum Beispiel nehmen mit zunehmender innerer Porosität bei Beaufschlagung mit hochgespanntem Gas immer mehr Gasvolumen in sich auf. Dies führt bei rascher Druckentlastung dazu, daß der O-Ring gesprengt wird. Bild 13 zeigt, daß man O-Ringe für derartige Einsatzfälle mit höheren Härtewerten bestellt, weil die innere Porosität mit zunehmender Härte abnimmt. Die Wareneingangsprüfung kann sich allerdings nicht auf die Messung der Härte allein verlassen. Vielmehr muß die Wirkung einer Gasaufnahme bei hohen Drücken und nach rascher Druckentlastung an Teilen aus der Lieferung selbst ermittelt werden.

Bestellbezeichnung

Werkstoff: Viton E-60 C
Shore-A-Härte: 90 -5
Farbe: schwarz

Prüfung

Losweise zerstörende Prüfung bei rascher Druckentlastung:
Druckbelastung mit Stickstoff bei 120 bar und 200 °C.
Haltezeit 24 Stunden, Druckentlastung innerhalb 5 Sekunden.
Mikroskopische Untersuchung auf Fehler.

Zulässige Fehlergrößen

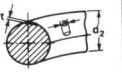

	Lufteinschlüsse, Blasen, Poren, Risse	a	$0{,}3 \times d_2$
		t	0,09

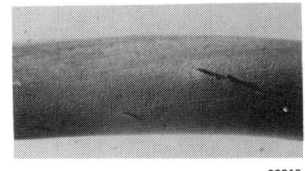

Baugruppe: 12 SCHEIBENRAD

Bauteil Unterlieferant	Zustand bei der Prüfung	Prüfung	bei *)1	*)2	*)3	*)D
SCHEIBENRAD XXXXXX	Scheibenrad geschmiedet	– Chargenanalyse	S*)	/		/
	wärmebehandelt	– Zugversuch	S			/

Werkstoff/Material: 40 NiCrMo 7 3

erforderliche Dokumentation	Verfahrensbeschreibung Qualitätskriterien	Bemerkungen	Rev.
Abnahme-prüfzeugnis (APZ)	WN 800 409 98 WN 800 409 98		1
APZ	WN 800 409 98 WN 800 409 98		

*) S = Hersteller
1, 2, 3 = Legende für Sachverständigen
D = Dokument für Kunden

Bild 14. Ausschnitt aus einem Prüfplan

Bild 13. Bestellung und Prüfung von O-Ringen für hohe Drücke

3.3 Prüfplanung und Fertigungsprüfung

Die DIN ISO 9001 schreibt unter anderem für die Eingangsprüfungen, die Zwischenprüfungen und die Endprüfungen die Erstellung eines Qualitätsplanes vor. Im allgemeinen werden solche Pläne für die verschiedenen Bauteile und Werkstoffe als Standard in einer Firma vorliegen müssen. Die Schwierigkeit besteht dann darin, die Spezifikationen des Kunden, die unter Umständen nach ganz anderen Gesichtspunkten aufgebaut sind, in diese Pläne einzuarbeiten. Desweiteren hat sich als kritisch erwiesen, wenn die Prüfplanung in speziellen Kurzfassungen an verschiedene Adressaten, z.B auch an den Kunden und an eine Abnahmegesellschaft, weitergegeben werden muß. Änderungen im Ursprungsdokument können dann unter Umständen bei den Folgedokumenten nicht vollständig oder richtig übernommen werden. Es ist daher sinnvoll, sämtliche Folgepläne z.B. durch ein Textverarbeitungssystem automatisch entwickeln zu lassen, so daß alle Änderungen im Ursprungsdokument auch in den Folgedokumenten richtig berücksichtigt werden. Im Bild 14 ist ein kleiner Ausschnitt aus einem Standardprüfplan gezeigt, der für ein be-

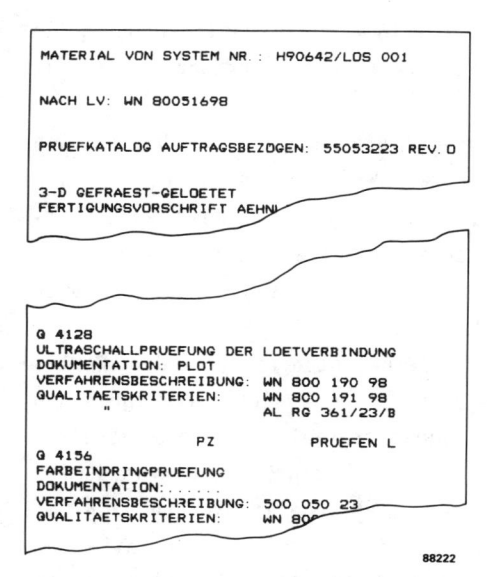

Bild 15. Ausschnitt aus einem Arbeitsplan

stimmtes Bauteil aus einem definierten Werkstoff die Prüfungen - hier Chargenanalyse und Zugversuch - festlegt. Für jede Prüfung ist der Zustand des Bauteils zum Zeitpunkt der Prüfung definiert. Es wird festgehalten, wer die Prüfung durchführt und wer als Beobachter daran teilnimmt. Die notwendigen Unterlagen für die Durchführung der Prüfung und die Beurteilung ihrer Ergebnisse sind durch Angabe der Verfahrensbeschreibung und der Qualitätskriterien jedem Prüfschritt zugeordnet. Außerdem enthält dieser Prüfplan Angaben über die Art der Dokumentation. Der Prüfplan wird auftragsbezogen an die Forderungen des Kunden angepaßt, wobei die sich daraus ergebenden Änderungen eindeutig gekennzeichnet werden, um die Bearbeitung des Prüfplans zu erleichtern. Die im Anfangsstadium der Bearbeitung eines Auftrages unabhängig voneinander erstellten Arbeits- und Prüfpläne werden über die Angabe des Zustandes bei der Prüfung so ineinander gearbeitet, daß sich eine fortlaufende Folge von Arbeits- und Prüfschritten ergibt. Im Bild 15 ist die Umsetzung des Prüfplanes in einen Arbeitsplan schematisch wiedergegeben. In seinen Kopfdaten enthält dieser Arbeitsplan alle wichtigen Vorschriften, so z.B. die Liefervorschrift, nach der das Halbzeug bezogen wurde, den Prüfplan, der in den Arbeitsplan eingearbeitet wurde, und die Fertigungsvorschrift, die schwierige Arbeitsgänge näher beschreibt. Die Prüfungen selbst sind im Arbeitsplan über Stammsätze eingefügt, wie sie auch für den Prüfplan verwendet werden, so daß Änderungen im Prüfplan automatisch im Arbeitsplan eingearbeitet werden. Das Beispiel zeigt, daß auch Kundenvorschriften wie die "AL RG 361/23/B" eingefügt werden und als Grundlage für die Beurteilung der Ultraschallprüfung dienen, wenn sie so umfangreich sind, daß eine Einarbeitung in die hauseigenen Vorschriften nicht sinnvoll erscheint. Große Schwierigkeiten macht hierbei immer

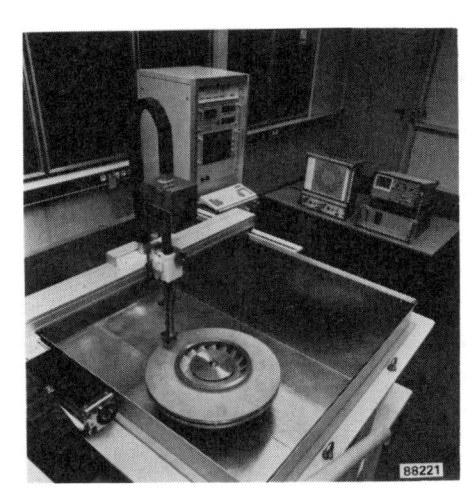

Bild 16. Ultraschallprüfung für Turboverdichterlaufräder

wieder die Sprache, so daß von den Führungskräften erwartet werden muß, daß sie zumindest alle Vorschriften, die in Englisch abgefaßt sind, lesen und verstehen können.

Die Einrichtungen für die Fertigungsprüfungen sind im allgemeinen Standardprüfanlagen wie Zugprüfmaschinen, Härteprüfer, Ultraschallprüfanlagen und Einrichtungen für die magnetische Rißprüfung. Von Fall zu Fall ist es jedoch auch im Einzelmaschinenbau üblich, relativ aufwendige Sonderprüfeinrichtungen zu entwickeln. Eine derartige Anlage ist im Bild 16 gezeigt. Es handelt sich dabei um die Ultraschallprüfung eines Turboverdichterlaufrades in Tauchtechnik, bei der über die Steuerung durch die im CAD-Rechner gespeicherten Raddaten der Prüfkopf in optimaler Weise spiralförmig in engen Schritten über das Rad geführt wird. Die Anlage erstellt dabei eine grafische Aufzeichnung der Ergebnisse, aus der Fehler bis minimal 0,8 mm Ø, lage- und formgetreu entnommen werden können. Eine derartige Einrichtung ist nur deswegen wirtschaftlich, weil über die CAD-Rechnersteuerung selbst unterschiedlichste Bauteilformen bei genügenden Freiheitsgraden des Manipulators des Ultraschallprüfkopfes geprüft werden können. Trotzdem bleibt es eine Einzweckeinrichtung.

4. FEHLERERFASSUNG UND KORREKTURMAßNAHMEN

Es erscheint mir aus meiner Erfahrung im Umgang mit Kunden wichtig, daß die DIN ISO 9001 davon ausgeht, daß auch die beste Organisation immer mit Fehlern rechnen muß und daß sie zur Behandlung solcher Fehler recht konkrete Vorgaben macht. Danach ist es möglich, ein fehlerhaftes Teil nachzuarbeiten und mit oder ohne Korrektur aufgrund einer besonderen Entscheidung zu akzeptieren. Die hier nicht näher gezeigten Fehlermeldungen müssen aber einige Mindestanforderungen er-

füllen, die man kurz wie folgt charakterisieren könnte:
- Beschreibung des Fehlers durch die Kontrolle
- Angaben über mögliche Reparaturmaßnahmen durch die Kontrolle im Zusammenarbeit mit anderen Fachabteilungen
- Genehmigung der Reparaturmaßnahmen durch den technisch verantwortlichen Bereich
- Prüfvermerke nach Abschluß der Reparaturmaßnahmen und Freigabe des Bauteils durch die Kontrolle.

Im Einzelmaschinenbau ist dies ein relativ aufwendiger Weg, der sich bis heute in all seinen Details noch der Verarbeitung durch einen Rechner entzieht. Es wäre nämlich wünschenswert, Fehler und Verursacher so eindeutig über eine Kennzahl festlegen zu können, daß eine nachträgliche Auswertung sinnvolle Rückschlüsse erlaubt.

Da dies bis jetzt noch nicht zufriedenstellend gelungen ist, werden die auf oben geschilderte Weise erfaßten Fehler und die Fehler, die an anderen Stellen festgestellt wurden, monatlich für den internen Bereich und halbjährlich für die Zulieferanten ausgewertet. Das <u>Bild 17</u> zeigt den Ausschnitt aus einer derartigen Fehlerauswertung für die

FIRMA	FEHLERAUSWERTUNG: 2. und 3. Quartal 1986 Verursacher: Firma XXX			Abt.: Datum: Bearb.: Seite 1 von X
Fehlerbeschreibung	Häufigkeit Dokument	Ursachen	Verbesserungsmaßnahmen	• Verantwortlich • Termin • Erledigt
Spiralgehäuse – Spiralquerschnitt nicht maßhaltig	28 1 bis 12	– Gießfehler nach dem Ausschleifen zu tief	– Neufestlegung der zulässigen Fehler	• Firma XXX mit QS-Besteller • 30. 08. 1987 • erledigt (Stand: 05. 88)
– Nocken im Flanschbereich vollgegossen	4 20, 21, 22, 25	– gießtechnisch nicht durchführbare Konstruktionsvorgaben	– Zeichnungsänderung	• Firma XXX • 15. 02. 1987 • wird bei Neuabguß berücksichtigt

Bild 17. Ausschnitt aus einer Fehlerauswertung für eine Gießerei

Lieferungen einer Gießerei. Die Fehler wurden dabei von Fachleuten der QS anhand der Dokumentation individuell bewertet und zusammengestellt. Nach Ausscheiden unbedeutender Fehler wird eine Fehlerauswertungstabelle angelegt, die die Fehler beschreibt und die Häufigkeit angibt. Dieser Tabelle werden die Fehlerdokumente beigefügt, da es sich herausgestellt hat, daß sonst eine sinnvolle Diskussion mit dem Verursacher nicht möglich ist. In Zusammenarbeit mit dem Verursacher werden dann Ursachen definiert und vor allen Dingen Verbesserungsmaßnahmen vorgeschlagen, deren Abarbeitung in der Tabelle nachgehalten wird. Auf diese Weise wird versucht, aus den Fehlern der Vergangenheit Nutzen zu ziehen und solche oder gleichartige Fehler in der Zukunft zu vermeiden.

Werkstoffkonzept – Basis für Qualität und Zuverlässigkeit von Großanlagen

M. Erve, E. Tenckhoff und **E. Weiß,** Erlangen

Zusammenfassung

Die Planung der Qualität seitens des Anlagenlieferers ist für die Sicherheit und Verfügbarkeit von Großanlagen von großer Bedeutung. Einen wesentlichen Beitrag hierzu leistet ein ausgewogenes, auf die systemtechnischen Belange und betriebs- und störfallbedingten Belastungen der Komponenten abgestimmtes Werkstoffkonzept.

Am Beispiel des nach Stand von Wissenschaft und Technik abgeleiteten und bewährten Werkstoffkonzeptes für Leichtwasserreaktor-Kraftwerke wird die Werkstoffauswahl, die Qualifizierung der Werkstoffe sowie die Spezifizierung der Werkstoffe und der daraus hergestellten Erzeugnisformen beschrieben. Hierbei wird insbesondere auf die mechanisch-technologischen Eigenschaften (Festigkeit, Zähigkeit, Homogenität der Bauteile) der drucktragenden Teile aber auch auf besondere Anforderungen an Komponenten nuklearer Anlagen (z.B. Verhalten unter Neutronenbestrahlung, Co-freie Verschleißschutzschichten) eingegangen. Bestandteil des Werkstoffkonzeptes ist ferner die Vorgabe von Verfahren zur Weiterverarbeitung der Werkstoffe und Erzeugnisformn (Schweißen, Umformen, Biegen).

1. Einleitung

Sicherheit und Wirtschaftlichkeit industrieller Großanlagen stellen höchste Anforderungen an Qualität und Verfügbarkeit der Komponenten und Systeme. Dabei sind innerhalb einer Anlage von den verschiedenen Systemen meist sehr unterschiedliche Anforderungen, resultierend aus Betriebs- und ggf. Störfallbedingungen zu erfüllen. Die Auswahl der

Werkstoffe und Erzeugnisformen, die Wahl ihrer Herstellungs- und
Verarbeitungsverfahren, aber auch die Qualitätssicherungsmaßnahmen
während der Fertigung und schließlich mögliche betriebliche Über-
wachungssysteme sind auf diese Anforderungen bereits im Stadium
der Planung und Auslegung einer Anlage abzustimmen. Aufgrund der
Vielzahl der Komponenten einer Großanlage (Bild 1) ist die Wahl
der Werkstoffe, die allen betrieblichen Beanspruchungen genügen,
nur im Rahmen eines umfassenden Werkstoffkonzeptes zu treffen.

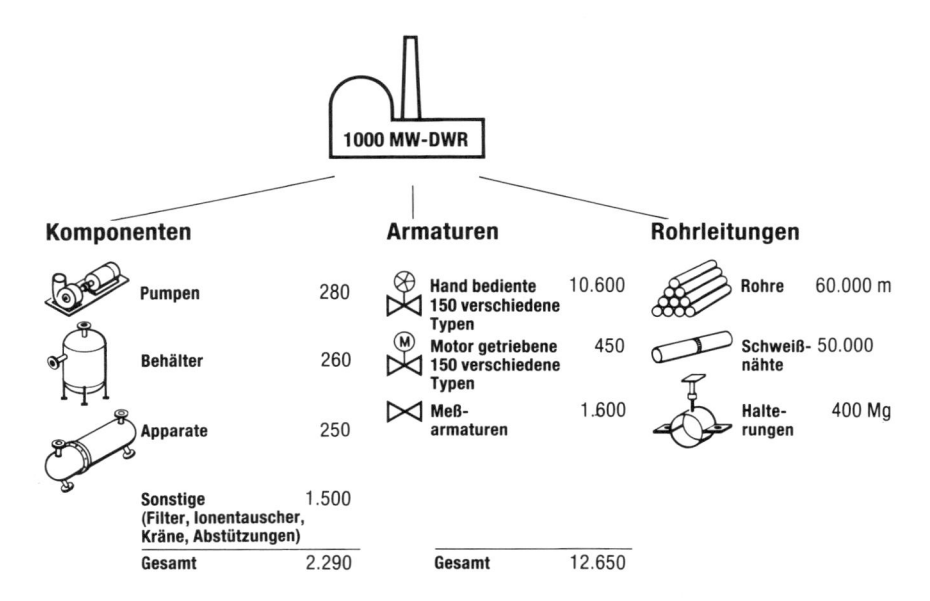

1000 MW-DWR

Komponenten		**Armaturen**		**Rohrleitungen**	
Pumpen	280	Hand bediente 150 verschiedene Typen	10.600	Rohre	60.000 m
Behälter	260	Motor getriebene 150 verschiedene Typen	450	Schweiß-nähte	50.000
Apparate	250	Meß-armaturen	1.600	Halte-rungen	400 Mg
Sonstige (Filter, Ionentauscher, Kräne, Abstützungen)	1.500				
Gesamt	2.290	Gesamt	12.650		

Bild 1: Hardware für Maschinenbauteil eines 1000 MW-Druckwasser-
reaktors (Wesentliche Bauteile)

2. Werkstoffkonzept

Ein wesentlicher Bestandteil dieser Qualitätsplanung ist daher die
Erarbeitung und Einführung eines ausgewogenen Werkstoffkonzeptes
für druck- und mediumbeaufschlagte Komponenten, aber auch für
wichtige funktionelle Einbauteile, wie z.B. für Wellen, Laufräder
und Leitapparate von Pumpen, Spindeln und Kegel von Armaturen.

Dabei bilden

- Werkstoffauswahl
- Qualifizierung der Werkstoffe und Erzeugnisformen
- Spezifikation
- Vorgabe von Richtlinien für die Verarbeitung

wesentliche Aspekte eines umfassenden Werkstoffkonzeptes.

Für die Siemens/KWU-Kernkraftwerke wurde ein Werkstoffkonzept entwickelt / 1, 2 /, das den Anforderungen der Bauteile unter Berücksichtigung von Auslegung, Konstruktion und Fertigung optimal angepaßt ist und mit dem nunmehr bereits langjährige Erfahrungen aus dem Betrieb der Anlagen vorliegen.

2.1 Werkstoffauswahl

Richtige Wahl der Werkstoffe und deren fehlerfreie Verarbeitung sind wesentliche qualitätserzeugende Maßnahmen, deren Berücksichtigung ein aufgrund herstellungsbedingter Mängel eintretendes Versagen eines Anlagenteiles ausschließt.

Im Bereich der sicherheitstechnisch relevanten Anlagenteile, wie z.B. im Primärkreis, erfolgte in der BRD schon immer die Werkstoffauswahl unter Anlegung strenger Maßstäbe für Qualifikation und Bewährung der Werkstoffe zur Erzielung einer "Basissicherheit". Gegen Ende der 70er Jahre wurde auch in den konventionellen Teilen des Wasser/Dampf-Kreislaufes die breite Palette der nach konventionellem Regelwerk zulässigen Werkstoffe auf einige wenige eingeschränkt. Hierbei standen Fertigungs-und Betriebserfahrungen, einfache Verarbeitbarkeit sowie bei Komponenten mit hohem Energieinhalt (Speisewasserbehälter, HD-Apparate der Vorwärmstrecke) verbesserte Zähigkeitseigenschaften im Vordergrund.

Komponenten bzw. Systeme / Qualitätsmerkmale	Reaktor-druckbehälter	Sonst. Primärkreis	Kern-einbauten	Nukleare Hilfs- und Nebenanlagen	Dampferzeuger-Heizrohre	Sicherheits-hülle	Wasser-Dampf-kreislauf	Verschleiß-teile und Panzerungen	Brenn-elemente, Steuer-elemente
Zähigkeit, Festigkeit	+	+	+	+	+	+	+	+	+
Herstellung großer Teile, Durchvergütbarkeit, Seigerungen	+	+							
Schweißbarkeit	+	+	+	+	+	+	+		
Korrosionsbeständigkeit	+	+	+	+	+		+	+	+
Strahlungsbeständigkeit	+		+					+	+
Nukleare Sonderanforderungen									+
Werkstoff-beispiele	20 MnMoNi 55, 22 NiMoCr 37 austenitisch plattiert		X 10 CrNiNb 189 G-X 5 CrNiNb 189		Incoloy 800	15 MnNi 63 19 MnAl 6 V	WStE 26-36 C 22,8 St 35,8 15 Mo 3 GS-C 25	Stellit, Co-freie Alternativen	Zircaloy 4 AgIn 15 Cd 5

Tabelle 1: Qualitätsmerkmale und Werkstoffbeispiele für ausgewählte Komponenten einer Druckwasserreaktor-Anlage

Tabelle 1 gibt einen Überblick über einige im Rahmen des Werkstoffkonzeptes ausgewählten Werkstoffe, die die Qualitätsmerkmale der Komponenten und Systeme erfüllen. Dabei orientiert sich die Werkstoffauswahl u.a. auch an den mit zunehmender sicherheitstechnischer Bedeutung der Systeme umfangreicher werdenden Qualitätsmerkmalen und Qualitätsnachweisen. Zusätzlich zu den für konventionelle Großanlagen im Kraftwerks- und Chemieanlagenbau maßgeblichen Qualitätsmerkmalen wie Zähigkeit, Festigkeit, Korrosionsbeständigkeit, Verarbeitbarkeit sind für einige Komponenten und Systeme von Kernkraftwerken die Beeinflussung der Werkstoffeigenschaften durch Neutronenbestrahlung (im Corebereich des Reaktordruckbehälters) sowie einige nukleare Sonderanforderungen an Kernbauteile (Brennelemente und Steuerelemente) und an primärkühlmittelbeaufschlagte Oberflächen von Komponenten (Vermeidung von Co-haltigem Korrosionsprodukteintrag in das Strahlungsfeld) zu berücksichtigen.

2.2 Qualifizierung der Werkstoffe und Erzeugnisformen

Ein wesentlicher Grundsatz des Werkstoffkonzeptes ist es, einerseits offen zu sein für verbesserte und neue sich anbietende Werkstoffe oder Erzeugnisformen, andererseits aber strenge Qualifizierungsbedingungen einzuhalten. Für Werkstoffe und Erzeugnisformen des Primärkreises, des Reaktorsicherheitsbehälters und der "Äußeren Systeme" erfolgt diese Werkstoffbegutachtung im Hinblick auf die Eignung für den vorgesehenen Anwendungsfall im Rahmen umfangreicher und aufwendiger Untersuchungen, in die sowohl Stahlhersteller und Weiterverarbeiter als auch Betreiber, Systemhersteller und Gutachter eingebunden sind.

Beispiele hierfür sind

- die Ablösung des Stahles 22 NiMoCr 3 7 durch den Stahl 20 MnMoNi 5 5 für Primärkreiskomponenten nach aufwendigen Untersuchungen zum Verhalten und zu den Eigenschaften von Wärmeeinflußzonen von Schweißnähten (WEZ-Simulation) / 3, 4 /;

- die Optimierung der heute für den Reaktorsicherheitsbehälter zum Einsatz kommenden Werkstoffe (15 MnNi 6 3, 19 MnAl 6 V) durch Schweißsimulationsuntersuchungen und Großplattenversuche;

- die Einführung des Werkstoffes 15 MnNi 6 3 für hochenergetische Rohrleitungen und Behälter/Apparate im Wasser/Dampf-Kreislauf als Ersatz für mikrolegierte Stähle, die eine sehr hohe Sorgfalt bei der Verarbeitung erforderten;

- der Einsatz komplizierter Schmiedeteile (Bild 2) nach intensiven Bemühungen der Hersteller, die Schmiedetechnik zu optimieren und immer größere Schmiedeblöcke (max. 570 t) zu beherrschen / 5 /.

Bild 2: Beispiele für geschmiedete Bauteile für Primärkreiskomponenten eines DWR (1000 MW/1300 MW)

Im Rahmen derartiger Qualifizierungsprogramme konnten durch Kleinstproben selbst die Eigenschaften von Gefügeinhomogenitäten (Seigerungen) und Wärmeeinflußzonen quantifiziert werden. Die Übertragbarkeit von Ergebnissen von Kleinproben auf Bauteile und der Einfluß makroskopischer Fehler auf das Tragverhalten und die Integrität von Komponenten wurde durch Großproben und Bauteilversuche geprüft (Bild 3).

Bild 3: Größte und kleinste Flachzugprobe im Komponentensicherheitsprogramm (größte Probe: 140.000 mm², MPA-Stuttgart; kleinste Probe: 0,30 mm²)

Neben dieser Überprüfung des Werkstoffzustandes ist es das Ziel der Werkstoffbegutachtung, zusammen mit Hersteller und Sachverständigen repräsentative Probeentnahmeorte festzulegen und werkstoff- und bauteilgerechte Kennwerte zu definieren. Hierzu im folgenden einige Beispiele:

Bei den vor kurzem in Betrieb gegangenen bzw. in der Inbetriebsetzung befindlichen Konvoi-Anlagen kamen erstmals in großem Umfang Rohrbiegungen großer Abmessungen (Bild 4), hergestellt nach dem Induktivbiegeverfahren (bis $\leq$ DN 800) oder kalt gebogen (Maschinenkaltbiegung, bis $\leq$ DN 150) zum Einsatz, anstelle konventioneller Einschweißbögen (Hamburger Bögen) /6/. Auch für diese neuen Bauteile wurden umfangreiche qualifizierende Werkstoffuntersuchungen durchgeführt. Diese reichten von zerstörenden mechanisch-technologischen Prüfungen zum Nachweis der Gleichmäßigkeit der Festigkeitskennwerte und der Zähigkeitseigenschaften im Biegebereich bis hin zu Untersuchungen zum Korrosionsverhalten und zu Berstversuchen an Kaltbiegungen.

Bild 4: **Montage einer Raumbiegung aus Werkstoff 15 MnNi 6 3**
(Werksfoto Mannesmann)

Die erstmalige Herstellung dieser Bauteile erfolgte nach den bis dahin verwendeten Fertigungsparametern Umformtemperatur und Umformgeschwindigkeit.

Bei der Überprüfung der Qualitätsmerkmale wurden bei den Ergebnissen der Kerbschlagarbeit im Biegebereich von induktiv gebogenen Bauteilen in Abhängigkeit von der Umformtemperatur auffällige Streuungen über den Umfang festgestellt (Bild 5). Im Rahmen der Qualifikation war es notwendig, der Ursache dieser Streuung nachzugehen / 7 /.

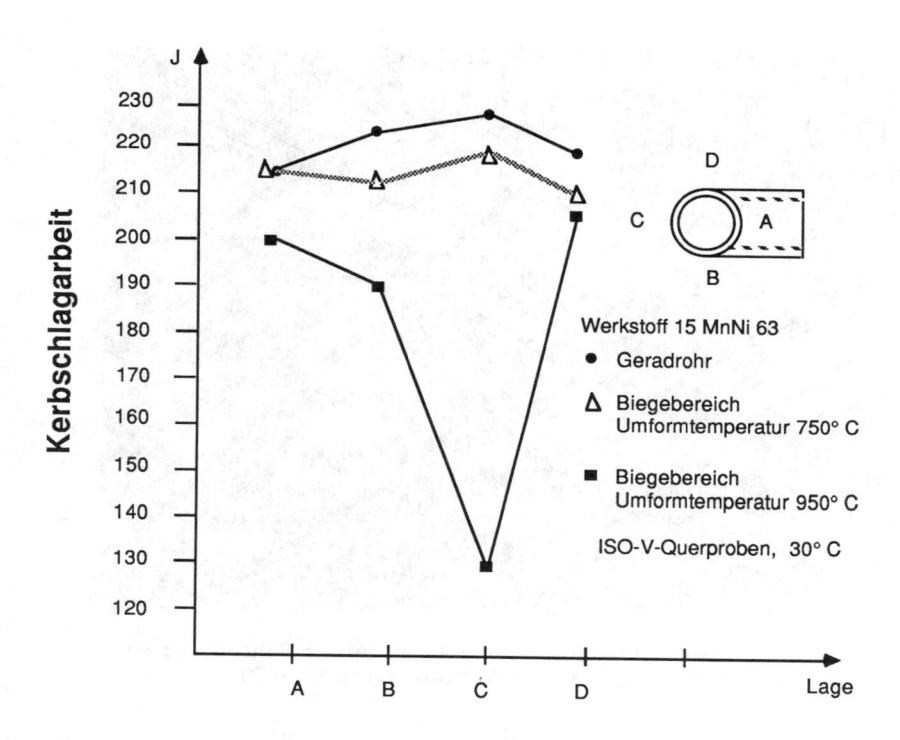

Bild 5: Vergleich der Ergebnisse von Kerbschlagproben aus
verschiedenen Lagen am Rohrbogen

Mikroskopisch kleine Gefügetrennungen wurden als verantwortlich identifiziert (Bild 6). Der aufgetretene Befund führte in Verbindung mit früheren Erfahrungen aus der Herstellung ähnlicher Bauteile / 8 / zu folgenden Abhilfemaßnahmen:

- Begrenzung der Umformtemperatur auf max. 800°C
- kontrollierte Temperatur beim Umformen
- Begrenzung des Umformgrades.

Bild 6: Gefügeauflockerungen in der Zugzone eines Rohrbogens aus
20 MnMoNi 5 5; T = 850°C; Verformungsgrad > 30 %

Der Erfolg dieser Maßnahme wurde im weiteren Ablauf der Qualifikation bestätigt. In die Spezifikation wurden die Probeentnahmeorte aufgrund der gewonnenen Erkenntnisse so festgelegt, daß der Nachweis der Gleichmäßigkeit gegeben ist.

2.3 Spezifikation der Werkstoffe und Erzeugnisformen

Die im Rahmen der Qualifikation und der Werkstoffbegutachtung gesammelten Erfahrungen werden ergänzend zu den Festlegungen des konventionellen Regelwerkes in die Spezifikation eingearbeitet (Bild 7). Zusätzlich fließen in die Spezifikation komponentenspezifische Anforderungen ein.

```
┌─────────────────┐  ┌─────────────────┐  ┌─────────────────┐
│   Hersteller    │  │    Werkstoff    │  │  Erzeugnisformen│
├─────────────────┤  ├─────────────────┤  ├─────────────────┤
│ z.B.            │  │ z.B.            │  │ z.B.            │
│ ● Referenzen    │  │ ● Ferrit        │  │ ● Bleche        │
│ ● Erfahrungen   │  │ ● Austenit      │  │ ● Schmiedestücke│
│ ● Know-How      │  │ ● Wärmebe-      │  │ ● Gußstücke     │
│                 │  │   handlung      │  │ ● Rohre         │
│                 │  │ ● Verarbeitung  │  │                 │
└─────────────────┘  └─────────────────┘  └─────────────────┘
```

Besondere Anforderungen abhängig von
dem vorgesehenen Anwendungsfall,
z.B. Korrosion, Bestrahlung

```
┌─────────────────────────────────┐
│         Begutachtung            │
├─────────────────────────────────┤
│ z.B.                            │
│   ● mech.-techn. Eigenschaften  │
│   ● Korrosion                   │
│   ● Verarbeitbarkeit            │
│   ● Schweißbarkeit              │
└─────────────────────────────────┘
```

Begutachtung von Werkstoffen/
Erzeugnisformen

Spezifizierung von Werkstoffen/
Erzeugnisformen

```
┌─────────────────────────────────┐
│      Werkstoffspezifikation     │
├─────────────────────────────────┤
│ Spezifizierung von Abnahme-     │
│ prüfungen zum Nachweis der      │
│ Einhaltung der Qualitätsmerk-   │
│ male an den Erzeugnisformen     │
└─────────────────────────────────┘
```

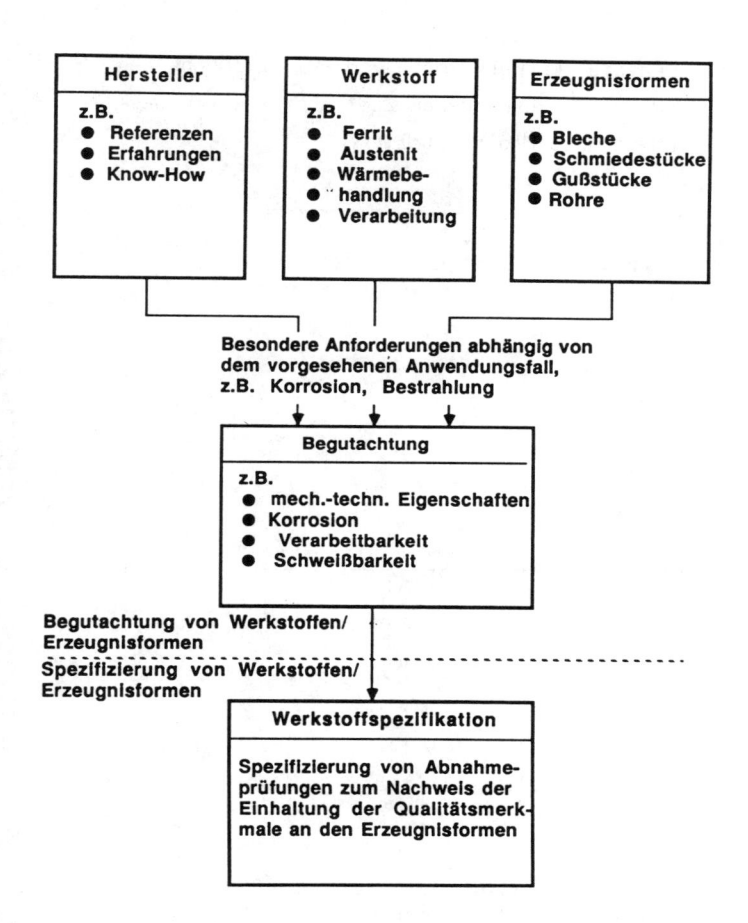

Bild 7:   Begutachtung und Spezifizierung von
          Werkstoffen/Erzeugnisformen

Ein wesentliches Instrument im Hinblick auf Qualitätssicherung beim Anlagenlieferer bildet in diesem Zusammenhang eine auf die spezifischen Belange ausgerichtete Werkstoffdatenbank, die eine EDV-unterstützte

- Sammlung und Zuordnung

  o von Ergebnissen der Werkstofferprobung sowie Abnahmewerte von Verfahrens-, Arbeits- und Chargenproben,

  o von wesentlichen werkstoff- und schweißtechnischen Parametern, einschließlich Verfolgung des Bestrahlungsverhaltens

- sowie deren Auswertung nach technischen und anderen Gesichtspunkten erlaubt. Die Struktur und die für Werkstoffe von Primärkomponenten (22 NiMoCr 3 7, 20 MnMoNi 5 5) vorhandenen Zielinformationen des verwendeten Systems sind in Bild 8 dargestellt.

WERKSTOFF-DATENBANK HANDBUCH	KWU-U9 22 WERKSTOFF- UND SCHWEISSTECHNIK
Anzahl der Abschnitte / Kapitel:	7
Anzahl der Felder / Kapitel :	104
Anzahl der Zielinformation :	300 000

Kapitel im multivariablen Format:

Aufbau: ISAM - Dateien
Zugriff : über invertierte Dateien
Vorteil : sehr schneller, universeller Zugriff

Prüfverfahren	Anzahl der Zielinformationen
Schmelzanalyse	3000
Analyse Block	4300
Stückanalyse	9000
Analyse Schmiedeteil	8400
Analyse nach Vergütung	100
Blechanalyse	100
Härteprüfung nach Brinell	26900
Härteprüfung nach Vickers	700
Kerbschlagbiegeversuch	14500
K_{IC}-Prüfung	300
Korngrößenuntersuchung	3100
Pellini-Versuch	13900
Zugversuch	43800

Bild 8: Werkstoff-Datenbank-Struktur und Anzahl der Zielinformationen für Werkstoffe des Primärkreises

Mit diesem System können Parameterstudien und statistische Auswertungen vorgenommen werden. Diese Auswertungen dienen u.a. dazu, Aussagen über Werkstoffverhalten, Zusammenhänge von Werkstoffkenndaten zu gewinnen und ermöglichen damit weitere qualitätssichernde Maßnahmen. Änderungen von spezifizierten Werten können auf entsprechend statistisch abgesicherter Basis erfolgen und deren Notwendigkeit gegenüber Technik und Überwachung entsprechend fundiert begründet werden. Abweichungen von spezifizierten Werten können beurteilt und deren Zulässigkeit überprüft werden.

Als Beispiel zeigt Bild 9 die Auswertung von Ergebnissen aus Zugversuchen an Induktivbiegungen aus 15 MnNi 6 3, die den Einfluß der Wärmebehandlung beim und nach dem Biegen wiedergibt. Es wird deutlich, daß der für das Geradrohr mit 330 N/mm² spezifizierte Wert an der Biegung größtenteils zwar eingehalten, in einigen wenigen Fällen aber leicht unterschritten wird / 9 /. Letzteres konnte aufgrund einer entsprechenden rechnerischen Überprüfung der Mindestwanddicke akzeptiert werden, nachdem der Nachweis erbracht war, daß die Zähigkeitseigenschaften durch die Wärmebehandlung und das Biegen unbeeinflußt bzw. weit über dem spezifizierten Mindestwert (68 J) bleiben (Bild 10).

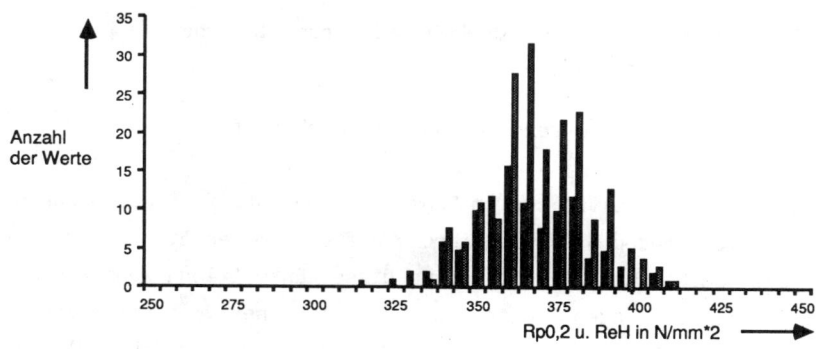

Projekt : Konvoi
■ Ausgangsrohre, Rp0,2, Erprobung im normalgegl. und sim. spannungsarmgegl. Zustand
■ Anbiegungen, ReH, Erprobung im normalgegl. und sim. spannungsarmgegl. Zustand

Bild 9:   Induktivbiegungen 15 MnNi 6 3 Dehn-/Streckgrenze RT (Probenlage quer)

Bild 10: Induktivbiegungen 15 MnNi 6 3 Kerbschlagarbeit 0°C (Probenlage quer)

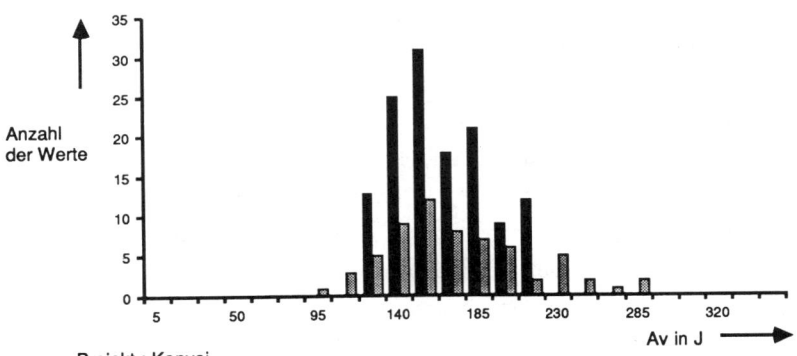

Projekt : Konvoi
■ Ausgangsrohre, Erprobung im normalgegl. und sim. spannungsarmgegl. Zustand
▨ Anbiegungen, Erprobung im normalgegl. und sim. spannungsarmgegl. Zustand

2.4 Richtlinien für die Verarbeitung der Werkstoffe

Die beschriebenen Aktivitäten im Rahmen des Werkstoffkonzeptes haben zu einer weitgehenden Standardisierung auf diesem Gebiet geführt. Der technische und wirtschaftliche Nutzen dieser Entwicklung kann aber nur dann voll zum Tragen kommen, wenn sie mit einer Vereinheitlichung auf dem Gebiet der Weiterverarbeitung, insbesondere der Schweißtechnik einhergeht. Dieses Ziel wurde besonders auf dem Gebiet der Rohrleitungstechnik verfolgt.

Hier wurde eine Vereinheitlichung erreicht durch

- Beschränkung auf wenige Nahtgeometrien
- Zulassung weniger und ausgereifter Schweißverfahren
- Einsatz von ausgewählten Schweißzusatzwerkstoffen.

Durch die Standardisierung der Rohrleitungsschweißtechnik wird zentralisiert

- die Weiterentwicklung von Schweißverfahren
- die Absicherung von Eigenschaften
- ein Rückfluß von Ergebnissen

ermöglicht und eine höhere Wirtschaftlichkeit angestrebt. Wie bei den Grundwerkstoffen setzt eine derartige Beeinflussung der zur Anwendung kommenden Technik durch den Anlagenlieferer eine intensive Kenntnis des Einflusses der Verarbeitungsparameter auf die Eigenschaften der Schweißgüter und der Schweißverbindung voraus. Vergleichende Auswertungen, wie sie in Bild 11 am Beispiel der Kerbschlagarbeit von nach verschiedenen Verfahren hergestellten Schweißgütern dargestellt sind, sind durch Berücksichtigung neuer Ergebnisse und Parametereinflüsse ständig auf dem neuesten Stand zu halten.

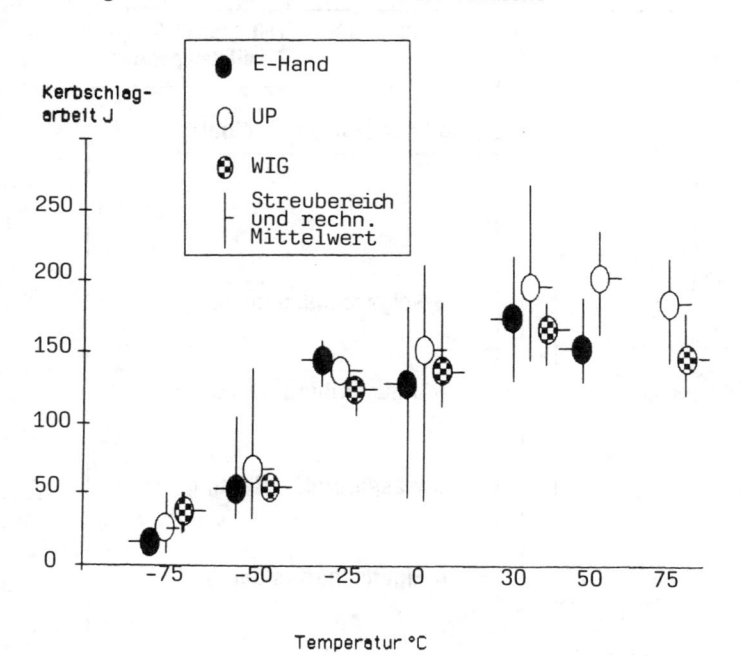

Bild 11: Ergebnisse der Kerbschlagarbeit verschiedener Schweißgüter (Verbindungsschweißung am Werkstoff 20 MnMoNi 5 5)

Das Werkstoffkonzept des Anlagenlieferers wird somit abgerundet durch die Vorgabe von Verarbeitungsrichtlinien und -verfahren. Eine derartige Anbindung der Weiterverarbeitung an das Werkstoffkonzept ist schon daher von Bedeutung, da Neuentwicklungen bei der Herstellung (Stahlerschmelzung, pfannenmetallurgische Nachbehandlung der Schmelze, Umformen, Wärmebehandlung) von Werkstoffen und Erzeugnisformen Einfluß auf das Verhalten bei deren Weiterverarbeitung nehmen können.

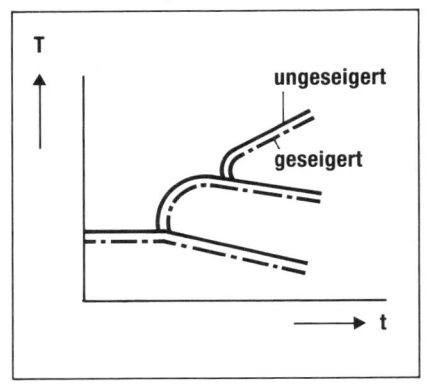

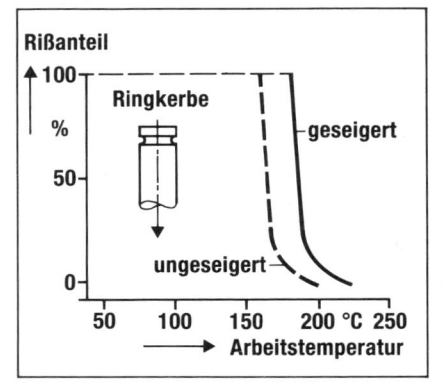

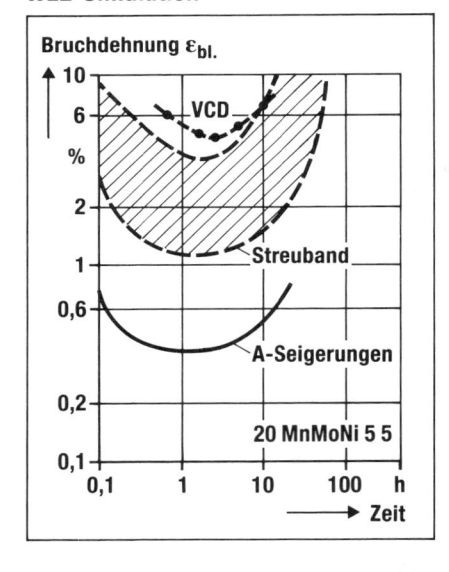

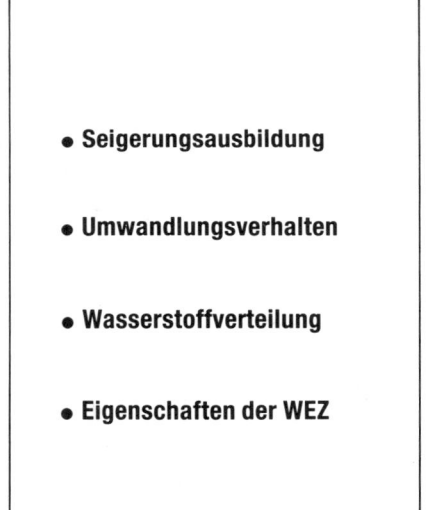

Bild 12: VCD-Behandlung
Ein Beitrag zur sicheren Verarbeitbarkeit

Als Beispiel sei aufgeführt der Einfluß einer VCD-Behandlung des Stahles (niedriger Si-Gehalt) auf das Seigerungsverhalten großer Schmiedeblöcke und damit auf die Schweißbarkeit der Bauteile (Bild 12).

3. Zusammenfassung

Die heute für die werkstofftechnische Auslegung von Leichtwasserreaktoren angewandte Konzeption basiert auf einer differenzierten Betrachtung der Anlagensysteme, die der unterschiedlichen Relevanz hinsichtlich Sicherheit und Verfügbarkeit Rechnung trägt. Neben einer Anpassung zwischen Beanspruchungs- und Eigenschaftsprofil steht die Bereinigung und Standardisierung einer früher sehr breiten Werkstoffpalette im Vordergrund. Vorteile, wie Vereinfachung bei Entwicklung, Prüfung, Abnahme und Dokumentation sowie fühlbare Erleichterungen bei logistischen Problemen (Beschaffung, Lagerhaltung, Ersatz) konnten mit Gewinn an qualitäts- und sicherheitsrelevanten Merkmalen erreicht werden.

Basis dieses Werkstoffkonzeptes sind umfangreiche Untersuchungen im Rahmen der Werkstoff- und Herstellerqualifizierung, die auch die Verarbeitung und Verarbeitungsverfahren der Werkstoffe und Erzeugnisformen berücksichtigen sowie ständig auf neuestem Stand gehaltene Auswertungen von Abnahmeergebnissen und Herstellungserfahrungen. Die Werkstofftechnik hat damit einen wesentlichen Beitrag zu z.T. neuen Methoden zur Beschreibung des Werkstoff-und Bauteilverhaltens und damit zu der heute erreichten Sicherheit und Zuverlässigkeit der Anlagen geleistet.

Literatur

/ 1 /   E. Tenckhoff, U. Rösler:
Werkstoffe für Leichtwasserreaktoren, Anforderungen und Betriebsbewährung.
Atomwirtschaft, März 1986

/ 2 /   E. Tenckhoff, M. Erve, E. Weiß:
Material Concept - Basis for Reliability and Structural Integrity of Components and Systems.
Pressure Vessel Technology, Volume 2, 1021-1039
Proceedings of the Sixth International Conference held in Beijing, People's Republic of China,
11 - 15 September 1988

/ 3 /   H. Cerjak, W. Debray, F. Papouschek:
Eigenschaften des Stahles 20 MnMoNi 5 5 für Kernreaktor-
Komponenten.
VGB-Konferenz "Werkstoffe und Schweißtechnik im Kraft-
werk 1976", Düsseldorf, 8./9.12.1976

/ 4 /   K. Kußmaul, J. Ewald, G. Maier, W. Schellhammer:
Enhancement of the Quality of the Reactor Pressure
Vessel used in Light Water Plants by Advanced Material
Fabrication and Testing Technologies.
4th International Conference on Structural Mechanics
in Reactor Technology (SMIRT), San Francisco, USA,
15.-19. August 1977, Volume G

/ 5 /   M. Erve, F. Papouschek, K. Fischer, Ch. Maidorn:
State of the Art in the Manufacture of Heavy Forgings
for Reactor Components in the Federal Republic of Germany.
Nuclear Engineering and Design 108 (1988) 487 - 495

/ 6 /   K. Fröb, G. Hassanzadah, E. Weiß:
Neue Fertigungstechnologien für die Herstellung von
Rohrleitungsbauteilen.
Jahrestagung Kerntechnik 1984

/ 7 /   R. Heidner, K.J. Kessler, E. Weiß:
Neue Herstellungstechniken von Erzeugnisformen.
9. MPA-Seminar, Stuttgart, 1983

/ 8 /   E. Jahn:
Erfahrungen bei der Herstellung von Rohrbögen auf der
Induktivbiegemaschine.
VGB-Kraftwerkstechnik 55, Nr. 6, Juni 1975, 387 - 399

/ 9 /   G. Engelhard, K. Fröb, K.J. Kessler, E. Lenz:
Neuere werkstoff- und schweißtechnische Entwicklungen
im Rohrleitungsbau.
VGB-Konferenz "Werkstoffe und Schweißtechnik im Kraftwerk 1987", Essen, 5./6.2.1987

Qualitätssicherungskonzept für den Chemieanlagenbau

K. Schneemann VDI, Marl

1. Begriffsbestimmung

Nach allgemein gültigen Festlegungen bezieht man den Begriff Qualität auf die Beschaffenheit (meist in Serie) gefertigter Produkte oder auf die Güte von Dienstleistungen, d.h. es wird zwischen Lieferant und Kunde eine bestimmte Beschaffenheit gefordert, und der Vergleich mit der realisierten Beschaffenheit führt zu einem Qualitätsmaß.

Bei einer Chemie-Anlage ist nur in wenigen Ausnahmen bzw. in Teilaspekten dieser klare Bezug Lieferer - Kunde herzustellen, und die gelegentlich benutzte, gut verständliche Formulierung

Qualität = Kundenzufriedenheit

trifft kaum das unter obigem Titel Gemeinte. Zunächst muß noch eine begriffliche Abgrenzung zu verwandten Systemgrößen erfolgen:

Der Umgang mit gefährlichen Stoffen, die bei der Freisetzung die Allgemeinheit gefährden und die Umwelt schädigen können, z. B. toxische Gase oder ins Grundwasser geratende gesundheitsschädliche Flüssigkeiten, verlangt schon vom Gesetz her ein hohes Maß an <u>Sicherheit</u> der Chemie-Anlage. Darunter versteht man allgemein das Nichtvorhandensein einer Gefahr. Es ist nun leicht einzusehen, daß eine vorgegebene, in Detailformulierungen dargelegte Sicherheit unmittelbar einwirkt auf die zu verlangende Qualität. Berücksichtigt man noch die zeitlich festgelegte Einhaltung einer Qualität, so erkennt man, daß der hier zu verwendende Begriff <u>Zuverlässigkeit</u> auch ein Bezug zur Sicherheit hat.

2. <u>Chemie-Anlagen</u>

Die große Leistung der deutschen chemischen Industrie besteht darin, daß es ihr gelingt, durch immer neuere Verfahren am Markt absetzbare Stoffe in hoher Reinheit wirtschaftlich und über einen gewissen Zeitraum zuverlässig herzustellen. Dazu werden angewandte Verfahren langwierig ausgearbeitet, aber auch noch während des Betriebes verbessert. Der Betreiber, besonders in der Großchemie, ist also wesentlich dadurch gekennzeichnet, daß er selbst das Verfahren entwickelt, das Anlagenkonzept erstellt, die Qualitätsmerkmale einzelner Anlagen-Komponenten formuliert, die konstruktive Ausführung festlegt, den Standard der Sicherheitstechnik - unter Beachtung gesetzlicher Vorschriften - vorgibt und umsetzt, die Montage zumindest beaufsichtigt und, nach erfolgreicher Inbetriebnahme dieser Anlage, eine der zu erwartenden Zuverlässigkeit entsprechende Wartung und Instandhaltung plant und durchführt.

Somit wird der Betreiber im Sinne des oben Gesagten selbst sein eigener Kunde, und es bedarf zwischen den beteiligten Abteilungen und Fachgruppen einer intensiven Diskussion, bis eine Lösung zu einer endgültigen Detailplanung gefunden wird.

Bevor auf die einzelnen Phasen der Anlagen-Erstellung und des Betriebes eingegangen wird, sollte die "Chemie-Anlage" hinsichtlich ihrer Einzelkomponenten ein wenig näher beschrieben werden.

Vereinfachend kann man sagen, daß gasförmige oder flüssige Stoffe aus Behältern meistens durch Pumpen oder Verdichter durch Rohrleitungen zu Behältern gefördert werden, in denen sich eine Reaktion (also eine chemische Umwandlung) vollzieht und zu solchen, in denen Stoffgemische oder Lösungen von einander getrennt werden. Dies geschieht im allgemeinen bei höheren Drücken und höheren Temperaturen. Auch das mechanische Verarbeiten, wie z. B. das Rühren, Kneten oder Mischen gehört zu den sogenannten Verfahrensschritten. Der gesamte Ablauf wird ermöglicht durch eine große Zahl unterschiedlicher Arten von Armaturen, welche durch eine aufwendige Meß-, Steuer- und Regel-Technik (MSR) bedient werden.

Als Bauteile fungieren somit hauptsächlich Behälter unterschiedlichster Bauart - meist mit Einbauten - Rohrleitungen, Fördermaschinen und Armaturen.

3. QS-Konzept

3.1 Regelwerke

Für Produkte mit hoher sicherheitstechnischer Bedeutung sowohl für Menschen als auch gegenüber der Natur/Umwelt hat die Gesetzgebung normierte Regelungen geschaffen. So sieht der § 24 der Gewerbeordnung vor, daß bestimmte Anlagen als "überwachungsbedürftig" gelten, z. B. solche mit Druckbehältern oder Lagerbehältern für brennbare Flüssigkeiten. In festgelegten Zeitabständen haben amtlich anerkannte Sachverständige die Anlage - zumindest an den kritischen Komponenten - zu überprüfen, d.h. systematisch nach etwaigen Vorschädigungen zu suchen, Bild 1 bis 3.

In den technischen Regeln, die zu den genannten Verordnungen verbindlich vorgeschrieben sind, werden zahlreiche technische Anforderungen formuliert, z. B. hinsichtlich der zu verwendenden Werkstoffe, deren Verarbeitung, deren Qualitäts-Abnahme beim Hersteller, zu Ausrüstungen von Behältern sowie zu deren Errichtung und Unterhaltung unter Einbeziehung bestehender DIN-Normen u. ä. (Sogenanntes AD-Regelwerk für Druckbehälter und TRbF für brennbare Flüssigkeiten).

Die technischen Regeln sehen aber außer den objektbezogenen Prüfungen vor, daß vor Aufnahme der Fertigung der Hersteller die Voraussetzungen personeller Art sowie hinsichtlich der technischen Einrichtungen nachweisen

```
                    DruckbehV
                    Anhang I
                 zu § 4 Abs. 1

1. Druckbehälter

1.1 Bau und Ausrüstung
    Druckbehälter müssen so beschaffen sein, daß sie
    den aufgrund der vorgesehenen Betriebsweise zu
    erwartenden mechanischen, chemischen und
    thermischen Beanspruchungen sicher genügen und
    dicht bleiben. Sie müssen insbesondere

        1. so beschaffen sein, daß sie den zulässigen
           Betriebsüberdruck und die zulässige
           Betriebstemperatur sicher aufnehmen,

                        ...

        3. aus Werkstoffen hergestellt sein, die

            a) am fertigen Bauteil die erforderlichen
               mechanischen Eigenschaften haben,

            b) von dem Beschickungsgut in gefährlicher
               Weise nicht angegriffen werden und mit
               diesem keine gefährlichen Verbindungen
               eingehen, sofern die Werkstoffe dem Be-
               schickungsgut ausgesetzt sind,

        4. sachgemäß hergestellt und vor der
           Inbetriebnahme betriebsfertig hergerichtet
           sein,
```

Bild 1   Vorschrift aus Druckbehälter-Verordnung

```
                       VbF
                      § 21
                    Betrieb

    (1) Wer eine Anlage zur Lagerung, Abfüllung oder
    Beförderung brennbarer Flüssigkeiten betreibt, hat
    diese in ordnungsmäßigem Zustand zu erhalten,
    ordnungsmäßig zu betreiben, ständig zu überwachen,
    notwendige Instandhaltungs- und Instandsetzungsarbeiten
    unverzüglich vorzunehmen und die den Umständen nach
    erforderlichen Sicherheitsmaßnahmen zu treffen.

    (2) Eine Anlage darf nicht betrieben werden, wenn sie
    Mängel aufweist, durch die Beschäftigte oder Dritte
    gefährdet werden können. Es sind unverzüglich Maßnahmen
    zur Beseitigung oder Minderung des gefährlichen
    Zustandes zu ergreifen.
```

Bild 2   Vorschrift aus Verordnung für brennbare Flüssigkeite

> (2) Der Betreiber einer Anlage nach § 19 g Abs. 1 und 2 hat ihre Dichtheit und die Funktionsfähigkeit der Sicherheitseinrichtungen ständig zu überwachen. Die zuständige Behörde kann im Einzelfall anordnen, daß der Betreiber einen Überwachungsvertrag mit einem Fachbetrieb nach § 19 l abschließt, wenn er selbst nicht die erforderliche Sachkunde besitzt oder nicht über sachkundiges Personal verfügt. Er hat darüber hinaus nach Maßgabe des Landesrechts Anlagen durch zugelassene Sachverständige auf den ordnungsgemäßen Zustand überprüfen zu lassen, und zwar
>
> 1. vor Inbetriebnahme oder nach einer wesentlichen Änderung,
>
> 2. spätestens fünf Jahre, bei unterirdischer Lagerung in Wasser- und Quellenschutzgebieten spätestens zweieinhalb Jahre nach der letzten Überprüfung,
>
> 3. vor der Wiederinbetriebnahme einer länger als ein Jahr stillgelegten Anlage,
>
> 4. wenn die Prüfung wegen der Besorgnis einer Wassergefährdung angeordnet wird,
>
> 5. wenn die Anlage stillgelegt wird.

Bild 3　Auszug aus dem Wasserhaushaltsgesetz, § 19 i "Pflichten des Betreibers"

muß. Auch dieser Nachweis ist nicht nur einmalig zu führen, sondern ebenso wiederkehrend in festgelegten Zeitabständen.

Da unter Druck stehende Behälter und Rohrleitungen die zu behandelnden Stoffe sicher umschließen müssen und eine Stoff-Freisetzung grundsätzlich auszuschließen ist, kommt der Sicherstellung gewährleisteter Eigenschaften der Werkstoffe und der Prüfung der daraus gefertigten Bauteile eine herausragende Bedeutung zu. In sogenannten VdTÜV-Werkstoffblättern wurden für die Verarbeitung wie Verformung, Verschweißen und Wärmebehandlung, so detaillierte Vorgaben gemacht, daß grundsätzlich von einer reproduzierten Hersteller-Qualität ausgegangen werden kann, unter der Voraussetzung, daß der Hersteller alle diese Angaben strikt beachtet. Entsprechendes gilt für die Dokumentation der durchgeführten Prüfungen, die zum großen Teil die Anwesenheit unabhängiger Sachverständiger (z.B. Abnehmer der Technischen Überwachung) erforderlich machen, Bild 4.

```
AD-Merkblätter Reihe W, H, N
WERKSTOFFE
W 0      Allgemeine Grundsätze für Werkstoffe
W 1      Unlegierte und legierte Stähle für Bleche
         mit Berichtigung des Abschnitts 5.1 aufgrund
         29. AD-Änderung (7.84)
W 2      Austenitische Stähle
W 3/1    Gußeisenwerkstoffe; Gußeisen mit Lamellen-
         graphit (Grauguß), unlegiert und niedrigle-
         giert
W 3/2    Gußeisenwerkstoffe; Gußeisen mit
         Kugelgraphit, unlegiert und niedriglegiert
W 3/3    Gußeisenwerkstoffe; Austenitisches Gußeisen
         mit Lamellengraphit
W 4      Rohre aus unlegierten und legierten Stählen
         zum Bau von Druckbehältern
W 5      Stahlguß
W 6/1    Aluminium und Aluminiumlegierungen;
         Knetwerkstoffe
W 7      Schrauben und Muttern aus ferritischen
         Stählen
W 8      Plattierte Stähle
W 9      Flansche aus Stahl
W 10     Werkstoffe für tiefe Temperaturen;
         Eisenwerkstoffe
W 12     Nahtlose Hohlkörper aus unlegierten und
         legierten Stählen für Druckbehältermäntel
W 13     Unlegierte und legierte Stähle für gewalzte
         Teile und Schmiedestücke mit Änderung des
         Abschnitts 7.6 und der Fußnote 13 aufgrund
         26. AD-Änderung (12.81)
Herstellung
H 3      Prüfung von Fertigteilen aus Stahlblech
Nichtmetallische Werkstoffe
N 1      Druckbehälter aus textilglasverstärkten
         duroplastischen Kunststoffen (GFK)
N 2      Druckbehälter aus Elektrographit und
         Hartbrandkohle
N 4      Druckbehälter aus Glas
```

Bild 4   AD-Merkblätter der Reihe W, H, N

Anzumerken bleibt der wichtige Hinweis, daß dieses bewährte technische Regelwerk nicht eine einmalige unveränderliche Schöpfung darstellt, sondern daß in entsprechenden Ausschüssen unter Beteiligung zuständiger Behörden, Vertreter der Wissenschaft, der Hersteller-Verbände aber auch der Betreiber eine ständige, dem politischen Willen angepaßte Erneuerung vollzogen wird. So kann als Beispiel die novellierte Druckbehälter-VO genannt werden, die - obwohl noch nicht völlig verabschiedet - erstmals auch die wiederkehrende Prüfung (und deren Dokumentation) von Rohrleitungen innerhalb der Chemie-Anlagen verbindlich vorschreibt.

3.2 QS in der Planungsphase

Folgende Stufen laufen im wesentlichen ab, bis eine Produktionsanlage ihren Betrieb aufnimmt:

1. Labormäßige Erprobung von chemischen Umsetzungen
2. Verfahrenstechnische Konzeptentwicklung
3. Entwicklung einer Pilotanlage (Technikum)
4. Planung einer Groß-Produktionsanlage
5. Montage und Abnahme
6. Produktion

Es hat sich in der Großchemie durchgesetzt, im Rahmen der Planung der Produktionsanlage ein Sicherheitskonzept zu erarbeiten und umzusetzen. Hierbei wird geprüft, welche Gefahren bei Störungsfällen von der betrachteten Anlage ausgehen können und welche Maßnahmen dagegen vorzusehen sind. Mit der Fragestellung "was kann passieren, wenn...?" werden alle denkbaren Störungen und auch Kombinationen von Störungen gedanklich untersucht und geprüft, welches Risiko mit einer derartigen Störung verbunden wäre.

Ein fester Arbeitskreis umfaßt die zuständigen Herren aus der Planung, der Betriebstechnik, der MSR, der Technischen Überwachung (unabhängiger Sachverständiger) und den zukünftigen Betriebsleiter. Grundsätzlich wird eine technische Lösung einvernehmlich herbeigeführt, ohne daß ein Teilnehmer mit ablehnender Meinung überstimmt werden kann.

Ist nur die Produktivität nachteilig von einer derartigen Störung betroffen, werden "Schutzmaßnahmen" vorgesehen. An die Qualität und Pflege von solchen Einrichtungen werden weniger hohe Ansprüche gestellt als an "Sicherheitseinrichtungen". Letztere sind erforderlich, um ein etwaiges Risiko durch eine eingetretene Störung zu vermeiden oder zu vermindern. Wegen der mittlerweile angewachsenen Bedeutung des Umweltschutzes werden entsprechende Einrichtungen, die Emissionen verhindern sollen, entsprechend einer allgemeinen Vorgabe der Geschäftsleitung als Sicherheiteinrichtungen ausgeführt.

Im Zuge des Genehmigungsverfahrens prüfen dazu die Behörden sehr sorgfältig, ob Konzeption und Ausrüstung der Anlage allen gesetzlichen Anforderungen genügen.

Eine ganz entscheidende Rolle für die Sicherheit, die Zuverlässigkeit und damit der Qualität der Anlage kommt der Werkstoff-Auswahl zu. Wie bereits betont, stellen die meisten Anlagen gewisse Neuentwicklungen dar; die Eignung der eingesetzten Werkstoffe kann nur vom Betreiber selbst ermittelt werden, wobei eine Mindestlebensdauer zugrunde zu legen ist. Diese Eignungsfeststellung wird in letzter Zeit besonders von den Aufsichtsbehörden hervorgehoben, zumal eine generelle "Qualitäts-Anforderung" aus dem Verordnungstext abzuleiten ist, und der Betreiber sich bei Nichtbewährung - sofern sie zu einer Schädigung führt - der Ordnungswidrigkeit schuldig macht. Vor allem die Korrosionsbeständigkeit spielt in dieser Hinsicht die dominierende Rolle. Spätestens in der Pilotanlage muß die ausreichende Beständigkeit nachgewiesen sein. Doch gelegentlich kann man auch darin gewonnene Erkenntnisse nicht mit letzter Klarheit auf eine Großanlage übertragen, und man muß sich durch Einbau von Proben z.B. in eine Kolonne während der Produktions-Phase davon überzeugen, daß kein gefährdender Korrosionsschaden zu erwarten ist.

Zu den Merkmalen eines solchen QS-Konzeptes gehört u.a., daß generell für eine Neuanlage eine Koordinationsstelle genannt wird, meist als Projektleiter bezeichnet. Diese Stelle hat dafür zu sorgen, daß alle Informationen gesammelt, entsprechend weitergeleitet und daraus abzuleitende Folgerungen abgestimmt werden.

Was die Werkstoffwahl betrifft, hat sich das
System bewährt, zu dem genannten Beanspruchungs-Profil eines Apparates oder einer Rohrleitung sich die vorgeschlagene Lösung durch
eine Fachabteilung voll verantwortlich bestätigen zu lassen. In vielen Fällen wird zwar
Routine-Arbeit abgewickelt, aber durch dieses
System werden oft Grenzfälle entdeckt, bei
denen noch Zusatzforderungen oder praktische
Eignungstests verlangt werden müssen.

Wettbewerb ist eine Voraussetzung, um marktgerecht ein Preis-/Leistungsverhältnis zu
optimieren. Bei der Vergabe von Anlagenteilen
wie Behältern und Rohrleitungen sowie Maschinen und Armaturen ist das Kostenbewußtsein
bei den zuständigen Kaufleuten ausgeprägt;
dennoch wird stets die Meinung der Planungs-
Ingenieure oder eines speziellen Fachmannes
der Werkstoff- und Fertigungstechnik eingeholt, wenn Angebotspreise und zu erwartende
Herstellerqualität hinsichtlich der zu stellenden Anforderungen zu bewerten sind. Aufgrund vorangegangener Erfahrung mit Herstellern, spezieller Werksbesichtigungen und ausführlicher Diskussionen findet ein Entscheidungsprozeß unter den Fachleuten statt, der
schließlich zur Vergabe eines Auftrages
führt.

Eine qualitätsentscheidende Festlegung von
Kontrollen während der Fertigung durch Spezialisten des Betreibers gehört zu den wesentlichen Bestandteilen eines Auftrages. In
den meisten Fällen betrifft es Probleme des
Schweißens, der Schweißnahtprüfung, der Wär-

mebehandlung und der Funktionsprüfung, bei
denen die Anwesenheit eines Vertreters des
Bestellers als verbindlich angesehen wird.

So werden in vorgedruckten Kontroll-Listen,
beispielsweise für
"Rohrbündel-Wärmetauscher/berohrte Reaktoren"
"Behälter"
"Kolonnen"
"Plattierte oder ausgekleidete Apparate"
"Maschinen"

a) Prüfungen vorgeschrieben, deren Vollzug
per Unterschrift zu bescheinigen ist,
vom Hersteller oder vom Kunden, oder von
beiden,

b) Besichtigungen durch den Kunden vereinbart (Haltepunkte während der Fertigung),

c) Probeläufe (bei Maschinen) in Anwesenheit des Kunden festgelegt, Bild 5.

hüls	TECHNISCHE LIEFERBEDINGUNGEN für ARMATUREN	WERKNORM 55 - 970

Tabelle 5: Zusammenfassende Übersicht der durchzuführenden Abnahmeprüfungen

Abnahmeprüfung der fertigen Armatur	Prüfklasse		
	I	II	III
1. Vorlage der gem. Tabelle 1, 2, 3 und 4 geforderten Nachweise über Werkstoffprüfungen.	-	H	S
2. Bei geschweißten Armaturen Vorlage einer gültigen Verfahrensprüfung nach AD-HP 2/1 und gültiger Schweißerzeugnisse nach DIN 8560/61.	-	H	S
3. Kontrolle der sachgemäßen Umstempelung und Werkstoffvergleich mit den vorliegenden Nachweisen sowie Kontrolle der Kennzeichnungen gemäß Punkt 6.	H	H	S
4. Vorlage des Nachweises der letzten Wärmebehandlung bei Warmverarbeitung bzw. vom Spannungsarmglühen.	H	H	S
5. Maßkontrolle der Hauptanschlußmaße und der Gehäusewanddicke, Kontrolle der Dichtflächen (Form und Oberflächenrauhigkeit).	H	H	S
6. Besichtigung innen und außen im mechanisch fertigbearbeiteten Zustand ohne Farbanstrich.	H	H	S
7. Zerstörungsfreie Prüfung (siehe hierzu Punkt 7.2).	-	H	S
8. Werkstoffverwechselungsprüfung bei legierten Stählen und Härteprüfung bei der Werkstoffgruppe 5.	H	H	S
9. Dichtheitsprüfung der Gehäuse mit 2 bar Überdruck Luft/Nekal (vor Festigkeitsprüfung).	H	H	S
10. Prüfung der Dichtheit des Abschlusses mit Luft "BO" gemäß DIN 3230 T. 3, Leckrate 1 oder mit Nenn- bzw. Auslegungsdruck, max. 6 bar. Für Regelarmaturen gilt die VDI-/VDE-Richtlinie 2174.	H	H	S
11. Festigkeitsprüfung des Abschlusses "BD" gemäß DIN 3230 T. 3, Mindesthaltezeit 10 s.	H	H	S
12. Druckprüfung des Heizmantels mit Prüfdruck 1,5 x PN des Heizmantels.	H	H	S
13. Funktionsprüfung bei Nenn- bzw. Auslegungsdruck.	-	H	S
14. Wasserdruckprüfung mit Prüfdruck 1,5 x PN bzw. den Angaben in der Technischen Spezifikation. Mindesthaltezeit 10 Min.. An Gehäusen bis DN 150 kann die Standzeit auf 1 Min. reduziert werden.	H	H	S

H : Abnahme durch den Werksachverständigen des Herstellers
S : Abnahme durch Auftraggeber oder dessen Beauftragten

Chem. Werke Hüls AG Normenstelle	Fachzuständigkeit FNA Rohrleitungen	Prüfvermerke	Ausgabe Nov. 84 Seite 10 von 10

Bild 5   Formblatt aus Werknorm für Armaturen-Abnahme

3.3 QS während der Komponentenfertigung

Die vereinbarten Kontrollen sind nicht pauschal festgeschrieben; sie berücksichtigen vielmehr

- die Bedeutung des jeweiligen Bauteiles im gesamten Anlage-Konzept hinsichtlich der Sicherheit und der Produktions-Zuverlässigkeit,

- die bekannten Verarbeitungs-Schwierigkeiten der verwendeten Werkstoffe,

- die jeweiligen Betriebsbedingungen (z.B. Druck-Lastwechsel, Temperaturwechsel),
- die Erfahrungen des Hersteller, nachgewiesen z.B. durch Referenzobjekte.

Vor der Aufnahme jeglicher Schweißarbeiten ist sicherzustellen, daß für die einzusetzenden Verfahren gültige Verfahrensprüfungen vorliegen sowie gültige Schweißerzeugnisse. Bei Sonderwerkstoffen kann es im Einzelfall erforderlich sein, daß die eingesetzten Halbzeuge unmittelbar vor ihrer Verwendung einer Verwechslungsprüfung unterzogen werden, obwohl im Regelfall Bleche, Rohre und Flansche per Stempelung durch einen Abnehmer eindeutig identifiziert sein müssen. Dies gilt verstärkt für das entstandene Schweißgut, da eine Verwechslung von Elektroden durchaus möglich ist. Heute gibt es hierfür moderne Geräte, die völlig zerstörungsfrei und recht zuverlässig arbeiten, z.B. mit Hilfe von Sekundärstrahlen, die durch radioaktive Strahlung angeregt werden, Bild 6.

Bild 6   Verwechslungsprüfung an Rohrleitungsteilen

So ist insbesondere auch bei plattierten Stählen sicherzustellen, daß keine unzulässige Aufmischung in das Plattierungs-Schweißgut erfolgt ist, wodurch die Korrosionsbeständigkeit merklich verringert würde.

Bei legierten Stählen mit Vergütungsgefüge sind stichprobenweise Härteprüfungen durch die Kundenvertreter zum Nachweis sachgerechter Wärmebehandlungen die Regel. Komplizierte Bauteile wie große Wärmetauscher mit mehreren Tausend Rohren erfordern geradezu eine genaue Festlegung und Überwachung der Lokalisierung eingebrachter Thermoelemente am Bauteil selbst, da später von dem vorgelegten Glühstreifen auf die wahren Temperaturen der zu glühenden Schweißnähte geschlossen werden muß. Ein herausragendes Problem, das bei der Verarbeitung von höherfesten Feinkornstählen eine große Rolle spielt, ist die Vorwärmtemperatur. Das Nicht-Einhalten hat im Regelfall gravierende Nachteile zur Folge, die sich im nachhinein nicht völlig beseitigen lassen, andererseits läßt sich das Erreichen der vorgeschriebenen Temperaturen - bezogen auf die Gesamt-Schweißnahtlänge bzw. -Zeit - nicht dokumentieren. An die Eigenverantwortung des Herstellers werden diesbezüglich hohe Anforderungen gestellt, und häufige betreiberseitige, vorher nicht angekündigte Kontrollen müssen immer wieder "erzieherisch" wirken. Sind gar die Behälter während der Herstellung den Witterungseinflüssen ausgesetzt, wie große Kugeldruckbehälter, empfiehlt sich eine beinahe ständig anwesende Aufsicht und Kontrolle, denn Wind und Regen verursachen bei vorher erprobten Vorwärmtechniken auch kurzfristig folgenschwere Abweichungen.

Für das Beaufsichtigen des Schweißvorganges selbst müssen natürlich Fachleute zur Verfügung stehen, so daß Mängel rechtzeitig erkannt und verhindert werden. Das gleiche gilt für die Kontrolle der zerstörungsfreien Prüfungen. Betriebseigene Prüfer, die für die werkseigene Fertigung und Instandhaltung vorgehalten werden, bieten Gewähr dafür, daß die eingesetzten Prüfverfahren auch richtig angewandt werden. So manches "o.B" auf einem Prüfzeugnis kommt dadurch zustande, daß die Einwirkzeit eines Farbeindringmittels nicht lang genug ist, daß der Entwickler der Farbeindringprüfung zu dick aufgetragen wird, daß die magnetische Feldstärke bei der Magnetpulverprüfung nicht ausreicht und somit eine scheinbare Fehlerfreiheit ausgewiesen wird.

Schweißen und Prüfen von Apparaten, Formstükken und Großrohren ist überwiegend als Einzelanfertigung von der Fertigkeit und der Aufmerksamkeit der ausführenden Person unmittelbar abhängig und bedarf einer <u>ständigen Aufsicht und Kontrolle</u>. Daher legen wir großen Wert auf die Qualifizierung der betreffenden Handwerker. Die wiederkehrende Prüfung der Schweißer wird in der Chemie im allgemeinen jährlich vorgenommen; dort, wo eine schweißerbezogene Auswertung der Schweißnaht-Prüfungen festgelegten Kriterien genügt (z.B. 1 x im Quartal, ohne Ausbesserungen in einem Jahr) kann die Frist der Wiederholungsprüfung verlängert, unter verschärften Kriterien sogar ganz ausgesetzt werden.

Röhrenwärmetauscher sind Apparate mit zahlreichen z. T. sehr schwierig auszuführenden Schweißverbindungen: geringe Rohrwanddicken, enge Rohrteilungen (bei Einhaltung eines vorgegebenen Rohrüberstandes), komplizierte Werkstoffe, die beim Abschmelzen schlecht "fließen", verlangen ein hohes Können und demzufolge besondere Aufsicht. Wird dann auch noch eine spaltfreie Schweißung (von Hand) vorgesehen, sind sogenannte Arbeitsproben unumgänglich. Sie tragen dazu bei, daß sich verändernde Bedingungen am Schweißgerät, am Bauteil oder durch den Schweißer, welche zu systematischen Fehlern führen, rechtzeitig erkannt werden. Beispielsweise werden Wärmetauscher grundsätzlich zweilagig verschweißt, wobei eine Prüfung nach der ersten Lage zu erfolgen hat (und diese wird im Normalfall auch vom Besteller überwacht). Hierdurch läßt sich sicherstellen, daß bei der Endprüfung aufgedeckte Poren nicht von der Wurzel her durch das ganze Schweißgut "gezogen" werden, Bild 7.

Bild 7   Durchstrahlungsaufnahmen von Rohreinschweißungen

Entsprechende qualitätssichernde Maßnahmen und konstruktive Details wurden vor Jahren in den Werknormen der Chemie einheitlich festgelegt; aus diesen ging die Norm DIN 8558, Teil 2 hervor.

Große Apparateflansche sind bezüglich ihrer rechnerischen Beanspruchungen zwar hinreichend ausgelegt, doch beim Verschweißen mit dem Behälter können sie sich erheblich verziehen, so daß sich bei späteren Montagen Probleme mit der Dichtheit ergeben. Bei Verwendung einer "weichen" Dichtung und nach sehr festem Anziehen der Schrauben kann sich auf diese Weise ein Abnehmer von der Dichtheit während der Wasserdruckprobe überzeugen, ohne den tatsächlichen Mangel zu erkennen. Es gehört daher zu den Pflichten der Bauüberwacher, die Planheit großer Flansche zu messen, falls ein Hersteller den angeschweißten Flansch nicht mehr maschinell überarbeiten kann. Besonderer Beachtung bedürfen Dichtflächen und Dichtelemente für den Hochdruck-Bereich (z.B. sogenannte Linsen): Oberflächen-Rauhigkeitsmessungen und Kohlepapier-Abdrücke gehören hier zu den Qualitäts-Sicherungs-Maßnahmen.

Sind die wärmeaustauschenden Stoffe extrem empfindlich gegenüber gegenseitiger Verunreinigung, so werden unterschiedliche Leckage-Prüfungen bei der Endabnahme vollzogen. Sie müssen jedoch vertraglich vereinbart werden, da das Einhalten vorgegebener Leckraten unter Umständen besondere Herstellverfahren voraussetzt. Neben einer Luft/Nekal-Prüfung findet bei höheren Ansprüchen vorzugsweise die Halogen-, in Ausnahmefällen auch die Helium-Dichtheitsprüfung statt, Bild 8. Zu Kontrollieren sind hierbei auch die Eichungen der verwendeten Geräte.

Keine sicherheitstechnische Bedeutung, aber bezüglich der Funktionsweise außerordentliche Wirksamkeit besitzt die Maßhaltigkeit der Einbauten von Kolonnen. Daher wird vom Besteller sehr genau die Einhaltung vereinbarter Toleranzen überprüft, und zwar hinsichtlich

- der Geradheit der Kolonne,
- des waagerechten Einbaus der Auflageringe,
- des Auslotens der Standzarge und
- des Abstandes der Ringe.

Bild 8   Dichtheitsprüfung mit Frigen an einem Wärmeaustauscher

Die Abnahmeprüfung fertiger Armaturen unterscheidet gemäß interner Werknormung je nach Bedeutung der Armatur zwischen verschiedenen Prüfklassen, wobei Umfang und Durchführender der Abnahme festgelegt sind. Dies betrifft die

- Werkstoffbescheinigung, Umstempelung
- Maßkontrolle und Besichtigung
- zerstörungsfreie Prüfung (ganz wichtig bei gegossenen Bauteilen besonderer Metall-Legierungen!)
- Dichtheits-, Funktions- und Druckprüfung.

Obwohl längsnahtgeschweißte Rohre überwiegend maschinell gefertigt und geprüft werden, hat es sich als sinnvoll und teils als notwendig erwiesen, trotz weitestgehender Normung und sonstiger Festlegung von Lieferbedingungen, Schweißausführung, Abmessung, Prüfung der Nähte und Dichtheit sowie die mechanisch-technologische Überprüfung zumindest stichprobenweise selbst zu kontrollieren. Trotz detaillierter Werks-Richtlinien, die beim Herstellen zu beachten sind, treten immer wieder Fehler und Mängel auf, die die Inbetriebnahme einer Anlage verzögern oder den Betrieb nach kurzer Zeit unterbrechen können.

Da dem Hersteller von Anlagenkomponenten die genauere korrosions-chemische und sonstige Beanspruchung selten bekannt ist, muß der Besteller darüber hinaus auf die Einhaltung von vorgegebener Oberflächen-Güte, Rauheit, Sauberkeit, passiviertem Zustand, Freiheit von Schweißspritzern und Anlauffarben durch genaue Besichtigung achten.

Nur auf diese Weise läßt sich die ebenso gültige Definition:

<u>Qualität = Fehlerverhinderung</u>

realisieren.

Ähnliche Gesichtspunkte gelten für andere Bauteile wie Pumpen, Großbetriebe, Stellglieder, Verladearme, Kompensatoren, Rührer u.a.

Neben rein metallischen Ausführungen werden
in vergleichbarer Weise Gummierungen, Aus-
kleidungen, Beschichtungen von speziellen
Fachleuten überprüft und abgenommen. Eine
weitgehend normierte Vorgehensweise betrifft
beispielsweise die Abnahme von emaillierten
Behältern, Rührern, Rohrleitungen. Art und
Zahl unzulässiger Fehler, deren Bedeutung in
Korrosionsversuchen hinreichend ermittelt
wurde, Poren- und Rißfreiheit sowie Schichtdicken und das zulässige Ausbessern von
Emailfehlern werden peinlich genau überprüft,
durch Besichtigung und Hochspannungsprüfung,
und zwar bei der Fertigung zwischen einzelnen
Bränden, als Endabnahme, nach dem Transport
und nach dem Einbau vor Inbetriebnahme; man
berücksichtigt damit die Schlagempfindlich-
keit und Sprödigkeit der glasartigen Beschichtung, Bild 9 und 10.

Es hat sich als sinnvoll erwiesen, daß die
Personengruppe der Qualitätssicherung gleich-
zeitg auch die Terminverfolgung durchführt.
Verschiebungen der Liefertermine werden recht-
zeitig erkannt, wenn nötig, müssen Gegenmaß-
nahmen ausgehandelt werden; die ständigen
Terminkontrollen werden - unterstützt durch
EDV - an den Projektleiter über die Termin-
Koordinationsstelle geleitet. Nur auf diese
Weise kann gewährleistet werden, daß Groß-
transporte frühzeitig organisiert und kosten-
aufwendige Groß-Hebezeuge (Autokrane) ohne
Stillstands-Zeiten eingesetzt werden,
Bild 11.

Bild 9   Dichtheitsprüfung an einer PE-Auskleidung eines
          Rückhaltebeckens

Bild 10   Poren-Prüfung einer Emailbeschichtung mittels
          Hochspannung

Bild 11 600t-Kran-Einsatz bei der Montage einer 70 m hohen Kolonne

3.4 QS während der Montage und Inbetriebnahme

Auch für die Montage, besonders von größeren Einheiten einer Anlage, werden Detailplanungen erstellt, auf deren Einhaltung größter Wert gelegt wird. Schließlich hat die Verkaufsabteilung den Absatz der herzustellenden Produkte von dem Zeitpunkt der Inbetriebnahme an schon seit langem vorbereitet und eingeleitet. Dementsprechende vertragliche Vereinbarungen lassen für den Fertigstellungstermin wenig Spielraum. Auch Pünktlichkeit bei der

Errichtung einer so komplizierten einmalig erstellten Chemie-Anlage gehört zum Begriff der Qualität.

Probleme des Tiefbaus und der Bautechnik allgemein, sowie der MSR-Ausrüstung sollen hier nur erwähnt werden, da sie nur selten einen Bezug zum Werkstoff und der diesbezüglichen Qualitätssicherung aufweisen; ihre Bedeutung für das Gesamt-QS-Konzept steht außer Frage.

Das Problem der rechtzeitigen Anlieferung so zahlreicher individuell gefertigter Elemente und Bauteile auf der Baustelle erfordert einen nicht unerheblichen Verwaltungsaufwand. Im Regelfall wird ein Montage-Magazin eröffnet, in dem die zu verwendenden Teile wie Armaturen, Kleinapparate, Maschinen, Halterungen, Betriebsmittel, Werkzeuge, Dichtungen u.v.a.m. für den Einbau deponiert werden. Die Wareneingangskontrolle hat hierfür die wichtige Aufgabe der Erfassung aller eingehenden Teile und den Vergleich mit der bestellten Beschaffenheit. Verwechslungsprüfungen auf Einhaltung der bestellten Werkstoffe sind unumgänglich, ebenso wie die Besichtigung auf Fehlerfreiheit, Sauberkeit und Vollständigkeit, Bild 12.

In den großen Chemiewerken hat sich heute eine Rohvorfertigung etabliert und bestens bewährt. EDV-unterstützte Herstellung von Isometrien und automatisierte Schweißverfahren gestalten eine nahezu vollständig vorgefertigte Verrohrung, bei der außer Flanschverbindungen nur noch wenige Montage-Schweißnähte erforderlich sind. Die Qualitätsver-

Bild 12. Wareneingangskontrolle mit Hilfe eines Spektrometers

besserung ist offensichtlich: Die Güte der Schweißnähte in der Werkstatt-Halle unter Verwendung von Maschinen, verbunden mit der systematischen zerstörungsfreien Prüfung daselbst, die Gleichmäßigkeit und Fehlerfreiheit von Rohrbiegungen, Aushalsungen und die werkstattmäßige Beseitigung von korrosionschemisch nachteiligen Anlauffarben an Rohren aus nichtrostenden Stählen stellen heute ein hohes Maß an Qualität sicher.

Neben zahlreichen Funktionsprüfungen von MSR-Einrichtungen und Probeläufen diverser Maschinen erfolgt eine umfangreiche sicherheitstechnische Abnahme der kompletten Anlage durch den Sachverständigen der Technischen Überwachung durch den Vergleich mit dem endgültigen R + J-Schema. Die Tatsache, daß die Genehmigungsbehörde den unabhängigen Werks-

Sachverständigen (= Eigenüberwacher) von Groß-
chemie-Werken weiterhin als Überwacher und
Abnehmer mit Rücksicht auf die "besonderen
Verhältnisse" anerkannt, kann und muß ebenfalls als eine qualitässichernde Maßnahme
gelten. Vor Inbetriebnahme werden die einzelnen Systeme der produktführenden Rohrleitungen ("Preßkreise") mit Wasser, gelegentlich
auch mit Stickstoff, abgedrückt und von Sachverständigen auf Dichtheit überprüft.

3.5 QS während des Betriebes

Chemie-Anlagen sind fast ausnahmslos über-
wachungspflichtige Anlagen, d.h. wichtige
Komponenten unterliegen wiederkehrenden Prüfungen durch Sachverständige. Daneben gibt es
anlagenspezifische Wartungspläne, die sich
auf Rohrleitungen, Maschinen, Pumpen und bevorzugt auf solche MSR-Einrichtungen beziehen, die im Sicherheitskonzept als Sicherheitseinrichtungen eingestuft werden. Es versteht sich von selbst, daß diese Überprüfungen dokumentiert werden, und so dem Betriebsleiter über längere Fahrperioden detaillierte
Kenntnisse über die Bewährung und die Zuverlässigkeit seiner Anlage zur Verfügung stehen. Die jüngste Entwicklung der Umwelt-
schutz-Gesetzgebung macht die Aufstellung und
Vorlage anlagenspezifischer Wartungspläne
ohnehin obligatorisch.

Für Revisionen stehen der Fachabteilung zahlreiche Hilfsmittel und moderne Geräte zur
Verfügung, die eine hinreichend sichere Beurteilung des vorliegenden Zustands und eine
abgesicherte Aussage über die Zuverlässigkeit
der nächsten Produktionsperiode gestatten.

Hier mögen einige Beipiele genannt werden für den vielfältigen Einsatz:

- Innenbesichtigungen von engen Räumen mit starren oder flexiblen Innensehrohren
- Dokumentation derartiger Innen-"Zustände" mit Hilfe von Miniatur-Kameras und Magnetbildaufzeichnungen
- Spannungsermittlung über Dehnungsmessungen
- Erfassung von "Wärme-Brücken" bei Störungen einer Ausmauerung oder Isolierung, mit Hilfe der Infrarot-Kamera
- Ermittlung von Anbackungen per Röntgen-Durchstrahlung
- Erfassung von Korrosionsabtragungen und Rissen (z.B. SpRK) per Ultraschallprüfung, auch bei erhöhten Temperaturen
- Gefüge-Abdruck-Verfahren (Replicas) zur Erfassung von Zeitstand-Erschöpfung an Hochtemperatur-beaufschlagten Bauteilen, vgl. Bild 13 bis 18

Bild 13   Ultraschall-Wanddickenmessung an Rohrleitungen

Bild 14 Innensehrohr-Besichtigung eines Dampfsammlers

Bild 15 Inspektion und Dokumentation von Hohlkörpern mit Hilfe
        einer Miniatur-Kamera

Bild 16   DMS-Kontrolle der Vorspannung beim Verschrauben eines
          Apparateflansches

Bild 17   Ermittlung der Spannungen eines GFK-Druckbehälters
          während der Druckprobe

Bild 18   Einsatz eines Infrarot-Sichtgerätes zur Ermittlung von
         Wärmebrücken

4. **Zusammenfassung**

Der Umgang mit gefährlichen Stoffen und die entsprechenden gesetzlichen Sicherheitsanforderungen einerseits, die meist individuelle Einzelanlage mit speziellen Know-how des Betreibers und die zu erwartende Verfügbarkeit für eine störungsfreie Produktion andererseits sind die wesentlichen Komponenten eines Qualitätssicherungskonzeptes, bei dem der Betreiber über Verfahrensentwicklung, Werkstoffauswahl, Bauüberwachung und Instandhaltung im Regelfall selbst die Anforderungen an die Beschaffenheit festlegt und wesentlich zu deren Realisierung beiträgt. Als Werkzeuge für diese Qualitätssicherung dienen

- technische Regelwerke mit herangezogenen DIN-Normen
- Werknormungen und Werkrichtlinien
- Einzelfestlegungen zu Komponenten bzw. ganzen Anlagen
- Betriebsvorschriften

Werkstoffeinsatz und Betriebserfahrungen bei Kessel- und Druckbehälteranlagen

F.-J. Adamsky, H.-R. Kaufmann und W. Rabe, Köln

1. Einleitung

Bei einem derzeitigen Bestand von rund 750.000 Druckbehältern und etwa 40.000 Dampfkesseln sind in der Bundesrepublik weniger als 5 tödliche Unfälle pro Jahr zu verzeichnen. Deutsche Kraftwerke stehen in der Welt hinsichtlich Sicherheit und Verfügbarkeit seit vielen Jahren an der Spitze. Weltmeister an Verfügbarkeit bei den konventionellen Kraftwerken ist das RWE-Kraftwerk Neurath. Seit der Inbetriebnahme von Block A wurden 100.000 Betriebsstunden in der kürzesten Kalenderzeit von 108.484 Stunden erreicht. Das sind fast 12,5 Jahre mit einer Arbeitsverfügbarkeit von gut 93 % und einer Störausfallquote von knapp 2 %.

Vergleicht man dies mit der Situation um die Jahrhundertwende, so wird deutlich, was auf diesem Gebiet im Laufe der Jahre von Herstellern, Betreibern , Sachverständigen und Forschungsinstituten geleistet worden ist: In Nord-Amerika explodierten zwischen 1865 und 1905 10.000 Kessel; bei einer einzigen 1905 in Massachusetts wurden 58 Personen getötet und 117 verletzt. Der Kesselzerknall 1920 in Düsseldorf-Reißholz, der auf interkristalline Spannungsrißkorrosion zurückzuführen war, forderte 28 Tote /1/.

Neben der Optimierung der Auslegung der Anlagen und der Betriebsweise war es die Werkstofftechnik, die dieser Entwicklung die wesentlichen Impulse gegeben hat. Während der Planungsingenieur in erster Linie in den Jahren der stürmischen industriellen Entwicklung die Wirtschaftlichkeit einer Kraftwerksanlage im Auge hatte, stand der Werkstoffingenieur vor dem Problem, sowohl die kühnen Absichten der Planungsseite zu realisieren und gleichzeitig dafür Sorge zu tragen, daß sein Werkstoff und die daraus gefertigten Komponenten die ihm zugemuteten Beanspruchungen auch während der vorgesehenen Betriebszeit ertrug. Bei der Geschwindigkeit der Entwicklung ging das natürlich nicht ohne Schäden ab. Die gewissenhafte Erforschung der Schadensursachen, ergänzt durch Grundlagenuntersuchungen gab dem Werkstoffingenieur dann die Argumente, um einerseits herstellungsrelevante Fehler abzustellen und andererseits auch der Auslegungsseite konkrete und wohlbegründete Grenzen für den Werkstoffeinsatz vorzugeben.

In dieser Weise hat die Großanlagentechnik die Entwicklung der Werkstoff- und Fertigungstechnik entscheidend geprägt. Die folgenden Zahlen und Darstellungen sollen dies verdeutlichen.

Die Kesselleistung, dargestellt durch die größte Turbinenleistung (Bild 1) stieg von 1 MW im Jahr 1900 über 100 MW in 1955 auf 750 MW in diesen Jahren. Einen ähnlichen Verlauf (Bild 2) nahmen Frischdampf-Druck von 20 bar um 1920 auf über 300 bar maximal und Frischdampftemperatur von 350 auf im Mittel 530°C, maximal bis 650°C. Während die Kesselleistung die Größe der Anlage bestimmt, sind Frischdampfdruck und -temperatur für die Werkstoffwahl maßgebend. In den Jahren vor dem zweiten Weltkrieg wurde der entscheidende Schritt von der Warmstreckgrenze zur Kriechfestigkeit vollzogen.

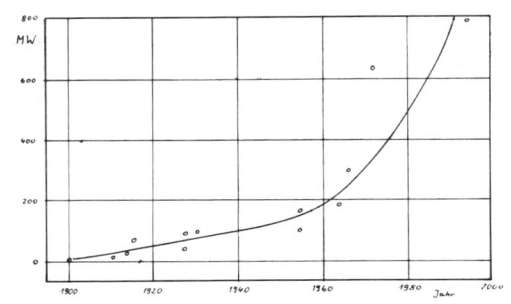

Entwicklung der maximalen Turbinenleistung bei konventionellen Kraftwerken Bild 1

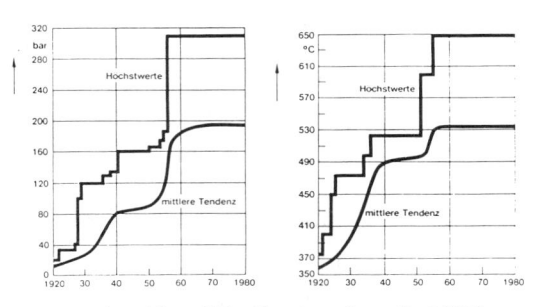

Anstieg FD-Zustand seit 1920 nach Schoch Bild 2 /2/

Die Kesselanlagen früherer Zeit zeigten, gemessen an den heutigen Anlagen, sehr geringe Leistungen (Bild 3 und 4) und waren relativ einfach gebaut /2/. Kessel moderner Bauweise sind einschließlich der zugehörigen Behälter und Maschinenaggregate hochkomplexe Anlagen, die an Planung, Berechnung, Werkstoff-, Verarbeitungs- und Prüftechnik extrem hohe Anforderungen stellen. Bei einer 750 MW-Anlage werden allein für das Kesselrohrsystem ca. 8000 t Stahl verbaut, 700 km Rohr verarbeitet, gebogen und mit rund 120.000 Schweißnähten verbunden.

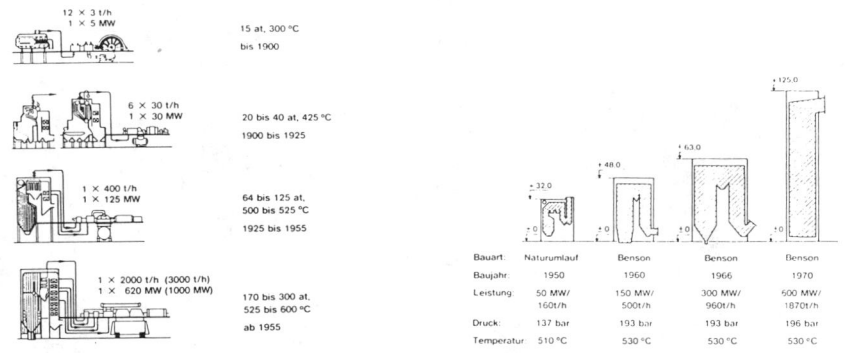

Entwicklung des Dampfkraftwerks | Bild 3 /2/

Leistungssteigerung bei Braunkohlekesseln | Bild 4 /2/

Undichtheiten bei der ersten Druckprobe - früher waren sie unvermeidlich - sind heute eine Seltenheit. Es gibt Kessel der genannten Größenordnung, die bei der Druckprobe keine einzige Undichtheit zeigen.

2. Kessel- und Rohrleitungswerkstoffe

Bild 5 zeigt die Schnittzeichnung eines Trommelkessels aus den frühen 50er Jahren. Er läuft heute noch und hat ca. 250.000 Betriebsstunden hinter sich gebracht. Das vom Speisewasserbehälter mit ca. 230°C kommende Wasser wird in den Hochdruck-Vorwärmern auf ca. 250°C gebracht. Im Economizer ergibt sich vor Eintritt in den Verdampfer eine Temperatur von 330°C, die am Ende des Verdampfers auf 340°C und im Überhitzer auf die Endtemperatur von 530°C steigt bei einem Enddruck von 136 bar. Aus der Hochdruckturbine wird dann ein Teilstrom in den Zwischenüberhitzer abgezweigt. Die in den verschiedenen Temperaturbereichen hauptsächlich verwendeten Werkstoffe sind in der Tabelle 1 zusammenfassend dargestellt. In der Regel handelt es sich um Werkstoffe, die schon seit vielen Jahren verwendet werden. Entsprechend den im Betrieb gewonnenen Erfahrungen wurden sie im Laufe der Jahre immer weiter entwickelt, indem sie den sich verändernden Betriebs- aber auch vor allem den Verarbeitungsbedingungen laufend angepaßt wurden. Auf diese Weise sind Werkstoffe entstanden, deren Eigenschaften und Eigenarten sehr genau belegt sind. Eine grobe Unterteilung ergibt sich durch den Einsatz im Warmstreckgrenzenbereich bis ca. 400/450°C und darüberhinaus im Kriechbereich bis ca. 650°C.

Die Auslegung der Komponenten erfolgt nach einem gut belegten Regelwerk (TRD 300 bis 320). Die Bemessung der Wanddicken geschieht im Warmstreckgrenzenbereich mit einer Sicherheit von S = 1,5 gegen Fließen sowie S=2,4 gegen Bruch und im Kriechbereich mit 80 % der Zeitstandfestigkeit (untere Streubandgrenze) bei 200.000 Stunden. Die Werkstoffeigenschaften im Kriechbereich sind durch eine Vielzahl von Versuchswerten an Zeitstandproben belegt.

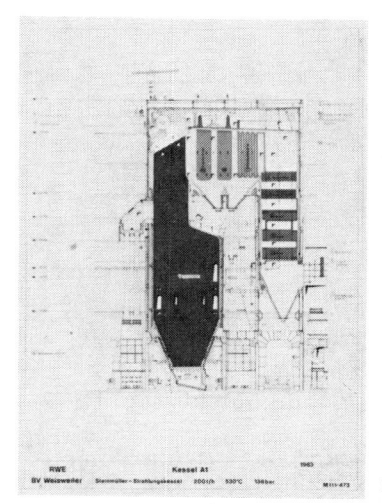

Bild 5

Maximale Temperatur	Verwendungszweck	Stahlbzeichnung	Stahltyp
480	Kesselrohre	St 35.8 (St 45,8)	unlegierte Stähle
550	Sammler	15Mo3	unlegierte
570	Rohrleitungen	13CrMo44	Mo,CrMo- und
600		10CrMo910	CrMoV-Stähle
580		(10CrSiMoV7)	
650		14MoV63	
650		X20CrMoV12.1	Mittellegierter Cr-Stahl
750		X8CrNiMoVNb1613	hochlegierte
750		X8CrNiMo1613	Austenite
700		X6CrNiMo1713	
		X8CrNiMoNb1616	
500	Trommeln Rohrleitungen <450°C	19Mn5 CrNi-Stähle 17MnMoV64 (WB 35) 15NiCuMoN65 (WB 36)	unlegierter Mn-Stahl niedriglegierte FK-Stähle
480	Behälter wie z.B.	HI, HII	unlegierte C-Stähle
500	Speisewasserbehälter	17Mn4	unlegierte Mn-Stähle
500	HD-, und ND-Vorwärmer	19Mn6	niedrig legierte FK-Stähle
		WStE 355 WStE 460	
400		11 NiMoV53 (Welmonil 43)	

Tabelle 1: Kesselwerkstoffe und deren Verwendung

3. Werkstoffeinsatz und Betriebserfahrungen

3.1 Kesseltrommeln und Rohrleitungen im Warmstreckgrenzenbereich

Kesseltrommeln und Rohrleitungen werden sinnvollerweise gemeinsam behandelt, da die Entwicklung der heute verwendeten höherfesten Rohrleitungswerkstoffe im Warmstreckgrenzenbereich auf Trommelstähle zurückgeht. Für diesen Bereich läßt sich die

Werkstoffentwicklung am besten am Beispiel der Kesseltrommel darstellen, die lange Zeit die größte und am schwierigsten herzustellende Komponente des Kesselbaus war.

Kesseltrommeln

Bis in die dreißiger Jahre hinein wurden Trommeln genietet, bis die Wassergasschweißung - eine Art Preßschweißung - aufkam und Wanddicken bis 70 mm bei 1800 mm Durchmesser ermöglichten. Mit den ersten 100 atü-Anlagen im Jahr 1927, die einen 1,5 %-Nickel-Stahl ($\sigma_{0,2}$ = 17,5 kp/mm² bei 350°C) verwendeten, ergaben sich Wanddicken von 110 mm bei einem Durchmesser von 1100 mm /3/. Damit war auch die Wassergasschweißung überfordert. Thyssen entwickelte dann die Röckner-Radial Walzwerke, welche später die Herstellung nahtloser Hochdrucktrommeln mit Wanddicken bis zu 160 mm und Längen bis 18 m ermöglichten. Ausgangsmaterial waren in einer Schleudergußanlage hergestellte Hohlblöcke. Veranlaßt durch die weitere Erhöhung von Druck, Temperatur und Dampfmenge wurde die Werkstoffseite gefordert, weitere Festigkeitssteigerungen zu realisieren. Das geschah zunächst durch Erhöhung des Kohlenstoffgehaltes bis auf 0,28 % als billigstes Legierungselement. Weitere Steigerungen der Warmfestigkeit bewirkte man durch Zugabe von Kupfer bis zu 1 % und einer Ausscheidungshärtung bei einer Anlaßbehandlung zwischen 450 und 600 °C, erlitt aber bald Rückschläge durch eine Vielzahl feiner Rißbildungen an den Werkstoffoberflächen, die auf Anreicherungen niedrig schmelzenden Kupfers zurückzuführen war. Diese Schwierigkeit konnte im Laufe der Jahre durch Zugabe von Nickel bis zu 0,4 % behoben werden. Eine weitere Steigerung der Warmstreckgrenze durch Zugabe von Molybdän führte dann zu den heute noch gebräuchlichen CuNiMo-Stählen wie den 15 NiCuMoNb5 (WB 36).

In den Jahren 1933 bis 1938 wurden mehr als 400 nahtlose gewalzte Trommeln aus CuNi- bzw. CuNiMo-Stahl geliefert. Seit es Anfang der dreißiger Jahre auch möglich wurde, die Trommelenden zu kümpeln, war das Nieten endgültig überholt.

Nach dem zweiten Weltkrieg wurden die Röckner-Walzwerke entweder demontiert oder waren durch Kriegseinwirkungen zerstört. Es war also nur noch möglich, Trommeln entsprechender Abmessung herzustellen, wenn die Trommelwerkstoffe schweißbar gemacht und leistungsfähige Schweißverfahren für die großen Wanddicken qualifiziert wurden. Die Durchstrahlungsprüfung begrenzte die Wanddicke auf 90 mm. Anfang der fünfziger Jahre war dann der Werkstoff CuNi 52 Mo verfügbar, der bei 130 bar und 330°C eine Wanddicke von max. 90 mm ermöglichte. Bild 6 zeigt am Beispiel einer Hochdrucktrommel von 1800 mm Durchmesser, wie entscheidend die Wanddicke durch Erhöhung der Warmstreckgrenze herabzusetzen ist.

Anfang der sechziger Jahre zeigten sich mit zunehmender Nachweisempfindlichkeit der ZfP-Verfahren Rißschäden vor allem im Bereich des Fallrohrlochfeldes. Bild 7 zeigt dafür ein Beispiel. Berstversuche an Kesseltrommeln im Kraftwerk Mannheim förderten ein sprödes Bruchverhalten des Trommelwerkstoffs

Bild 6: Einfluß der Warmstreckgrenze
auf die Wanddicke

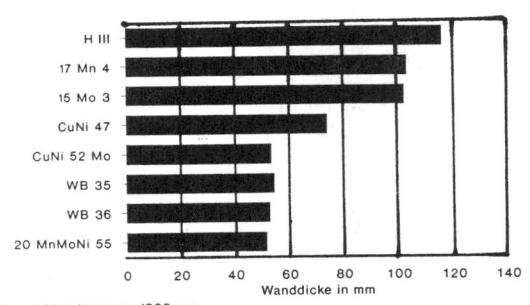

Werkstoff	Wanddicke in mm
H III	~115
17 Mn 4	~100
15 Mo 3	~100
CuNi 47	~75
CuNi 52 Mo	~55
WB 35	~55
WB 36	~50
20 MnMoNi 55	~45

Trommeldurchmesser 1800 mm
Betriebsdruck 130 bar
Betriebstemperatur 330 Grad C

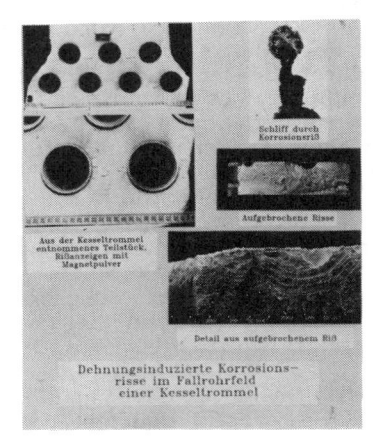

Bild 7

zutage. Die Walzverbindungen der Fallrohre wurden undicht und erforderten ein Abdichten durch Schweißen auf der Trommelinnenseite, da schon mehrfach nachgewalzt worden war. Für diese Probleme mußten schnelle Lösungen gefunden werden, in Zeiten der Hochkonjunktur wurde jedes MW gebraucht. Grundsatzuntersuchungen ergaben Hinweise zur Schadensverhütung /4/:

Die volle Ausnutzung der Streckgrenze höherfester Stähle führt an die Stelle von Spannungsspitzen im Lochfeld des Fallrohrbereiches zu überelastischen Verformungen, die eine Zerstörung der spröden kristallinen Magnetit-Schutzschicht bewirken, die schon nach relativ kurzer Betriebszeit auf der Stahloberfläche aufwächst. Die ertragbare Dehnungsschwingbreite wurde durch Versuche ermittelt und in das Regelwerk TRD 301 eingebracht, das für die Auslegung solcher Komponenten maßgebend ist. Gleichzeitig wurden nach sprödem Versagen von Kesseltrommeln bei Innendruckversuchen Optimierungen der Werkstoffzähigkeit eingeleitet.

Die Dichtschweißung der Walzenverbindung Fallrohr/Trommel wurde bei Vorwärmtemperaturen bis zu 200°C durchgeführt, die jeweils durch den Beginn der Hochlage der Kerbschlagzähigkeit, ermittelt an den aus der Trommel entnommenen Bohrbutzen, bestimmt wurde.

Rohrleitungen im Warmstreckgrenzenbereich

Rohrleitungen in Kraftwerken sind komplizierte Gebilde. Sie erfordern bei der Auslegung ein hohes Maß an Erfahrung, da außer der Innendruckbeanspruchung auch äußere Kräfte wie behinderte Wärmedehnung, Gewicht und Schwingungen sowie statische und dynamische Wärmespannungen berücksichtigt werden müssen. Weiterhin ist mit Relaxationen auch im Warmstreckgrenzenbereich zu rechnen. In einem Kraftwerk heutigen Zuschnitts werden einige tausend Tonnen Rohrleitungswerkstoff benötigt. Tabelle 2 gibt eine Übersicht über den Werkstoffeinsatz und die aus den verschiedenen Temperaturbereichen resultierenden Wanddicken. Mit steigender Größe der Blockeinheiten nehmen auch die Abmessungen der Rohre und Formstücke zu. Da man in Kraftwerken generell sehr daran interessiert ist, möglichst schnell anfahren zu können, ist es erforderlich, bei der Auslegung Stähle verfügbar zu haben, die eine möglichst dünne Wanddicke ermöglichen. Daraus resultierende Probleme in der Optimierung von Warmfestigkeit, Zeitstandfestigkeit und Zähigkeit auch am Ende der vorgesehenen Betriebszeit führten zu modifizierten Vorgaben für Stahlherstellung und Weiterverarbeitung. Bei den erforderlichen wiederkehrenden Druckprüfungen stehen die Stähle im Warmstreckgrenzenbereich im Vordergrund, da sie infolge ihrer höheren Festigkeitswerte, die der Auslegung zugrundeliegen, auch bei der Druckprobe höher beansprucht werden als die im Kriechbereich verwendeten Stähle.

In konventionellen Kraftwerken sind Schäden an Rohrleitungen im Warmstreckgrenzenbereich kaum aufgetreten im Gegensatz zu Kernkraftwerken älterer Bauart. Nach ca. 100.000 Betriebsstunden (45 bar bei 250°C) und ca. 800 Anfahrten riß ein Rohrbogen (219 mm Ø/, s = 7 mm, ST 35.8) im Bereich der sog. neutralen Faser auf (Bild 8). Untersuchungen der anderen Rohrbögen in der gleichen Leitung brachten weitere Anrisse zutage. Das Bruchbild zeigt viele Rißausgangsstellen und der Schliff einen transkristallinen Verlauf mit Rißflanken, die stark mit Korrosionsprodukten belegt sind sowie eine Vielzahl von Korrosionsgrübchen mit kleineren Anrissen. Die Ursache ist darin zu suchen, daß die fest eingespannte Rohrleitung bei An- und Abfahrten durch die jeweilige Temperaturänderung die Bögen mit auf- und zubiegenden Momenten beansprucht. Die daraus resultierende Ovalisierung des Rohrquerschnitts - auf die Details wird bei den kriechbeanspruchten Rohrleitungen noch eingegangen - hat hohe Zusatzbiegebeanspruchung zur Folge und führt damit zu einem ähnlichen Schadensmechanismus wie bei den Kesseltrommeln.

Bauteil	Werkstoff	Temperatur (°C)	Druck (bar)	Größte Abmessung (Durchm./Wdd. in mm)					
				150 MW Rohr	Formstück	300 MW Rohr	Formstück	600 MW Rohr	Formstück
Speisewasserleitung	15Mo3 17MnMoV64 (WB35) 15NiCuMoNb5 (WB36)	250 250 320	230 284	300/30	-/63	340/21	-/45	450/28 450/25	-/50
Kalte Zwischen-Überhitzer-Leitung	15Mo3	330 350	45 50	450/13	-/27	213/19	-/26	1130/26	-/55
Heiße Zwischen-Überhitzer-leitung	13CrMo44 10CrMo910 14MoV63	530 530	50 45	620/26	920/60	740/22	-/47,5	1080/40	-/80
Frischdampfleitung	13CrMo44 X20CrMoV121	530 530 530	205 205 195	257/52	360/90	355/34,5	-/68	500/47	-/80

Tabelle 2: Kennzeichnende Abmessungen der wichtigsten Werkstoffe bei Rohrleitungen in konv. Kraftwerken

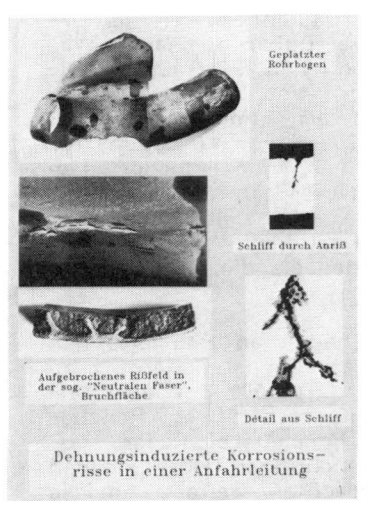

Bild 8 — Dehnungsinduzierte Korrosionsrisse in einer Anfahrleitung

Bild 9 — Abriß einer ECO-Falleitung bei 252 bar kurz vor Erreichen des Prüfdrucks von 264,5 bar

Vor anderthalb Jahren riß nach 91.000 Betriebsstunden die ECO-Falleitung (Verbindung ECO - Austrittssammler auf +120 m mit Verdampfer-Eintrittssammler auf 0 m, 15 NiCuMoNb 5) im Bereich einer ungewöhnlichen Pratzenkonstruktion ab, die zur Aufhängung des über 60 m langen senkrechten Rohrstranges diente. Bild 9 zeigt den über die gesamte Länge spröden Rißverlauf. Ausgang waren Relaxationsrisse im Schweißnahtübergang, die sich möglicherweise bei den bisherigen Druckproben schubweise durch stabilen Rißfortschritt erweitert hatten, bis sie zu einer Rißfront kritischer Größe angewachsen waren. Sofort eingeleitete Prüfmaßnahmen an einer ganzen Reihe anderer ähnlicher Kraftwerksblöcke zeigen mit dem bis jetzt vorliegenden Ergebnissen, daß es sich hier offenbar um einen Einzelfall handelt. Es wurden keine Risse bedenklicher Größenordnung gefunden; die konstruktive Ausbildung ließ darüberhinaus keine ähnlich ungünstigen Spannungsverhältnisse erwarten. Um einer möglichen Versprödung des Werkstoffes bei langer Dauer entgegenzuwirken, werden Druckproben künftig möglichst mit angewärmtem Wasser durchgeführt.

Umfangreichere Probleme gab es mit diesen höherfesten Werkstoffen - vor allem dem 17MnMoV64, WB 35 - bei den relativ dünnwandigen Rohren in Kernkraftwerken und dort sowohl in der Frischdampf- als auch in den Speisewasserleitungen und vor allem den zugehörigen Rohrsystemen, wie Notkondensation und Noteinspeisung, die stagnierendem Betrieb unterliegen. Einerseits zeigten sich umfangreiche Fertigungsfehler, in Form von Rißbildungen in der Nahtwurzel Bild 10, die auf schlechte Anpaßarbeiten infolge Nichtbeachtung der Rohrtoleranzen bei der Auslegung zurückzuführen waren, als auch Rißbildungen, die auf dehnungsinduzierter Korrosion beruhten. Bild 11 zeigt deutlich den stufenweisen Rißfortschritt mit mehreren Rißansätzen ausgehend von der Nahtwurzel einer Notkondensations-Leitung. Dehnungsinduzierte Korrosionsrisse sind auch in Bild 12 dargestellt, wie sie vor einigen Jahren sowohl in USA als auch bei uns in den Anschlußnähten der Speisewasserleitungen an Dampferzeugerstutzen festgestellt wurden. Durch umfangreiche Messungen konnte die Ursache in hohen Wärmespannungen über dem Rohrquerschnitt gefunden werden, die sich bei niedrigen Speisemengen ergaben.

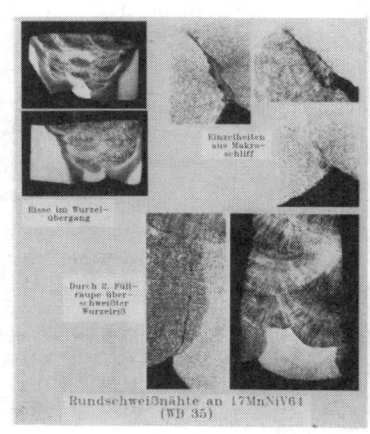

Bild 10

Bild 11
Dehnungsindu-
zierte Rißkorrosion,
Bruchfläche

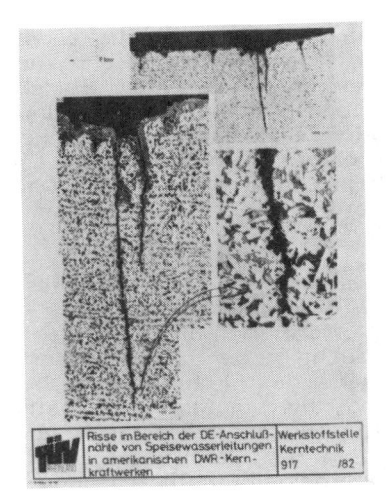

Bild 12

Daß es diese Erscheinungen in konventionellen Kraftwerken nicht oder nur selten gibt, ist darauf zurückzuführen, daß die infolge des höheren Innendruckes dickwandigen Rohre einer konventionellen Speisewasserleitung andere Baustellentoleranzen und vor allem eine mechanische Bearbeitung der Rohrenden zur Anpassung der Innendurchmesser auf der Baustelle zuließen. Ferner ist zu vermuten, daß die geringe Formsteifigkeit der dünnwandigen Rohre auch nennenswerte Rohrverformungen in Umfangsrichtung verursachen konnten, die dann zum Aufreißen partiell geschweißter Teilwurzeln führten. Auf der anderen Seite gibt es mit Ausnahme der Anfahrleitungen in konventionellen Kraftwerken keine partiell oder selten betriebene Rohrleitungsbereiche, in denen die Bedingungen für dehnungsinduzierte Korrosion erkennbar sind.

Grundlagenuntersuchungen bei der KWU /5/ brachten folgende Einflußparameter zutage:
- Hinreichend niedrige Dehnrate, $= 10^{-5}$ bis $10^{-7} \times sec^{-1}$
- Temperatur des Wassers ca. 200 bis 300°C
- O_2-Anreicherung unter stagnierenden Bedingungen.

Bild 13 zeigt einen Teil dieser mit CERT- (constant-extension-rate-test) Versuchen gewonnenen Ergebnisse.

Zwei typische Beispiele für Relaxationsrisse in der Grobkornzone der WEZ zeigen die Bilder 14 und 15. Bei der Fertigung einer Arbeitsprobe am Werkstoff 15 NiCuMoNb5 für den Durchtritt einer Frischdampfleitung durch die Sicherheitshülle eines Kernkraftwerkes ergaben sich nach der induktiven Spannungsarmglühung auf der Baustelle Relaxationsrisse in der Grobkornzone, die fast den gesamten Nahtumfang erfassten. Dem Rat, vor der Spannungsarmglühung wenigstens die rohrseitigen Nahtübergänge kerbfrei zu beschleifen, war man aus Termingründen nicht gefolgt. Mit Zeitstanduntersuchungen konstanter

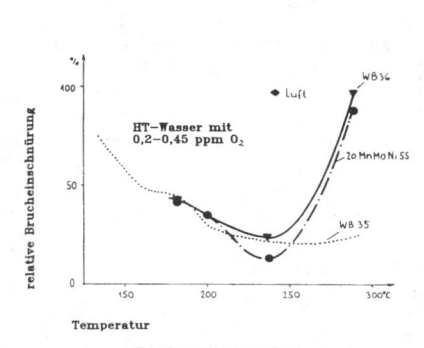

Bild 13 /5/
Rißkorrosion bei niedriger Dehnrate

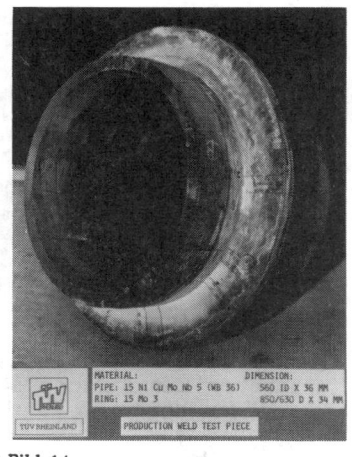

Bild 14

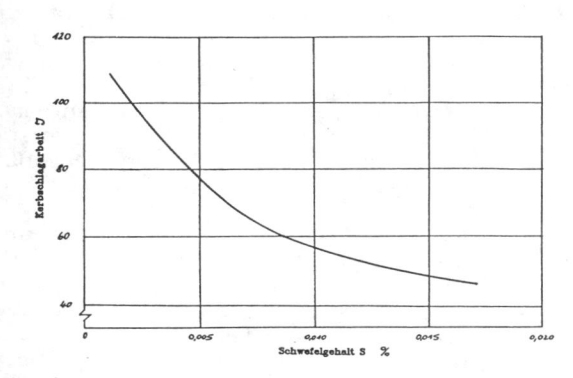

Bild 15

Bild 16
Kerbschlagarbeit in Abhängigkeit vom Schwefelgehalt

Dehnrate bei Spannungsarmglühtemperatur (500 bis 600°C) an Proben aus grobkornsimuliert geglühtem Werkstoff hatte man festgestellt, daß gerade bei dieser Temperatur die Grobkornzone infolge ungünstiger Ausscheidungen versprödet und nur begrenzte plastische Verformungen aufnehmen kann, wie sie aus dem Spannungsarmglühvorgang resultieren. Beläßt man dazu an dieser kritischen Stelle die in fast jeder Naht vorhandenen Einbrandkerben im Nahtübergang, sind Rißbildungen zwangsläufig zu erwarten.

Neben der Beseitigung der betrieblichen Einflußparameter steckte man viel Aufwand in die Optimierung der Werkstoffe. Neben der Veränderung der Werkstoffzusammensetzung vor allem im Spurenelementebereich zur Verringerung der Relaxationsrißempfindlichkeit und zur Erhöhung der Zähigkeit, vor allem aber durch erhebliche Reduktion des Schwefelgehaltes (Bild 16) optimierte man die Werkstoffverarbeitung beim Schweißen durch einen besonderen Lagenaufbau zur Minimierung des Grobkornanteils in der WEZ und eine konsequente Vergütungsraupentechnik. Letztlich hob man auch die Spannungsarmglühtemperatur an, um den Bereich höchster Relaxationsrißempfindlichkeit zu umgehen. Diesen Prämissen zu folgen macht zwar Mühe und verursacht zusätzliche Kosten, wenn man jedoch die Vorteile höherwertiger Stähle in Anspruch nehmen will, muß man auch konsequenterweise ihre Nachteile erkennen und deren Auswirkungen durch entsprechende Gegenmaßnahmen vermeiden. Höherfeste Werkstoffe sind im heutigen Kraftwerksbau unverzichtbar.

Das erfordert eine Präzision bei Fertigung und Wärmebehandlung, welche die Rohrleitungsbauer früherer Zeiten nicht gewohnt waren, und deshalb bedurfte es zur Durchsetzung erheblicher Bemühungen seitens der Werks-Qualitäts-Stellen und der Überwacher von Fertigungs- und Montagearbeiten.

3.2 Behälter

Behälter in Kraftwerken sind aufgrund ihrer Größe und Beanspruchung für Auslegung, Herstellung und Betrieb kritische Komponenten. Die in den letzten 20 Jahren aufgetretenen Schäden in konventionellen und kerntechnischen Anlagen belegen dies. Eine Vielzahl von gründlichen Schadensanalysen, Messungen und Untersuchungen an den Komponenten sowie daraus abgeleitete Grundlagenuntersuchungen haben im letzten Jahrzehnt zu entscheidenden Veränderungen des Vorgehens bei der Auslegung geführt.

Im Jahre 1971 riß in einem süddeutschen Kraftwerk der Entgaser eines Speisewasserbehälters mit erheblichen Folgeschäden - 2 Tote und Sachschaden in Millionenhöhe - (Bild 17) ab. Bei der Untersuchung des Schadens zeigten sich über fast den gesamten Umfang des Entgasers im Übergang der Sattelnaht zum Speicher teilweise mehrere mm tiefe Anrisse mit deutlichen Korrosionsmerkmalen. Im Laufe der folgenden Jahre wurden an sehr vielen Speisewasserbehältern Rißprüfungen und Dehnungsmessungen vorgenommen /6/. Dabei ergaben sich im Bereich des aufgeschweißten Entgasers je nach Ausbildung der Stützkonstruktion, die das Entgasergewicht abfängt (Bild 18), ähnliche Rißbildungen wie bei dem Entgaserabriß sowie Spannungen in enormer Höhe. Bei der Auslegung der Behälter nach AD-Merkblatt B9 war zur Ermittlung des Verschwächungsbeiwertes fälschlicherweise der Durchmesser des im Entgaser durchgehenden Stutzens (siehe Bild 17) angesetzt worden und nicht der Durchmesser des Entgasers, der zur Ersparnis des unteren Bodens unmittelbar auf den Speicherbehälter aufgeschweißt war. Die hohen Spannungen führten in Verbindung mit einer wenig sorgfältigen schweißtechnischen Verarbeitung - der Entgaser wurde als Montagenaht mit dem Speicher durch die sattelförmige Naht verbunden - und dem sauerstoffangereicherten Wasser von 180°C zu dehnungsinduzierter Korrosion. Die Speicher hatten im Innern meistenteils komplizierte Einbauten, die mit der Behälterwand in der Regel durch Schweißnähte verbunden waren mit belassener Schweißnahtoberfläche (Bild 19). Es ist bemerkenswert, daß über eine Betriebszeit von ca. 20 Jahren zwar lange und tiefe Risse, jedoch keine Undichtheiten auftraten.

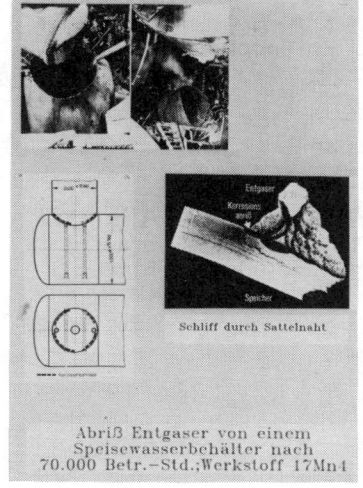

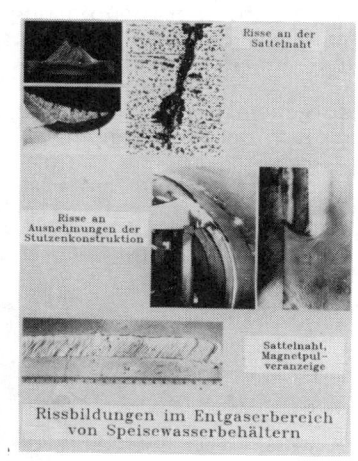

Abriß Entgaser von einem Speisewasserbehälter nach 70.000 Betr.-Std.;Werkstoff 17Mn4

Bild 17 /6/

Rissbildungen im Entgaserbereich von Speisewasserbehältern

Bild 18 /6/

Bild 19: Vorbereitung der Schweißnähte /6/ für die MP-Prüfung

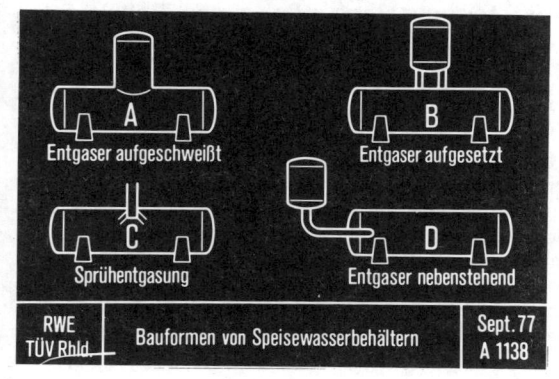

A Entgaser aufgeschweißt
B Entgaser aufgesetzt
C Sprühentgasung
D Entgaser nebenstehend

RWE TÜV Rhld. | Bauformen von Speisewasserbehältern | Sept. 77 A 1138

Bild 20 /6/

Dies macht deutlich, daß die verwendeten unlegierten Stähle HI, HII und 17 Mn 4 im Gegensatz zu den höherfesten Stählen ein wesentlich gutmütigeres Verhalten zeigen. Die nach diesen Ergebnissen erforderlichen Maßnahmen bestanden darin, daß bei jüngeren Kraftwerken, die noch längere Zeit in Betrieb sein sollten, die Speisewasserbehälter umgebaut wurden. Hierfür kam entweder die Sprühentgasung oder die Entkopplung des Entgasers vom Speicher infrage. Bild 20 zeigt dafür einige prinzipielle konstruktive Möglichkeiten. In den Fällen, wo man die Konstruktion beließ, wurde der max. zulässige Betriebsdruck entsprechend den Ergebnissen der Spannungsanalysen nach Reparatur der Schäden herabgesetzt.

Im Jahre 1975 fand man im Speisewasserbehälter eines Kernkraftwerkes-Bauform C, 4 m ∅, 50 m Länge - nach vorausgegangenen Undichtheiten in Stutzeneinschweißungen (Bild 21) umfangreiche Rißbildungen vor allem im Übergang der voll

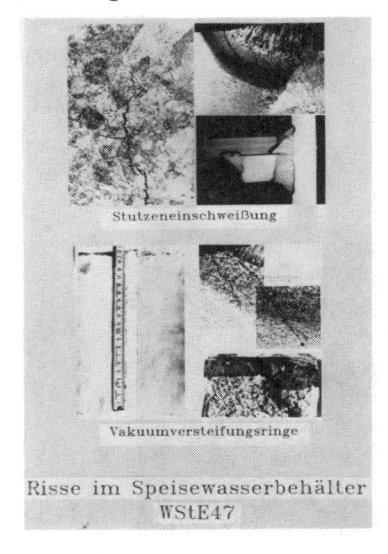

Bild 21 /6/

angeschweißten Vakuum-Versteifungsringe. Bei einer Behälterwanddicke von 17 mm war der größte Riß 2,5 m lang bei einer max. Tiefe von 12 mm. An den größeren Stutzen waren Risse lediglich im Übergang zum Mantelwerkstoff zu finden, einem höherfesten vanadinlegierten Feinkornbaustahl WStE 47. Ebenso wie beim 17 Mn 4 der Speisewasserbehälter in konventionellen Kraftwerken wurden im Nahtübergang in der Grobkornzone hohe Härten mit Spitzenwerten bis zu 410 HV 10 gefunden, die beim 17 Mn 4 auf den höheren C-Gehalt, beim WStWE 47 jedoch vorwiegend auf Ausscheidungshärtung zurückzuführen war. Der Behälter wurde nach umfangreicher Reparatur nur noch kurze Zeit betrieben und dann durch einen neuen Behälter ersetzt. Die Verbesserungsmaßnahmen bestanden im folgenden:

- Wahl eines Werkstoffes mit höherem Zähigkeitsniveau, hier 15 MnNi 63,
- Begrenzung der Nennspannung,
- Optimierung der Stutzenkonstruktion durch Verzicht auf scheibenförmige Verstärkung und Einschweißen dickerer Schüsse oder Ronden, dadurch auch Verbesserung der Prüfbarkeit (Bild 22),
- Vereinfachung, Optimierung und Begrenzung der Anschweißteile für die betrieblich erforderlichen Einbauten auf das allernotwendigste Mindestmaß (Bild 23); lose, nur an 3 Stellen fixierte Vakuumringe (Bild 24),
- Konsequente Begrenzung der Härte im Nahtübergang auf maximal 350 HV,
- Spannungsarmglühen nach dem Schweißen, wo immer möglich.

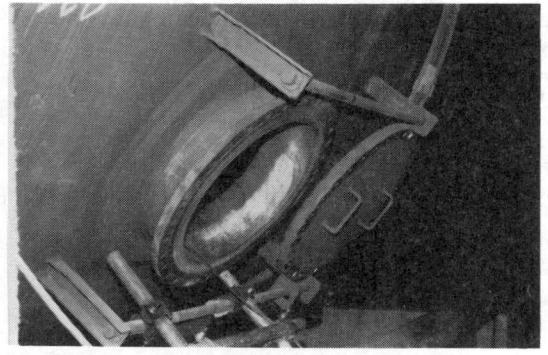

Bild 22: Rondenverstärkung am Mannlochstutzen

Bild 23: Optimierte Anschweißteile

Bild 24: Versteifungsringe

Damit begegnete man im wesentlichen den Einflußgrößen der dehnungsinduzierten Korrosion im Hochtemperaturwasser. Da die Belastungsgeschwindigkeit, die Temperatur und das Medium Wasser unveränderbare mit dem Betrieb zusammenhängende Größen sind, bleibt zur Vermeidung solcher Rißbildungen lediglich die weitgehende Begrenzung der Spannung und die Überwachung der Mediumsbedingungen.

Im Jahr 1979 zerknallte nach 11.500 Betriebsstunden der Mantel eines HD-Vorwärmers in einem Kraftwerk. Der insgesamt 25 m lange Riß ging von einer Längsnaht des Behälters aus, der bei einem Durchmesser von 1.900 mm eine Wanddicke von 22 mm aufwies. Der Mantelwerkstoff war ein warmfester MnNiMoV-Stahl Welmonil 43. Obwohl das Werkstoffblatt ausdrücklich beim Schweißen auf besondere Sorgfalt und Sachkenntnis, auf die Einhaltung werkstoffgerechter Schweißbedingungen und auf das Stahl-Eisen-Werkstoffblatt 088 "Schweißbare Feinkornbaustähle" hinweist, sind gravierende schweißtechnische Fehler als Ursache für diesen Schaden zu bezeichnen. Die Belagsbildung auf der Bruchfläche ließ erkennen, daß vor dem Bruch ein insgesamt 1.800 mm langer Anriß im Übergang einer vollständig UP-geschweißten Längsnaht vorgelegen hat. Die Deckraupe auf der Innenseite (Bild 25) bestand aus 3 mit hohem Wärmeeinbringen geschweißten nebeneinanderliegenden UP-Raupen. Die ursprüng-

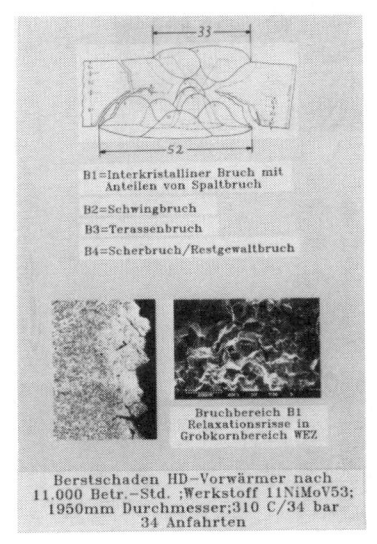

B1 = Interkristalliner Bruch mit Anteilen von Spaltbruch
B2 = Schwingbruch
B3 = Terassenbruch
B4 = Scherbruch/Restgewaltbruch

Bruchbereich B1 Relaxationsrisse in Grobkornbereich WEZ

Berstschaden HD-Vorwärmer nach 11.000 Betr.-Std.; Werkstoff 11NiMoV53; 1950mm Durchmesser; 310 C/34 bar 34 Anfahrten

Bild 25

liche Naht wurde offenbar wegen vorhandener Einbrandkerben noch einmal vollständig überschweißt. Das führte dazu, daß die schon überproportional breite Naht zusätzlich auf 52 mm, mehr als das Doppelte der Wanddicke, verbreitert wurde. Von einer Vergütungsraupentechnik, wie sie erforderlich gewesen wäre, kann bei diesem Nahtaufbau keine Rede sein. Beide Risse verlaufen ausgehend von der Behälterinnenoberfläche zunächst als überwiegend interkristalliner Relaxations-Riß in der Grobkornzone (Rißbereich B1). Der linke durchgehende Riß verzweigt sich dann, geht rechts als Terassenbruch B3 und links als stufenweise fortschreitender Bruch B2 weiter. Beim Riß auf der rechten Seite folgt dem interkristallinen Bruch B1 der Schwingbruch und danach erst der Terassenbruch B3. Der durchgehende Riß endet in einem als Scherbruch ausgebildeten Restgewaltbruch B4, der nur noch wenige Millimeter der Wanddicke einnimmt. Die Anzahl der Rastlinien der Schwingbruchoberfläche entspricht in etwa der Anzahl der An- und Abfahrten. Die gemessenen Härtewerte in der Grobkornzone lagen deutlich unter 350 HV, was auf das hohe Wärmeeinbringen bei der UP-Schweißung zurückzuführen ist. Die durch die breite Grobkornzone zu erwartenden geringen Kerbschlagzähigkeiten im Nahtübergang konnten infolge der durch den Lagenaufbau bedingten sehr schräg liegenden Schmelzlinien bei der Arbeitsprüfung nicht erfaßt und die Relax-Risse offensichtlich auch nicht in der Röntgenprüfung dargestellt werden. Rißbildungen in der WEZ sind bei nicht abgearbeiteter Naht auch durch eine Magnetpulverprüfung kaum erkennbar.

Diese Schäden an höherfesten Feinkornbaustählen bei Behältern in Kraftwerken führten bei den Kernkraftwerken zur Formulierung der Basissicherheit (Bild 26):

1. Hochwertige Werkstoffe (Analysenanforderungen, Zähigkeit)
2. Konservative Begrenzung der Spannung
3. Vermeidung von Spannungsspitzen durch optimale Konstruktion
4. Anwendung optimierter Herstellungs- und Prüftechnologien
5. Kenntnis und Beurteilung vorliegender Fehlerzustände
6. Berücksichtigung des Betriebsmediums

Diese Auslegungsprinzipien stellten grundsätzlich keine neuen Erkenntnisse dar, vorsichtige Konstrukteure pflegen sie schon seit langem. Die rasante Entwicklung höherfester Stähle hatte jedoch dazu geführt, daß man deren Vorteile wie geringes Gewicht, geringere Fertigungskosten nutzen wollte, ohne die Konsequenzen für eine größere Auslegungs- und Fertigungssorgfalt zu sichern. Das führte bei den älteren Kernkraftwerken zu kostspieligen und zeitaufwendigen Austauschaktionen ganzer Systeme und Behältergruppen.

```
1.   HOCHWERTIGE WERKSTOFFE (ZÄHIGKEIT,
     ANALYSENVERFAHREN)
2.   KONSERVATIVE BEGRENZUNG DER SPANNUNG
3.   VERMEIDUNG VON SPANNUNGSSPITZEN DURCH
     OPTIMALE KONSTRUKTION
4.   ANWENDUNG OPTIMIERTER HERSTELLUNGS-
     UND PRÜFTECHNOLOGIEN
5.   KENNTNIS UND BEURTEILUNG VORLIEGENDER
     FEHLERZUSTÄNDE
6.   BERÜCKSICHTIGUNG DES BETRIEBSMEDIUMS
```

BILD 26   PRINZIPIEN DES BASISSICHERHEIT

3.3 Rohrleitungen im Kriechbereich

Eine Zeitstandbeanspruchung von Werkstoffen oberhalb ca. 450°C führt schon bei relativ niedriger Beanspruchung zunächst zu Gefügeveränderungen und dann über die Bildung von Poren, Porenketten, Mikro- und Makrorissen zum Bruch des Bauteils. Der Werkstoff verformt sich fortwährend plastisch in Form eines langsamen Kriechens, wobei sich die Kriechgeschwindigkeit in der Zeit vor dem Bruch erhöht. Die Festigkeitswerte der Werkstoffe weisen im Zeitstandversuch eine Streuung auf, die ± 20 % um einen Spannungsmittelwert liegt. Gründe dafür sind in der chemischen Zusammensetzung, vor allem aber im Wärmebehandlungszustand zu suchen. Extrapolationen sind nur in engem Zeitrahmen möglich, da das Streuband einen gekrümmten Verlauf zeigt, für den noch kein allgemein gültiger theoretischer Ansatz existiert. Während im Warmstreckgrenzenbereich der bei der Auslegung veranschlagte Sicherheitsbeiwert gegen Verformen oder Bruch konstant ist, liegt im Zeitstandbereich eine kontinuierliche Abnahme der Sicherheit gegen Bruch vor. Bauteile, die in diesem Bereich eingesetzt werden, haben daher grundsätzlich nur eine begrenzte Lebensdauer. Der Verbrauch an Lebensdauer durch den Betrieb wird rechnerisch über die sogenannte Erschöpfungsberechnung verfolgt. Da diese Methode aber mit großen Unsicherheiten behaftet ist, muß sie ergänzt werden durch sorgfältige Untersuchungen bei den Revisionen, die sowohl Aussagen zur Rißfreiheit als auch zum Gefügezustand sowie zum evtl. Vorhandensein von Zeitstandschäden wie Poren, Porenketten oder Mikrorisse liefern. Daß man solche aufwendigen Untersuchungen nicht an der gesamten Rohrleitung durchführen kann, liegt auf der Hand. Während bei Beanspruchungen im Streckgrenzenbereich Spannungsspitzen durch teilplastische Verformungen mit dem Aufbau gegengerichteter Vorspannungen vermindert werden können, machen sich im Kriechbereich solche Überbeanspruchungen durch eine erhöhte Kriechgeschwindigkeit und demzufolge eine frühere Bauteilschädigung bemerkbar. Wenn solche Bereiche bei der Auslegung nicht vermieden worden sind, müssen sie bei der Revision rechtzeitig erkannt werden, um einem Bruch durch entsprechende Maßnahmen rechtzeitig begegnen zu können. Die in der Regel nach mindestens mehreren Monaten zählenden Lieferzeiten für Austauschkomponenten machen eine sorgfältige Instandhaltungsstrategie erforderlich.

Um diesen Sachverhalt zu verdeutlichen, wird beispielhaft auf drei kennzeichnende Schadenserscheinungsformen an zeitstandsbeanspruchten Rohrleitungen eingegangen, und zwar auf Schäden an Formstücken, an 14MoV63-Schweißnähten und an Rohrbögen.

Ende der sechziger Jahre wurden eine Reihe von Schäden an Formstücken festgestellt. Die Analyse der Schäden zeigte, daß in der Auslegung solcher Bauteile noch erhebliche Kenntnislücken bestanden. Das Formstück in Bild 27 ist offenbar gegen Innendruck zu schwach dimensioniert und weist eine Formgebung in der Aushalsung auf, die zu hohe Spannungsspitzen bewirkt. In Bild 28 wird deutlich, daß die ebene Durchdringungsfläche, die sich bei einem Durchmesser-Verhältnis Durchgang/Abgang von fast 1:1 ergibt, eine zu hohe Biegebeanspruchung (Zug auf Außenseite) bewirkt und so eine vorzeitige Zeitstandsrißbildung verursacht. Aufgeschrumpfte Verstärkungsringe (Bild 29) sind nicht imstande, langzeitig Spannungsspitzen zu vermindern. Die Schrumpfspannungen relaxieren bei 530°C und der Schrumpfring hat dann nur noch die Funktion, die Zugänglichkeit zum kritischen Bereich für eine Rißprüfung zu verwehren. Diese Schadenserfahrungen führten dazu, daß das Regelwerk für die Auslegung von Formstücken in heißdampfführenden Rohrleitungen geändert wurde. Seither treten solche Schäden nur noch selten auf.

Formstück 13CrMo44
145.000 Betr.-Std.

Formstück 13CrMo44
48.000 Betr.-Std.

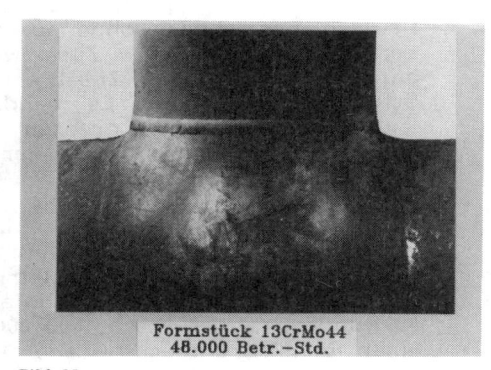

Bild 28

Bild 29: Formstück mit aufgeschrumpften Verstärkungsringen

Magnetpulveranzeige (Tesaabdruck)

Längsschliff mit Rissen in einzelnen Lagen

Schliff Rißauslauf

Querriß durch gesamte Naht

Querrisse an Rohrrundnähten bei 14MoV63

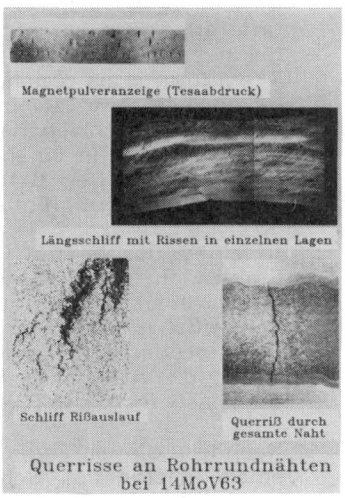

Bild 30

Der Werkstoff 14MoV63 wird heute in Deutschland aufgrund bekanntgewordener Schadensfälle mit etwas mehr Skepsis betrachtet als zum Zeitpunkt seiner Einführung in Deutschland. Man begann, ihn Ende der 50er Jahre zu verwenden, weil er im Temperaturbereich von 520 bis 560°C bei geringerem Legierungsgehalt als der 10 CrMo9 10 höhere Zeitstandfestigkeitswerte als dieser aufweist. Er erhält seine Warm- und Zeitstandfestigkeit durch die Ausscheidung von Vanadinkarbiden, die bei optimaler Verteilung eine wirksame Behinderung der Versetzungsbewegung und damit einen hohen Kriechwiderstand bewirken.

Neben dem Verhalten des Grundwerkstoffes ist dasjenige des zugehörigen Schweißzusatzwerkstoffes für die Verarbeitbarkeit und Betriebsbewährung eines Stahles wichtig. Obwohl bekannt war, daß man in England große Schwierigkeiten hatte, rißfreie Schweißnähte beim 14 Mo V 63-ähnlichen Stahl zu erhalten und man dort dazu übergegangen war, vanadinfreie Schweißzusatzwerkstoffe vom Typ CrMo 9 10 zu verwenden, hatte man in Deutschland dennoch ohne ausreichende Erfahrungen die Forderung nach artgleichem Zusatzwerkstoff aufgestellt. Bei einigen anfangs verwendeten Zusatzwerkstoffen fand man Fehler in Schweißverbindungen. Es handelte sich um interkristalline, längs der Primärkorngrenzen verlaufende, häufig oxidisch gefüllte Querrisse sowohl in der Decklage als auch in tieferen Lagen.

Bild 30 zeigt die mit schwarzem Magnetpulver auf weißem Untergrund sichtbar gemachten typischen feinen Querrisse in der Decklage, die nach 84.000 Betriebsstunden bei einer Routineprüfung gefunden wurden, sowie einen Querriß in einer 14 MoV 63-Rundnaht, der nach 103.000 Betriebsstunden im Rahmen einer Revision entdeckt wurde. Der Riß endet zu beiden Seiten der Schweißnaht im feinkörnigen Bereich der WEZ. An einem Längsschliff aus der Schweißnaht quer zum Riß wurden sowohl unterhalb als auch beiderseits des Risses in den oberen und unteren Lagen der Schweißnaht interkristalline Querrisse festgestellt. Der Rißverlauf im Wandinnern zeigte interkristalline Trennungen als Zeichen einer Zeitstandschädigung. Soweit uns bekannt ist, hat zumindest in einem Fall eine von einem Heißriß der oben beschriebenen Art ausgehende Zeitstandschädigung zu einer Leckage in einer Rundnaht in einem geraden Rohrleitungsteil geführt. Der Grundwerkstoff fing jedoch den Riß auf, so daß er den Schweißquerschnitt nicht verließ.

In einem der letzten Erfahrungsberichte zur Verwendung dieses Stahles in Rohrleitungen wird festgestellt, daß im niedergeschmolzenen Schweißgut der in den letzten Jahren verwendeten Schweißzusätze Querrisse der oben beschriebenen Art nicht mehr beobachtet wurden /7/. Wir können dies nicht voll bestätigen, da in unserem Bereich bei Reparaturschweißungen wieder Heißrisse festgestellt wurden.

Nachdem die anfänglichen Schwierigkeiten bei der Suche nach einem geeigneten Schweißzusatzwerkstoff sowie der richtigen Wärmeführung beim Schweißen überwunden waren, kam der

Werkstoff erneut in die Diskussion durch Schadensfälle /8/, aufgrund derer man annehmen mußte, daß dieser Werkstoff unter Zeitstandbeanspruchung im grundwerkstoffseitigen Übergang der Wärmeeinflußzone besonders rißempfindlich sei. Risse verliefen fast über die gesamte Wanddicke exakt im feinkörnigen Übergang zwischen Wärmeeinflußzone und unbeeinflußtem Grundwerkstoff Bild 31, wobei sich die Zeitstandschädigung in Form von Korngrenzentrennungen und Gefügelockerungen auf einen schmalen Bereich beiderseits des Hauptrisses beschränkt. Risse an Formteilen im Bereich von Wanddickenübergängen beginnen meist an der Außenoberfläche in der WEZ und biegen dann entsprechend der wirkenden Spannung in den Grundwerkstoff ab. Das Verbleiben des Risses über die ganze Wanddicke exakt im WEZ-Übergang, wie das oberen Teilbild zeigt, unabhängig von der Richtung der maximalen Spannung, wird, abgesehen von den oben erwähnten Ausnahmen, eigentlich nur beim 14 MoV 63 beobachtet.

Die bisherige Schadenserfahrung lehrt, daß bei Heißdampf führenden Leitungen die Rohrbögen das kritische Bauteil sind und demzufolge bei der Revisionsprüfung der größten Aufmerksamkeit bedürfen. Nach 46.000 Stunden riß ein induktiv gebogener Rohrbogen (Rohr 220 li ⌀ x 13MdWd) bei 75 bar und 530°C über eine Länge von 1.250 mm klaffend auf Bild 32. Der Schaden war beträchtlich, Personen waren nicht betroffen. Die Untersuchung ergab Nebenrisse und eine eindeutige Schadensursache in Form einer zu hohen Beanspruchung, die auf ein zubiegendes Moment zurückzuführen war. Die Skizze in Bild 32 verdeutlicht dies. Die Ovalisierung des Rohrquerschnitts bewirkt Zusatzbiegeverformung über die Rohrwand und Rißentstehung und -Fortschritt über eine größere Länge. Seit Bekanntwerden dieses Schadens werden Bögen in Heißdampflei-

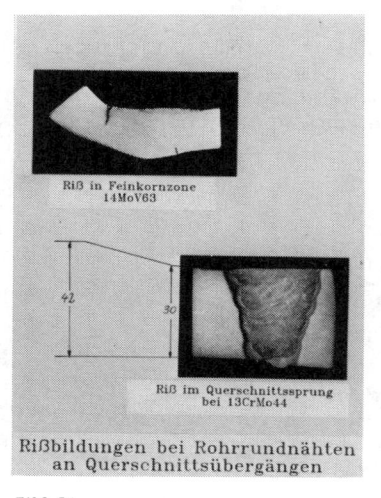

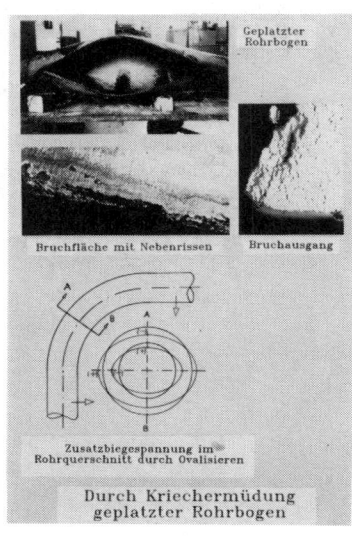

Rißbildungen bei Rohrrundnähten an Querschnittsübergängen

Bild 31

Durch Kriechermüdung geplatzter Rohrbogen

Bild 32

tungen regelmäßig einer eingehenden US- und einer Oberflächenrißprüfung unterzogen, entsprechend der VGB-Richtlinie "wiederkehrende Prüfungen an Rohrleitungsanlagen in Kesselbefeuerten Wärmekraftwerken" (VGB-R-509 L).

Seite Mitte der 70er Jahre werden zunehmend induktiv hergestellte Rohrbögen eingesetzt. Der verstärkte Einsatz dieser Rohrbögen mit sehr engen R/D-Verhältnissen führte zu einem vertieften Verständnis der Verformungsvorgänge und der Auswirkungen bestimmter Wärme- und Verformungsbedingungen auf die Materialeigenschaften. Das in einigen Fällen unter kritischen Biegebedingungen festgestellte Auftreten von Korngrenzentrennungen, die in einem Abfall der Kerbschlagzähigkeit deutlich werden, führte zu einer zunehmenden Optimierung der Herstellerbedingungen und insbesondere einer Absenkung der Umformtemperatur im kritischen Bogenbereich sowie einer Erhöhung der Verformungsgeschwindigkeit.

4. Zusammenfassung

Werkstoff, Konstruktion, Fertigung und Betrieb bestimmen die Zielgrößen Bauteilverfügbarkeit und Sicherheit einer Komponente. Die vorstehenden Beispiele zeigen, wie in einem stetigen Optimierungsprozeß von Werkstoffentwicklung, konstruktiver Gestaltung, Fertigung und Betriebsbedingungen mit den zugeordneten Überwachungstätigkeiten durch Hersteller, Verarbeiter, Betreiber und technische Überwachung dieses Ziel erreicht wird. Mit zunehmender Bewährung eines Systems kommt dieser Optimierungsprozeß zur Ruhe.

Die ständige technische Entwicklung mit höheren Anforderungen an Effektivität und Leistungen erfordern jedoch durch die notwendige Veränderung in einer der vier Größen einen erneuten Optimierungsprozeß. Dieser kommt um so eher zu einem positiven Abschluß, je besser die Zusammenarbeit und der Erfahrungsrückfluß zwischen Herstellern, Verarbeitern und Betreiber ist.

Die Technische Überwachung hat in diesem Optimierungsprozeß aufgrund ihrer Erfahrung in allen Phasen von der Entwicklung des Produktes bis zu seiner Betriebsbewährung ihren Platz und leistet so ihren Beitrag zur Verbesserung von <u>Sicherheit</u> und <u>Verfügbarkeit</u> solcher Anlagen.

Literaturverzeichnis

/1/   H. Spähn   Werkstofftechnik in der chemischen Industrie und ihr Beitrag zur Sicherheit und Verfügbarkeit von Anlagen
10. MPA-Seminar 1984

/2/ W. Schoch 100 Jahre Kraftwerkstechnik unter
besonderer Berücksichtigung der
Werkstofftechnologie
VGB-Kraftwerkstechnik 63 (1983),
S. 614-636

/3/ K. Haarmann Fünf Jahrzehnte warmfeste Kupfer-Nickel-
G. Kalwa (Molybdän-)Stähle
VGB-Kraftwerkstechnik 66, Juni 1986
S. 588-598

/4/ K. Wellinger Zur spannungsinduzierten Korrosion
K. Lehr wasserberührter Kesselteile
VGB-Mitteilung 49, 1969, S. 190-201

/5/ E. Lenz Einflußgrößen der dehnungsinduzierten
A. Liebert Rißkorrosion an niedriglegierten Stählen
B. Stelwag in Hochtemperaturwasser
N. Wieling 8. MPA-Seminar 1982

/6/ F.-J. Adamsky Betriebserfahrungen mit
H. Teichmann Speisewasserbehältern
VGB-Kraftwerkstechnik 57 (1977)
S. 759-773

/7/ W. Arnswald Verwendung des Stahles 14MoV63
H. Kaes für Rohrleitungen
VGB-Konferenz Werkstoffe und
Schweißtechnik im Kraftwerk 1985
Vortragsband S. 356-392

/8/ H.J. Schüller Risse im Schweißnahtbereich von
J. Hagen Formstücken aus Heißdampfleitungen
A. Woitscheck Maschinenschaden 47 (1974), S. 1-13

/9/ H. Gerlach Untersuchungen an Schweißzusatzwerk-
H.R. Kautz stoffen zum Schweißen des Stahles
D. Schulten 14MoV63
VGB-Mitteilung Heft 110 (1967), S. 314-322

/10/ T. Geiger Bericht über einen fertigungsbedingten
Zeitstandschaden
VGB-Werkstofftagung 1971,
Vortragsband, S. 79-84

Schadensfälle – Kriterien für die Güte der Qualitätssicherung, Impulse für die Qualitätsverbesserung

H. Schaper VDI, Köln und **U. Gramberg** VDI, Leverkusen

1. Einleitung

Technischer Fortschritt vollzieht sich in Teilschritten. Am Anfang steht die Idee, es folgen Überlegungen zur praktischen Umsetzung und Versuche an Modellen, die Planung und Konstruktion und schließlich die Fertigung. Spätestens in der praktischen Bewährung stellt sich heraus, ob das Produkt den Anforderungen genügt. In seltenen Fällen kann eine Idee ohne Schadenerfahrung in die Wirklichkeit umgesetzt werden. In der Einführungsphase werden sich häufiger Fehler, Mängel und Schäden zeigen als nach längerer Bewährungszeit. Voraussetzung ist nur, daß die Erfahrungen aus den Mißerfolgen umgesetzt werden in die Verbesserung der Qualität.

Interessant ist die Beobachtung, daß bei neuen oder veränderten Konstruktionen oftmals nicht die neu konzipierten sondern bisher bewährte Bauteile die Schwachstellen sind. Als Grund hierfür ist die geringere Aufmerksamkeit anzusehen, die man diesen einer veränderten Beanspruchung unterworfenen Bauteilen geschenkt hat.

2. Schadenstatistik

Man kann Schäden einteilen in solche, die aufgrund mangelnder Kenntnisse aufgetreten sind und solche, die sich aus mangelnder Nutzung vorhandener Kenntnisse ergeben. Nach eigenen Feststellungen kann eine Aufgliederung in Bereiche, in denen die Schadenursachen gelegt wurden, in etwa gemäß Abb. 1 angegeben werden.

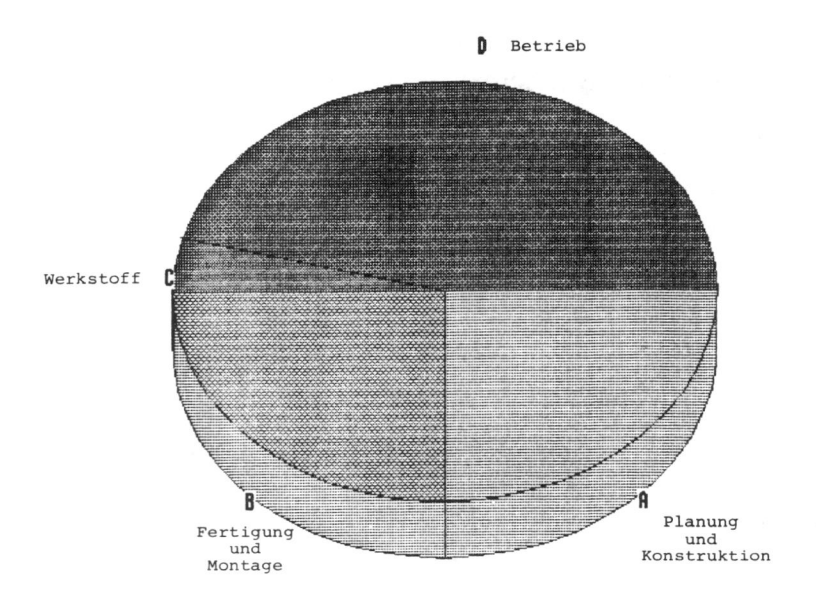

Abb. 1: Aufteilung von Schadenursachen nach Bereichen

Die Aufteilung ist sicher von Branche zu Branche unterschiedlich, außerdem geht hieraus nicht hervor, wie gewichtig die Schäden sind. Man darf daher diese Angaben nur als Tendenzwerte ansehen.

Von den Schäden aufgrund mangelnder Kenntnis werden die meisten in dem Bereich Planung und Konstruktion einzuordnen sein. Hier wird man oft von Annahmen ausgehen und auf aufwendige praxisnahe Versuche aus Kostengründen verzichten müssen, es sei denn, es handelt sich um besonders sicherheitsrelevante Objekte z.B. aus der Luft- und Raumfahrt oder der Kerntechnik.

Es gehört in solchen Fällen zu den qualitätssichernden Maßnahmen, Überlegungen anzustellen, ob mangelnde Kenntnisse durch Versuche erworben werden müssen. Dabei wird jeweils abzuschätzen sein, welcher Aufwand entsteht

und welcher Nutzen zu erwarten ist. Während der Aufwand
in der Regel recht genau ermittelt werden kann, ist der
Nutzen durch nicht eingetretene Schäden nur schwer
einzuschätzen. Demzufolge hat der für die Qualität
Verantwortliche häufig Schwierigkeiten bei der
Argumentation für die Durchführung bestimmter Versuche.
Das eigentliche Feld für die Qualitätssicherung ist es,
sicherzustellen, daß das betriebsseitige Beanspruchungsspektrum durch das Spektrum der integralen Werkstück-
eigenschaften überdeckt wird, wie in Abb. 2 schematisch
dargestellt ist. Ist dies nicht der Fall, so ergibt sich
ein Bereich in dem Schäden möglich sind. Es ist häufig
der Fall, daß die entsprechenden Kenntnisse zwar
vorhanden waren, aber nicht genutzt wurden. Wichtig ist
es dann aber, alle Mängel und Schäden auf ihre Verur-
sachung hin zu untersuchen und die Erkenntnisse an den

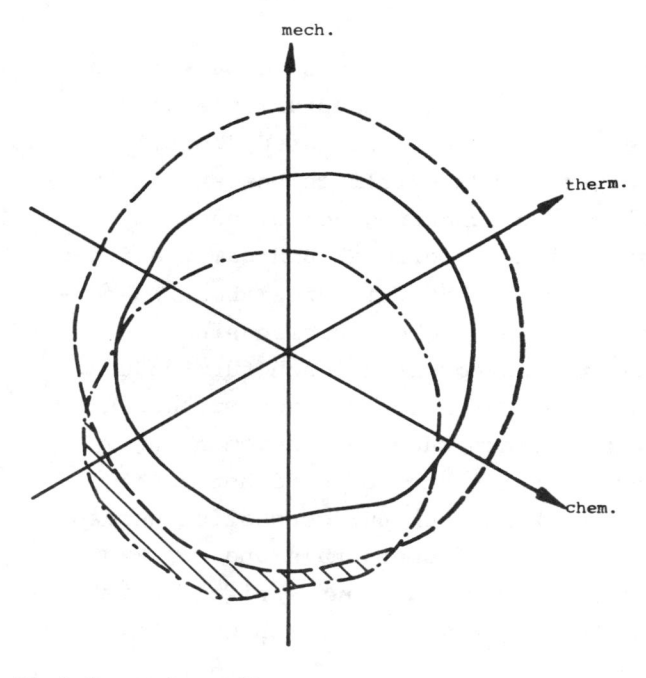

Abb. 2: Beanspruchungsspektrum
    innerer Kreis: integrale Beanspruchung
    äußerer Kreis: zulässige Beanspruchung
    stichpunktiert: verschobene integrale Beanspruchung

entsprechenden Stellen zur Verbesserung der Qualität wieder einfließen zu lassen. Das Sprichwort: "aus Schaden wird man klug" ist hier richtig angewandt, vorausgesetzt man nutzt die Erfahrung auch tatsächlich, denn die Schadenerfahrung ist für die Entwicklung eines Produktes unersetzlich. Sie wirkt in alle Bereiche und dient auch dazu, das Qualitätssicherungssystem immer wieder zu überprüfen und zu verbessern. Qualitätssicherung ist somit ein dynamischer Prozeß, der aus der Schadenerfahrung immer wieder neue Impulse erhält.

3. Schadenbeispiele

Nachfolgend sollen zu den Detailbereichen Planung und Konstruktion, Fertigung und Montage sowie Werkstoff Beispiele von Schadenfällen vorgestellt werden.

Im Bereich Betrieb, auf den hier mit Schadenbeispielen nicht eingegangen werden soll, ist Hauptursache der Schäden das bewußte oder unbewußte Zulassen überkritischer Beanspruchungszustände. Vielfach besteht das Bauteilversagen auf einer Überschätzung der eigenen Kompetenz durch das Bedienungspersonal und damit auf den Verzicht entsprechende Fachkräfte hinzuzuziehen. Unüberlegte ad-hoc-Lösungen von Betriebsproblemen sind ebenfalls immer wieder Ausgangssituationen für Schäden. Grundsätzlich stehen also das Auftreten von Schäden und mangelhafte Kenntnis in einem kausalen Zusammenhang. Beispiele hierfür sind Legion und sollen daher nicht zitiert werden. Abhilfe kann hier nur geschaffen werden durch Unterrichtung des Betriebspersonals und den Hinweis auf seine besondere Verantwortung. Ganz zweifellos ist dies eine Aufgabe, die ebenfalls im Bereich Qualitätssicherung anzusiedeln ist.

Bereich Planung und Konstruktion

- Schaden durch falsche Lastannahme:

In einer Wirbelschichtfeuerung, in der durch Einblasen
von Verbrennungsluft in den Boden des Feuerungsraumes ein
Sand- oder Aschebett aufgewirbelt wird, wurden die darin
angeordneten Tauchheizrohre durch zu starke Schwingungen
zerstört. Abb. 3 zeigt die Düsen im Boden und darüber die
Tauchheizrohre, von denen etliche an der Halterung
abrissen. Wie sich durch spätere Messungen herausstellte,
waren die Schwingungsausschläge der Rohre deutlich größer
als berechnet. Da es sich hier um ein neues Projekt
handelte, lagen keine Erfahrungen über die
Anregungsbedingungen vor. Man hat zwar Versuche an einem
dem Objekt nachempfundenen Modell gemacht, hat aber die
Anregungsbedingungen nicht richtig simuliert. In diesem
Beispiel lag somit kein Mangel in der Qualitätssicherung
vor, wohl aber ist es eine Aufgabe der Qualitätssicherung
für die Umsetzung der Schadenerfahrung zu sorgen.

Abb. 3: Düsenboden und darüber angeordnete
Tauchheizrohre

- falsche Werkstoffwahl:

Für einen Müllverbrennungskessel wurde für den Hochtemperaturbereich ein hochchromhaltiger Stahl richtig ausgewählt. Aus verfahrenstechnischen Gründen, nämlich um unterhalb des Schmelzpunktes der Asche zu bleiben, wurde die Temperatur abgesenkt auf einen Bereich etwas oberhalb von 600° C. Wegen der hierbei auftretenden Versprödung durch σ-Phasenbildung gab es Schäden. Dies ist nur ein Beispiel für eine Entscheidung, bei der die Beanspruchung zwar richtig eingeschätzt wurde, jedoch wichtige Teilaspekte des Werkstoffverhaltens unberücksichtigt blieben. Hier hat das Qualitätssicherungssystem insofern versagt, als man versäumte, erneut den Werkstoffexperten nach der Zulässigkeit der Beanspruchung des Werkstoffes in diesem Temperaturbereich zu fragen. Es ist daher wichtig, bei Änderungen der Planung alle Beteiligten zu informieren.

- schlechte Prüfbarkeit:

Ein fast alltäglicher Fall ist die Anordnung von Schweißnähten in Bereichen, die der Zerstörungsfreien Prüfung nicht oder nur unvollständig zugänglich sind. So z.B. die fertigungstechnisch sinnvolle Anordnung einer Schweißnaht zwischen einem dünnen und einem angeschrägten dicken Blech am Ende der Anschrägung, Abb. 4. Für die Zerstörungsfreie Prüfung bedeutet dies, daß der Übergangsbereich nicht optimal prüfbar ist. Hier hat die Qualitätssicherung insofern versagt, als versäumt wurde, die Erfordernisse von Fertigung und Prüfung zu koordinieren. Derartige Fälle weisen auf einen Mangel an Kooperation zwischen den Fachleuten der betreffenden Bereiche hin. Unzureichende Prüfbarkeit bedeutet, daß festgelegte Spezifikationen nicht ordnungsgemäß überprüft werden können. Damit werden sie Makulatur. Juristisch mögen sich nach einem hierdurch bedingten Schaden zwar Vorteile für den Betreiber ergeben, wenn durch die Schadenanalyse das

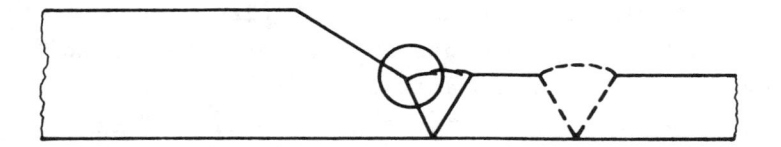

Abb. 4: Ungünstige Anordnung einer Schweißnaht

Nichteinhalten der Spezifikation nachgewiesen wird. Die Betriebsunterbrechung mit ihren hohen Folgekosten geht jedoch zumeist zu seinen Lasten.

- falscher Prüfzeitpunkt:

Wenn beim Schweißen die Gefahr von Wasserstoffversprödung z.B. beim Schweißen mit feuchten Elektroden oder Benutzen von feuchtem Pulver beim UP-Schweißen insbesondere bei höherfesten Werkstoffen besteht, ist eine zerstörungsfreie Prüfung unmittelbar nach dem Schweißen nicht sinnvoll. Im vorliegenden Schadenfall wurden die Beine für eine Bohrinsel kurz nach dem Schweißen einer Ultraschallprüfung ordnungsgemäß unterzogen. Das Ergebnis war negativ, es wurden keine Fehler gefunden. Eine mehrere Wochen später durchgeführte Prüfung zeigte schwerwiegende Risse in den Schweißnähten. Ursache war verzögerte Rißbildung durch Wasserstoffversprödung, bei der sich erst nach etwa 48 Stunden Mikrorisse bilden, die sich bei schon geringer zusätzlicher Beanspruchung zu Makrorissen ausweiten. Mittels Ultraschallprüfung ist frühestens dann ein Nachweis möglich, wenn Mikrorisse entstanden sind. Die Qualitätssicherung hat hier insofern versagt, als der Prüfzeitpunkt nicht auf die mögliche Fehlerart abgestimmt war. Hier ist ganz entscheidend der Werkstoff-Fachmann gefragt, der die Problematik kennt und die entsprechenden Hinweise geben kann.

Bereich Fertigung und Montage

- Unterlassene Prüfungen nach Fertigung und Montage

Aus Montagegründen wurden an einem Segment für einen
Kugelgasbehälter Halterungen angeschweißt. Die Schweißung
an diesem hochfesten Feinkornstahl wurde unsachgemäß
ausgeführt. Die Halterungen selbst entfernte man später
zwar wieder, nicht aber die Schweißnähte und die Anrisse,
die sich in der Wärmeeinflußzone gebildet hatten. Das
Segment wurde eingebaut und bei der Druckprüfung brach
ein etwa 1 Quadratmeter großes Stück Blech aus. Die
vorerwähnten Anrisse hatten hierbei als Rißstarter in dem
grobkörnigen, sprödbruchanfälligen Blech gewirkt. Glück
im Unglück insofern, als hierdurch die mangelhafte
Qualität des Bleches bei der Druckprobe offenbar wurde.
Durch diesen Schaden wurden gleich zwei Mängel in der
Qualitätssicherung offengelegt. Einerseits war der Fehler
bei der Blechbearbeitung übersehen worden, andererseits
hat die Baustellenkontrolle bezüglich der Überprüfung der
Schweißarbeiten nicht funktioniert.

Die Lehre aus diesem Beispiel muß sein, daß bei Objekten,
mit einem so großen Gefährdungspotential wie Kugelgasbehälter, jedes Einzelteil geprüft werden muß.
Eine eindeutige Spezifikation und ihre strikte Befolgung
mit anschließender Vollzugsmeldung dürfte die einzige
Möglichkeit sein, derartige Fehler zu vermeiden. Natürlich ist eine ständige Fertigungs- und Montageüberwachung
eine notwendige Forderung zur Erreichung dieses Zieles.

- Montagefehler trotz schriftlicher Anweisung

An hoch beanspruchten Rahmen von Spanplattenpressen, die
schwingend beansprucht sind, wurden für notwendige
Halterungen Anschweißungen vorgenommen. Sie behindern die
Dehnung und haben eine Kerbwirkung. Die Dauerschwing-
festigkeit wird hierdurch um bis zu 75 % gemindert.
Aufgrund von mehreren Schadenfällen war die schriftliche
Anweisung gegeben worden, in den hoch beanspruchten
Bereichen der Rahmenbleche grundsätzlich nicht zu

schweißen. Nach mehreren Jahren, als die Erinnerung an
frühere Schadenfälle etwas verblaßt war, wurden entgegen
dem noch bestehenden Schweißverbot auf der Baustelle
Halterungen angeschweißt, die - allerdings erst nach
mehreren Jahren - wieder zum Schaden durch einen Riß im
Rahmenblech führten. Abb. 5 zeigt einen Riß im Rahmenblech einer Plattenpresse, der von einer Anschweißung
ausgeht.

Abb. 5: Bruch im Ständer einer Plattenpresse
von einer Anschweißung ausgehend

Die Qualitätssicherung hat hier insofern versagt, als
zwar eine Anweisung bestand, aber keine Maßnahmen zur
Kontrolle ihrer Durchsetzung ergriffen wurden. Es ist
notwendig, den fachlichen Hintergrund von Anweisungen zu
erläutern und zumindest Vollzugsmeldungen zu verlangen.

Bereich Werkstoff

- Terrassenbrüche durch Mangansulfidzeilen

Für eine Schiffsverladebrücke wurden Bleche aus Rumänien verarbeitet. Kurz vor der Fertigstellung stellte man bei auf Querzug beanspruchten Bauteilen Terrassenbrüche aufgrund von Mangansulfidzeilen fest.

Die Qualitätssicherung hatte übersehen, daß bei Lieferungen aus anderen Ländern mit anderen Produktionsbedingungen unter Umständen andere Herstellungsverfahren üblich und hierdurch auch andere Fehler möglich sind. Dies ist ein Problem, das vor allem von exportorientierten Firmen zu beachten ist, die Lieferungen aus dem Empfängerland akzeptieren müssen. Die Planung muß die hierdurch bedingten anderen Verhältnisse berücksichtigen.

Referenten

Dipl.-Ing.
F.-J. Adamsky
TÜV Rheinland e.V.
Fachbereich 2.1
Postfach 10 17 50
5000 Köln 91

Dr.-Ing.
K. Boddenberg
Mannesmann Demag AG
Qualität und Werkstoffe
Postfach 10 15 07
4100 Duisburg 1

L. W. Bruck
Gerling Konzern
Allgemeine Versicherungs AG
Haftpflicht-Schaden Inland
Postfach 10 08 08
5000 Köln 1

Prof. Dr.-Ing.
H.-A. Crostack
Universität Dortmund
Fachgebiet Qualitätskontrolle
Postfach 50 05 00
4600 Dortmund 50

M. Erve
Siemens AG
Unternehmensbereich KWU
Abt. U 9 221
Postfach 3220
8520 Erlangen

Dr.-Ing. G. Fischer
Otto Fuchs Metallwerke
Werkstoffe und Qualitätswesen
Postfach 1261
5882 Meinerzhagen

Dr. P. Fornell
Messerschmitt-Bölkow-
Blohm GmbH
Unternehmensbereich Transport
und Verkehr
Qualitätssicherung-Entwicklung
Postfach 95 01 09
2105 Hamburg 95

Prof. Dr. rer. nat.
H. Gräfen
Bayer AG
IN-ATÜ WT
Gebäude B 406
5090 Leverkusen/Bayerwerk

Dipl.-Ing. A. Jurgetz
BMW AG
Abt. DT-Q-3
Postfach 1120
8012 Dingolfingen

Dr.-Ing. K.-J. Kremer
Krupp Stahl AG
Betriebsdirektor Qualitäts-
wesen und Entwicklung
Profilerzeugnisse
Postfach 10 12 20
5900 Siegen 1

Dipl.-Ing. W. Löhmer
Sintermetallwerk Krebsöge
ZQS
Postfach 5100
5608 Radevormwald 1

Dr.-Ing. C. Möck
BASF AG
HVS/PB-Qualitätssicherung
Carl-Bosch-Straße 38
6700 Ludwigshafen

Dr.-Ing. G. Nagel
Deutsche Lufthansa AG
Technische Schulung, IS
Postfach 63 03 00
2000 Hamburg 63

Dr.-Ing. K. Oberbach
Bayer AG
KU-Anwendungstechnik
Geb. B 207
5090 Leverkusen-Bayerwerk

Prof. Dr.-Ing. H. Schaper
Gerling-Institut für
Schadenforschung und
Schadenverhütung GmbH
Friesenwall 89
5000 Köln 1

Dr.-Ing. K. Schneemann
Hüls Aktiengesellschaft
Stab Sicherheitstechnik
Postfach 1320
4370 Marl

Dr.-Ing. W. Schneider
VAW
Vereinigte Aluminium-Werke AG
Leichtmetall-Forschungsinstitut
Postfach 2468
5300 Bonn 1

Dr.-Ing. R. Weber
Eisenwerk Brühl GmbH
Forschung und Entwicklung
Postfach 1260
5040 Brühl

Dr. rer. nat. J. Zürbig
Siemens AG
Keramik- und Porzellanwerk
Redwitz
Postfach 60
8627 Redwitz

VDI BERICHTE

enthalten über jeweils ein bestimmtes Sachgebiet Vorträge und Aussprachen von Tagungen des VDI und andere Arbeiten der VDI-Fachgliederungen

SACHVERZEICHNIS (Stand Januar 1988)

	Nr.		Nr.
Bautechnik	547, 570.3, 588, 610.3, 628, 653	Lärmminderung	587, 629, 648, 678
Betriebswirtschaft	557, 562, 575, 616, 619, 633, 642, 646, 651, 662, 663	Materialfluß/ Fördertechnik	551, 562, 580, 585, 615, 625, 636, 638, 660, 671
Elektronik/ Datenverarbeitung	564, 565, 570.1, 570.2, 570.3, 570.4, 570.5, 584, 610.1, 610.2, 610.3, 610.4, 610.5, 611, 620, 621, 663, 666, 673, 677	Meßtechnik	548, 552, 564, 566, 583, 606, 608, 631, 632, 644, 659, 677, 679
		Oberflächen	600.2, 653
Energietechnik	554, 572.1, 572.2, 573, 574, 582, 589, 590, 591, 594, 601, 602, 622, 630, 637, 640, 645, 652, 664, 667, 668, 669, 675, 676	Regelungstechnik	550, 582, 598
		Schwingungstechnik	568, 603, 627, 635
Fahrzeugtechnik	553, 559, 577, 578, 579, 595, 612, 613, 617, 632, 635, 639, 650, 657, 665, 681	Staub/Reinhaltung der Luft/Emission/ Immission	525, 530, 532, 558, 559, 560, 561, 605, 608, 609, 623, 634, 639
Feinwerktechnik	556, 620, 621, 666, 673	Steuerungstechnik	550, 586, 598
Fertigungstechnik/ Maschinenbau	544, 548, 551, 556, 564, 570.2, 592, 604, 606, 611, 640, 643, 644, 649, 651	Verfahrenstechnik	567, 607
		Vertrieb	557, 597, 616, 633, 646, 647, 658, 662, 682
Getriebetechnik	576, 579, 596, 626, 643, 672	Werkstoffe	544, 563, 600.1, 600.2, 600.3, 600.4, 624, 670, 674
Heizung, Klimatechnik, Haustechnik	569, 571, 593, 599, 623, 641, 654, 655, 656	Werkstoffprüfung	583, 631
Kaltformung	614	Wertanalyse	581, 619, 662
Konstruktion	544, 549, 556, 563, 565, 570.1, 570.2, 570.3, 570.4, 570.5, 592, 596, 604, 610.1, 610.2, 610.4, 611, 614, 618, 643, 649, 651, 653, 661, 670, 672, 674, 680	Zahnräder	626
		Zuverlässigkeit/ Qualitätskontrolle	550

Kostenloses Verzeichnis „VDI Schriftenreihen" auf Anforderung

Die VDI-Berichte erscheinen in zwangloser Folge (Format DIN B 5). Im Abonnement 20% Nachlaß; für VDI-Mitglieder auf den Einzelpreis und auf den Abonnementspreis 10% Nachlaß. Studenten (gegen Bescheinigung) 20% Nachlaß auf den Ladenpreis. – Die im Inland zur Berechnung kommenden Preise verstehen sich einschließlich Mehrwertsteuer.

Die noch lieferbaren Berichte sind im obigen Sachverzeichnis enthalten. Zwischenzeitlich vergriffene Berichte werden nicht in jedem Fall wieder aufgelegt. Auf Anfrage erhalten Sie ein Prospekt.

Registerband I: Übersicht und Register zu den VDI-Berichten 1 – 50 DM 19,20
Registerband II: Übersicht und Register zu den VDI-Berichten 51 – 120 DM 36,–

Nr.		DM
600.4	**Metallische und nichtmetallische Werkstoffe und ihre Verarbeitungsverfahren im Vergleich. Teil IV: Hochtemperaturverhalten.** (Tagung Köln 1987)	168,–
605	**Umweltschutz in großen Städten** (Kolloquium München 1986)	198,–
608	**Aktuelle Aufgaben der Meßtechnik in der Luftreinhaltung** (Kolloquium Heidelberg 1986)	175,–
609	**Bioindikation. Wirkungsbezogene Erhebungsverfahren für den Immissionsschutz** (Kolloquium München 1986)	228,–
616	**VIT '86 – Wege zur Branchenspitze** (Tagung Bad Homburg 1986)	123,–
617	**Laser-Meßtechnik für die Entwicklung und Qualitätssicherung von Kraftfahrzeugen** (Tagung Wolfsburg 1986)	144,–
618	**Stufenlos verstellbare Antriebe im Vergleich** (Tagung Nürnberg 1986)	120,–
619	**Wertanalyse-Kongreß '86** (Tagung Bad Homburg 1986)	82,–
620	**Verbindungstechnik in elektronischen und elektro-optischen Geräten und Systemen** (Tagung München 1986)	67,–
621	**Maskentechnik für Mikroelektronik-Bausteine** (Tagung München 1986)	77,–
622	**Umsetzung der TA Luft bei Energieanlagen** (Tagung Duisburg 1986)	95,–
623	**Emissionsminderung bei Heizanlagen** (Tagung Köln 1986)	79,–
624	**Beschichtungen für Hochleistungsbauteile** (Tagung Hagen 1986)	112,–
625	**Zentralisierung der Warenlagerung** (Tagung Duisburg 1986)	74,–
626	**Sichere Auslegung von Zahnradgetrieben** (Tagung München 1987)	119,–
627	**Dämpfung von Schwingungen bei Maschinen und Bauwerken** (Tagung Nürnberg 1987)	144,–
628	**Bauen und Umweltschutz** (Tagung Bad Homburg 1987)	149,–
629	**Schalltechnik '87** (Tagung Nürnberg 1987)	104,–
631	**Experimentelle Mechanik in Forschung und Praxis – 10. Gesa Symposium** (Tagung Augsburg 1987)	136,–
632	**Meß- und Versuchstechnik im Automobilbau** (Tagung Darmstadt 1987)	143,–
633	**Rechnerunterstützter Kundendienst** (Tagung Düsseldorf 1987)	67,–
636	**Verfügbarkeit von Materialflußsystemen** (Tagung Frankfurt 1987)	76,–
637	**Thermische Abfallbehandlung in Entsorgungskonzepten** (Tagung Essen 1987)	104,–
638	**Verpackungstechnik** (Tagung Düsseldorf 1987)	78,–
639	**Emissionsminderung Automobilabgase** (Tagung Nürnberg 1987)	146,–
640	**Schraubenmaschinen '87** (Tagung Dortmund 1987)	145,–
641	**Hydraulik in Zentralheizanlagen** (Tagung Baden-Baden 1987)	72,–
642	**Unternehmensführung und Produktentwicklung bei neuen Technologien und Märkten** (Tagung Darmstadt 1987)	64,–
643	**Angepaßte Automatisierung in der Handhabungstechnik durch Getriebe und Mechanismen** (Tagung Wiesbaden 1987)	112,–
644	**5th International Symposium on Technical Diagnostics** (Symposium Paderborn 1987)	175,–
645	**Verbrennung und Feuerungen. 13. Deutscher Flammentag** (Tagung Göttingen 1987)	195,–
646	**Vertriebsorganisation im Handel** (Tagung Düsseldorf 1987)	67,–
647	**Rechnerunterstützte Angebotserstellung** (Tagung Karlsruhe 1987)	75,–
648	**Lärm und Statistik** (Tagung Köln 1987)	120,–
649	**Wellenkupplungen in Antriebssystemen** (Tagung Baden-Baden 1987)	158,–
650	**Reifen, Fahrwerk, Fahrbahn** (Tagung Hannover 1987)	122,–
652	**Energiespeicherung zur Leistungssteuerung** (Tagung Köln 1987)	94,–
653	**Korrosionsschutz im Ingenieurbau** (Tagung Baden-Baden 1988)	94,–
654	**Perspektiven der Reinraumtechnik** (Tagung Stuttgart 1987)	98,–

VDI VERLAG Postfach 82 28
4000 Düsseldorf 1

Nr.		DM
655	**Heiz- und Raumlufttechnik in industriellen Fertigungsstätten** (Tagung München 1987)	98,–
656	**Sanitärtechnik V** (Tagung Würzburg 1987)	78,–
657	**Aktive und passive Sicherheit von Krafträdern** (Tagung Berlin 1987)	148,–
658	**Projektierung und Abwicklung von Aufträgen in der Kooperation** (Tagung Düsseldorf 1987)	68,–
659	**Fertigungsmeßtechnik für Forschung und Industrie** (Tagung Braunschweig 1987)	138,–
660	**3. Deutscher Materialfluß-Kongreß** (Tagung München 1987)	138,–
661	**Dauerfestigkeit und Zeitfestigkeit – zeitgemäße Berechnungskonzepte** (Tagung Bad Soden 1988)	94,–
662	**Neue Märkte, Neue Technologien, Neue Produkte: Unternehmenspotentiale aktivieren** (Tagung Frankfurt 1987)	68,–
663	**Bürokommunikation '87 – Wege zum Erfolg in der Praxis –** (Tagung Köln 1987)	118,–
664	**Sondermüll – Thermische Behandlung und Alternativen** (Tagung Saarbrücken 1987)	88,–
665	**Tendenzen im Karosseriebau** (Tagung Wolfsburg 1987)	128,–
666	**Maskentechnik für Mikroelektronik-Bausteine** (Tagung München 1987)	88,–
667	**Rauchgasreinigung – SO_2/NO_x: Ökologische, wirtschaftliche und technische Aspekte** (Tagung Hannover 1988)	98,–
668	**Kernenergie, eine Energiequelle für die Zukunft?** (Tagung Hannover 1988)	88,–
669	**Schadenverhütung in energietechnischen Anlagen** (Tagung Hannover 1988)	94,–
670	**Neue Werkstoffe** (Tagung München 1988)	258,–
671	**Flurförderzeuge – Jahrestreffen der Betreiber** (Tagung Heidelberg 1988)	94,–
672	**Planetengetriebe – eine leistungsfähige Komponente der Antriebstechnik** (Tagung Bad Soden 1988)	158,–
673	**Verbindungstechnik '88 für elektronische und elektrooptische Geräte und Systeme** (Tagung Karlsruhe 1988)	88,–
674	**Werkstoffeinsatz in Rauchgasentschwefelungsanlagen** (Tagung Mannheim 1988)	118,–
675	**Rationelle Energietechnik in der Lebensmittelindustrie** (Tagung München 1988)	138,–
676	**Wärme- und Kälteschutz für betriebstechnische Anlagen** (Tagung Hannover 1988)	88,–
677	**Sensoren – Technologie und Anwendung** (Tagung Bad Nauheim 1988)	158,–
678	**Schalttechnik '88** (Tagung Baden-Baden 1988)	94,–
679	**Experimentelle Mechanik in Forschung und Praxis** (Tagung Konstanz 1988)	148,–
680	**Das Öl als Konstruktionselement** (Tagung Köln 1988)	108,–
681	**Meß- und Versuchstechnik im Automobilbau** (Tagung Fellbach 1988)	138,–
682	**Kundendienst – Geplante Leistung mit Gewinn** (Tagung Düsseldorf 1988)	48,–
683	**Potentiale nutzen mit Erfolgsgarantie. Wertanalyse-Kongreß '88** (Tagung Frankfurt 1988)	118,–
684	**Energietechnische Investitionen – Wirtschaftlichkeit und Finanzierung** (Tagung Frankfurt 1988)	94,–
685	**Sicherung von Ladeeinheiten und Ladungen** (Tagung Duisburg 1988)	58,–
686	**Der moderne Textilbetrieb** (Tagung Reutlingen 1988)	74,–
688	**Handhabungstechnik im Materialfluß** (Tagung Stuttgart 1988)	68,–
689	**Entsorgungskonzepte für Siedlungsabfall** (Tagung Frankfurt 1988)	98,–
690	**Combustion Pollution Reduction (Umweltentlastung bei der Verbrennung)** (Tagung Hamburg 1988)	128,–
691	**Bausteine der Produktionslogistik** (Tagung Stuttgart 1988)	88,–
692	**Zentralisierung der Warenlagerung** (Tagung Gütersloh 1988)	68,–
693	**Problemlösungen in der Reinraumtechnik** (Tagung München 1988)	88,–
694	**Blechbearbeitung '88** (Tagung Essen 1988)	128,–
695	**Aktive Schwingungsbeeinflussung bei Maschinen, Fahrzeugen, Bauwerken** (Tagung Köln 1988)	94,–
696	**Die Umweltschutzbeauftragten** (Tagung Hamburg 1988)	78,–
697	**Ankoppeln von Drehschwingungen bei Kfz- und Industriegetrieben** (Tagung Köln 1988)	88,–
698	**Konstruieren in Guß und Blech** (Tagung Köln 1988)	108,–
699	**Berechnung im Automobilbau** (Tagung Würzburg 1988)	218,–

VDI VERLAG Postfach 82 28
4000 Düsseldorf 1

Nr.		DM
700.1	**Datenverarbeitung in der Konstruktion '88. Plenarveranstaltung** (Tagung München 1988)	42,–
700.2	**Datenverarbeitung in der Konstruktion '88. CAD in Maschinenbau und Fahrzeugtechnik** (Tagung München 1988)	138,–
700.3	**Datenverarbeitung in der Konstruktion '88. CAD und Informatik** (Tagung München 1988)	84,–
700.4	**Datenverarbeitung in der Konstruktion '88. CAD in der Bautechnik** (Tagung München 1988)	84,–
702	**Prüfen und Bewerten von Schichteigenschaften** (Tagung Hagen 1988)	148,–
703	**Klimabeeinflussung durch den Menschen** (Tagung Düsseldorf 1988)	74,–
704	**Solarthermische Kraftwerke zur Wärme- und Stromerzeugung** (Tagung Köln 1988)	98,–
705	**Integrierte Informationsverarbeitung in Produktionsunternehmen** (Tagung München 1988)	118,–
706	**Thermische Strömungsmaschinen: Turbokompressoren im industriellen Einsatz** (Tagung Essen 1988)	158,–
707	**Hochleistungskommissionierung in Industrie und Handel** (Tagung Fürth 1988)	48,–
708	**Werkstückträger für die automatische Fertigung und Montage** (Tagung Stuttgart 1988)	64,–
709	**Innovation braucht den Vertrieb – Vertrieb braucht Innovation** (VDI-Vertriebsingenieurtagung VIT '88 Köln 1988)	88,–
711	**Fertigungsmeßtechnik und Qualitätssicherung** (Tagung Zürich 1988)	74,–
712	**Einführung einer Unternehmenslogistik** (Tagung Stuttgart 1988)	58,–
713	**Verfügbarkeit von Materialflußsystemen** (Tagung Karlsruhe 1988)	64,–
714	**Die Zukunft des Dieselmotors** (Tagung Wolfsburg 1988)	118,–
716	**Bürokommunikation '88** (Tagung Köln 1988)	108,–
717	**Waffensystemplanung unter dem Ordnungsprinzip Systemtechnik** (Tagung Mannheim 1987)	84,–
719	**Rechnergestützte Fabrikplanung** (Tagung Stuttgart 1988)	78,–
720	**Maskentechnik für Mikroelektronik-Bausteine** (Tagung München 1988)	64,–
722	**Praxis der Montageautomatisierung** (Tagung Nürnberg 1988)	98,–

VDI VERLAG Postfach 82 28
4000 Düsseldorf 1

NOTIZEN

NOTIZEN

NOTIZEN

NOTIZEN